中国海监行政执法培训丛书

中国海监总队
中国海洋大学 组编

海洋管理概论

张润秋　郭佩芳　朱庆林 编著

2013 年 · 北京

图书在版编目（CIP）数据

海洋管理概论/张润秋，郭佩芳，朱庆林编著．—北京：海洋出版社，2013.12
（中国海监行政执法培训丛书）
ISBN 978－7－5027－8694－6

Ⅰ. ①海… Ⅱ. ①张… ②郭… ③朱… Ⅲ. ①海洋－管理－技术培训－教材
Ⅳ. ①P7

中国版本图书馆 CIP 数据核字（2013）第 248061 号

责任编辑：杨海萍 杨 明
责任印制：赵麟苏

http://www.oceanpress.com.cn
北京市海淀区大慧寺路 8 号 邮编：100081
北京旺都印务有限公司印刷 新华书店发行所经销
2013 年 12 月第 1 版 2013 年 12 月第 1 次印刷
开本：787mm×1092mm 1/16 印张：30.5
字数：422 千字 定价：50.00 元
发行部：62132549 邮购部：68038093 总编室：62114335

《中国海监行政执法培训丛书》

编委会

序

2500 年前，古希腊海洋学者狄米斯托克利预言：“谁控制了海洋，谁就能控制世界。”15 世纪初，我国明代航海家郑和论断：“国家欲富强，不可置海洋于不顾。财富取之海，危险也来自海上。”伟大的革命先行者孙中山先生曾疾呼，海权“操之在我则存，操之在人则亡。”已故美国总统约翰·肯尼迪则说：“控制海洋意味着安全，控制海洋意味着和平，控制海洋就意味着胜利。”

历史充分表明，国家民族的兴衰与海洋息息相关，海兴则国强，海衰则国弱。大国崛起的历史，在某种程度上就是一部海洋争霸与竞逐史。昔日的海上强国葡萄牙、西班牙和荷兰，当年的日不落帝国英国，二战后的苏联，当今世界第一强国美国，无一不是以海强国。鸦片战争前后，面对列强进逼侵扰，清政府腐败无能，我国海上力量逐渐衰败、海权逐步丧失，日渐沦为有海无防、门户洞开、丧权辱国的半封建半殖民地国家。新中国成立后，尤其是改革开放以来，我国的海洋事业得到了迅速发展，国家海洋权益得到了有效维护。

海洋，无论在历史上还是在当下，无论在军事博弈还是在经济竞争中，对国家生存和发展都具有不可替代的战略地位。《联合国海洋法公约》生效后，国际政治经济形势发生了重大的深刻的变化，许多国家通过开发海洋资源迅速提高了本国的实力和地位，进一步彰显了海洋对于国家和民族兴衰的战略价值。进入 21 世纪后，海洋的战略地位更加突出，越来越多的沿海国家竞相把控制和开发利用海洋作为强国之国策，并且在海洋权益保护、深海矿产资源勘探开发以及生物资源利用等方面展开日趋激烈的竞争。面对严峻复杂的海洋形势，各沿海国为谋求政治、经济、军事上的有利态势和战略利益，纷纷调整海洋战略和政策。

中国是海洋大国，但还不是海洋强国。要赶上世界发展潮流，实现中华民族伟大复兴，必须全面实施海洋战略。我们党和国家对海洋事业历来非常重视，党的“十八大”提出了“建设海洋强国”的战略决策，从国家战略高度对海洋事业发展作出了全面部署，这标志着海洋战略已上升为国家大战略，标志着我国开始走上建设海洋强国的战略新征程。建设海洋强国是中华民族复兴崛起的历史路径，海洋强国之路任重道远。我们必须义无反顾地走向海洋、经略海洋，必须坚定不移地以海富国、以海强国，为建成海洋经济发达、海洋科技创新强劲、海洋生态环境优美、海洋资源开发能力和海洋综合管控能力强大的海洋强国而不懈奋斗。

当前，我们已经站在海洋事业发展新的历史起点上。作为我国海洋综合行政执法的主导力量——中国海监，使命更加神圣，任务更加艰巨。面对新形势、新任务和新要求，中国海监必须坚决维护国家海洋权益，实现管辖海域有效监管；强化海洋行政执法，全力推进海洋综合管理；加强队伍正规化建设，全面提高执法人员综合素质；加强执法能力建设，夯实海洋执法基础；构建海洋执法技术支持体系，提高海洋管控科技含量；健全海洋执法工作机制，加强执法理论研究，等等。所有这些，既是党和人民赋予中国海监的光荣使命，也是中国海监更好履职尽责的着力之点。

功以才成，业由才广。中国海监总队着眼海监队伍现代化、正规化建设要求，组织编辑并出版了《中国海监行政执法培训丛书》。这套丛书是中国海监多年执法实践和培训实践成果的结晶，既有理论知识的概括和阐述，又有实践经验的归纳和总结，编写目的明确，读者定位准确，适应海洋行政执法的发展趋势和特点，是一套专业性、针对性和实用性强的海监执法人员培训教材。丛书的出版，进一步完善了海洋执法人才培训体系，是中国海监发展史上值得记忆的重要事件。我们相信，这套丛书必将为提高海监队伍的正规化建设水平和综合业务素质，更好履行各项职责、圆满完成使命任务发挥重要作用。

事业凝聚人心，使命激发力量。海洋事业发展的宏伟蓝图已经绘就，让我们以崇高的使命感、强烈的责任心，励精图治、发愤图强，为实现中华民族的海洋强国梦作出新的贡献！

国家海洋局副局长

中国海监总队总队长

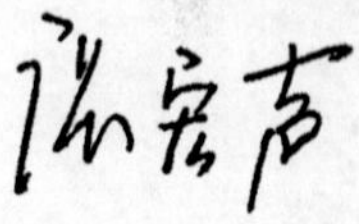

2013 年 1 月

前言

我国海洋行政执法的迅速崛起，是从上世纪90年代末伴随着中国海监总队的诞生开始的。十五年来，海洋行政执法以其特定的管理领域和对经济社会发展的巨大作用，成为我国涉海行政管理部门的核心职能，中国海监也以其卓著的执法业绩备受瞩目。作为我国海洋行政主管部门管理的海洋行政执法队伍，中国海监依法履行神圣职责，对我国管辖海域实施巡航执法，查处侵犯我国海洋权益、破坏海洋开发利用秩序、损害海洋环境和资源的违法行为，日益凸显出保障国家海洋事业健康发展的重要作用。与此同时，中国海监在执法实践过程中，开拓了由初、中、高层次相结合的分级培训，执法、航海、航空、装备技术等交叉式的分类培训，远程教育培训和体能礼仪训练等培训方法与领域。经过多年建设发展，中国海监已经成为一支政治坚定、业务精湛、作风优良、执法公正、具有中国特色的海洋行政执法队伍。

当前，我国进入了改革发展的关键时期，新的形势、新的任务和新的挑战对海洋行政执法工作提出了更高要求。面对日益加剧的海洋开发活动、日益恶化的海洋环境趋势和日益严峻的海洋维权形势，中国海监必须与时俱进。为此，中国海监总队委托中国海洋大学，组织具有丰富教学与科研经验的中国海洋大学、国家海洋局海洋发展战略研究所、中国政法大学的有关专家学者和具有丰富执法经验的中国海监总队及其所属各海区总队资深执法人员，在中国海监总队与中国海洋大学多年合作开展海监执法人员培训所形成的培训教材基础上，编写了《中国海监行政执法培训丛书》（以下简称《丛书》）。

组织编写这套《丛书》，旨在提供规范性、系统性教材，提高海监队伍业务水平，强化海监执法人员综合素质，有效开展海洋行政执法工作，全面忠实地履行各项职责。因此对内容体系的设计思路是：介绍必要的海洋自然科学和海洋自然环境的基础知识，充实海洋管理的基础理论和专业知识，掌握并进一步提高海洋行政执法的法理知识和实务技能。《丛书》适用于中国海监执法人员，可作为上岗培训、在岗培训、年审培训和复合人才培训的教材，也可作为有关高校海洋行政执法课程的辅助教材。《丛书》由海洋自然基础、海洋管理基础、海洋执法理论和海洋执法实务等部分组成，主要包括海洋与环境概论、海洋管理概论、海洋行政执法理论、海域使用行政执法实务、海岛保护行政执法实务、海洋环境保护行政执法实务等内容。

《丛书》全套5册，第一册《海洋与环境概论》，由李凤岐编写；第二册《海洋管理概论》，第一、二、三、六章由郭佩芳编写，第四章由朱庆林编写，第五、七、八章由张润秋编写；第三册《海洋行政执法理论》，其中，第一篇法学基础理论由刘玲编写。第二篇海洋行政法理论的第一章至第七章由刘惠荣编写，第八章至十一章由刘卫编写。第三篇中国的海洋法律制度由张颖编写；第四册《海域使用和海岛保护行政执法实务》，其中，第一篇海域使用行政执法实务初稿由郭飞撰写，而后由俞兴树编写第一章至第七章，由段伟编写第八章至十章。第二篇海岛保护行政执法实务的第一、五章由方向南编写，第二章由林细巧编写，第三、四章由陈亮编写；第五册《海洋环境保护行政执法实务》，第一、三章由丁金钊编写，第二、四章由施星平编写，第五章由何建苗编写。

《丛书》的完成，是集体智慧的结晶，是团队合作的成果。编写期间，得到了中国海洋大学、国家海洋局海洋发展战略研究所、中国政法大学和中国海监各海区总队的大力支持与热情帮助，在此一并致以衷心感谢！

由于时间和能力所限，难免存在许多不妥或者错误之处，敬请批评指正。

编者

2012年12月30日

目 录

1 绪论

海洋是地球上最大的地理单元，对人类的生存、发展和未来都具有决定性的制约作用。随着人类的发展，人口数量急剧增加、陆地资源日益枯竭、海洋价值蓦然凸现，不仅沿海国家和地区，就是内陆国家和地区，也以前所未有的姿态、精力和热情关注、重视海洋权益、海洋资源、海洋环境和海洋生态，把海洋事务与其国家和地区，乃至人类的命运和前途关联在一起。人们越来越一致地认识到，在开发海洋资源、使用海洋环境、发展海洋经济的同时，维护海洋的生态平衡、资源可持续利用、环境友好和开发有序是全人类的责任，可持续的海洋是人类发展的基础。

为了可持续的海洋，人们在发展海洋自然科学、提高海洋生产力的同时，并以新的理念、新的视角，不断发展海洋社会科学、优化海洋社会关系，迅速诞生和发展了一系列海洋管理的理论和技术，而这些理论和技术足以引起全世界的政治格局、发展理念、生活方式和消费观念的改变。可以说，过去的、现在的和未来的海洋管理的理论与技术已经和必将成为人类社会科学的“明珠”，占据社会科学的制高点，成为人类发展的“旗帜”。

与世界海洋发达国家相比，我国海洋管理的组织、理论和技术的起步都比较晚，但发展速度很快。40 多年以来，我国建立了比较健全的海洋管理队伍，其中中国海监是国家海洋局领导下、中央与地方相结合的海洋行政执法队伍，是我国海洋管理队伍的主要力量。10 多年来，中国海监肩负捍卫国家海洋权益、维护海洋开发秩序和保护海洋生态环境的神圣使命，从无到有、从小到大、从弱到强，逐步建立成了一支四级（国家、省、市和县）架构队伍，依照国家法律法规和规章，对我国管辖海域实施巡航监视，及时查处侵犯海洋权益、违法使用海域、损害海洋环境与资源、破坏海上设施、扰乱海上秩序等违法违规行为，创造了辉煌的业绩，赢得了国内外广泛的关注，在我国海洋管理中发挥了非常重要的作用。

海洋执法是海洋管理的重要内容和手段，是一种管理行为；中国海监肩负国家赋予的使命，依照国家法律法规和规章，行使国家在海洋领域的行政管理权利，海洋执法也是一种行政管理行为，因此，管理的概念和理论、行政管理的概念和理论、海洋行政管理的概念和理论对海洋执法队伍的建设具有重要的意义。

1.1 管理的概念和理论

管理是人类社会和社会组织的一种实践活动，是人类自然活动和社会活动的产物，是伴随着人类社会的发展而发展的。人类的不同群体，为了生存和发展，组成了不同的组织。组织是管理的前提，是两个或两个以上的自然人为实现共同的目标组合而成的有机整体。有了组织及其自然的或社会的实践活动，管理也就成为必然，也就应运而生。

管理理论是人类长期管理活动的积累、总结和升华，是社会科学的主要内容之一，是人类发展所必须依赖的理论之一。管理既是一门古老的艺术，又是一门与时俱进的科学。

管理是指在特定的环境下，针对其制定的组织目标，对组织所拥有的自然资源和社会资源，进行有效的决策、计划、组织、领导和控制的过程。

管理具有两重性。这是由管理过程本身的两重性决定的。由于管理过程是由生产力和生产关系组成的统一体，决定着管理也具有组织生产力与协调生产关系两重功能，从而使管理具有物质和社会的两重性。

管理的物质属性是指在管理过程中，为有效实现目标，要对管理的职能范围、空间范围的人、财、物等物质资源合理配置，对管理的职能活动进行协调，以实现生产力的科学组织。

管理的社会属性是指在管理的过程中，为维护生产资料所有者和使用者的利益，需要调整人们之间的利益分配，协调人与人之间的关系。这种调整生产关系的管理功能，反映的是生产关系与社会制度的性质，故称管理的社会属性。

学术界有一个争论：管理是科学还是艺术？学术界也有一个结论：管理既是科学，也是艺术。实际上，管理包括两个方面：管理科学和管理实践，没有实践的理论不是科学的理论，没有理论的实践是盲目的实践。管理是科学是指管理理论来源于管理实践，并经过整理、统计、分析、归纳、概括和检验，提出一些共同性的、本质性的、规律性的理论假说，然后在一定时期内被人们所认识而成为理论。管理是艺术是指管理理论的实践应用要有环境、条件、关系、时机、方式、方法和技巧。管理是艺术的根本原因在于：管理是管人，人有血有肉、有信仰有思想、有需求有关系，而不是死的零件和机器。科学的管理理论要与艺术的管理实践相结合，才能有好的结果。著名管理学家储小平认为：管理理论与管理实践的关系，犹如兵法与实战的关系。

管理是一个整体的概念，主要包括管理思想、管理组织、管理方法和管理手段。管理思想和管理组织属于管理理论，而管理方法和管理手段则属于管理实践。

管理实践有四个要素：管理主体、管理客体、管理目的和管理环境，这就形成了管理活动的基本条件。

1.1.1　管理组织

组织是具有一定目标和一定结构的社会实体，是人类集体协作的产物，是弥补个人能力不足的结构形式。组织的目标是指组织的组成、延续和发展都是有目的的，在人类发展过程中的某一局部或某一阶段，为了达到某一目的，个人的作用往往是非常渺小的，即使伟人脱离了组织也一事无成。而组织正是为了达到某一目的，而个人作用力所不及时，采取的把分散的人和事物，按照一定的关系和结构组合在一起的有机体。

组织的结构是指为了实现组织的目标，在组织理论指导下，经过组织设计形成的组织内部部门和各层的规模和关系。组织是由人群组成的，人群的管理需要一定的组织结构，以便上下呼应、左右协调、反应迅速，以便完成组织任务，达到组织目的。

组织是管理的基础，而组织的基础是生产力。在人类发展的不同阶段和不同地区，生产力水平不同，人们的生活生产的形式和水平也不同，组织结构也不同，最终管理的思想、实践、水平、结果也不同。

组织是管理的工具，管理通过组织实施，任务通过组织完成。只有与目的、环境相适应，与生产力相协调的组织措施才是合理的组织。

1.1.2 管理思想

管理思想是人们在管理实践中对管理活动所形成的观点、想法和见解的理论升华。管理思想是在管理实践基础上逐渐形成发展起来的，经历了从思想萌芽、思想形成到不断发展的过程。

在人类的不同阶段、不同的文化背景、不同的组织结构、不同的组织目的下，产生了不同的管理思想。管理思想的分类有助于管理思想的研究和认识，管理思想的分类可按：组织目的、历史阶段、文化背景、管理层次来划分。

按照组织目的，管理思想可分为：宗教管理思想、军事管理思想、政治管理思想、社会管理思想、企业管理思想、经济管理思想、事业管理思想、行政管理思想等。

按照历史阶段，管理思想又可分为宏观历史阶段管理思想和微观历史阶段管理思想两种。宏观历史发展阶段管理思想主要是指人类社会发展的较长阶段时期的管理思想，如奴隶社会管理思想、封建社会管理思想、资本主义社会管理思想、社会主义社会管理思想。微观历史发展阶段管理思想主要是指局部人类社会发展的较短阶段时期的管理思想，或者说是组织发展阶段管理思想，如初创时期管理思想、发展阶段管理思想、发达阶段管理思想和没落阶段管理思想等。

按照文化背景，管理思想可分为西方管理思想、东方管理思想；或者更小文化背景的划分，如儒家管理思想、法家管理思想、宗教管理思想、军队管理思想、农民管理思想、工人管理思想等。

按照管理层次，管理思想可分为基层管理思想、中层管理思想和高层管理思想等。

1.1.3 管理发展

宽泛而言，有了人类，就有了管理；哪里有人群，哪里就有管理。所以管理伴随着人类的发展而发展，伴随着人群的存在而存在。严格而言，管理真正成为一门科学，还是得益于18世纪60年代开始的西方资本主义产业革命，使管理思想的发展进入了一个崭新的境界。到19世纪末，管理思想有了重大发展，产生了科学管理思想的萌芽。在此后的100多年中，人类的管理思想达到了前所未有的高度，管理理论日趋科学、系统和完善，逐渐形成了现代科学管理思想。西方管理思想与管理理论可以分为：古典管理理论、行为科学理论和现代管理理论三个阶段。

古典管理理论产生、形成于19世纪末到20世纪30年代。主要代表性理论有美国泰罗的“科学管理理论”、法国法约尔提出的“一般管理理论”和德国韦伯提出的“理想的行政组织体系理论”等。这些管理理论的一个共同特征就是强调用“科学”的方法来进行管理，所以这个阶段的管理理论又被统称为“科学管理理论”，相应的时期被称为科学管理时代。

行为科学理论是由从20世纪20年代末开始的“人际关系理论”，到20世纪50年代后发展的“行为科学理论”这两个阶段组成。“人际关系理论”注重于组织中人的社会和心理需要的满足，其后“行为科学理论”则是研究组织中人的关注需要、欲望、情绪、动机、行为，研究组织中人的关系、人与人的关系、个人与群体的关系，研究非组织和群体的行为及其与组织的关系，研究改进组织结构、工作环境、领导方式、激励措施等。

现代管理理论开始于20世纪50年代发展的“现代管理理论”，是将现代的自然科学、技术科学和文化学说的最新成果广泛地运用到现代管理中所形成的现代管理理论。先后出现了许多管理学派，有人称之为“学派林立，众说纷纭”，如哈立德·孔茨在1980年认为：管理理论学派可分为：管理过程学派、管理科学学派、社会系统学派、决策理论学派、系统理论学派、经验主义学派、经理角色学派、权变理论学派、人际关系学派、群体行为学派、社会协作系统学派、社会技术系统学派等。管理理论学派理论不统一，方法众多，各学派有代表人物，有各自的理论、概念和方法。

1.1.4 管理方法

管理方法是指用来实现管理目的而进行的手段、方式、途径和程序的总和。也就是运用管理原理，实现组织目的的方式。任何管理，都要选择、运用相应的管理方法。

管理方法可分为：人本管理法、目标管理方法、系统管理方法。

人本管理法也就是行为管理的方法，即通过分析影响人的行为的各种心理因素，采用一定的措施改善人际关系，以此提高工作人员的情绪和士气，从而能产出最大的成果，达到提高组织效率的目的。常用的人本管理内容主要有参与管理、民主管理、工作扩大化、提案制度和走动管理等。

目标管理方法是美国著名管理学家德鲁克的首创。目标管理方法是以相信人的积极性和能力为基础的，领导者对下属人员的领导，不是简单地依靠行政命令强迫他们去做，而是运用激励理论，引导部属制定工作目标，自主进行自我控制，自觉采取措施完成目标，自动进行自我评价。其最大特征是通过激发员工的工作潜能，提高部属的效率来促进总体目标的实现。

系统管理方法是一种满足整体、统筹全局、把整体与部分辩证地统一起来的科学方法，它将分析和综合有机地结合并运用数学语言定量地、精确地描述研究对象的运动状态和规律。它为运用数理逻辑和电子计算机来解决复杂系统的问题开辟了道路，为认识、研究和探讨结构复杂的整体确立了必要的方法论原则。它可以根据需要和可能为系统确定最优目标，并运用最新技术手段和处理方法把整个系统分成不同的层次结构，在运动中协调整体与部分的关系，使部分的功能和目标服从系统总体的最优功效，从而达到整体最优的目的。

1.1.5 管理手段

管理手段是指保证在管理活动中实现管理功能、顺利达到管理目标的具体措施。现代管理理论的基本管理手段主要有：

（1）行政手段。行政手段是指依靠行政组织的权威，运用命令、指示等强制性的方式，对下属施加直接影响的管理手段，具有快速、灵活、有效的特点。行政手段的运用，有利于在组织内部实现统一目标、统一意志、统一行动，获得系统整体的功能，实现对全局活动的有效控制。

（2）经济手段。经济手段是一种通过调节各方面利益关系，如通过工资、奖金、罚款、福利等手段，刺激组织行为动力的管理手段。经济手段的运用，有利于处理物质利益关系、调动各方面积极性、主动性和创造性。

（3）法律手段。法律手段是一种运用法律规范和具有法律规范性质的各种行为规则进行管理的方法，具有强制性、规范性、概括性、稳定性和可预测性。法律手段的运用，有利于稳定管理秩序、规范管理活动，并使之制度化。

（4）教育手段。教育手段是一种以思想、道德、科学、文化和信仰等为主要内容的，旨在提高人的素质的管理方法，具有目的性、科学性、启发性、艺术性、长期性。

1.2 行政管理的概念和理论

1.2.1 行政管理概念

行政管理是国家政府机关和法律法规授权的组织，依据国家法律和运用国家法定权力，为实现国家的社会目标和统治阶级的利益，对国家和社会公共事务进行管理的活动。

行政管理不同于其他管理，它是一种国家管理，是通过行政机关实施的管理，是行政主体在国家行政管理中权利和义务的综合体现。国家行政主体有两种形式，一是依据宪法和国务院组织法规定赋予职权的行政主体，称为职权性行政主体；二是依据一般法律和法规授权的行政主体，称为授权性行政主体。

无论是职权性行政主体，还是授权性行政主体，之所以享有对行政相对人的管理权力，是因为它得到了国家或法律法规的授权，它的权力来自于国家，只是形式不同。

1.2.2 行政管理理论

行政管理理论由德国古典管理学派代表人“组织理论之父”马科思·韦伯提出。他提出的行政组织体系结构主要分为三层，即：高级管理阶层、中级管理阶层和低级管理阶层。

（1）韦伯的理想的行政组织体系的基本含义

理想的行政组织体系理论的核心是：管理是通过职权性或授权性的行政职务或行政职位进行的，而不是通过其他方式获得的地位进行，组织形式是“理想的”、抽象的、纯粹的、最有效的、最合理的组织形式。

（2）韦伯的理想的行政组织体系的主要内容

韦伯的管理思想的主要内容为：①合理合法的权力是基础，其特点是由社会公认的法律规定的或者掌有职权的那些人通过命令下达的权力。②明确的分工是专业化的责权形式，即对行政组织的每一个职位的权力与义务作出明确的规定，③自上而下的等级系统是组织形式，即要把各种公职或职位按权力等级组织起来，形成一个责权分明，层层控制的等级制度。④人员的任用有要求，任用要依据等级职务要求，并通过正式考试或者训练和教育所获得的技术资格。⑤职业管理人员是领取固定的“薪金”的、“专职的”公职人员，所有担任公职的人都是任命的，而不是选举的，除了按规定必须通过选举产生的公职以外。⑥组织中人员必须遵守组织中规定的规则和纪律，组织内的和组织外的关系完全由相关的规则和制度来约束。

韦伯的管理思想，对以后的管理理论发展（如社会系统理论）有一定的影响。

2 海洋管理基础

2.1 海洋管理的概念和理论

2.1.1 海洋管理的概念

海洋管理是涉海组织依法通过有关海洋信息获取、处理和分析，对海洋事务决策、计划、组织、领导、控制等的职能活动，是社会管理中的一个领域和组成部分，是伴随着人类海洋开发活动的展开和发展而产生的一种管理活动。

海洋管理的基础是海洋学、管理学、法学、经济学和现代技术科学。海洋管理学科是建筑在海洋自然科学和管理科学基础上的一门科学，是海洋学与管理学交叉的学科，是融合了海洋学、管理学、法学、经济学和现代科学技术于一体的学科体系。

海洋管理的科学与技术是研究人类管理海洋的理论、方法、技术和知识的学科体系。研究的对象包括海洋立法与执法管理、海洋政策与法律管理、海洋权益与责任管理、海洋资源使用与保护管理、海洋经济与海洋科技管理、海洋管理技术、海洋规划与战略、海洋公益与服务等。

人类的海洋活动是海洋管理和海洋管理科学发生、发展的主导原因。随着时代的进步和海洋事业的发展，海洋管理和海洋管理科学如同其他社会事务和其他学科体系一样，也不断发展、完善和丰富。

海洋管理的广度和深度标志着海洋管理的水平。管理的广度意味着海洋管理要素的多少，而海洋管理要素多少取决于人类海洋活动的范围。海洋管理的要素包括海洋管理的职能范围和海域范围。海洋管理的职能范围与人们涉及海洋的事务范围相适应，决定于上层建筑和社会生产关系；海洋管理的海域范围与人们涉及海洋的能力大小相适应，决定于上层建筑和社会生产力。管理的深度取决于海洋管理信息的分辨能力、获取能力、处理能力，是海洋管理中决策、计划、控制管理要素的准确度的量度，取决于一个国家或地区的科学技术水平。

2.1.2 海洋管理的形成

现代海洋开发的历史源于西方。随着蒸汽机的发明和西方工业时代的到来，西方生产力水平和涉海能力有很大提高，海洋丰富的自然资源成为西方资本主义国家自身发展的重要资源来源；无屏障的和无防守的海洋也成为对外扩张的坦途，使用武力疯狂对外扩张和殖民，萌发了现代侵占世界海洋权益、霸占世界海洋资源的历史。特别是到了20世纪中叶，西方发达国家的现代生产力水平和国民生活水平达到了较高水平，对海洋资源和海洋能源的消耗和开发力度急剧增大、对海洋环境的污染和破坏达到了前所未有的状态。单纯追求海洋经济发展速度、无视海洋资源节制开发、忽视海洋环境保护的恶果，使西方发达国家迅速觉醒，认识到海洋管理的重要。从此，拉开海洋环境管理的序幕。

近50年来，全球海洋事务逐步红火起来。世界各沿海国家和地方、企业不断加大了海洋开发的投资力度，不断扩大海洋资源的开发内容，不断拓展海洋活动范围，海洋利用的广度和深度不断增大。海洋从业人员逐渐增多，海洋经济比重逐步增大，有关海洋权益的纠纷日益激烈。同时，人们为了局部的、暂时的利益，无节制的、无序的占用海洋物权和使用海洋资源，致使海洋局部利益纷争不断、环境恶劣、污染严重、资源破坏。有关海洋的问题也多了起来，有的还非常严重，不仅影响到海洋资源与环境，而且影响到整个地球，当然也包括人类自己。

现代海洋科学的发展、海洋观念的进步、海洋生产力的提高、海洋资源的诱惑，使更多的人、更多的事务、更多的时间与更多的海洋要素相关联。在使用海洋资源时，怎样科学使用海洋资源？在维护海洋权益时，怎么承担保护海洋的责任？在享用海洋奉献的同时，怎样保证海洋的可持续利用？在贪婪的开发者面前，怎样约束不断膨胀的贪婪行为？这些都成为沿海各国政府日益重视和不得不面对的严峻问题，使得海洋管理成为必然。

50多年来，现代海洋的价值观逐渐形成，沿海各国海洋管理的机构（从行业管理到行政管理、从分散管理到综合管理）逐步完善，国际海洋组织的作用日趋强大，各种现代海洋管理的理念和思想迅速完善和推广，现代海洋管理及其理论逐渐形成。

2.1.3 海洋管理的范围

海洋管理的范围可分为自然范围和社会范围。

海洋管理的自然范围一般可由空间范围和要素范围来概括。海洋管理的自然空间范围包括：海岸带、近海、内海、领海、毗连区、专属经济区、大陆架、国际海底。海洋管理的自然要素分为海洋资源和海洋环境。

海洋管理的社会范围一般也可由空间范围和要素范围来概括。海洋管理的社会空间范围：开发海洋资源、影响海洋环境和涉及海洋权益的所有社会对象和社会事务。海洋管理的社会要素范围：海洋权益维护、海洋资源开发、海洋环境保护、海洋经济发展和海洋科技、海洋教育、海洋培训、海洋文化、海洋服务等海洋事务。

2.1.4 海洋管理的内容和职责

海洋管理的内容主要有：海洋立法管理、海洋执法管理、海洋权益管理、海洋资源管理、海洋环境管理、海洋经济管理、海洋科技管理、海洋教育管理、海洋人力资源管理、海洋监察管理、海岸带管理、海事管理等。

海洋管理的职责多有论述，J. M. 阿姆斯特朗和 P. C. 赖纳认为：海洋管理的职责为海洋研究，资料收集、存储和分配，财政赞助，税收，监测，实施法律，解决冲突，制定政策，制定法律，制定规范。

2.1.5 海洋管理的意义

在党和政府的领导下，以科学发展观为指导，以可持续发展为原则，为国家的发展和人民的生活，争取和保护海洋权益，发挥海洋资源和海洋环境在海洋经济中的最大效益。

海洋管理体现了国家及其民族的海洋意识，体现了国家的战略和政策；海洋管理对我国乃至世界的经济有着越来越重要的作用，对我国乃至世界的可持续发展有重要的意义，对全球气候变化和控制有积极的意义，是人类走出当前困境，走向未来发展的必由之路。

2.1.6 海洋管理的角色

海洋管理的角色可分为主体和客体。

海洋管理的主体是依法享有职能权利、能以自己的名义实施活动，并因此而承担责任的组织。

海洋管理的客体又可分为自然客体和社会客体。自然客体是指海洋管理的自然对象，主要包括自然资源和自然环境；社会客体是指海洋管理所管辖的社会对象及社会事务，即各种涉海活动及其个人和组织，包括自然人和法人（国内的和国外的），也称之为管理相对人。

2.1.7 海洋管理的手段

海洋管理的手段是海洋管理的主要环节，是海洋管理者通过其组织，利用宣传、教育、服务、法律、行政和经济等手段来实现其管理的目的。

海洋管理属于行政管理的范畴，行政管理的手段一般适用于海洋管理。海洋管理的手段一般可分为：“硬手段”和“软手段”。“硬手段”是强制性、命令性、服从性的“硬手段”，包括：行政手段、法律手段和经济手段。“软手段”是说服性、说理性、平等性的“软手段”，包括：宣传手段、教育手段和服务手段。

（1）海洋管理的“硬手段”

行政手段是海洋管理中最基本、最常用的管理手段，依靠海洋行政组织的权威和行政岗位的权利，运用命令、指示、文件、通知、规划、处罚、检查等强制性的方式，对管理对象施加直接影响的方法。行政手段的基本要求是，在权威和权力的作用范围内，下级必须服从上级、管理对象必须服从管理者的要求。

法律手段是运用法律和规范性文件等各种行为规则进行海洋管理的方法，其中规范性文件可以分为条例、决议、命令、守则、合同、标准、规章制度及其他规范性文件。法律手段是管理系统整体意志的体现，能够以最坚定的方式贯彻管理意志，不会因管理者和被管理者作为自然人的个体差异而不同。法律手段具有强制性、规范性、概括性、稳定性和预测性等主要特征。

经济手段是通过调节各方面利益关系去刺激组织和个人行为动力的海洋管理手段。经济手段所遵从的是利益原则，肯定被管理者合法追求海洋资源物质利益的合理性权益和承担相应违法行为的一致性责任，最主要的形式有价格、配额、税金、罚款等。经济手段可以分为宏观调控手段和微观调控手段两类。宏观调控手段主要通过价格、税金的经济手段进行海洋管理，微观控制手段主要通过配额、罚款等经济手段进行海洋管理。经济手段主要具有调节性、灵活性和平等性特征。

（2）海洋管理的“软手段”

宣传教育手段是通过说服教育的方式把海洋管理者的思想、道德、理念、意识一并传达给被管理者，以求得到被管理者的响应和配合的海洋管理方法。常用形式有：报告、文章、谈话、讨论、宣传、图板、标语、口号、谈心、家访、典型示范、劳动竞赛以及形象教育、感化教育、对比教育等。我们党和国家领导人一直比较重视节约海洋资源、保护海洋环境、发展海洋经济等海洋意识教育和海洋强国思想教育，通过教育手段统一思想、统一意志、统一行动，使人们把力量都集中到实现国家海洋战略目标上来。海洋道德教育是国家、政党、社会团体以及其他社会组织，为维持其海洋资源的持续、海洋环境的友好、海洋事业的稳定和海洋经济的发展，有计划、有组织地提倡和推行的海洋道德规范的活动，以海洋道德行为规范来约束自己的海洋行为，从而达到一种内在的自我控制的目的。思想宣传教育手段具有较强的目的性、科学性、启发性、艺术性和长期性的基本特征。

服务手段是通过海洋资源信息、海洋环境咨询、海洋防震减灾工程、海洋法律服务、海洋权益维护、海洋生产关系调整、海洋经济市场优化等措施，为被管理者开发海洋资源、使用海域环境、发展海洋经济而进行的系列服务。海洋服务是被管理者从管理者获得的从事海洋事务、发展海洋事业最基本的权益和保障，也是管理者推行标准化、生态化、可持续、科学发展观的主要方式和途径。服务手段具有较强的技术性、科学性、标准化、共享性和长期性的基本特征。

2.1.8 海洋管理的技术

海洋管理技术是海洋管理手段的体现，其内容主要有：以海洋管理信息获取（技术、方法）、传递（纸质、电子、语言）和处理系统（数字海洋、GIS、管理信息系统）技术为主要内容的海洋管理信息技术；以海洋技术服务、海洋工程咨询、海洋管理教育、海洋管理培训、海洋文化传媒等为主要内容的海洋管理服务技术；以海域勘界、海域使用论证、海域使用审批、海域使用监察等为主要内容的海域使用管理技术；以海洋环境监测（技术、方法、内容）、海洋环境预报、海洋环境评价、海洋环境保护、海洋环境修复等为主要内容的海洋环境管理技术；以海洋区划、海洋规划、海洋标准等为主要内容的海洋规划标准技术；以海洋立法、海洋执法、海洋维权、海洋谈判等为主要内容的海洋权益管理技术。

2.2 海洋管理的类型

根据海洋管理的概念，海洋管理可分为广义的海洋管理和狭义的海洋管理：广义的海洋管理是指对所有涉海事务进行的管理；狭义的海洋管理是专指海洋行政管理。

根据广义的海洋管理的概念和海洋事务的性质，海洋管理的类型可分为：海洋企业管理、海洋事业管理、海洋产业管理、海洋行政管理、海洋区域管理和海洋综合管理六种类型。

2.2.1 海洋企业管理

海洋企业管理是指对以海洋资源和海洋环境的研究、开发、利用和保护为内容，以盈利为目的，依法设立，自主经营、自负盈亏的经济实体实施的海洋管理。

海洋企业可分为海洋技术企业和海洋产品企业。海洋技术企业是指以海洋为对象，以技术、标准和咨询为目标，以研究、开发、咨询和设计等为内容的技术型企业。海洋产品企业是指以海洋为对象，以产品和服务为目标，以工程、制造、渔业、运输、资源和能源等为内容的生产型企业。

海洋企业的主要环节为设计、生产、销售、运输和服务。海洋企业管理的主要目的为盈利。

海洋企业是海洋资源和海洋环境的研究、开发、利用和保护的主体，是海洋管理的基础，是其他类型海洋管理最重要的服务对象和管理对象，是一个国家海洋事业发达与否的标志，同时也是危害海洋资源、破坏海洋环境的主体。

2.2.2 海洋事业管理

海洋事业管理是指对以海洋文化、海洋教育、海洋科研和海洋服务等公益事业为主要内容，由国有资产举办，受国家机关领导，不以盈利或基本不以盈利为目的的社会组织实施的海洋管理。

海洋事业可分为：海洋文化、海洋教育、海洋科研、海洋技术和海洋服务等类型。海洋文化型事业主要包括海洋报社、海洋出版社、海洋杂志社、海洋新闻社、政府海洋网站和海洋科普机构等；海洋教育型事业主要包括海洋大学、海洋研究院所、海洋专业学院、海洋高职和海洋中专等；海洋科研型事业主要由海洋研究院所和行业大学等；海洋服务型事业主要由海洋信息中心、海洋预报中心、海洋培训中心、海洋技术中心、海洋遥感中心和海洋监测中心等。

海洋事业管理的主要环节为：领受任务或申报项目、完成任务或实施项目、工作汇报和项目汇报等。海洋事业的主要目的为完成任务或项目。

海洋事业是国家海洋科学、海洋技术、海洋教育、海洋文化和海洋服务等海洋公益事业的主体，是国家海洋事业的中坚力量和重要保障。

2.2.3 海洋产业管理

海洋产业管理是指以海洋开发的行业为管理对象的一种海洋管理方式。海洋产业管理是一种比较古老的海洋管理方式，是随着海洋资源开发的发展而发展的。最早的海洋产业管理应该是：海洋盐业管理、海洋渔业管理和海洋运输业管理，到了现代，海洋资源开发的广度和深度大了很多，致使海洋行业变得非常复杂。

根据现代海洋资源开发的行业来看，海洋产业管理主要有：海洋渔业管理、海洋盐业管理、海洋物流业管理、海洋油气业管理、海洋环境管理、海洋矿产管理、海洋文物管理、海洋测绘管理和海洋安全管理等。

2.2.4 海洋行政管理

海洋行政管理是指国家行政权力在海洋事务中的行政管理行为。海洋行政管理是国家行政管理的一个重要组成部分，是海洋管理中最重要的管理形式之一，是海洋管理健康发展的保障。海洋行政管理的主体是国家行政权力；管理要素是行政事务，包括海洋事务中所有涉海活动；客体是行政相对人，涉海活动中的自然人、法人和组织。

2.2.5 海洋综合管理

海洋综合管理是国家通过各级政府对海洋资源、海洋环境和海洋权益等海洋事务进行全面的、统筹协调的管理活动，是海洋管理的高层次管理形态。海岸综合管理是在海洋企业管理、海洋事业管理、海洋产业管理和海洋行政管理基础上的一种比较适合于现代大规模、多方式、深层次、全方位开发海洋的管理模式。

2.3 海洋产业管理

2.3.1 海洋渔业管理

海洋渔业管理是指以海洋渔业生产、运输、设施、环境、信息和服务为主要内容的管理，主要包括海洋捕捞管理、海洋养殖管理、海洋增殖管理、渔船船舶管理、渔船港口管理、渔业环境管理和渔业信息管理。

我国海洋渔业多年来曾先后由食品工业部、农业部、水产部、农林部、国家水产总局、农牧渔业部等负责管理。目前隶属农业部管理，除设水产司外，主要设渔政渔港监督管理局，主管渔政、渔港监督、渔船检验、渔业环境保护、渔业电信等工作。在农业部之下设黄渤海、东海、南海三个渔政局，主要负责各海区渔政、渔港、船检、环保等方面的管理工作。沿海省、自治区、直辖市在其政府水产部门内相应设渔政处、渔港监督处、渔船检验处、电信处（科）、环保处等，所辖的主要渔业地（市）、县也在其水产部门内设渔政管理科（站）。全国重点渔港还设立了渔港监督站（共247个）、渔船检验站（共43个）。整个渔业自身形成一套较完整的管理体系。

国家对渔业的监督管理实行的是“统一领导，分级管理”的体制。在国务院划定的“机动渔船底拖网禁渔区线”外侧，属于中央一级管辖的渔业海域，由国务院渔业行政主管部门及其所属的海区渔政机构管理；在禁渔区线内侧的海域，除国家另有规定者外，由毗邻海区的省（区、市）渔业部门管理。重要的、洄游性的共用渔业资源由国家统一管理；定居性的、小宗渔业资源由地方人民政府渔业行政主管部门管理。由此，基本上形成了以专业管理队伍为骨干，以群众管理队伍为基础，专业、群众管理相结合的国家、省、市、县、乡五级管理网络。

2.3.2 海洋盐业管理

海洋盐业管理是指以海盐的生产、销售、运输为主要管理内容的行业管理。

海洋盐业是一个非常古老的行业，自古以来就受到统治者的重视。1954年开始，国家决定盐业实行产销合管，盐务总局和盐业总公司两者合一，隶属于轻工业部，统一管理全国盐务工作。沿海有关省（市）、地、县一并设相应的地方盐务局（公司），主管本地区的盐务工作。1988年体制改革，全部盐场下放地方管，轻工业部撤销盐务总局，成立盐业协会和中国盐业总公司两个非政府组织，同时在轻工部行业管理指导司设盐化管理处作为政府职能部门，主要负责方针、政策、盐政管理等宏观调控工作。盐业协会主要受部委托负责规划、质量、标准等一些盐业行业方面的管理工作；盐业总公司主要负责盐的生产、分配、调拨计划、运销等经营活动和有关矛盾处理、部分物资供应工作。

2.3.3 海洋运输业管理

海洋运输业管理是指对以海洋为载体的船舶系统、港务系统、航道系统和港务监督为主要内容的管理。

海洋运输业也是最古老的海洋行业之一，我国的古代海洋运输业也是世界上最著名的海洋运输业，运输能力在当时的世界上领先其他国家有几百年的时间。在近代，同我国的整个国力的衰败一样，我国的海洋运输业落伍了。

我国的海洋运输业的复苏是在新中国成立后，特别是在改革开放之后。海洋运输业的管理设在交通部，下设的船务系统、港务系统、航道系统和港务监督系统，都是海上航运业的管理部门。其中港务系统负责航运生产，航道系统保证航道畅通，港务监督系统则是负责海上交通安全。

港务监督是20 世纪50 年代首先在各主要港口建立起来的，负责航务和港务监督工作。后来，在交通部内设立了专门机构，现在的名称是水上安全监督局，对外称“中华人民共和国港务监督局”。它是我国主管水上交通安全监督工作的国家行政管理机关，它代表政府统一行使航务行政管理主权。港务监督的主要任务是负责水上交通安全管理，统一办理船舶进出港手续，检验船舶法定证书，监督危险品装卸，防止船舶污染水域，对港口水域和锚地进行区划安排，处理海难事故等。

改革开放进一步推动了海上交通安全管理设施和技术装备的发展。1987 年，在沿海主要港口组建了14 个部属海上安全局，沿海港监队伍扩大到1 万人。

国家海事局是2008 年在原中华人民共和国港务监督局（交通安全监督局）和原中华人民共和国船舶检验局（交通部船舶检验局）的基础上，合并组建而成的。海事局为交通部直属机构，实行垂直管理体制。根据法律、法规的授权，海事局负责行使国家水上安全监督和防止船舶污染、船舶及海上设施检验、航海保障管理和行政执法，并履行交通部安全生产等管理职能。

2.3.4 海洋油气业管理

我国海洋油气勘探开发开始于1964年。当时，国家石油部做出“石油下海”的部署。1967年，在我国自制的固定平台上钻探的渤海第一口井喜见原油。

从1979年开始，我国实行对外合作勘探开发海洋石油天然气的政策，油气资源的勘查主要由地质矿产部负责；当时的石油工业部负责勘探开发。1982年2月15日成立的国家石油公司——中国海洋石油总公司（CNOOC，简称中国海油），根据《中华人民共和国对外合作开采海洋石油资源条例》，负责在我国海域对外合作开采海洋石油、天然气资源。20世纪80年代中后期国家撤消了石油工业部，一度成立了能源部，并建立了中国石油天然气总公司，专门从事陆上油气资源的勘探开发。1997年1月，经国务院批准，在地质矿产部原海洋地质局的基础上成立了中国新星石油有限责任公司，实行“陆海兼顾、油气并举”的举措。至此，初步形成了由计划经济向市场经济转变的过渡型体制模式，但这几个公司具有较强的行政职能。

从20世纪90年代后期至今，我国石油行业的市场化步伐加快，经过重组改制，形成了由中国石油天然气集团公司、中国石油化工集团公司和中国海洋石油总公司三大石油公司主导的油气勘探开发格局，并初步形成了面向市场的体制模式。

除了三大石油公司以外，国务院还批准陕西省延长油矿管理局从事油气资源的勘探开发，并允许特殊历史背景下建立的上海石油天然气总公司、广西田东油矿和黑龙江省齐齐哈尔富拉基尔油田三个石油企业在原采矿范围内从事油气开采活动，直至资源枯竭为止。另外，由于种种原因，在四川、重庆、山东等省市和东北、陕北等地区，许多没有独立合法油气矿业权的中小型石油公司也在从事油气资源的开采活动。

根据法律规定和国务院职能的划分，我国主要由国家发改委、国土资源部、商务部及环保部等部委履行油气资源勘探开发及相关管理职能。其中，国土资源部承担全国油气资源主要管理职能，负责拟定矿产（油气）资源的有关法律法规和技术规范、标准，依法管理油气矿业权的登记审批发证及相关管理，审查矿业权勘查、开发方案，承担油气储量和地质资料汇交管理，管理油气勘探开发活动对土地资源的征用，按规定管理矿产资源补偿费的征收和使用，承办并组织调处油气勘探开发中的重大权属纠纷，查处重大违法案件，组织公益性油气资源调查评价，编制油气资源保护与合理利用规划、勘查规划等。针对油气资源的勘查和开发，目前我国已形成了以全国人大立法、国务院有关部委执法、各石油公司具体生产的油气资源管理体制和运行模式。

2.3.5 海洋环境管理

海洋环境问题是伴随着海洋开发而带来的，主要发生在改革开放之后的海洋经济建设的大发展时期。

国务院环境保护行政主管部门作为对全国环境保护工作统一监督管理的部门，对全国海洋环境保护工作实施指导、协调和监督，并负责全国防治陆源污染物和海岸工程建设项目对海洋污染损害的环境保护工作。

国家海洋行政主管部门负责海洋环境的监督管理，组织海洋环境的调查、监测、监视、评价和科学研究，负责全国防治海洋工程建设项目和海洋倾倒废弃物对海洋污染损害的环境保护工作。

国家海事行政主管部门负责所辖港区水域内非军事船舶和港区水域外非渔业、非军事船舶污染海洋环境的监督管理，并负责污染事故的调查处理；对在中华人民共和国管辖海域航行、停泊和作业的外国籍船舶造成的污染事故登轮检查处理。船舶污染事故给渔业造成损害的，吸收渔业行政主管部门参与调查处理。

国家渔业行政主管部门负责渔港水域内非军事船舶和渔港水域外渔业

船舶污染海洋环境的监督管理，负责保护渔业水域生态环境工作，并调查处理前款规定的污染事故以外的渔业污染事故。

军队环境保护部门负责军事船舶污染海洋环境的监督管理及污染事故的调查处理。

沿海县级以上地方人民政府行使海洋环境监督管理权的部门的职责，由省、自治区、直辖市人民政府根据《海洋环境保护法》及国务院有关规定确定。

2.3.6 海洋地矿管理

国务院地质矿产行政部门主管全国矿产资源勘查、开采的监督管理工作。凡在中华人民共和国领域及管辖海域勘探、开采矿产资源，都必须遵守《中华人民共和国矿产资源法》。据此，海底矿产资源勘查、开采的监督管理部门同样是国务院地质矿产主管部门。

1998 年 3 月 10 日，九届人大一次会议第三次全体会议表决通过的《关于国务院机构改革方案的决定》，海洋矿产资源归口新组建的国土资源部管理。负责海底矿产资源勘查的登记制度，审批供矿产开发设计使用的勘探报告，监督勘查登记制度和勘探报告审批制度的执行。

2.3.7 海洋文物管理

海洋文物是指历史遗留下来的有价值的涉及海洋的文物，包括物质的和非物质的。根据《中华人民共和国水下文物保护管理条例》，海洋文物的管理由国家文物行政管理部门负责，包括遗存于我国内水、领海内的一切起源于我国的和起源国不明的及起源于外国的文物；遗存于我国领海以外我国管辖海城内的起源于我国的及起源国不明的文物；遗存于外国领海以外的其他管辖海域以及公海区域内的起源于我国的文物的管理。

2.3.8 海洋测绘管理

海洋测绘管理由国务院测绘行政管理部门——国家测绘局会同军队测绘主管部门管理。《中华人民共和国测绘法》规定在我国海域和管辖的其他海城从事测绘活动，都是该法的适用范围。负责我国管辖海域区位、深度、面积、长度等重要地理信息数据的测绘、审核、申报等法律制度的监督管理；负责包括海洋测绘资质审查管理，监督测绘资格标准制度的执行。

2.3.9 海洋安全管理

海洋安全可分为海上治安安全、海洋主权安全和海洋权益安全。

海上治安安全由国家公安部门管理，承担国家海域的治安保护任务，又承担国家海域的侦查职能。运用国家政权的行政力量和警察武装力量，依法对海洋社会治安进行管理，维持海洋社会秩序、生产秩序以及一切活动秩序。作为行使侦查权的国家司法机关之一，实施对各类刑事案件的侦查、拘留、预审和执行逮捕的职责。

海洋主权安全由国家武装力量——军队负责，承担巩固国防，抵抗侵略，保卫海洋主权和权益，保卫人民的海洋劳动的职责。

海洋权益安全则由国家海洋局、外交部和军队共同管理。

2.3.10 海事管理

狭义海事是指与海洋航行有关的事务，广义海事是指海上交通运输、对外贸易、海洋开发利用和海洋经济相关的海事和海商案件。我国的海事管理归口于海事法院管理。海事法院属于专门的人民法院，是适应我国海上交通运输、对外贸易、海洋开发利用和海洋经济的迅速发展的客观需要，以便及时、迅速地审理不可避免的、不断增加的海事和海商案件。海事法院的任务是专门审理国内和涉外的第一审海事与海商案件，不受理刑事案件和非海事、海商的其他案件。海事法院只有第一审的审判权，如案件第一审不能审结，当事人不服可以向当地高级人民法院上诉。

2.4 海洋行政管理

海洋行政管理是指国家行政权力在海洋事务中的行政管理行为。海洋行政管理是国家行政管理的一个重要组成部分，是海洋管理中最重要的管理形式之一，是海洋管理健康发展的保障。海洋行政管理的主体是国家海洋行政权力机关；管理要素是行政事务，包括海洋事务中所有涉海活动；客体是行政相对人，涉海活动中的自然人、法人和组织。

2.4.1 海洋行政管理主体

2.4.1.1 海洋行政管理主体概念

海洋行政管理主体，也称海洋行政主体，是指依法享有国家海洋行政管理职权，能以自己的名义实施海洋行政管理活动，并能够独立地承担由此产生的法律责任的行政组织。

（1）海洋行政管理主体

根据目前我国法律和海洋行政管理的实际情况，我国海洋行政管理主体是：国务院、国家海洋局、国家海洋局所属的海洋管理分局、沿海地方各级人民政府及其职能部门、香港特别行政区政府及其职能部门、澳门特别行政区政府及其职能部门、法律法规授权的其他组织。

（2）海洋行政主体的类型

按照行政主体的权利来源可分为海洋职权行政主体和海洋授权行政主体。依照宪法和组织法等的规定取得海洋行政职权和海洋主体行政资格的组织为海洋职权行政主体，如国家海洋局；由宪法和组织法等之外的法律法规的规定而取得海洋行政职权和海洋主体行政资格的组织为海洋授权行政主体，如国家海洋局所属的海洋分局等。

按照行政主体的权利级别可分为国家海洋行政主体和地方海洋行政主体。国家海洋行政主体是指行使海洋行政职权范围及于全国所有海域的组织及其派出机构；地方海洋行政主体是指行使海洋行政职权范围及于其本行政所属海域的组织及其派出机构。

按照行政主体的权利范围可分为：区域性海洋行政主体和地域性海洋行政主体。区域性海洋行政主体是指在某些特定海域，承担全部或部分海洋行政事务的授权性海洋行政主体；地域性海洋行政主体是指海洋行政职权范围及于其同级地方政府行政所属范围的海洋行政主体。

2.4.2 海洋行政行为

海洋行政行为是海洋行政主体为实行国家海洋行政管理目标，依法行使国家海洋行政权力的行为。按照依据的法律不同，海洋行政行为可分为不同的种类。

2.4.2.1 海洋行政立法行为、执法行为和司法行为

海洋行政立法是指享有海洋行政立法权的国家行政机关为调整海洋事务的行政关系，制定海洋行政法规和规章的行政行为。

海洋行政执法行为是指海洋行政机关以及法律特别授予海洋行政权的组织依照法律、法规的规定，处理具体海洋行政事务的行政行为。海洋行政执法行为是将具有普遍约束力的命令、决定等适用于具体个人和组织的行为，该行为必然会对公民、法人等产生一定的约束力，是一种产生直接现实影响的行政行为，它所形成的法律关系是以海洋行政主体为一方，以被采取措施的海洋行政相对人为另一方的双方法律关系，具体包括海洋行政许可、海洋行政处罚等。

海洋行政司法行为是指海洋行政机关作为争议双方之外的第三者，按照司法程序审理特定的海洋行政争议或民事争议案件并做出调解和裁决的行政行为。

2.4.2.2 抽象行政行为和具体行政行为

按照海洋行政行为的对象是否特定明确为标准，可以将海洋行政行为分为抽象行政行为和具体行政行为。

抽象行政行为是指海洋行政机关以不特定的、一般的人或事为管理对象制定具有普遍约束力的、规范性文件的行政行为，包括制定法规、规章和发布决定、命令等的行政行为。

具体行政行为是指海洋行政机关在行使海洋行政权的过程中，针对特定的人或特定事件作出影响海洋行政相对人权益的具体决定和措施的行政行为。

2.4.2.3 羁束行政行为和裁量行政行为

按照海洋行政主体实施海洋行政行为受法律的约束程度为标准，可以将海洋行政行为分为羁束行政行为和裁量行政行为。

羁束行政行为是指海洋行政主体只能依据法律、法规的明确规定，没有选择余地地作出行政行为。海洋行政主体实施羁束行政行为，必须严格依法定范围、条件、形式和程序等进行，没有自由斟酌、选择和裁决的余地。

裁量行政行为是指海洋行政主体根据法律、法规规定的幅度和范围或者在法律法规只规定了一定原则和目的情况下，根据海洋行政管理需要和具体情况，自由斟酌并选择自认为内容正确适当的行政行为。

2.4.2.4 要式行政行为和非要式行政行为

按照海洋行政行为是否应当具备一定的法定形式为标准，可以将海洋行政行为分为要式行政行为和非要式行政行为。

要式行政行为是指海洋行政主体必须具备海洋行政法律规范要求的特定形式或必须遵守的特点程序，才能产生法律效果的行政行为。

非要式行政行为是指海洋行政主体在法律并未明确规定实施行政行为的方式情况下，可以根据情况自由选择方式并实施行政行为。非要式行政行为一经作出便立即产生法律效力，海洋行政主体只要能够表明行政行为的内容，可以采取口头、书面、姿势、形态等方式作出行政行为。

2.4.2.5 内部行政行为和外部行政行为

按照海洋行政主体的对象和该对象所处的法律地位为标准，可以把海洋行政行为分为内部行政行为和外部行政行为。

内部行政行为是指海洋行政主体在内部行政组织管理过程所做的只对行政组织内部产生法律效力的行政行为。对内部行政行为通常涉及的行政机关或被授权组织的内部行政事务，不影响公民、法人和其他组织的利益。如海洋行政机关对内部工作人员的行政处分，上级机关对下级机关下达的行政命令、指标等。

外部行政行为指海洋行政主体对不属于本系统的、外部社会的人或在实施海洋行政管理活动过程中作出的行政行为。在海洋行政管理工作中的海洋行政许可、海洋行政处罚措施等都属于外部行政行为。

2.4.2.6 依职权行政行为和依申请行政行为

按照海洋行政主体以其海洋行政行为的发生是否需要海洋行政相对人的申请为标准，可以把海洋行政行为分为依职权行政行为和依申请行政行为。

依职权行政行为是指海洋行政机关依据法律赋予的权力，无需海洋行政相对人的请求，而主动采取的海洋行政行为。在海洋行政行为中，绝大多数的是依职权的海洋行政行为。例如海洋行政处罚、海洋行政征收等。

依申请行政行为是指海洋行政机关必须有海洋行政相对人的申请，才能依法实施的海洋行政行为。例如，颁发海域使用证，发放海洋倾废许可证等。

2.4.2.7 职权行政行为、授权行政行为和委托行政行为

按照海洋行政行为的职权来源为标准，可以将海洋行政行为分为职权行政行为、授权行政行为和委托行政行为。

职权行政行为是指海洋行政机关直接按宪法和组织法规定的职权而实施的海洋行政行为。

授权行政行为是指由海洋法律法规授给非行政机关性质的组织从事海洋行政管理活动而实施的海洋行政行为。

委托行政行为是指由海洋行政机关委托的非行政机关、社会组织从事海洋行政管理活动而实施的海洋行政行为。这里的海洋行政机关与非海洋行政机关、组织或个人是一种委托代理关系，非海洋行政机关、社会组织是以委托的海洋行政机关的名义实施其海洋行政行为。

2.5 海洋综合管理

2.5.1 海洋综合管理的概念

多种海洋资源共存于统一的海洋系统中，互相依存、互相制约、互为条件、互为因果。因此，海洋资源对社会的可利用性是综合的、多功能的，任何单一资源的开发和管理，都会对其他资源、其他临近海域产生不同程度的必然影响。海洋产业管理固然有其简单、直接、专业等优势，但离海洋综合开发、持续发展、整体利益、永久利用的最终目标相差甚远。海洋开发和管理的理论与实践都证明，实行海洋利用的最终目标的必由之路是海洋综合管理。

美国是海洋综合管理理论和体制的发源国。较有代表性的著作《美国海洋管理》是J. M. 阿姆斯特朗和P. C. 赖纳合作完成的。该书认为：海洋综合管理“是把某一特定空间内的资源、海况以及人类活动加以统筹考虑。这种管理方法可以看作是特殊区域管理的一种发展，即提出把整个海洋或其中的某一重要部分作为一个需要予以关注的特别区域”。即：海洋综合管理即为对海洋空间及其海洋资源，在全面“理解”的基础上，进行全面的“控制”，达到合理的利用。

1982 年《联合国海洋法公约》中，号召沿海国家大力加强海洋管理，尤其是要加强对海洋的综合管理，依靠海洋资源满足各国人民营养需要、满足其能源需要、满足其对新的或补充的原材料来源需要。

1989 年 11 月 16 日联合国秘书长在题为《实现依海洋法公约而有的利益：各国在开发和管理海洋资源方面的需要》的报告中，第四部分专门论述了“海洋综合管理的意义”。

1992 年 3 月联合国环境和发展会议筹委会为秘书长准备的报告《保护大洋和各种海洋，包括封闭和半封闭海以及沿海区域，并保护、合理利用和开发生物资源汇编文件》中，多处论及海洋综合管理问题，并提出了海洋综合管理的基本含义：实现海洋环境保护和持续利用要求，确保海洋能为今世与后世的幸福带来环境和经济方面的收益。该报告给出了海洋综合管理的主要目标；海洋环境保护纳入总体经济发展的政策，动态评价海洋开发利用引起的海洋价值变化；合理利用海洋资源环境以充分满足社会持续发展的需要；防止、减少和控制海洋环境污染，包括沿海和海洋生态系统的污染、退化；保护海洋生物多样性和生产能力、生境和生物种群之间的生态关系；统筹协调海洋资源研究、技术发展和基础设施建设等中长期发展等。

我国自 1989 年建立初步的海洋综合管理的新体制，以国家海洋管理部门为主体开展海洋综合管理的初步实践。理论和实践证明：海洋综合管理对于沿海国家既是必要的，也是可行的；海洋综合管理的理论是不断更新的。

海洋综合管理概念可以表述为：海洋综合管理是国家通过各级政府对海洋（主要集中在管辖海域）的资源、环境和权益等进行的全面的、统筹协调的管理活动，是海洋管理的高层次管理形态。它包含了 4 个方面的内容：

（1）海洋综合管理是海洋管理范畴内的一种类型。它不仅具有管理的一般职能，而且具有其他海洋管理方式不具有的职能，表现在：它不是对海洋的某一局部区域或某一方面的具体内容的管理，而是立足全部海域和根本长远利益，对海洋整体、内容全覆盖的统筹协调性质的高层次的管理形式，它是海洋管理的新发展。

（2）海洋综合管理的目标，集中于国家在海洋整体上的系统功效、科学发展、持续海洋开发利用条件的创造。这是局部或行业管理难以达到的目标。

（3）海洋综合管理侧重于全局、整体、宏观和公用条件的建立与实践。它不深入到具体的，比如行业资源开发利用活动的管理。因此，所采用的手段必须是战略、政策、规划、计划、区划、立法与执法、行政协调等。

（4）国家管辖海域之外的海洋利益的维护和取得，也是海洋综合管理的基本任务。公海区域的海洋资源是全人类的共同遗产，合理享用是各国的权利，维护自然环境是各国的义务。

2.5.2 海洋综合管理的任务

海洋综合管理的任务可以概括为：海洋权益管理、海洋资源管理、海洋环境管理、海洋公益服务、海岸带管理等。

海洋权益管理是指对国家、地方和法人的、享受国际和国家法律保护的、以海洋所有权、使用权和享有权为主要内容的海洋权益的管理行为。从传统的观点看，海洋权益管理仅指国家的、享受国际和国家法律保护的海洋权益事宜。但从海洋管理理论的现状和发展来看，海洋权益的保护对象应该延伸到地方和法人。

海洋资源管理是指对管理海域的海洋资源的勘探、开发、利用活动的管理行为。这里所说的海洋资源是指海洋空间资源、海水资源、海洋矿产资源、海洋旅游资源、海洋动力资源、海洋生物资源、海洋化学资源等，其管理行为是指指挥、组织、领导、控制、协调和监督等行为。

海洋环境管理是指对管理海域的海洋环境的管理行为。这里的海洋环境是指海洋的自然环境，其管理行为是指保护海洋生态环境和动态环境、防止海洋环境污染和破坏、治理和恢复人类对海洋环境的伤害和损伤。

海洋公益服务是指为海洋管理对象提供的信息服务、技术服务、教育服务、咨询服务的行为，这里所说的公益是指不以盈利为目的公共利益。

2.5.3 海洋综合管理体系

海洋综合管理是一种高层次的、科学的管理方式，但是，真正实行它，却是非常困难的，特别是在传统海洋产业管理的国家。实行海洋综合管理有以下 6 个要点：

2.5.3.1 海洋综合管理的思想体系

首先要认识到：海洋资源、环境是依附在多要素、多系统、流通性、易污染、难治理的海洋系统中。分散的、单一的管理，不管是有意的、还是无意的，不管是能力上的，还是职权上的，很难顾及到其他海洋资源和环境的开发、使用和管理，很难处理海洋事务中的国际关系，只有综合的管理才有可能达到综合开发、科学使用、持续发展的目的，才有可能达到有利、有节、及时、有效处理海洋中的国际事务。

因此，要建立可持续发展的、科学发展的、综合开发的、循环使用的、预防为主的海洋综合管理的思想体系。

2.5.3.2 海洋综合管理的行政体系

一种管理方式，对应于一种行政组织；反之，一种行政组织产生一种管理方式。海洋综合管理的实行必须有一种与之对应的海洋综合管理的行政组织，并赋予足够的地位和职权。

海洋综合管理的行政组织体系应包括垂直行政组织体系和平行行政组织体系，垂直行政组织体系是指从上到下的国家综合管理、省市综合管理、地市综合管理、县区综合管理的体系；平行行政组织体系是指在同级管理层面上的以资源（生物资源、矿务资源、空间资源、水资源、化学资源、物理资源、动力资源等）管理、环境管理、权益管理、法规管理、科研管理、教育管理、服务管理等为主要内容的行政管理体系。

2.5.3.3 海洋综合管理的法规体系

在海洋综合管理的思想、组织之后，必须建立在其思想指导下、与组织相适应的海洋综合管理的法律体系，以保证其制定相适应的法规、标准、政策和规划，以保证其建立相适应的行政体系、服务体系、执法体系。该体系主要包括海洋综合管理的海洋法律、海洋规定、海洋标准、海洋政策、海洋规划等。

2.5.3.4 海洋综合管理的执法体系

无论是一般管理，还是海洋管理；无论是海洋产业管理，还是海洋综合管理，在我国，往往不是有无法律的问题，而是执法水平和力度问题，其管理的水平和效果与执法的水平和效果有很大的关系。

海洋综合管理必须建立一支与之相适应的海洋综合执法队伍，包括国家海洋综合执法队伍、地方海洋综合执法队伍。

2.5.3.5 海洋综合管理的服务体系

服务体系是海洋综合管理的重要支撑，主要包括海洋综合管理的信息服务、技术服务、预报服务、监测服务等。

2.5.3.6 海洋综合管理的教育体系

教育体系是海洋综合管理的基础。可以设想，一个具有良好的对海洋价值理解的民众、一个具有良好海洋道德的海洋资源使用者，一个高水平的海洋管理组织，一个高素质的执法队伍，才能够实施好现代化的海洋综合管理。

2.6 海洋管理制度

制度是社会科学里面的概念，是指组织或团体在一定条件下形成的政治、经济、文化等方面的体系，泛指以规则或运作模式，规范和管理个体行动的一种社会结构。

在古典制度主义概念中，对于制度的理解只局限于组织。20 世纪 80 年代产生的新制度主义强调环境如何影响制度的改变，注重建制内非形式因素对个体的影响，强调制度之间的差异性和制度间的相互影响，制度的概念已经扩展到非组织形式的规则。

经济学家诺斯诺斯认为“制度是个社会的游戏规则，更规范的讲，它们是为人们的相互关系而人为设定的一些制约”，他将制度分为三种类型即正式规则、非正式规则和这些规则的执行机制。正式规则又称正式制度，是指政府、国家或统治者等按照一定的目的和程序有意识创造的一系列的政治、经济规则及契约等法律法规，以及由这些规则构成的社会的等级结构，包括从宪法到成文法与普通法，再到明细的规则和个别契约等，它们共同构成人们行为的激励和约束；非正式规则是人们在长期实践中无意识形成的，具有持久的生命力，并构成世代相传的文化的一部分，包括价值信念、伦理规范、道德观念、风俗习惯及意识形态等因素；实施机制是为了确保上述规则得以执行的相关制度安排，它是制度安排中的关键一环。这三部分构成完整的制度内涵，是一个不可分割的整体。

因此，我们把海洋管理制度分为：海洋管理体制制度和海洋管理制度（正式制度和非正式制度）。

2.6.1 海洋管理体制制度

海洋管理体制制度是海洋管理制度的核心，是海洋管理机构的设置、功能、职权分配以及各机构之间的相互协调。有专家研究认为：海洋管理体制是建立在国家政府行政体制之上的海洋行政管理的组织制度。

从管理学角度来说，海洋管理机构指的是中央和地方在政党、人大和行政三方面的涉海机构的设置和管理权限划分及其相应关系的制度。海洋管理体制是国家基本制度的重要组成部分和重要体现形式之一，是为国家基本制度服务的，是联系海洋生产力、海洋生产关系和海洋上层建筑三大海洋社会有机体子系统之间的结合点，是三者之间发生相互联系、发生作用的桥梁和纽带。

《中国共产党章程》指出，中国共产党是中国特色社会主义事业的领导核心，领导全国各族人民实现社会主义现代化的宏伟目标；党的下级组织服从上级组织，全党各个组织和全体党员服从党的全国代表大会和中央委员会；我国《宪法》规定在“社会主义初级阶段”，中国各族人民将继续在中国共产党领导下，不断完善社会主义的各项制度。海洋事业作为我国特色社会主义事业的组成部分、海洋管理机构作为国家管理机构的重要组成将在党的领导下不断完善、不断发展；各级海洋管理机构在各级党组织的领导下，各级党组织在上级党组织和党中央的领导下不断完善和发展海洋事业、海洋管理的各项制度。

我国《宪法》规定：中华人民共和国全国人民代表大会是最高国家权力机关，它的常设机关是全国人民代表大会常务委员会；全国人民代表大会及其常务委员会行使国家立法权，选举中华人民共和国主席、副主席，决定国家行政机构的组成和人选。为加强海洋事务的统筹规划和综合协调，国家设立高层次议事协调机构国家海洋委员会，负责研究制定国家海洋发展战略，统筹协调海洋重大事项，在国务院设立有关国家海洋行政管理部门。国家有关海洋行政主管部门是国家海洋权力机关的执行机关、是国家行政机构的重要组成，主要有：外交部边界与海洋事务司、公安部边防管理局、国土资源部国家海洋局、国土资源部国家测绘地理信息局、环境保护部、交通部海事局、农业部渔业局、海关总署缉私局和文物局及其派出机构。

地方各级人民代表大会是地方国家权力机关，可以制定地方性法规，选举并且有权罢免本级人民政府的行政领导和工作人员，监督本级人民政府、人民法院和人民检察院的工作，地方各级人民政府是地方各级国家权力机关的执行机关，是地方各级国家行政机关；地方各级人民政府对本级人民代表大会负责并报告工作，同时对上一级国家行政机关负责并报告工作。

海洋管理机构作为国家和地方的国家权力机关的执行机关和国家行政机关之一，向本级人民代表大会负责并报告工作，同时对上一级国家行政机关负责并报告工作。国家海洋局及其海监机构，主要行使我国海域使用管理、海洋环境和资源保护、海洋权益维护和海洋公益服务等职能。交通部海事部门，主要监督我国水上交通安全，防止船舶污染，检验船舶和海上设施，进行海上航标管理和港口航道测量等。国家渔业渔港监督部门，主要负责渔船渔港的监督管理，保护海洋渔业资源及其巡航检查等。海关和边防部门中海关主要负责我国进出口货物检查和缉私，边防则主要负责海上治安和进出关人员检查等。国家环境保护部负责建立健全环境保护基本制度，按国家要求会同有关部门拟订重点海域污染防治规划；负责重大环境问题的统筹协调和监督管理，统筹协调国家海域污染防治工作，指导、协调和监督海洋环境保护工作。国家文物局主管全国文物保护工作，包括内水和领海中遗存的一切文物。

国家海洋局作为我国海洋行政综合管理部门，其基本职能为海洋立法、规划和管理；基本职责为海域使用管理、海洋环境保护、海洋科技、海洋国际合作、海洋减灾防灾和维护海洋权益六个方面。1999 年，国家海洋局调整了海上执法机构，成立了中国海监总队以及北海区海监总队、东海区海监总队、南海区海监总队，负责我国全部管辖海域的综合执法工作。地方海洋管理实现了地矿、国土、海洋的合并模式。

从总体上看，我国海洋管理体制是条块交叉的行政管理体制和综合管理与行业管理互补共促的运行机制。所谓“条块”交叉中的“条”是指海洋行政管理中的“中央—省—市—县—乡”条状直通管理模式；“块”是指行政区域（省市县乡）和自然区域（渤黄东南海）海洋管理中的块状管理模式。

2.6.2 海洋管理制度

2.6.2.1 海洋管理的正式制度

海洋管理的正式制度主要包括海洋法律制度、海洋规划制度、海洋政策制度。

1. 海洋法律制度

海洋法律制度主要包括宪法、全国人民代表大会制定的基本法律、全国人民代表大会常务委员会制定的法律、国务院及其行政部门制定的行政法规和地方立法主体制定的地方执法体系。

半个世纪以来，我国的海洋法律制度从无到有，逐步建立一些海洋法律，这些法律对于我国海洋事业的发展取得了非常大的作用。这些法律包括第二层次的全国人大常委会制定或通过的法律；第三层次的国务院及其行政主管部门颁发的涉海行政法规、部门规章和法规性文件；第四层次的地方性法律法规。

第一层次法律是全国人民代表大会通过的法律，主要有：《中华人民共和国民法》、《中华人民共和国刑法》、《中华人民共和国诉讼法》、《中华人民共和国物权法》。在这个层次的法律中，尽管没有直接的海洋法律，但是他们都从不同的方面对涉海事务中的民事、刑事、物权和诉讼进行了一般性的法律规定。

第二层次法律是全国人民代表大会常务委员会通过的法律，主要有：《中华人民共和国政府关于领海的声明》、《中华人民共和国领海及毗连区法》、《中华人民共和国专属经济区和大陆架法》、《中华人民共和国海洋环境保护法》、《中华人民共和国环境影响评价法》、《中华人民共和国渔业法》、《中华人民共和国野生动物保护法》、《中华人民共和国矿产资源法》、《中华人民共和国可再生能源法》、《中华人民共和国海上交通安全法》、《中华人民共和国海域使用管理法》、《中华人民共和国港口法》、《中华人民共和国测绘法》、《中华人民共和国海岛保护法》等。这个层次的海洋法律是构成我国海洋法律体系的主体，也是我国海洋管理制度的主体，主要包括：海洋主权制度、海洋环境保护制度、海域使用管理制度、海岛开发与保护制度、海洋野生动物保护制度、海洋矿产资源开发保护制度、海水交通安全管理制度、海洋测绘管理制度、海港建设和管理制度。

第三层次的法律是国务院制定的行政法规和地方立法主体制定的地方法规，这个层次的法律较多，是国家和地方行政管理和行政执法中可执行性较强的一部分。

但是我们也看到，我国海洋法律制度还存在许多问题：①法律地位偏低，除14部法律外，其他全部都是国务院或地方《条例》、《办法》、《规定》类；②高层次大法缺失，在最高层次的《中华人民共和国宪法》中没有有关海洋的概念和条款；在第一层次中没有海洋基本法律；③法律体系还不完整，甚至有严重缺失，如区域海洋法、海洋资源法、海岸带法也还没有建立，地方性、区域性海洋法规较少。④海洋法律的可执行性不够，不少条款原则性较强。⑤对国际海洋法律的主动研究和参与还不够等。

2. 海洋规划制度

新中国成立以来，我国进入一个计划经济的发展阶段，计划和规划在我国的发展中处于至关重要的地位。改革开放后，我国的计划经济逐步转向社会主义市场经济，发展到计划经济与市场经济并存的新阶段。五年来作为计划经济的延续，计划与规划还是市场经济的宏观指导，仍然是我国管理制度的重要成分。

规划是指比较长远的分阶段实现的计划。我国的海洋规划制度是我国海洋管理制度的重要组成。多年来，是指导国家海洋事业、海洋产业健康发展的，比较全面的长远的发展计划，是对未来国家海洋事业和海洋产业的整体性、长期性、基本性问题的思考、考量和设计未来整套行动的方案。

海洋规划是在一定时期内对海洋开发、利用、治理、保护活动进行统筹安排的战略方案和指导性计划，是国家经济与社会发展规划体系的重要组成部分，是海洋综合管理的重要手段。制定海洋规划，对于保障海洋开发活动有序有度进行、促进海洋经济和海洋事业持续健康发展、推动国民经济和社会发展大局，具有极其重要的意义。

海洋规划需要准确而实际的数据以及运用科学的方法进行整体到细节的设计。依照相关技术规范及标准制定有目的、有意义、有价值的行动方案。其目标具有针对性，数据具有相对精确性，理论依据具有详实及充分性。海洋规划的制定从时间上需要分阶段，由此可以使行动目标更加清晰，使行动方案更具可行性，使数据更具精确性，使规划运作更具可控性以及实施的合理性。

海洋规划是随着我国海洋经济和海洋事业的发展需要而逐步发展和完善起来的。研究认为我国海洋规划发展大体历程 3 个阶段。

从新中国成立初期至文革初期，我国海洋规划以海洋科学研究为主体，以“向科学进军”的口号为指引，先后编制了《1956—1967 年海洋科学发展远景规划》；1963 年 3 月国家科学技术委员会（简称“国家科委”）海洋专业组在青岛召开会议，研究讨论我国海洋科学十年发展规划草案，其后公布了《1963—1972 年海洋科学发展规划》和《1975—1985 年全国海水淡化科学技术发展规划》。1977 年 12 月 19 日国家海洋局副局长律巍在全国科学技术规划会议上作了题为《查清中国海、进军三大洋、登上南极洲，为在本世纪内实现海洋科学技术现代化而奋斗》的长篇发言，宣布了我国长期海洋科学发展规划。

从改革开放至 20 世纪末，我国海洋规划进入快速发展阶段。国家计委于 1981 年 4 月开始编制、1990 年 2 月完成了《全国国土总体规划纲要（草案）》。1986 年，国家海洋局组织完成了“海岸带和海洋资源开发利用规划设想”，提交了规划设想报告和部分图件及录像片，内容作为《全国国土总体规划纲要》第十章。但是由于多种原因，这个规划草案最终没有获批。1991 年国家编制、1994 年发布了《全国海洋开发规划》，这是我国第一个具有全局性和战略性的海洋发展规划。1991 年，发布《九十年代我国海洋政策和工作纲要》、1993 年发布《海洋技术政策（蓝皮书)》。1996 年是我国海洋规划的大年，期间有较多对我国海洋发展具有历史意义的规划问世：1996 年发布《中国海洋 21 世纪议程》提出了我国海洋事业可持续发展的战略，其基本思路是：有效维护国家海洋权益，合理开发利用海洋资源，切实保护海洋生态环境，实现海洋资源、环境的可持续利用和海洋事业的协调发展。1996 年陆续发布《全国海洋环保“九五”(1996—2000 年）计划和 2010 年长远规划》和《“九五”（1996—2000 年）和 2010 年全国科技兴海实施纲要》。1997 年发布实施了《“九五”和 2010 年全国科技兴海实施纲要》，提出了 510 工程，着眼于资源开发利用方面，促进了海洋渔业等传统产业的升级改造，海洋经济总量增加迅速。1998 年我国发表了政府白皮书《中国海洋事业的发展》，进一步确立了我国在海洋事业发展中遵循的基本政策和原则。此外，还公布了《小比例尺海洋功能区划研究试点工作》、《中国近岸海域海洋环境功能区划》、《渤海碧海行动计划》等。

进入 21 世纪来，我国海洋规划进入健康发展轨道，陆续制定了若干行业规划。2005 年国务院颁布，《国家中长期科学和技术发展规划纲要(2006—2020)》，其中把海洋科学和技术的发展放在了主要的位置，在其不少章节中给予了规划，并列入重点和前沿领域发展规划。

2002 年国务院还批准了《全国海洋功能区划》，为与《海域使用管理法》和《海洋环境保护法》相衔接，为我国海域使用管理、海洋环境管理、海洋资源开发制定了一个必要的制度性文件，同时，沿海省市也开始编制沿海省、市、县三级海洋功能区划，我国海洋空间规划逐渐完善。

2003 年 5 月 9 日，国务院印发了《全国海洋经济发展规划纲要》，我国第一个涉及海洋区域经济发展的宏观指导性文件，明确地提出了我国海洋经济发展的指导原则与发展目标、主要海洋产业发展方向及布局、发展各具特色的海洋经济区域、加强海洋资源与环境保护以及需采取的措施等。

2005年国家发改委发布《海水利用专项规划》(2005年)，分析了我国海水利用现状，剖析了我国海水利用业存在的主要问题，分析了海水利用面临的形势，明确了我国海水利用指导思想、遵循原则与发展目标，规定了我国海水利用的任务、发展重点、区域布局与重点工程。

2006年国家公布《国家海洋科学和技术“十一五”规划纲要》，提出了我国“十一五”海洋科技发展思路、目标和重点任务，统筹部署海洋科技发展任务，进一步提升国家海洋科技自主创新能力和长远发展能力。

2006年2月14日国家颁布了《中国水生生物资源养护行动纲要》，指出了我国水生生物资源养护现状及存在的问题，明确了水生生物资源养护的指导思想、原则和目标，制定了渔业资源保护与增殖行动、生物多样性与濒危物种保护行动和水域生态保护与修复行动。

2006年11月7日国家农业部颁布了《全国渔业发展第十一个五年规划（2006—2010年)》，明确了“十一五”时期我国渔业发展的目标、中心任务和指导思想，是以后指导我国渔业发展的纲领性文件。

2007年9月29国家农业部制定了《中长期渔业科技发展规划(2006—2020年)》分析了我国渔业科技面临的形势，制订了未来渔业科技发展的指导思想、原则和目标，规定了渔业科技发展的重点任务，确定了保障措施。

2008年国家海洋局为发挥海洋科技对海洋经济的支撑和引领作用，加快海洋科技成果转化和产业化，促进海洋经济又好又快发展，按照统筹协调、持续发展、系统最优的原则，制订了《全国科技兴海规划纲要(2008—2015年)》，分析了全国海洋科技工作的现状与需求，确定了科技兴海的指导思想、基本原则和发展目标，指出了重点任务，明确了实施措施。

2008年国家公布了《国家海洋事业发展规划纲要》，是新中国成立以来首次发布的海洋领域总体规划，是海洋事业发展新的里程碑，对促进海洋事业的全面、协调、可持续发展和加快建设海洋强国具有重要的指导意义。

2010年国家公布《全国海洋人才发展中长期规划纲要（2010—2020年)》，这是我国第一个中长期海洋人才发展规划，对全面加强海洋人才资源的开发与建设，培养造就高素质的海洋人才队伍，推动海洋人才的整体发展，乃至促进海洋经济和海洋事业发展、实现建设海洋强国远景目标都具有重大的战略意义和现实意义。

2010年国家公布了《海洋工程装备产业创新发展战略（2011—2020)》，这是落实《国务院关于加快培育和发展战略性新兴产业的决定》战略性新兴产业中最先披露的产业规划。

2011年国家公布《国家“十二五”海洋科学和技术发展规划纲要》，提出“十二五”期间的发展思路、目标和重点任务，统筹部署海洋科技发展任务，进一步提升国家海洋科技自主创新能力和长远发展能力。

2011年10月17日国家农业部渔业局颁布《全国渔业发展第十二个五年规划（2011—2015年)》，规划了我国包括海洋渔业在内的渔业的发展成就、存在问题、指导思想、基本原则和重点任务。

2011年11月1日农业部办公厅公布了《渔业安全生产“十二五”工作规划》，制定了现状和工作成效，分析了面临的形势和存在的问题，明确了我国渔业的指导思想、基本原则、规划目标，规定了主要工作任务。

交通运输部海事局制订了《海事系统“十二五”发展规划》，分析了我国海事发展发展基础和发展机遇与挑战，明确了未来我国海事发展的指导思想、原则和目标，规定了未来发展任务以及组织与实施措施。

环境保护部2008年发出了“关于印发《淮河、海河、辽河、巢湖、滇池、黄河中上游等重点流域水污染防治规划（2006—2010年)》的通知”，规定了6个重点流域水污染防治目标、要求，任务和措施。为我国海陆环境统筹管理、上下游共治取得了重要作用。

2001年为保护渤海，国务院批准了《渤海碧海行动计划》，制度了指导思想和编制原则，确定了近期（2001—2005 年）、中期（2006—2010 年）和远期（2011—2015 年）行动时期和目标，界定了实施的区域范围，制定了监测的指标体系。

2012 年 4 月 18 日国家海洋局发出“关于印发全国海岛保护规划的通知”，颁发了“全国海岛保护规划”。

2012 年 9 月 16 日，国务院发出“关于印发全国海洋经济发展‘十二五’规划的通知”，颁布“全国海洋经济发展‘十二五’规划”。

进入 21 世纪后，我国沿海区域发展规划纳入国家战略，国务院先后批复了《辽宁沿海经济带发展规划》、《推进天津滨海新区开发开放有关问题的意见》、《黄河三角洲高效生态经济区发展规划》、《江苏沿海地区发展规划》、《长江三角洲地区区域规划》、《关于支持福建省加快建设海峡西岸经济区的若干意见》、《珠江三角洲地区改革发展规划纲要（2008—2020 年）》、《广西北部湾经济区发展规划》和《关于推进海南国际旅游岛建设发展的若干意见》等多部海洋区域发展规划。这些规划对我国海洋发展布局、海洋科学技术、海洋经济建设、海洋人才培养、海洋工程装备、海洋渔业、海洋环境、等都具有很大的指导作用，构成了我国海洋管理正式制度中的海洋规划制度的主要内容。

3. 海洋政策制度

政策是国家或政党根据一定历史时期的政治路线和国内外形势，为实现其目标，所规定的具体行动纲领和准则。海洋政策是指国家或政党根据一定历史时期的政治路线和国内外形势，以及海洋的自然资源、自然环境和社会需求，为实现其总体发展战略目标，制定的关于海洋政治、海洋事业和海洋产业的具体行动纲领和行动准则，是国家或政党的总政策的重要组成。

海洋政策具有一定约束性，如海洋科研经费不能超范围使用、控制海洋污染总量不能突破、控制围填海的指标不能突破，在强制性和合理性之间取得一定平衡。海洋政策具有一定的指导性，如国家海洋产业政策、海洋科技发展政策、海洋人才发展政策等，只是给出了较大尺度、较大范围的发展规划、发展方向和发展目标，并没有给出非常具体的海洋产业项目、海洋科研项目等，在宏观性和微观性之间取得一定平衡。海洋政策具有一定时效性，如海域使用金政策随着海域资源和使用需求而不断调整、海洋执法队伍的建设政策随着国家的执法体制的变化而变化，在稳定性和变动性之间取得一定平衡。海洋政策具有一定范围性，如国家为沿海不同地区的发展规划，制度了不同的发展政策。为不同的海洋功能区、海洋主体区制定了不同的海洋发展和保护政策，在公平性和效率性之间取得一定平衡。海洋政策具有一定的过渡性，海洋政策是在国家的法律法规正规制度与非正规制度之间的过渡和桥梁，经过实施和实验发现，有一定社会正效益的政策往往会延续，没有社会正效益的政策往往会取消，需要在更大范围、更长时间、更大力度上实现的政策往往会上升到法律层面。

海洋政策一般可分为海洋国内政策和海洋国外政策两大部分。海洋国外政策是国家或政党关于对国外有关国家、地区和组织的海洋政策，如对美海洋政策、对日海洋政策、对东南亚海洋政策、公海海洋政策、极地海洋政策等。海洋国内政策是国家或政党关于国内海洋事业、海洋产业的海洋政策，如海洋水产政策、海洋人才政策、海洋可再生能源政策等。

2.6.2.2 海洋管理的非正式制度

海洋管理的非正式制度是指人们在长期实践中无意识形成的，具有持久的生命力，并构成世代相传的海洋文化的一部分，包括海洋价值观、海洋伦理观、海洋风俗习惯及意识形态等因素。

海洋价值观是人们对海洋存在价值的认识，现代海洋价值观一般可概括为：海洋调节着全球的气候，海洋给予了人类适宜生存的自然环境；海洋生物资源是人类食物的重要来源；海洋矿产资源是社会物质生产的原料基地；海洋通道是连接各大陆的基本通道；海洋空间是人类发展的新空间；海洋庞大的水体给予地球生物和人类赖以存在的丰富水源；海洋蕴藏丰富的可再生能源；海洋具有广阔前景的旅游资源；海洋关系国家安全，是实施国家政治、军事战略的基本领域。

伦理是指人与人之间的伦理关系，伦理观是人们对于伦理问题的根本看法和态度，是世界观、人生观、价值观的集中体现。海洋伦理是指人与海洋自然之间的伦理关系，海洋伦理观是人们对海洋伦理的根本看法和态度，是人类的自然伦理观的组成部分。有专家研究认为：海洋伦理是一种生态伦理、是一种公共伦理、是海洋制度的构建基础和必不可少的组成部分。海洋伦理观认为：海洋是人类的母亲、海洋是人类的朋友、人与海洋平等、人类要尊重海洋、人类依靠海洋、人类要尊重海洋生态系统。

风俗是特定社会文化区域内历代人们共同遵守的行为模式或规范。在习惯上，人们往往将由自然条件的不同而造成的行为规范差异，称之为“风”；而将由社会文化的差异所造成的行为规则之不同，称之为“俗”。海洋风俗一般是指滨海地区范围和特定文化区域的历代人们共同遵守的有关海洋的行为模式或规范，一般包括滨海地区涉海的科技文化、建筑文化、语言文化、服饰文化、祭祀文化、神话文化、礼仪文化、商贸文化、船舶文化、文学艺术等。

3 海洋资源管理

3.1 海洋资源管理的概念

海洋资源管理是指以行政、法律、经济、技术、教育等多种手段，以海洋资源的科学和持续利用为最终目的，对海洋资源的开发和利用进行规划、组织、指导、协调和监督的组织过程。

海洋资源管理属于海洋管理的范畴，是海洋行政管理的一部分。因此，海洋行政管理的一般性理论、方法、技术、法律和特征，均适用于海洋资源管理。但是，由于海洋资源有其特殊性，因此海洋资源管理也有其自己的特殊性。其特殊性主要在于：①海洋资源的开发和利用首先是以单种资源开始的，因此，到目前为止，海洋资源管理大多以强烈的行业资源管理形式为主；②不同海洋资源开发与利用的历史不同，因此其管理也有历史的痕迹和特点；③海洋资源种类繁多，其管理形式也多种多样。

海洋资源的行业管理是指以海洋资源产业为管理内容的一种管理方式，主要有：海洋渔业资源管理、海洋矿产资源管理、海洋油气资源管理、海洋港口资源管理、海洋盐业资源管理、海洋旅游资源管理、海洋环境资源管理等。

海洋资源综合管理是指国家海洋局根据国家赋予的职能安排所进行的、以海域使用管理为抓手的、对国家管理范围内的海洋空间资源、海洋新能源、海岛资源以及国际海底资源、极地资源等进行海洋资源调查、研究、规划、统计、监测和监管于一体等综合性、整体性管理。

海洋资源管理的法律依据有5类。一是国家大法；二是海洋资源国家部门法律：三是海洋资源国家行政法规；四是海洋资源地方行政法规；五是海洋资源标准。

3.2 海洋资源分类

海洋资源分类是海洋资源管理的基础。在浩瀚的海洋地理系统中、在庞杂的海洋组成系统中，海洋资源种类繁多、数量巨大。在对海洋资源的研究、开发和利用中，人们从不同角度对海洋资源有各种各样的分类方法，主要有：科学分类法、开发性分类法、载体性分类法、地理位置分类法、枯竭性分类法、社会使用性法、社会属性分类法、按存在形式划分法等。

3.2.1 科学属性分类

按理科门类划分，海洋自然资源可分为海洋物理资源、海洋化学资源、海洋地质资源、海洋地理资源、海洋大气资源、海洋生物资源等。

海洋生物资源是指海洋生物学科研究领域所研究和涉及的海洋中具有生命意义的物质。海洋生物资源是海洋资源中非常重要的一类资源，也是人类使用最为悠久的海洋资源。

海洋地质资源是指海洋地质学科所研究和涉及的，在地质年代中形成的，沉积在海底表层、或蕴藏在海洋地壳中可被人们使用的矿物质。海洋地质资源是未来人类可持续发展的所在，是现在和未来人类研究和开发的重点。

海洋地理资源是指海洋地理学科所研究的、有空间构成、视觉形象、地理特征的宏观物质构成，主要有以下几种类型：以地壳构造为特征、以地理纬度为特征、以区域海洋为特征、以行政区划为特征的海洋地理资源。在以地壳构造为特征的海洋地理资源中主要包括海岸带（河口、基岩、沙砾、生物、泥滩）地理资源、海岛地理资源、大洋边缘（大陆架、大陆坡、大陆隆）地理资源、大洋（海山、海沟、盆地、中脊）地理资源、极地（南极、北极）地理资源等；在以地理纬度为特征的海洋地理资源中主要包括热带地理资源、温带地理资源、寒带地理资源和极地地理资源；在以区域海洋为特征的海洋地理资源中主要包括区域海湾地理资源、区域海峡地理资源、区域海地理资源、区域大洋地理资源；在以行政区划为特征的地理资源中主要包括国家海域地理资源、省域海洋地理资源、地域海洋地理资源、县域海洋地理资源等。

海洋化学资源是指海洋化学学科研究的、溶解在海水中的物质。海水中的化学元素有80多种，有以下几种分类方法：按其含量分类（可分为主要成分和微量元素），按其金属性分类（可分为金属元素和非金属元素），按其生态性能分类（可分为营养元素、气体、有机物和无机物）。

海洋物理资源是指海洋物理学科研究的，或海洋物理概念所描述的物质场（势）资源，其中主要包括海洋热场资源、海洋盐度场资源、海洋波浪场资源、海流场资源、海洋潮汐场资源、海洋声场资源等。

3.2.2 开发性分类

海洋资源的开发性分类是指按海洋资源开发的成熟度，或到现在为止已经、正在和即将开发的海洋资源进行的分类。按其开发性，海洋资源可分为：空间资源、渔业资源、水资源、化学资源、旅游资源、矿产资源、海洋新能源等。

海洋空间资源是指在海洋水、空、地三层三维立体空间内，以物体占据其空间位置而进行其他性质的资源开发的物理承载空间。海洋空间资源是海洋资源中非常重要的一类资源，是其他资源开发利用所必须依赖的承载体。迄今为止，海洋空间资源的开发使用一般可分为生物利用、工业利用和生活利用等海洋空间利用方式。生物利用海洋空间资源是人类利用海洋空间资源中比较悠久和成熟的一种方式，主要包括海洋生物的养殖、增殖和捕捞等作业的空间利用，还应该包括围海造地后的陆地作物种植的空间利用。工业利用海洋空间资源是现代人类利用海洋空间资源，特别是利用海岸带空间资源中最多的一类方式，主要包括交通运输工业、船舶工业、矿产开发工业、电力行业、石油工业、化工工业、冶金工业和环境保护等对海洋空间的利用。生活利用海洋空间资源是人类利用海洋空间资源中既悠久、又极具潜力的一类海洋空间利用方式，主要包括海洋旅游、滨海居住、生活废弃物排放等的空间利用。

海洋渔业资源是指具有开发利用价值的鱼、虾、蟹、贝、藻和海兽类等海洋经济动植物的总体，是海洋渔业生产的自然源泉和基础，又称海洋水产资源。海洋渔业资源（不包括南极磷虾）蕴藏量估计达10亿~20亿吨。

海洋水资源是指海洋中的水体资源。海洋水资源在地球上有 13.7×10^8 立方千米，分布范围为 $3.617\ 453\times10^8$ 平方千米，分布水深为0~10 920米深度内，平均水深有3 820米。在海洋水资源中，有96.5%的为化学意义上的淡水，大约有 13.38×10^8 立方千米。平均全球每人可拥有 1.99×10^8 立方千米的海水，或 1.94×10^8 立方千米的淡水。有人计算，假如把地球上的固体物质团成球状，再把海水敷在其上，则海水的平均深度为2 646米。海水作为水资源，一是直接利用；二是海水淡化成为淡水使用。

海洋化学资源是指溶解在海洋中的可以作为化工原料的各种物质。据估算，世界大洋的海水中含有：各种盐类约 5×10^{16} 吨，其中氯化钠 4×10^{16} 吨，镁 1.8×10^{15} 吨，溴 9.5×10^{13} 吨，钾 5×10^{14} 吨，碘 8.2×10^{10} 吨，铷 1.9×10^{15} 吨，锂 2.6×10^{15} 吨，金 5×10^{6} 吨，银 5×10^{8} 吨，核燃料铀 4.5×10^{9} 吨（是陆地储量的4 500倍）；海水中还含有核聚变的原料重水 2×10^{14} 吨，成为21世纪的核能开发的巨大宝库。全球海水中的淡水，这对于面临21世纪淡水资源紧缺的人类实在是一巨大的财富。可见，海洋是名副其实的人类的资源宝库。

海洋旅游资源是指在一定社会经济条件下，吸引人们进行的旅游活动所产生的现象和关系的总和，即：海洋中的物理、化学、生物、地质、气候等要素现象及其产生的人文要素关系等，一般可以分为海洋自然旅游资源和海洋人文旅游资源。

海洋矿产资源是指由地质、物理、化学和生物等作用所形成的，赋存于海洋系统中，采用现代生产技术，能够为国民经济所利用的海洋矿物。海洋矿产资源存在的形态既有固相和液相，也有气相；既有存在海底之下的，也有存在海底表层的。海底表层矿产大都呈散粒状或结核状赋存于海底各类松散沉积层中，它包括海滨砂矿、大洋锰结核、海底钴结壳、热液矿床、石灰贝壳、砂、砾石、珊瑚、磷钙石、海绿石和重晶石结核等。海底底岩矿产是指存在于海底岩层中和基岩中的矿产，如海洋石油、天然气、海底煤矿、铁矿、重晶石、锡矿、硫矿、岩盐、钾盐，以及地热能、淡水等。

海洋新能源是指依附于海洋系统的、可再生的、以机械能、热能和化学能为存在形式的过程性自然能源资源，包括海上空间的太阳能和风能，海水中的潮汐能、波浪能、海流能（潮流能）、温差能和盐差能等。

3.2.3 载体性分类

各种海洋资源都存在于不同的载体，即分别存在于气圈载体、水圈载体、地圈载体和复合圈（海岸带）。按海洋资源载体分类，海洋资源可分为气圈载体资源、水圈载体资源、地圈载体资源和复合圈载体资源。

气圈载体资源主要包括大气动力资源和太阳能资源；水圈载体资源主要包括生物资源、海水物质资源、以海水为媒介的海洋新能源、海洋空间资源和海洋声资源、光资源、电磁资源；地球载体资源主要包括海底矿产资源、海底空间资源；复合圈载体资源主要涵盖了其他三个圈层载体的资源。

3.2.4 地理位置分类

海洋资源地理位置的划分一般有两种方法，即自然地理位置分类法和行政地理分类法。

自然地理分类法是指按照海洋资源所在地理位置与陆地的关系划分，或按海洋深度划分，或历史形成的地理位置分类。按海洋深度划分的方法又可分为大尺度分类和小尺度分类，大尺度分类可分为：海岸带海洋资源、近海海洋资源和大洋海洋资源，同时人们又把位于地球两极附近的海洋资源单独列为极地海洋资源；小尺度分类可分为近岸海洋资源、浅水海洋资源和深水海洋资源。按历史形成的地理位置分类方法，我国海洋资源可分为渤海海洋资源、黄海海洋资源、东海海洋资源和南海海洋资源等。

行政地理分类是指按海洋资源所在行政区划地理位置而进行分类的一种方法。这种分类方法又可分为不同行政级别的区划地理，如国家级和地区级。国家级海洋资源区划地理分类一般按国家所属海洋分类，如我国海洋资源、日本海洋资源、美国海洋资源等。地区级海洋资源区域地理分类一般按国家的地区行政区划划分，如辽宁省海洋资源、河北省海洋资源、青岛市海洋资源等。

3.2.5 枯竭性分类

枯竭性资源是指在持续的时间内不再增生的资源。枯竭性资源可以分为非再生与有条件再生资源；非枯竭性资源可以分为可再生（恒定性）与有条件可再生（易变性）资源。如石油、天然气、煤等资源，金属、砂石等矿产资源是在地球地质年代过程形成的化石资源，其蕴藏量在地球形成的过程就已经确定了的。因此石油、天然气等化石资源，金属、砂石等矿产资源等均为枯竭性资源。

再生枯竭资源是指如果枯竭资源在枯竭过程中，可多次部分或大部分被回收、加工、利用的枯竭资源为再生枯竭资源，如由金属矿藏资源所产生的金属产品、砂石矿产资源所产生的砂石产品在被使用后，可以多次被回收、加工、利用。因此金属、砂石等矿产资源等为可再生枯竭资源；否则为非再生枯竭资源，如石油、天然气等化石资源的产品在使用（燃烧）后，不可能被回收、加工、使用，因此石油、天然气等化石资源为非再生枯竭资源。

再生非枯竭资源是指如果非枯竭资源在开发、使用过程后，不需要回收、加工就可持续不断地使用的非枯竭资源为再生非枯竭资源，如海洋新能源、海洋旅游资源等。

有条件再生非枯竭资源是指如果非枯竭资源在开发、使用过程后，在有效条件下可持续不断地使用的非枯竭资源为有条件再生非枯竭资源，如海洋水资源、海洋生物资源。

燃烧性资源是指如果（海洋）自然资源或产品在使用过程中，通过燃烧产生热而实现利用的资源，如煤炭、石油、天然气和可燃冰等，否则为非燃烧性资源。燃烧性资源都是不可再生性枯竭性资源。

3.2.6 社会使用性

海洋自然资源及其产品最终都是为人类社会使用和服务的，按其社会使用性可分为基本生存性海洋资源和发展享受性海洋资源。

基本生存性海洋自然资源是指为人类的生存所必需的海洋自然资源，如大气圈中的空气资源、水圈中的水资源以及大气圈、水圈和地圈中的及其交界处的生物资源。

发展享受性海洋自然资源是指为人类的发展、享受所必需的海洋自然资源。此类资源主要以提高人类的运移速度、增加人类居住的舒适度、提高人类各种自然信息和社会信息的输入输出质量、增加个人和社会财富等为主要目的。此类资源主要包括能源资源（化石能源、矿产能源和海洋新能源等）、旅游资源、空间资源、港口资源等。

3.2.7 产权属性分类

尽管自然资源是自然界自然发生的，但由于其社会有用性，自有人类以来，自然资源就有了其社会属性。以微观经济学的观点，自然资源按其社会属性可分为个体资源和公共资源。

个体属性资源是可以进入市场的资源，具有明确的产权特征，在形体上可以分割和分离，在开发和使用中具有稀缺性、专有性和排他性。

个体属性资源的稀缺性是指在给定的社会状况和生产水平下，向一个额外消费者提供资源使用会减少或影响他人对该资源的使用。

个体属性资源的专有性是指在特定的社会制度下，自然资源的权属为法律所规定的、权利所统治的社会团体所专有。

个体属性资源的排他性是指在一个特定的方式下使用一种稀缺资源的权利。

公共资源不具有明确的产权特征，在形体上难以分割和分离，在使用过程中具有普遍性和非排他性。

公共资源的普遍性是指在特定的社会状况和生产水平下，向一个额外消费者提供资源使用的边际成本为零，也不会减少或影响他人对该资源的使用。

公共资源的非排他性是指任何人都不能因为自己对该资源的使用而排除他人对该资源的使用。

3.2.8 按存在形式划分

海洋资源按存在形式分为有形态海洋资源和无形态海洋资源。有形态海洋资源又可按其存在形态划分，可分为气态海洋资源、液态海洋资源和固态海洋资源。无形态海洋资源包括海洋新能源、海洋社会资源和海洋文化资源。但是，海洋自然资源的形态并不是不变的，而是随着压力、温度的变化而变化，如原生态的可燃冰海洋资源是一种固态海洋资源，但当其赋存的环境温度升高或压力降低时，可燃冰海洋资源就成为一种气态海洋资源。

3.3 海洋资源管理基础

3.3.1 海洋资源管理法律

海洋资源管理法律法规是海洋资源管理的重要依据。海洋资源管理法律法规是指由许多有关海洋资源管理的法律、法规等法律规范组成的系统。

宪法是国家的根本大法。我国宪法主要规定国家在合理开发、利用、保护、改善环境和自然资源方面的基本职责、基本政策以及单位和公民在这方面的权利和义务等基本问题。我国宪法虽然没有明确把海洋及海洋资源写进去，但其中规定到“矿藏、水流、森林、山岭、草原、荒地、滩涂等自然资源，都属于国家所有，即全民所有”，同时规定“国家保障自然资源的合理利用，保护珍贵的动物和植物。禁止任何组织或者个人用任何手段侵占或者破坏自然资源”。这对隶属于自然资源的海洋资源也同样具有指导性、原则性和政策性，它构成我国海洋资源法律体系的宪法基础。

为了保护我国的包括海洋资源在内的海洋主权和权益，中央政府1958年9月4日发表了《中华人民共和国政府关于领海的声明》；全国人民代表大会常务委员会先后颁布了系列法律：1992年2月25日颁布了《中华人民共和国领海及毗连区法》；1998年6月26日颁布了《中华人民共和国专属经济区和大陆架法》。

我国目前没有综合性的海洋法，也没有海洋资源法。但是已经建立了许多涉及海洋资源的国家法律、行政法规和地方法规，为我国海洋资源的合理开发利用起到了重要作用。

为了保护我国海洋资源环境，适应我国海洋经济的发展，1982年全国人大常委会颁布了《中华人民共和国海洋环境保护法》，该法的颁布不仅对我国海洋环境保护起到了比较全面的、综合的法律调整作用，同时对海洋资源的发展与保护起到了重要作用。《中华人民共和国防止船舶污染海域管理条例》、《中华人民共和国海洋石油勘探开发环境保护管理条例》、《中华人民共和国海洋倾废管理条例》、《中华人民共和国防止拆船污染环境管理条例》、《防治海洋工程建设项目污染损害海洋环境管理条例》、《防治海岸工程建设项目污染损害海洋环境管理条例》、《防治陆源污染物污染损害海洋环境管理条例》等对保护海洋环境、防止海洋污染取得了重要作用。

为了加强渔业资源的保护、增殖、开发和合理利用，发展人工养殖，保障渔业生产者的合法权益，促进渔业生产的发展，适应社会主义建设和人民生活的需要，1986年1月20日第六届全国人民代表大会常务委员会第十四次会议通过《中华人民共和国渔业法》，根据2000年10月31日第九届全国人民代表大会常务委员会第十八次会议《关于修改〈中华人民共和国渔业法〉的决定》修正，根据2004年8月28日中华人民共和国主席令第25号发布的《关于修改〈中华人民共和国渔业法〉的决定》第二次修正了《中华人民共和国渔业法》，对我国内水、滩涂、领海、专属经济区以及中华人民共和国管辖的一切其他海域从事养殖和捕捞水生动物、水生植物等渔业生产活动做出了法律规定。为保护、拯救珍贵、濒危野生动物，保护、发展和合理利用野生动物资源，维护生态平衡，1988年11月8日第七届全国人民代表大会常务委员会第四次会议通过《中华人民共和国野生动物保护法》，根据2004年8月28日中华人民共和国主席令第24号公布的《关于修改〈中华人民共和国野生动物保护法〉的决定》，修正了《中华人民共和国野生动物保护法》，对在我国境内从事野生动物的保护、驯养繁殖和开发利用活动做出了法律规定。

为了发展矿业，加强矿产资源的勘查、开发利用和保护工作，保障社会主义现代化建设的当前和长远的需要，1986年3月19日第六届全国人民代表大会常务委员会第十五次会议通过《中华人民共和国矿产资源法》，根据1996年8月29日第八届全国人民代表大会常务委员会第二十一次会议《关于修改〈中华人民共和国矿产资源法〉的决定》，修订了《中华人民共和国矿产资源法》，对我国领土及管辖海域勘查、开采矿产资源做出法律规定。海洋石油资源是国家石油资源的重要组成，为了合理、科学、有序开发海洋石油资源，我国政府制定了《中华人民共和国海洋石油勘探开发环境保护管理条例》、《中华人民共和国对外合作开采海洋石油资源条例》。

海洋空间资源是非常重要的海洋资源，为了有效保护和合理、科学、有序使用海域空间资源，2001年10月27日第九届全国人民代表大会常务委员会第二十四次会议于通过并公布《中华人民共和国海域使用管理法》；2009年12月26日第十一届全国人民代表大会第十二次会议通过《中华人民共和国海岛保护法》；20世纪80年代先后颁布了《中华人民共和国海上交通安全法》、《中华人民共和国港口建设管理规定》、《中华人民共和国航道管理条例》、《铺设海底电缆管道管理规定》等。

第十届全国人民代表大会第五次会议于2007年3月16日通过和公布的《中华人民共和国物权法》，对海域和滩涂等做出了国家所有的规定；1994年9月2日国务院第24次常务会议讨论通过、1994年10月9日中华人民共和国国务院令第167号发布《中华人民共和国自然保护区条例》，对海洋中有代表性的自然生态系统、珍稀濒危野生动植物物种的天然集中分布区、有特殊意义的自然遗迹等保护对象的给予保护；2010年1月22日由国家能源局和国家海洋局联合发布的《海上风电开发建设管理暂行办法》，对我国海洋风电资源的开发利用做出了规定。

此外，国家和地方还制定了大量有关海洋资源开发与使用的各种法规、规章、规划和标准体系。

3.3.2 海洋资源管理原则

海洋资源管理的原则主要包括：国家所有原则、宏观规划原则、科学利用原则、持续发展原则和整治生息原则等。

3.3.2.1 国家所有原则

由于海洋同国家利益关系的多样性，及其在国家利益中的特殊地位，对国家内水、领海、毗连区和专属经济区管辖海域中的资源，一般都实行国家所有并管理。

我国的内水、领海和其他管辖海域及其各类自然资源均属国家所有，任何个人或集体都不能侵占。国家拥有管辖海域一切物质资源和空间的占有、处分和保护的全部权利。

但是，海洋资源的具体开发利用却不能、也不应该统一由国家来进行，特别是在改革开放和实行社会主义市场经济的历史条件下，为加速推进海洋资源与空间的开发产业，大力发展我国海洋经济，尽快提高海洋经济在国民经济总体中的比例，必须在所有制不变的原则下，鼓励个人、集体，甚至境外法人等在我国管辖海域从事资源与空间的开发利用活动。尤其是可再生资源和无限资源的合理开发更要采取优惠的政策。资源开发的放开，一方面需要管理部门加强审批和监督管理，搞好生产布局，建立良好的海域开发秩序；另一方面各开发组织者、实施者必须承担资源与环境保护的义务和责任。

因此，在海洋资源管理中，国家所有原则必须确立和贯彻，确保国家在全部管辖海域内的完全的资源利益和战略目标。

3.3.2.2 宏观计划原则

各种海洋资源的种类、分布、储量、品位、开发条件均有其规律性，不同的社会组织、社会区域、社会阶段对不同的海洋资源也有不同的需要。因此，海洋资源开发利用的社会生产实践，主要取决于两个基本的制约要素：一是社会要素，即社会对某种海洋资源的需要和开发该海洋资源的生产力；二是海区蕴藏的这种资源的储量、分布、品位和开发条件。

为了实现海洋资源管理的目标和海洋资源开发的较好效益，必须根据海洋资源的自然分布规律和所处的自然条件和社会需求，以科学发展观为指导，科学（因时、因地、因类）制宜地指导、组织和实施海洋资源开发，不能脱离具体社会需求、具体海区海洋资源的自然分布特点与丰度，否则就难以达到预期目的。

贯彻科学发展观，科学制宜的指导、组织和实施是海洋资源开发的基础，关键在于做好海洋资源不同阶段的科学区划和规划。

不同阶段的本质是对社会发展预测时效的有限性、海洋区域自然条件变化预测时效的有限性的妥协，区划与规划的时段不可过大，也不可过小。若时段过大，在时段后期，其区划与规划可能会与社会需求、自然条件的矛盾加剧，失去其指导意义；若时段过小，其区划与规划的连续性和和生命力将会降低，也会失去其指导意义。

区划的本质是针对海洋资源的，是以海洋资源自然条件为主、以社会需求为辅，对各个海域资源的优势种类、优势范围、适宜使用方向、开发时序、开发兼容组合等给予海洋资源有一定指导、约束意义的空间划分。

规划的本质是针对社会需求的，是以社会需求为主、以海洋资源自然条件为辅，在一定的历史条件下，对社会需求的海洋资源种类、范围、数量，以及开发利用的选择、顺序、布局、组合、强度等作出的有一定指导、约束意义的时空划分。

3.3.3.3 科学利用原则

海洋资源科学利用原则在于海洋资源的整体性、综合性和开发利用的协调性。

海洋资源利用的整体性原则是指海洋资源存在的整体性，以调整某类海洋资源与其他各类海洋资源之间的关系。各类海洋资源，包括各类物质资源、动力资源和空间资源，它们整体地蕴藏在海洋地理区域之中。各种海洋资源互相依存、互相影响。由此，在管理实践中应十分注意一种资源与另一种资源以及整体资源之间的规律性依存和影响关系，任何一种海洋资源的开发，不得改变其他海洋资源的现状，至少把对其他海洋资源的影响降低到最低程度。这种整体性利用的观点，既存在于某一种具体资源的开发活动之中，也贯穿于全部海洋资源的多目标开发的有效选择和开发层次与顺序的安排之中，使得海洋中一切资源的使用都必须以减少或避免其他海洋资源的浪费或质量的下降为前提。

海洋资源利用的综合性原则是指海洋资源开发的综合性，以调整在海洋资源开发过程中，开发使用海洋资源与社会需求、社会布局之间的关系。不同的海域具有不同的海洋资源分布特征，不同的社会区域，在不同的发展时期内，对不同海洋资源具有非常复杂的需求变化和分布。同时，不同方式、不同深度、不同规模、不同时序的海洋资源的开发实践，不仅会对社会需求、社会稳定、社会经济、社会发展等有不同影响，而且也会对不同的海洋资源及其海洋环境构成不同的影响。所以，海洋资源的开发管理一定要非常注意其综合性原则，从各种海洋资源的分布及其变化，和社会需求等方面综合开发利用海洋资源。

海洋资源利用的协调性原则是指在海洋资源开发利用中的经济、环境、生态和资源的协调性。海洋资源开发利用不可避免地影响到海洋经济、海洋环境、海洋生态和其他海洋资源。在人类利用海洋资源的早期，人类的生产力水平较低，海洋资源开发的经济效益较低，对海洋环境、海洋生态和其他海洋资源的影响很小，基本上维持在一个海洋环境可恢复、海洋生态可平衡、海洋资源可持续利用的状态。在现代社会，人类的生产力发展到了非常高的水平，在小尺度海域，人们可以随意的改变海洋的属性、资源的类型、海域的状态和海洋的天气；在中尺度海域，人们可以影响海洋资源的数量、海水水质；在大尺度海洋，人类可以影响海平面的高度、海水的温度。人类在资源开发和使用中的态度、方式、技术和结果，已经影响到人类的持续发展和健康发展，不得不重新审视和检讨过去的以人类为中心的生活观、发展观，不得不提出在海洋资源利用过程中，在关注经济效益的同时，也要关注海洋资源的节约、海洋环境的保护、海洋生态的平衡，这就是海洋资源利用中的协调性原则。

经济效益是指海洋资源开发整个全过程的经济效益。发展经济、提高人类生活水平是人类的一贯追求，海洋资源开发利用也不用例外。经济效益是指：通过商品和劳动的对外交换所取得的社会劳动成果，即以尽量少的劳动耗费取得尽量多的经营成果，或者以同等的劳动耗费取得更多的经营成果。经济效益又可分为微观经济效益与宏观经济效益。提高海洋资源开发利用的经济效益具有十分重要的意义：第一，意味着生产更多海洋性产品和海洋性劳务，从而有利于满足人民不断增长的物质和文化生活需要，提高海洋社会生产力。第二，意味着增加海洋资源开发企业的盈利和国家海洋事业收入，增加资金积累，从而有利于国民经济和社会的发展，加快海洋事业的发展。第三，意味着提高行业资源开发投资效益和海洋资源利用效益，从而有利于保护海洋环境、节约海洋资源、发展海洋经济。

海洋资源利用的环境效益原则是指环境效益对人类社会活动的环境后果的衡量。由于人类的生活和生产活动必然会引起环境发生各种各样的变化，这些变化对人类的继续生存和社会的持续发展的反作用各不相同，因此人类需要从自然、经济、人文等多种角度对人类活动可能导致的环境变化进行综合评估和衡量。环境效益有正效益、直接效益和间接效益之分。其货币计量值可按环境保护措施实行前后环境不利影响指标或环境状况指标的差值来算，并将其值纳入社会经济发展指标体系之中。从根本上来说，环境效益是经济效益和社会效益的基础，经济效益和社会效益则是环境效益的后果，三者互为条件，相互影响，是辩证统一的关系。人类的使命就是要寻求出使这三者得以统一的活动方式和内容，即能使社会不断进步、经济持续发展、环境日益改善的措施和方案。

海洋资源利用的资源效益是指在海洋资源开发利用中，通过管理的干预，集约使用海洋资源、提高海洋资源效益，实现使用海洋资源数量和产生的海洋资源效益是适度的、合理的、可持续利用的目的。其效益水平的具体表述是，采用资源开发利用的全部收益（包括开发产出的物质数量、资源有效利用的程度、资源继续利用的允许变化等）与开发资源的所有投入（包括开发资源的直接消耗、保持资源质量的投入，以及消除或减少对环境和其他资源不利影响的投入等）之比来计量。如果产出与投入之比小于1，则资源开发利用项目不可取。提高资源效益的关键是提高开发资源所用物质单位计量的产出投入比，两者的比值越高，说明开发的资源效益越好。海洋资源的持续利用，只有在资源效益不断提高的条件下才能实现。

海域资源生态效益是指在海洋资源开发利用过程中，维护海洋生态环境的平衡。不论是海岸带，还是近海、大洋，如无人类活动的影响，它们都会保持一种“原始”自然状态下的自然与生态的平衡。这种平衡也只会被自然史的变迁所打破，而且自然力破坏了环境和资源，当经历了一定时间过程仍会在新的自然条件下，逐渐恢复到稳定的平衡状态。不过，这种情况只存在人类的史前时期。自人类出现后，随着社会生产力的发展，人类对自然的影响不断增强，尤其是现代。在全球陆地资源开发力度空前加大，并呈现危机之势的背景下，人类开始了更为广阔的海洋资源与空间的开发利用。与此相伴随，海洋生态系统和海洋生态环境所受到的影响与干扰也越来越大，不少沿海和近海区域的自然生态与生境失去平衡，严重者已造成生态系统的物质与能量循环过程和机制被打破，有的海区生态系已发生断层和异化。例如全球海域低纬度区原分布着茂密的红树林海岸和珊瑚礁，由于近几十年来，围垦、养殖、海岸工程等的大规模进行，使不少海岸的红树林和浅水珊瑚礁遭到毁坏。像我国南部海岸，在20世纪50年代初尚有5万公顷红树林分布，仅仅经历30多年时间，现在已减少了60%，珊瑚礁的损害也很惊人，有的海区甚至基本破坏殆尽。红树林与珊瑚礁是两类高产海洋生态系统的支柱，也是两种基本的海岸区域生态环境，既然红树林和珊瑚礁不存在了，那么，在一些海区这两种生态系统也就完全瓦解。海区的自然“生产力”也必然随之大幅度降低，并导致一系列灾害的发生、发展。除不科学开发引起海洋生态恶化外，来自人类的威胁还有海洋环境污染和资源过度开发等因素。在正常水质下，海洋生物种群组成丰富、群落稳定，生物与环境处在动态平衡之中。当海水水质受到污染，生态环境和生态系统必定发生变化，当污染比较严重时，其生态后果也将变得显著。如一些入海河口、海湾和浅水滩涂地区，由于大量陆源污染物的排入，多造成渔业资源量下降，有的甚至出现生物绝迹的“荒漠化”现象，如大连海域等局部水域已成为无大型海洋生物区，鱼虾蟹不复存在。为了维持海洋可再生资源的再生产过程和良性循环，海洋管理必须控制海洋开发的科学性、合理性和速度，尽量减少对海洋生态系统和生态环境的损害，使之基本上处于平衡状态。

3.3.3.4 整治生息原则

对于所有的海洋自然资源，既有可供人类利用的属性，也具有自身繁衍生息、持续发展的属性。人类在利用海洋自然资源的过程中，不论社会科学技术多么发达，也不论海洋资源管理多么有效，都会对海洋自然资源产生一定的不利影响。这就要求人类在利用海洋自然资源的过程中，还要采取多种手段，使其不利影响不会影响到海洋自然资源的繁衍生息和持续发展。这里所说的“多种手段”包括整治和生息。

“生息”是指海洋自然资源，特别是海洋生物资源的繁衍、生存、生长。生息的原则是要遵守自然资源的生命规律，提倡科学利用、文明开发，开发而不破坏其生息环境，利用而不扼杀生息繁衍。

“整治”是指对人类开发和利用活动已经造成的“不可生息”的自然资源，依据自然科学规律，使用人工干预的方法和手段，按照自然资源的生息和持续原则，进行适度的整理、修复、管制，促使其尽快恢复到其自然生态生息状态。

沿海各国实践经验说明，海洋资源管理注重控制开发的合理、适度是重要的。但是，这些措施仍不能认为是最积极的，真正富有人类生命力的是创造性，是遵循自然规律整治、恢复和生息海洋资源。同时也只有大力加强资源的建设，才是更高层次上的海洋资源管理主旨。在海洋资源管理中，应更突出地重视海洋资源的改善建设工作，将其贯彻到管理活动和开发利用实践活动的方方面面。

3.3.3 海洋资源管理的任务

海洋资源管理的基本任务是由开发利用海洋自然资源的实践决定的，取决于海洋资源的现状、社会利用资源的能力和由这种能力产生的海洋产业。没有足够多、足够好的海洋资源，就不会有健康、持续的海洋资源产业；没有稳定的海洋资源产业的形成，就不会有人与海洋、人与人之间的在海洋资源领域的各种复杂关系，从而也不会有海洋资源管理的必要性。基于这一认识，根据目前海洋资源产业情况，可以将海洋资源管理的基本任务概括为5个方面：海洋资源的调查、监测与评估；海洋资源的开发与利用；海洋资源的修复与整治；海洋资源的国民教育与专业研究；海洋资源开发利用中的生产关系。海洋资源的管理内容一般可分为：海洋渔业资源管理、海洋矿产资源管理、海洋空间资源管理、海洋水资源及物质资源管理、其他海洋资源管理。

3.3.4 海洋资源管理对象

海洋资源管理的对象可以分为自然对象和社会对象两部分，其中自然对象又可分为：自然资源对象和自然环境对象；社会对象又可分为国内社会对象和国外社会对象。

1. 自然对象

海洋自然系统是指天然存在的海洋系统。站在海洋资源的角度，海洋自然系统的主体是海洋自然资源，相对于海洋自然资源的是海洋自然环境。因此，海洋管理的自然对象就是海洋自然资源对象和海洋自然环境对象。

海洋资源管理是由其自然资源开发而产生的，因此，其管理的自然资源对象是按其开发性来划分的，主要有：海洋渔业资源管理、海洋矿产资源管理、海水化学资源管理、海洋空间资源管理、海水水资源管理、海洋旅游资源管理、海洋可再生资源管理等。

海洋自然资源的开发与保护离不开海洋自然环境，因此，其管理也必然涉及到海洋自然环境。海洋资源管理的海洋自然环境对象是按其对开发和保护的影响而划分的，主要有：海洋水动力环境管理、海洋地质环境管理、海洋化学环境管理、海洋生物环境管理等。

2. 社会对象

国内社会对象是指我国主权海域开发利用海洋资源者中具有中国国籍的自然人或组织的法人。国内社会对象的管理又可分为开发主权海域海洋资源的管理和非主权海域海洋资源的管理两种情况。前者的管理适用于一般国内海洋法律法规和政策，后者适用于海域所属国的法律法规、国际海洋法律法规和两国协议关系中的海洋资源开发的配额制、许可制等。

国外社会管理对象是指在我国主权海域开发利用海洋资源者中不具有中国国籍的自然人、或组织的法人。这部分的管理适用于我国与其所属国两国协议关系、我国海洋法律法规和国际海洋法律法规等。

3.4 海洋空间资源管理

海洋空间资源是指人类利用海洋系统的水、空、地三层三维立体空间进行各种工程建设的资源，海洋空间资源具有三维坐标定义、不能移动、不能复制、不能重叠，具有排他性的特点，具有陆地空间和太空空间不具有的独有特征，是人类发展必须利用的海洋资源，成为人们开发利用海洋资源的热点资源，成为海洋管理的重要领域。

3.4.1 海洋空间资源的分类

按照空间的垂直分层，人们一般将海洋空间资源分为：海上空间资源、海水空间资源和海底空间资源。

按照海洋空间资源的使用，一般可将海洋空间资源分为五类：交通运输空间（海港码头、海上船舶、航海运河、海底隧道、海上桥梁、海上机场、海底管道、海底电缆等）、海洋生产空间（滨海电厂、工业人工岛、海上石油城、海洋牧场等）、储藏空间（海底货场、海底仓库、海上油库、海洋废物处理场、废水混合区等）、社会用海空间（城镇建设围填海、海洋公园、海滨浴场和海上运动区等）和特殊用海空间（科研教学用海、军事用海、海洋保护区用海、海岸防护工程用海等）。

按海洋空间资源的管理，目前将海洋空间资源分为：9个一级类（渔业用海、工业用海、交通运输用海、旅游娱乐用海、海底工程用海、排污倾倒用海、造地工程用海、特殊用海和其他用海）和30个二级类（渔业基础设施用海、围海养殖用海、开放式养殖用海、人工鱼礁用海；盐业用海、固体矿产开采用海、油气开采用海、船舶工业用海、电力工业用海、海水综合利用用海、其他工业用海；港口用海、航道用海、锚地用海、路桥用海；旅游基础设施用海、浴场用海、游乐场用海；电缆管道用海、底隧道用海、海底场馆用海；污水达标排放用海、倾倒区用海；城镇建设填海造地用海、农业填海造地用海、废弃物处置填海造地用海；科研教学用海、军事用海、海洋保护区用海、海岸防护工程用海；其他用海）。

3.4.2　海洋空间资源管理

随着世界人口的不断增长，陆地可开发利用空间越来越狭小，并且日见拥挤。而海洋不仅拥有骄人的辽阔海面空间，更拥有无比深厚的海底空间和潜力巨大的海中空间。由海上、海中、海底组成的海洋空间资源将带给人类生存发展的新希望。海洋空间资源成为海洋资源的重要内容，海洋空间资源管理成为海洋资源管理主要内容。

3.4.2.1　*海洋空间资源管理机构*

海洋空间资源体现了海洋资源的综合性、不可复制性和唯一性，所以，海洋空间资源管理就成为一种海洋综合性管理和集中性管理。作为海洋综合性行政管理部门——国家海洋局就成为我国海洋空间资源管理的唯一机构。在我国海洋空间资源管理的形式主要体现在海域使用管理上。

3.4.2.2 海洋空间资源管理制度

目前，我国海洋空间资源管理制度主要体现在法律制度、规划制度和执法制度。

《中华人民共和国海域使用管理法》是目前我国海洋空间管理最重要的法律。在这部法律中，主要规定了海洋使用管理的目的、海域的概念、海域的所有权和使用权，规定了海洋功能区划制度、海域使用审批制度、海域使用论证制度、海域使用权管理制度、海域有偿使用制度、海域使用权登记制度、海域使用统计制度和监督检查制度。

为配合该部法律的实施，国家还制定了海域使用论证资质管理制度、海洋使用论证专家评审制度、海域使用论证技术导则、海域使用论证报告编写大纲、海域使用论证报告内部审查制度等。

3.5 海洋生物资源管理

海洋生物资源又称海洋水产资源，指海洋中蕴藏的经济动物和植物的群体数量，是有生命、能自行增殖和不断更新的海洋资源。其特点是通过生物个体和种群的繁殖、发育、生长和新老替代，使资源不断更新，种群不断补充，并通过一定的自我调节能力达到数量相对稳定。

3.5.1 海洋生物资源的分类

海洋生物资源包括鱼类资源、海洋无脊椎动物资源、海洋脊椎动物资源和海洋藻类资源。

1. 鱼类资源

鱼类资源是海洋生物资源的主体。它们是人类直接食用的动物蛋白质的重要来源之一。鱼的种类很多，全世界约有 $2.5\times10^4\sim3\times10^4$ 种，其中海产鱼类超过 1.6×10^4 种，但真正成为海洋捕捞种类的约为200种。其中

年产量不足 5×10^4 吨的占多数，为 140 多种。超过 100×10^4 吨仅有 12 种。世界渔场主要分布于太平洋、印度洋和大西洋。可划分为太平洋西北部、东北部、中东部、中西部、西南部、东南部；大西洋西北部、东北部、中东部、中西部、地中海、黑海，以及大西洋西南部和东南部；印度洋东部和西部。

太平洋鱼类资源非常丰富，是世界各大洋中渔获量最高的海域。太平洋的渔获量可占世界总渔获量的一半左右。这里有最著名的秘鲁渔场，盛产秘鲁鳀鱼。此外，还有千岛群岛至日本海北太平洋西部渔场，以及我国的舟山渔场等。北太平洋西部渔场主要有鲑鱼、狭鳕、太平洋鲱鱼、远东拟沙丁鱼、秋刀鱼等鱼种。产量居世界各海区中第一位。

2. 海洋无脊椎动物资源

海洋无脊椎动物门类众多，据估计有 16 万种。经济价值较大，目前已被人类利用的约有 130 多种，我国近海黄海、东海是以日本枪乌贼和大枪乌贼为主。我国南方以曼氏无针乌贼为主，与大黄鱼、小黄鱼、带鱼并列为我国的渔业四大鱼种。据估计，在世界大陆架和大陆斜坡上部海区内头足类的蕴藏量约 $800\times10^4\sim1\ 200\times10^4$ 吨，有 90% 尚未开发。

在软体动物中，贝类不仅可以食用，而且许多种类还可以药用。在双壳类软体动物中，牡蛎、贻贝和扇贝和渔获量可占 90%。全世界有牡蛎 200 多种，我国沿海有 20 多种。

虾和蟹是人类蛋白质的重要来源之一。捕虾业是经济价值最高的一种渔业。我国有 600 多种，绝大多数为海生，常见的有三疣梭子蟹、锯缘青蟹等。在世界上产量最多的是堪察加蟹和雪蟹，年产约 15×10^4 吨。

在海洋无脊椎动物资源中还有腔肠动物门的海蜇以及棘皮动物门的海参。全世界的海参约 1 100 多种，可供食用的约 40 种。我国海域有海参约 100 种，仅西沙群岛就有 20 多种。从渤海湾、辽东半岛到北部湾的涠洲岛、南沙群岛都出产海参。海蜇属水母类，是一种透明膜质的腔肠动物。虽然水母的种类很多，但经济价值大的仅 4 种。我国的海蜇资源是很丰富的。我国北方沿海常见的是海蜇、面蜇、沙蜇三种，分布于南海的是黄斑海蜇。

3. 海洋脊椎动物资源

（1）海龟与海鸟

海龟是珍贵的海洋爬行动物。全世界海龟共有7种，生活在热带海洋中。海龟是上等食品，龟甲、龟掌、龟肉、龟血等都可制成名贵中药和营养品。全世界有时一年可捕捞海龟 3×10^4 吨以上，致使海龟数量越来越少，目前已被列为重点保护对象。

海鸟的种类约350种，其中大洋性海鸟约150种。比较著名的海鸟有信天翁、海燕、海鸥、鹈鹕、鸬鹚、鲣鸟、军舰鸟等。

（2）海洋哺乳动物

海洋哺乳动物主要是海兽，包括鲸目、鳍脚目、海牛目和食肉目中的海獭。在海兽中以鲸类的数量最多，经济价值最大。全世界的鲸约有90种。鲸的大小彼此相差很大，小的如有些海豚长1米多，重几十千克。大的几十米长，重上百吨。人们习惯上把须鲸和抹香鲸等大型鲸称为鲸，而把小型鲸称为海豚。南极海域是鲸等海兽最多的地方，也是世界上最主要的捕鲸场，捕鲸产量几乎占世界总捕鲸量的80%～90%。

我国的鲸类资源也十分丰富，不仅有大型的蓝鲸、长须鲸、大须鲸、拟大须鲸、黑露脊鲸、抹香鲸，而且有大量的海豚，如长江口的白鳍豚，珠江口到厦门海域的中华白海豚等，但由于过度捕捞，现在，大小鲸类已属保护对象。

其他海兽资源包括海狮、海象、海豹等鳍脚类。海狮约13种，海象1种，海豹18种。

4. 海藻资源

海藻是重要的海洋生物资源之一。海藻的营养价值很高，全世界海域有70多种海藻可供人类食用，还广泛地被用做饲料和肥料，有些又是医药上疗效显著的药材，还有些是重要的工业原料。全世界海洋中海藻每年的生产量约为（1 300 ~ 1 500） $\times 10^8$ 吨，但为人类所利用的只是其中很少的一部分。在约 4 500 种定生的海藻中目前只有 50 种左右被人类利用，可见其资源潜力是非常大的。我国是利用海藻最早且最广泛的国家之一，常见的且经济价值较大的种类有 20 多种。

3.5.2 海洋生物资源价值

海洋生物资源价值表现在以海洋生物为基础原料，生产各种有用物质。包括：食品；药物；新材料；能源物质；海洋生物农药、肥料等。

3.5.2.1 直接食用价值

各种海洋生物资源均含有丰富的蛋白质、脂肪、糖类、矿物质和多种维生素等人类必需营养物质，味道鲜美，易消化吸收，具有人类直接食用价值，为人类提供了大量的食物和营养。全球渔业产量中丰富的蛋白质含量为世界提供了总消费量的 6%，2006 年鱼蛋白在世界总的动物性蛋白质供应比例达到 15.3%，为世界 30 亿人提供了 15% 动物蛋白摄入量。2008 年我国海水产品产量达到 2 598 万吨。

3.5.2.2 间接食用价值

部分海洋生物资源还是各种海水养殖、陆地家禽养殖的饲料、种植植物的有机肥料，成为人类的间接食物。海藻生活在海洋中，是分布最广的单细胞植物，它们结构简单，却含有许多具有特殊结构的生物化学成分，包含着丰富的营养物质，是天然饵料，大多是食草类海洋动物的直接食物来源。海藻饲料是单一或多种天然的藻类，经低温破碎或浓缩提取等特殊工艺加工而成的，可作为饲料或添加剂，用于家禽和鱼虾养殖。利用鱼骨粉、海藻粉、钙镁磷肥为原料，制作植物生长的高质量有机肥；海鸟粪含磷达 20%，是极好的天然肥料。

3.5.2.3 药用价值

人类利用海洋生物作为药物的历史悠久。在我国的《黄帝内经》、

《神农本草》、《本草纲目》中都有海洋药用生物的记载。海龙、海马、石决明、珍珠粉、龙涎香、鹧鸪菜、羊栖菜、昆布等，很早便是我国的名贵药材。多数贝类可作药用，如鲍鱼壳、乌贼内壳、珍珠等可消炎明目；乌贼墨囊可治疗子宫出血，已投入药物生产；双壳类提取的哈素可抑制癌细胞生长等。海龟可制成名贵中药和营养品；金丝燕燕窝为上等补品；儒艮油为非常贵重药材。

现在已经有人把现代海洋药物的发展与海洋生物毒素的研究联系在一起，使药用海洋生物的研究与开发更加广泛。

我国从20世纪80年代以来，已生产出一批海洋药物，如河豚毒素、鲎试剂、珍珠精母注射液、刺参多糖钾注射液、海星胶代血浆、褐藻淀粉硫酸酯、藻酸双酯钠（PSS）、藻酸丙二酯、甘露醇烟酸酯及人造皮肤等。90年代以后，利用高新技术研制海洋新药物已成为药用海洋生物资源开发的主流。目前在海洋生物中发现可作为药物和制药原料的已达千余种，海洋生物药物已在提取蛋白质及氨基酸、维生素、麻醉剂、抗菌素等方面取得进展。

3.5.2.4 工业原料

海洋生物资源是重要的工业原料。鱼虾和藻类可作为食品工业的原料；海洋动物毛皮可作为皮革工业的原料；海洋动物脂肪和含油植物可作为工业油材料，鲸蜡油可做精密仪器的高级润滑油，如天文钟和火箭等；贝类壳体可作为工艺品原料；抹香鲸肠部产物——龙涎香是名贵香料，价值远超过黄金。

3.5.3 海洋生物资源管理

3.5.3.1 海洋生物资源管理机构

海洋生物资源管理以海洋渔业管理为主体。我国海洋渔业管理实行的是“统一领导，分级管理”的体制，即“条块结构式”管理方式。“条”

是指从上到下的直通“条”式管理体制，由国家农业部渔政局及其在黄渤海、东海、南海三个海域的派出机构，主要负责全国和各海区渔业资源、渔政、渔港、船检、环保等方面的管理工作，管理国务院划定的“机动渔船底拖网禁渔区线”外侧海域渔业和重要的、洄游性的共用渔业资源。“块”是指不同级别的覆盖全国所有水域的“块”状管理体制，即由地方渔业行政主管部门构成的、负责毗邻海区的省（区、市）及定居性的、小宗渔业资源的渔业管理。这种以专业管理队伍为骨干，以群众管理队伍为基础，专业、群众管理相结合的国家、省、市、县、乡五级“条块结构式”管理方式构成我国渔业管理的一套较完整的管理体系。

3.5.3.2 海洋空间资源管理制度

1. 海洋渔业资源管理的法律

为了保护和持续利用我国的海洋渔业资源，国家陆续制定和颁布了以《中华人民共和国渔业法》为主的一系列法律、法规和规章，形成了我国海洋渔业资源管理的基本依据，其中与海洋渔业资源管理有关的内容归纳如下：

（1）制定海洋渔业资源利用规划。《中华人民共和国渔业法》规定：县级以上人民政府渔业行政主管部门应当对其管理的渔业水域统一规划，采取措施，增殖渔业资源。2006 年 2 月 14 日国家颁布了《中国水生生物资源养护行动纲要》，指出了我国水生生物资源养护现状及存在的问题，明确了水生生物资源养护的指导思想、原则和目标，制定了渔业资源保护与增殖行动、生物多样性与濒危物种保护行动和水域生态保护与修复行动。2006 年 11 月 7 日国家农业部颁布了《全国渔业发展第十一个五年规划（2006—2010 年）》，明确了“十一五”时期我国渔业发展的目标、中心任务和指导思想，是以后指导我国渔业发展的纲领性文件。2007 年 9 月 29 国家农业部制定了《中长期渔业科技发展规划（2006—2020 年）》分析了我国渔业科技面临的形势，制订了未来渔业科技发展的指导思想、原则和目标，规定了渔业科技发展的重点任务，确定了保障措施。

（2）保护已有海洋渔业资源。主要保护措施包括：（a）禁止过分和用异常手段捕鱼，如炸鱼、毒鱼等，不得使用禁用的渔具、捕捞方法和小于规定的最小网目尺寸的网具进行捕捞；（b）建立禁渔区，不得在禁渔区捕鱼；（c）建立伏季休渔制度，给海洋生物资源每年有一个繁衍和恢复时期；（d）禁止捕捞有重要经济价值的水生动物苗种，因养殖或者其他特殊需要，捕捞有重要经济价值的苗种或者禁捕的怀卵亲体的，必须经国务院渔业行政主管部门或者省、自治区、直辖市人民政府渔业行政主管部门批准，在指定的区域和时间内按照限额捕捞；（e）与渔业资源有影响的施工或作业活动（如建闸、筑坝、调蓄、灌溉、围垦、爆破、勘探等），必须注意尽最大可能保护渔业资源，并要征得有关部门批准，造成渔业资源损失的，由有关县级以上人民政府责令赔偿；（f）依照《中华人民共和国海洋环境保护法》、《中华人民共和国水污染防治法》和《中华人民共和国渔业法》的规定，采取措施，保护和改善渔业水域的生态环境，防治污染，并追究污染渔业水域的单位和个人的责任；（g）建立“捕捞许可制度”和“捕捞限额制度”等。

（3）海洋渔业资源的有偿使用，实施海域渔业资源的资产化管理。为避免渔业资源开发中“竭泽而渔”的短期行为，国家制定了《渔业资源增殖保护费征收使用办法》，规定凡在中华人民共和国的内水、滩涂、领海以及中华人民共和国管辖的其他海域采捕天然生长和人工增殖水生动植物的单位和个人，必须缴纳渔业资源增殖保护费（简称“渔业资源费”），渔业资源费由县级以上主管部门及其授权单位依照批准发放捕捞许可证的权限征收，由国务院渔业行政主管部门批准发放捕捞许可证的，渔业资源费由国务院渔业行政主管部门所属的海区渔政监督管理机构征收，海洋渔业资源费年征收金额，由沿海省级人民政府渔业行政主管部门或者海区渔政监督管理机构，在其批准发放捕捞许可证的渔船前三年采捕水产品的平均总产值（不含专项采捕经济价值较高的渔业资源品种产值）1% ~3% 的幅度内确定。专项采捕经济价值较高的渔业资源品种，渔业资源费年征收金额，由省级人民政府渔业行政主管部门或者海区渔政监督管理机构，在其批准发放捕捞许可证的渔船前三年采捕该品种的年平均总产值3%～5%的幅度内确定。

2. 海洋渔业资源管理的内容与形式

根据以上有关渔业法律法规，我国海洋渔业资源管理的组织机构及管理内容为：

（1）国务院渔业行政主管部门主管全国的渔业工作。

（2）县级以上地方人民政府渔业行政主管部门主管本行政区域内的渔业工作，县级以上人民政府渔业行政主管部门可以在重要渔业水域、渔港设渔政监督管理机构。县级以上人民政府渔业行政主管部门及其所属的渔政监督管理机构可以设渔政检查人员，渔政检查人员执行渔业行政主管部门及其所属的渔政监督管理机构交付的任务。

（3）国家对渔业的监视管理，实行统一领导、分级管理。海洋渔业，除国务院划定由国务院渔业行政主管部门及其所属的渔政监视管理机构监督，管理的海域和待定渔业资源渔场外，由毗邻海域的省、自治区、直辖市人民政府渔业行政主管部门监督管理。

（4）外国人、外国渔业船舶进入中华人民共和国管辖水域从事渔业生产或者渔业资源调查活动，必须经国务院有关主管部门批准，并遵守《中华人民共和国渔业法》和中华人民共和国其他有关法律、法规的规定，与中华人民共和国签订有条约、协定的，按照条约、协定办理。

（5）国家渔政渔港监督管理机构对外行使渔政渔港监督管理权。

3.6 海水水资源及化学资源管理

海水是水圈的主体，占总储量的96.53%；陆地水（河湖水、冰川水、土壤水、地下水）占总储量的3.467%；大气水只占总储量的0.001%。淡水只占水体总储量的2.53%，而目前人类可以开发利用的淡水又只占淡水总储量的0.3%。

海洋化学资源指海水中所含的大量化学物质。地球表面海水的总储量为13.18亿立方千米，占地球总水量的97%。海水中含有大量盐类，平均每立方千米海水中含3 500万吨无机盐类物质，其中含量较高的有氯（1 900万吨/立方千米）、钠（1 050万吨/立方千米）、镁（135万吨/立方千米）、硫（88.5万吨/立方千米）、钙（40万吨/立方千米）、钾（38万吨/立方千米）、溴（6.5万吨/立方千米）、碳（2.8万吨/立方千米）、锶（0.8万吨/立方千米）和硼（0.46万吨/立方千米），以及锂、铷、磷、碘、钡、铟、锌、铁、铅、铝等。它们大都呈化合物状态存在，如氯化钠、氯化镁、硫酸钙等，其中氯化钠约占海洋盐类总重量（约5亿亿吨）的80%。海水化学资源开发利用的历史悠久，主要包括：海水制盐及卤水综合利用（回收镁化合物等），海水制镁和制溴，从海水中提取铀、钾、碘以及海水淡化等。此外，20世纪60年代以来，随科学技术的进步，海洋天然有机物质的研究和利用（如从海洋动植物中提取天然有机生理活性物质），也得到了迅速发展。

3.6.1 海水水资源利用

海洋是生命的摇篮，海水是宝贵的水资源。加强对海水（包括苦咸水）资源的开发利用，是解决沿海淡水危机和资源短缺问题的重要措施，是实现国民经济可持续发展战略的重要保证。

1. 海水淡化

海水淡化，是指从海水中获取淡水的技术和过程。海水淡化方法在20世纪30年代主要是采用多效蒸发法；50年代至80年代中期主要是多级闪蒸法（MSF），至今利用该方法淡化水量仍占相当大的比重；50年代中期的电渗析法（ED）、70年代的反渗透法（RO）和低温多效蒸发法（LT-MED）逐步发展起来，特别是反渗透法（RO）海水淡化已成为目前发展速度最快的技术。

国外大规模海水淡化技术问世于20世纪50年代，经过半个多世纪的发展，技术已经成熟。全世界脱盐水产量从60年代的8 000吨/日发展到2009年的5 990万吨/日，建起约14 451个淡化厂，解决了近2亿多人的用水问题，其中海水淡化为3 738万吨/日。预计未来20年内，世界淡化市场容量可达800亿美元。目前，在海水淡化技术中，蒸馏法（MSF、MED）和反渗透法（SWRO）约各占一半，世界上最大的MSF淡化厂规模达88万立方米/日，最大的MED淡化厂规模达每日24多万立方米，最大的SWRO淡化厂规模在33万立方米/日，造水成本价格约0.5美元/吨。美国、日本、意大利、法国等国处于领先水平。

我国水资源总量为28 124亿立方米，居世界第6位，而人均水资源量为2 340立方米，仅居世界第100位左右，被联合国列为13个最贫水国之一。由于淡水资源的时空分布不均和我国人口分布不均、社会发展不均，造成部分地区淡水资源严重紧缺。

我国从20世纪60年代就进行了蒸馏法和反渗透法海水淡化技术的研究，在国家和地方科技计划的支持下，海水淡化技术经过自主创新和引进消化吸收再创新逐步发展起来。经过40多年的发展，反渗透海水淡化技术和蒸馏法海水淡化技术（多级闪蒸、压气蒸馏和低温多效蒸馏）的研究开发和应用等都取得相当大的进展。据2009年10月统计，已运行的淡化工厂约62个，总产能40.88万吨/日，其中反渗透法约30.65万吨/日，单套最大规模为3.4万吨/日（浙江玉环，反渗透法），造水成本在4.6～6.2元/吨；在建厂9个，产水量约28.4万吨/日，主要分布在天津、山东、河北和浙江、辽宁等地；计划中的工厂容量200万吨/日。

目前，我国虽具备了单级为万吨级蒸馏法和反渗透海水淡化的工程能力，技术经济指标亦达到具有同等容量的世界先进水平，但无论是在单套规模，还是在关键材料（反渗透膜、高压泵）国产化方面与国际先进水平相差甚远，国内所实施的大规模海水淡化工程中的关键材料和装备主要靠进口，亟待加快技术与装备的自主化进程。

截止到2011年底，全国已建最大海水淡化工程规模为10万吨/日，包括天津北疆电厂10万吨/日低温多效海水淡化工程和大港新泉10万吨/日反渗透海水淡化工程。

全国海水淡化工程总规模为每日60余万吨，主要集中在天津、河北、浙江、辽宁、山东等水资源严重短缺的地区。

2. 海水直接利用

海水直接利用主要包括海水冷却、海水脱硫、海水软化、海水用于大生活用水等。

(1) 海水冷却

海水冷却有海水直流冷却和循环冷却。海水直接利用中有90%以上是以海水直接作为工业冷却水。海水冷却经近百年的发展，世界海水冷却水用量已经超过7 000亿立方米/年，主要应用于发电厂、炼油厂、化工厂、钢铁厂等耗水大户，并以海水直流冷却方式为主；海水循环冷却因突出的环保优势得到了广泛应用，单机海水循环量达150 000立方米每小时。

海水直流冷却在我国已有近70年的应用历史，主要应用于天津、大连、青岛、上海、深圳等沿海城市地区的电力、石化、钢铁、化工等行业。如大亚湾核电站和天津大港电厂年用冷却海水分别为35亿吨和17亿吨。海水冷却水用量与发达国家尚有很大差距，仅每年500多亿立方米。

(2) 海水脱硫

海水脱硫是用天然海水脱除烟气中二氧化硫的一种湿式烟气脱硫的方法，它是20世纪70年代初挪威Norsk水电局开发的，挪威ABB环境工程公司实施和推广。该工艺与石灰石－石膏法、电子束氨法脱硫、喷雾半干法及烟气循环流化法等相比有投资少、脱硫效率高，不需任何添加剂，不需处理副产异物、利用率高、运行费用低等优点，适于电力、化工、重工等企业脱硫的需求。至今已有数十套脱硫装置在挪威、美国、印度、西班牙、委内瑞拉、印尼和中国等国家的大型电厂中应用，经济和社会效益显著。

我国深圳西部电厂4号机组300 MW作为国家第一个示范工程从挪威ABB环境工程公司引进海水脱硫技术和设备，于1999年3月投入运行，脱硫效率92%～97%，SO_3^{2-}转化率92%～98%，排水对海洋生态生物和表层沉积物无明显影响。近几年国内沿海众多电厂中，许多都采用了海水脱硫系统，如福建的华阳电厂、深圳西部电厂5、6号机组、秦皇岛发电有限责任公司等企业的海水脱硫工程都投入运行。

（3）海水软化

海水是海上油田首选的注入水水源，但海水中硫酸盐和碳酸盐的浓度高，易与地下岩层水中钙离子等生成严重的硫酸盐或碳酸盐沉淀，使井筒和管路中发生结垢和阻塞。利用纳滤膜法处理海水，所制取的低硫酸盐海水作为注入水，效果良好。1991年英国开始试用将纳滤软化海水用作油田注水，获得了初步成功。此后越来越多的油田也逐步开始采用纳滤技术，至今世界上已有十几个海上油田采用纳滤软化后的海水作为油田注水水源。

国家“863”探索项目安排了纳滤软化海水用作油田注水的试验，在纳滤软化海水的岩芯试验和配聚试验中获得了可应用的初步试验数据，展示出了良好的应用前景。

（4）大生活用水

香港地区从20世纪50年代开始利用海水作为大生活用水（即冲厕用水），目前每天大生活用海水量已达40多万立方米，占全部冲厕用水量的80%。利用海水作为大生活用水是一项综合技术，它涉及海水取水、前处理、双管路供水、地下和屋顶贮水、卫生洁具及系统的杀生、防腐和防生物附着技术；大生活用海水与城市污水系统混合后含盐污水的生化处理技术；合理利用海洋稀释自净能力将大生活用海水海洋处置技术等。“十一五”期间，我国在青岛进行了的千吨级示范工程建设。

（5）其他用途

除上述的应用之外，还有海水农业浇灌、加工海产品、除尘消烟、冲灰冲渣、作印染用水、洗涤用水、化盐用水等，都有良好的经济和社会效益。

3.6.2 海水化学资源

海水中含有许多的矿物质。人类在陆地上发现的106种元素，现已有80多种在海水中找到。这些元素以离子、分子和化合物的形式溶解在海水中，这些矿物质就是我们平时说的海水化学资源。

已发现海水含有80多种元素，其化合物的种类则更多。这些物质以离子态（阳离子、阴离子、络合离子）、悬浮态、胶体以及气泡等形式存在于海水中，海水总的含盐量在35左右，但在河口可低至1～2。个别水蒸发量大的海域含盐量偏高，如红海为40。按组分含量的不同，可把海水中的化学成分分为5类：①常量元素如钠、镁、钙、钾、锶、氯、硫、碳、溴、氟、硼等，占海水中溶解盐类的99.8%～99.9%，它们在海水中的含量基本不变。②营养元素包括氮（以硝酸盐、亚硝酸盐和铵等形式存在）、硅、磷、铁、锰、铜等，这些元素与生物的生长关系很密切。③微量元素种类很多，但总量却非常少，仅占总盐量的0.1%左右，如锂、铷、铯、锌、铀等。溶解气体主要来自海气交换，如氮、氧、氩、二氧化碳、氖、氦等，在缺氧情况下，还会出现硫化氢、甲烷等。④有机物包括碳水化合物、脂肪、蛋白质和元素有机化合物等。部分来源于大陆河流输入，大部分来自海洋生物的分泌、排泄和生物死体的分解。⑤海水的盐度、pH值、含氧量、二氧化碳含量、营养盐和有机物以及一些微量元素的含量，对海洋生物都有直接的影响。

海水中的化学元素，除氢和氧以外，含量在1毫克以上的有氯化物、硫酸盐、碳酸氢盐、溴化物、硼酸盐、氟化物、钠、镁、钙、钾和锶等。这些被称为海水中的常量元素。由于其含量比较高，而且它们的介质——海水体积非常庞大，总储量十分惊人，又被称为“无限资源”。它们的总含量占海水化学元素的99%以上。含量在1毫克以下的还有60余种，称

"微量元素"，有锂、铷、碘、钼、锌、铀、铅、钒、钡、铜、银和金等。微量元素中另有磷、氮、硅等几种，对海洋生物的生长具有重要意义，故被称为"营养盐类"。海水的平均盐度（每千克海水中的克数）约为35。按此数算下来，全球海洋中固体矿物质含量多达5亿亿吨，如将它们平铺在陆地上，会使陆地加高150米。人类对海水化学资源的利用已有悠久的历史。其中利用最早、数量最大的当是海水制盐（氯化钠）了。海洋中氯化钠的总储量可达4亿亿吨。海盐是制造烧碱、纯碱、盐酸、肥皂、染料、塑料等不可缺少的原料。镁是机械制造工业的重要金属材料。在飞机、船舶、汽车、武器、核设施的制造上都离不开镁。它在海水中的总含量约为1 800万亿吨。溴在工农业、国防和医学等方面广泛应用。在工业上可制造燃料抗爆剂，在农业上是杀虫剂的重要原料。目前全世界80%的溴是从海水中提取的。锂在冶金工业中可用作脱氧剂和脱气剂，也可用作铍、镁、铝等轻质合金的成分，还是有机合成中的重要试剂。铀、铀－235是高能燃料，在经济建设中可用于建核电站；军事上可制造原子弹，用作核潜艇、核动力航空母舰的燃料。铀的用量越来越大，据估计，陆地上的铀储量只有100万吨左右了。在1吨海水中的含量虽只有33微克，但海洋中的总储量多达40多亿吨，是陆地储量的2 000～3 000倍。因此世界上许多国家都在研究海水提铀的方法。

3.6.3 海水水资源与化学资源的管理

3.6.3.1 海水水资源的管理

海水水资源是非常重要的海洋资源。在全球淡水资源日益污染和枯竭的背景下，海水水资源的利用越来越受到人们的重视。我国是淡水资源非常匮乏的国家，所以在我国，海水水资源的利用就更有意义、更为迫切、更有价值。

目前我国海水水资源利用的形势比较好，热电工业、冶金工业、养殖产业、体育产业和旅游产业是海水利用中的大户，城市居民用海水的量还比较小。

（1）海水资源管理的法律

目前我国的海洋水资源管理缺乏配套的法律规范和政策。我国在有关海水利用的法律法规和产业政策建设方面十分薄弱，远落后海水利用产业的发展进程。如淡化水产品无法正常进入城市的供水系统，更享受不到诸如“南水北调”工程的财政补贴等。上述法规和政策的缺失，严重制约着我国海水利用产业的健康、持续发展。

（2）海洋水资源管理的组织形式

我国海水资源的管理主体不明确，研究认为海水水资源管理的问题主要是：管理主体不明确，责任主体缺位；相关部门事权划分不明确，管理职能交叉；上下关系没有理顺；没有建立部门协作的工作机制；管理制度不完善等。

3.6.3.2 海洋化学资源管理

海洋化学资源是海洋资源的重要内容，其中盐化工资源的开发与利用是海洋化学资源利用中的最古老、最成熟的。海水盐化工资源与产业的管理代表了海水化学资源和工业的管理。我国海洋盐化工资源与产业的管理体制体现了我国“政企合一”和“政企分开”的行政管理改革之路。

1954 年开始，国家决定盐业实行产销合管，盐务总局和盐业总公司合一，隶属于轻工业部，统一管理全国盐务工作；沿海有关省（市、区）、地、县都设相应的地方盐务局（公司），主管本地区的盐务工作。国家对海洋盐业资源与产业的管理即负有开发的责任，也负有管理的责任，其体制体现了“政企合一”的局面。

1994 年国家在国家轻工业局设立了盐业管理办公室，主要承担盐业政策法规、行业宏观管理、发展规划以及盐政管理等职能。盐业管理办公室下属的中国盐业总公司，主要负责盐业发展日常工作，如盐的生产、经营等，以及组织和提供合格碘盐，并保证普及供应。1998 年底，党中央提出政企分开，国家轻工业局盐业管理办公室承担了盐业管理的政府职能，中国盐业总公司承担了盐业的生产经营职能。2001 年 2 月，国务院机构改革撤销了国家轻工业局，并在国家经贸委经济运行局设立了盐业管理办公室。2003 年，国务院再次进行机构改革，原国家计划经济委员会和国家经贸委改组为国家发展和改革委员会，并在国家发展和改革委员会工业司设立了盐业管理办公室。这体现了我国政府经济管理职能的大变革——“政企分开”。

其他海水化学资源的开发品种较少、产量不大。国家对此的管理还没有提到议事日程，纳入管理行列。

3.7 海洋矿物资源管理

海洋矿物资源是海洋资源中的重要资源，当其能够成为一种产业时，又称之为海底矿产资源。包括海滨、浅海、深海、大洋盆地和洋中脊底部的各类矿产资源。按矿床成因和赋存状况分为：①砂矿，主要来源于陆上的岩矿碎屑，经河流、海水（包括海流与潮汐）、冰川和风的搬运与分选，最后在海滨或陆架区的最宜地段沉积富集而成。如砂金、砂铂、金刚石、砂锡与砂铁矿，及钛铁石与锆石、金红石与独居石等共生复合型砂矿；②海底自生矿产，由化学、生物和热液作用等在海洋内生成的自然矿物，可直接形成或经过富集后形成。如磷灰石、海绿石、重晶石、海底锰结核及海底多金属热液矿（以锌、铜为主）；③海底固结岩中的矿产，大多属于陆上矿床向海下的延伸，如海底油气资源、硫矿及煤等。在海洋矿产资源中，以海底油气资源、海底锰结核及海滨复合型砂矿经济开发价值最大。

3.7.1 海洋矿产资源概况

据美国石油地质学家估计，全世界含油气远景的海洋沉积盆地约 7 800 万平方千米，大体与陆地相当。世界水深 300 米以内海底潜在的石油、天然气总储量为2 356亿吨。世界近海海底已探明的石油可采储量为220亿吨，天然气储量17万亿立方米（1979年），分别占世界储量的24%和23%。主要分布于浅海陆架区，如波斯湾、委内瑞拉湾与马拉开波湖及帕里亚湾、北海、墨西哥湾及西非沿岸浅海区。大陆坡与大陆隆也具有良好的油气远景。深海锰结核以锰和铁的氧化物及氢氧化物为主要组分，富含锰、铜、镍、钴等多种元素。据估计，世界大洋海底锰结核的总储量达30 000亿吨，仅太平洋就有17 000亿吨，其中含锰4 000亿吨，镍164亿吨，铜88亿吨，钴58亿吨。主要分布于太平洋，其次是大西洋和印度洋水深超过3 000米的深海底部。以太平洋中部北纬6°30′~20°、西经110°~180°海区最为富集。估计该地区约有600万平方千米富集高品位锰结核，其覆盖率有时高达90%以上。世界96%的锆石和90%的金红石产自海滨砂矿。复合型砂矿多分布于澳大利亚、印度、斯里兰卡、巴西及美国沿岸。金刚石砂矿主要产于非洲南部纳米比亚、南非和安哥拉沿岸；砂锡矿主要分布于缅甸经泰国、马来西亚至印度尼西亚的沿岸海域。我国近海水深小于200米的大陆架面积有100多万平方千米，某中含油气远景的沉积盆地有7个：渤海、南黄海、东海、台湾、珠江口、莺歌海及北部湾盆地，总面积约70万平方千米，并相继在渤海、北部湾、莺歌海和珠江口等获得工业油流。在辽东半岛、山东半岛、广东和台湾沿岸有丰富的海滨砂矿，主要有金、钛铁矿、磁铁矿、锆石、独居石和金红石等。

3.7.1.1 石油天然气资源

油气资源是指已经发现的石油天然气储量和未发现的石油天然气资源量的总称，即通常所说的总资源量。

石油、天然气是当今世界主要的能源和重要的化工原料。其产品广泛应用于人类社会活动的各个领域，深深地渗透在人们生活的方方面面，几乎是无所不在。20世纪，由于石油在“世界经济中发挥深远的影响，石油价格的重大变动能够刺激经济增长或促进通货膨胀和引起衰退”，“石油作为一种商品与国家战略、全球政治和实力紧密地交织在一起”（丹尼尔·耶金，1991），因此，从世界已经发生过的形式多样的争夺和竞争、以致战争（如1973年中东和1991年海湾地区的战争等），充分反映了石油在当今世界所扮演的主导角色和所占有的极其重要的地位。20世纪常被形容为“石油的世纪”。

我国是世界上最早发现和利用天然气的国家，也是世界上最早发现和利用石油的国家之一。但我国的石油工业，大大滞后于世界发展之走势，与世界工业国家相比，差距巨大，落后明显。

3.7.1.2 多金属结核资源

多金属结核又称锰结核、锰矿球、铁锰结核、锰矿瘤和锰团块等。它的外形是暗褐色，形如土豆的结核状软矿物体，直径一般为3~7厘米，含有锰、铁、镍、钴、铜等几十种元素，广泛分布于世界的洋底。它多产于海底表层，赋存的海域主要为水深3 000~5 000米的深海平原、海沟、海谷、海底火山和群岛附近。锰结核矿的最大特点是蕴藏量巨大，所含的稀贵金属铜、钴、镍又多。仅就太平洋海域而言，据梅洛和梅纳德估计：其蕴藏量达16 000多亿吨，约含锰2 000多亿吨，铜50多亿吨，镍90多亿吨，钴30亿吨，相当于陆地矿山中储有铜的50倍，锰的200倍，镍的600倍，钴的3 000倍。如果考虑到大洋锰结核矿如此大的储量，而且还在继续增长，可以毫不夸张地说，深海大洋锰结核矿是人类“用之不竭的资源”。

我国已在太平洋调查了200多万平方千米的海域，其中有30多万平方千米为有开采价值的海洋资源远景矿区，联合国已批准将其中15万平方千米的区域分配给我国作为我国的大洋矿产开辟区。

3.7.1.3 海底热液矿床资源

海底热液矿床是由海底热液作用形成的硫化物和氧化物矿床。按其形态分为海底多金属软泥和海底硫化矿床两种。

热液矿藏是一种含有大量金属的硫化物，海底裂谷喷出的高温岩浆冷却沉积形成，已发现30多处矿床。主要出现在2 000多米水深的大洋中脊和断裂活动带上，是一种含有铜、锌、铅、金、银等多种元素的重要矿产资源，目前科学家已经在大洋中脊处发现了许多热液喷发地点。与热液活动相关的热液矿床不仅可出现在洋中脊中央，而且在其两侧，甚至像冲绳海槽这样的边缘海也有发现。据初步估算，仅红海中的热液硫化物中就有铁2 400万吨、铜106万吨、锌以及伴生的铅、银和金290万吨。热液矿藏储量在美国加拉帕戈斯裂谷储量达2 500万吨，开采价值39亿美元。

3.7.1.4 可燃冰

可燃冰是一种被称为天然气水合物的新型矿物，在低温、高压条件下，由碳氢化合物与水分子组成的冰态固体物质。其能量密度高，杂质少，燃烧后几乎无污染，矿层厚，规模大，分布广，资源丰富。据估计，全球可燃冰的储量是现有石油天然气储量的两倍。在20世纪，日本、苏联、美国均已发现大面积的可燃冰分布区。我国也在南海和东海发现了可燃冰。据测算，仅我国南海的可燃冰资源量就达700亿吨石油当量，约相当于我国目前陆上油气资源量总数的1/2。在世界油气资源逐渐枯竭的情况下，可燃冰的发现又为人类带来新的希望。

可燃冰主要分布在北半球，以太平洋边缘海域最多，其次是大西洋西岸。从构造环境来看主要分布大陆边缘：一类是分布在被动大陆边缘的大陆斜坡和坡脚，另一类是分布在活动边缘增生楔发育区。目前已通过钻探发现和根据BSR（海底模拟反射层）推测的天然气水合物地点有57处，其中太平洋25处，印度洋1处，北极海6极，南大洋6处，大西洋17处，湖沼区（黑海、贝加尔湖）2处。但是对占大洋大部分面积的深海洋盆中的天然气水合物分布情况目前还知之甚少。造成这种情况的原因在于目前所从事天然气水合物调查的区域还没有涉足洋盆。

海底天然气水合物中潜在的天然气资源量极其巨大。根据国际天然气潜力委员会的初步统计，世界各大洋天然气水合物的总量换算成甲烷气体约为（1.8~2.1）$\times 10^{16}$立方米，大约相当于全世界煤、石油和天然气等总储量的两倍。被认为是一种潜力很大的、可供21世纪开发的新型能源。另一方面，海底天然气水合物作为潜在地质灾害与全球气候变化的不稳定因素也引起了科学界的高度关注。

3.7.1.5 *海滨砂矿*

海滨砂矿是指在海滨地带由河流、波浪、潮汐和海流作用，使重矿物碎屑聚集而形成的次生富集矿床。它既包括现处在海滨地带的砂矿，也包括在地质时期形成于海滨，后因海面上升或海岸下降而处在海面以下的砂矿。它主要由金红石、钽铁矿、磁铁矿、磷钇矿、金矿、铁矿、金刚石、石英砂、煤等矿种组成。

砂矿分布广，在许多国家的沿海和陆架区都有广泛的分布，但巨大矿床不多见。由于砂矿的开采和分选易于进行，有很多国家都在开采，有的开采量很大，如世界上96%的锆石和90%的金红石就产自海滨砂矿。我国海滨砂矿丰富，辽东半岛、山东半岛、广东和台湾沿岸均有分布，且多属复矿型砂矿，主要有金、钛铁矿、磁铁矿、锆石、独居石和金红石等。常见的主要砂矿有金、铂、锡、钍、钛、锆、金刚石等。

（1）砂金矿。主要产于美国的阿拉斯加、新西兰和苏联西伯利亚东部海滨等处。美国阿拉斯加的诺姆砂金矿开采半个多世纪以来，获砂金400吨左右，产值超过1亿美元。

（2）砂铂矿。产于美国的俄勒冈州和阿拉斯加、澳大利亚以及塞拉利昂。俄勒冈州西南部海滩上的铂矿和金矿，早在19世纪中叶就享有盛名。阿拉斯加古德纽斯湾的砂铂矿延伸入白令海中。

（3）金刚石砂矿。非洲南部大西洋沿岸纳米比亚、南非和安哥拉境内有世界上最大的金刚石砂矿。水上开采始于1961年，产量不多，但质量很高。

（4）砂锡矿。滨海砂锡矿在东南亚地区分布甚广，从缅甸经泰国和马来西亚到印度尼西亚被称为亚洲锡矿带。最有工业价值的是水下古河谷和平缓的分水岭砂矿。这些砂矿，广泛分布在勿里洞岛、邦加岛和新格岛附近，由陆向海延伸达15千米，水深可达35米。现在，印度尼西亚和泰国已对水下砂矿进行大量开采，开采水深已超过40米。

（5）砂铁矿。日本、菲律宾、印度尼西亚、澳大利亚、新西兰等国均有开采，一般为磁铁矿。日本有明湾大型砂铁矿的主要有用组分为钛磁铁矿，其中含铁56%，钛氧化物12%，钒0.2%，为日本铁矿的重要来源。

（6）复矿型砂矿。在很多砂矿中，不是含一种而是含多种有用矿物，如钛铁矿、锆石、金红石和独居石等经常共生，构成复矿型砂矿床。这种矿床在世界许多国家中都有发现，以澳大利亚、印度、斯里兰卡、巴西和美国所产者经济意义最大。澳大利亚东部、西部和北部一系列地区分布着富含锆石、金红石、钛铁矿和独居石的巨型海滨砂矿，其中提取的金红石砂矿占世界总产量的90%。在印度西海岸南部的特拉凡哥尔砂矿，从科摩林角到科钦延伸达250千米以上，为世界上最大黑砂矿床之一，以产铬铁矿和独居石为主。斯里兰卡海滨沉积物中富含钛铁矿、锆石、独居石和石榴石。到20世纪70年代初期，斯里兰卡已成为世界上最大的钛和锆原料输出国之一。

（7）贝壳砂。由贝壳破碎、冲刷、磨蚀并富集而成，可作为水泥原料。美国在路易斯安那州岸外及墨西哥湾沿岸等地区进行开采，1969年路易斯安那州的产量已超过900万吨。冰岛在法克萨湾内采贝壳砂的水深达40米。

（8）砂砾矿。作为建筑材料，陆架区的砂砾矿也在加速开采，从1960—1970年，美国从陆架区开采的砂砾矿增加了一倍，每年开采量近4 000万立方米。现在，英国有30余家公司开采海底砂砾矿。将来靠近海区的陆上砂砾矿采尽或被建筑物覆盖后，海底砂砾矿的价值还会增长。

海滨沉积物中有许多贵重矿物，如含有发射火箭用的固体燃料钛的金红石；含有火箭、飞机外壳用的铌和反应堆及微电路用的钽的独居石；含有核潜艇和核反应堆用的耐高温和耐腐蚀的锆铁矿、锆英石；某些海区还有黄金、白金和银等。我国近海海域也分布有金、锆英石、钛铁矿、独居石、铬尖晶石等经济价值极高的砂矿。

3.7.1.6 其他海底矿床

1. 煤、铁等固体矿产

世界许多近岸海底已开采煤铁矿藏。日本海底煤矿开采量占其总产量的30%；智利、英国、加拿大、土耳其也有开采。日本九州附近海底发现了世界上最大的铁矿之一。亚洲一些国家还发现许多海底锡矿。已发现的海底固体矿产有20多种。我国大陆架浅海区广泛分布有铜、煤、硫、磷、石灰石等矿产。

2. 富钴结壳

富钴结壳产于水深1~3.5千米，顶面平坦、两翼陡峭的海山斜坡上。大洋富钴结壳是一种主要贮存在太平洋（而非大西洋或印度洋）水下顶面平坦、两翼陡峭、形似“圆台”的海山斜坡上，水深1 000~3 500米，色黑似煤，质轻性脆，结构疏松，表面常布满花蕾似的瘤状体，厚度一般为几毫米至十几厘米，形状为板、结核或砾状等的海相固结沉积物。由于沉积时古海洋环境的差异，富钴结壳常呈现为成分和颜色不断变化的多层构造特征，如褐煤状、多孔状或无烟煤状结壳分层。此外，据实地勘查及系统科学研究，它在太平洋不同区域的储存特征和富集规律也是五彩纷呈、千姿百态。至今，它已静静地沉睡在那里数千万年了。资料显示，富钴结壳金属钴含量可高达2%，是陆地最著名的含钴矿床（中非含铜硫化物矿床）含钴量的20倍；贵金属铂含量也相当于地球上地壳含铂量的80倍。若与我国东太平洋海盆大洋多金属结核开辟区相比，其钴含量高3~4倍，铂含量高10多倍，海底面覆盖率高3~4倍，单位面积重量高4~6倍。据不完全统计，太平洋西部火山构造隆起带上，富钴结壳矿床的潜在资源量达10亿吨，钴金属量达数百万吨，经济总价值已超过1 000亿美元。因此，自20世纪80年代以来，它一直是世界海洋矿产资源研究开发领域的热点。

3.7.2 海洋矿产资源管理

1. 海洋石油资源管理

我国颁布的海洋石油资源开发与管理有关的法律、法规包括《中华人民共和国矿产资源法》、《中华人民共和国对外合作开采海洋石油资源条例》、《中华人民共和国海洋石油勘探探开发环境保护管理条例》等。其中，《中华人民共和国对外合作开采海洋石油资源条例》专门对我国海洋石油资源国际合作开发与管理做出了明确规定。主要内容如下：

中华人民共和国的内海、领海、大陆架以及其他属于中华人民共和国海洋资源管辖海域的石油资源，都属于中华人民共和国国家所有，为开采石油而设置的建筑物、构筑物、作业船舶，以及相应的陆岸油（气）集输终端和基地，都受中华人民共和国管辖。

中国政府依法保护参与合作开采海洋石油资源的外国企业的投资、应得利润和其他合法权益，依法保护外国企业的合作开采活动。在上述条例范围内，合作开采海洋石油资源的一切活动，都应当遵守中华人民共和国的法律、法令和国家的有关规定，参与实施石油作业的企业和个人，都应当受中国法律的约束，接受中国政府有关主管部门的检查、监督。

依据国家确定的合作海区、面积，决定合作方式，划分合作区块，依据国家长期经济计划，制定同外国企业合作开采海洋石油资源的规划，制定对外合作开采海洋石油资源的业务政策和审批海上油（气）田的总体开发方案。

中华人民共和国对外合作开采海洋石油资源的业务，统一由中国海洋石油总公司全面负责。中国海洋石油总公司是国有法人资格的国家公司，享有在对外合作海区内进行石油勘探、开发、生产和销售的专营权。中国海洋石油总公司根据工作需要，可以设立地区公司、专业公司、驻外代表机构，执行总公司交付的任务。

中国海洋石油总公司就对外合作开采石油的海区、面积、区块，通过组织招标，采取签订石油合同的方式，同外国企业合作开采石油资源，经中华人民共和国外国投资管理委员会批准，即为有效。中国海洋石油总公司采取其他方式运用外国企业的技术和资金合作开采石油资源所签订的文件，也应当经中华人民共和国外国投资管理委员会批准。

企业或作业者在编制油（气）田总体开发方案的同时，必须编制海洋环境影响报告书，由海洋行政主管部门核准，并报环境保护行政主管部门备案。

2. 海洋矿产资源管理

海洋矿产资源的所有权管理：国土资源部代表国家，依据有关法律对海洋石油等矿产资源的所有权实施统一管理。国土资源部的主要职能是：土地资源、矿产资源、海洋资源等自然资源的规划、管理、保护与合理利用。依据《中华人民共和国矿产资源法》、《中华人民共和国土地管理法》、《中华人民共和国测绘法》等法律及法规，对海洋资源实施管理。

《中华人民共和国矿产资源法》明文规定“在中华人民共和国领域及管辖海域勘查、开采矿产资源，必须遵守本法”；该法规定了矿产资源使用权：“矿产资源属于国家所有，由国务院行使国家对矿产资源的所有权”；规定了管理者：“国务院地质矿产主管部门主管全国矿产资源勘查、开采的监督管理工作。国务院有关主管部门协助国务院地质矿产主管部门进行矿产资源勘查、开采的监督管理工作。省、自治区、直辖市人民政府地质矿产主管部门主管本行政区域内矿产资源勘查、开采的监督管理工作。省、自治区、直辖市人民政府有关主管部门协助同级地质矿产主管部门进行矿产资源勘查、开采的监督管理工作”；规定了开发程序，“勘查、开采矿产资源，必须依法分别申请、经批准取得探矿权、采矿权，并办理登记”和有关事宜；规定了开发者的权益：“国家保障矿产资源的合理开发利用。国家保护探矿权和采矿权不受侵犯，保障矿区和勘查作业区的生产秩序、工作秩序不受影响和破坏，国家保障依法设立的矿山企业开采矿产资源的合法权益”；规定了禁止事宜和缴费事宜。

3.8 海洋新能源资源管理

3.8.1 海洋新能源概述

海洋能指依附在海水中的可再生能源，海洋通过各种物理过程接收、储存和散发能量，这些能量以潮汐、波浪、温度差、盐度梯度、海流等形式存在于海洋之中。地球表面积约为 5.1×10^8 平方千米，其中陆地表面积为 1.49×10^8 平方千米占 29%；海洋面积达 3.61×10^8 平方千米，以海平面计，全部陆地的平均海拔约为 840 米，而海洋的平均深度却为 3 795 米，整个海水的容积多达 1.37×10^9 立方千米。一望无际的大海，不仅为人类提供航运、水源和丰富的矿藏，而且还蕴藏着巨大的能量，它将太阳能以及派生的风能等以热能、机械能等形式蓄在海水里，不像在陆地和空中那样容易散失。

3.8.1.1 海洋新能源能特点

（1）海洋能在海洋总水体中的蕴藏量巨大，而单位体积、单位面积、单位长度所拥有的能量较小。这就是说，要想得到大能量，就得从大量的海水中获得。

（2）海洋能具有可再生性。海洋能来源于太阳辐射能与天体间的万有引力，只要太阳、月球等天体与地球共存，这种能源就会再生，就会取之不尽，用之不竭。

（3）海洋能有较稳定能源与不稳定能源之分。较稳定的为温度差能、盐度差能和海流能。不稳定能源分为变化有规律与变化无规律两种。属于不稳定但变化有规律的有潮汐能与潮流能。人们根据潮汐潮流变化规律，编制出各地逐日逐时的潮汐与潮流预报，预测未来各个时间的潮汐大小与潮流强弱。潮汐电站与潮流电站可根据预报表安排发电运行。既不稳定又无规律的是波浪能。

（4）海洋能属于清洁能源，也就是海洋能一旦开发后，其本身对环境污染影响很小。

3.8.1.2 主要能量形式

（1）潮汐能

因月球引力的变化引起潮汐现象，潮汐导致海平面周期性地升降，因海水涨落及潮水流动所产生的能量称为潮汐能。

潮汐能与潮流能来源于月球、太阳引力，其他海洋能均来源于太阳辐射，海洋面积占地球总面积的71%，太阳到达地球的能量，大部分落在海洋上空和海水中，部分转化成各种形式的海洋能。

潮汐能的主要利用方式为发电，目前世界上最大的潮汐电站是韩国的始华湖潮汐电站，我国的江夏潮汐实验电站为国内最大，也是唯一一个实验电站。潮汐发电就是在海湾或有潮汐的河口建一拦水堤坝，将海湾或河口与海洋隔开构成水库，再在坝内或坝房安装水轮发电机组，然后利用潮汐涨落时海水位的升降，使海水通过轮机转动水轮发电机组发电。潮汐发电就是在海湾或有潮汐的河口建一拦水堤坝，将海湾或河口与海洋隔开构成水库，再在坝内或坝房安装水轮发电机组，然后利用潮汐涨落时海水位的升降，使海水通过轮机推动水轮发电机组发电。

（2）波浪能

波浪能是指海洋表面波浪所具有的动能和势能，是一种在风的作用下产生的，并以位能和动能的形式由短周期波储存的机械能。波浪的能量与波高的平方、波浪的运动周期以及迎波面的宽度成正比。波浪能是海洋能源中能量最不稳定的一种能源。

波浪发电是波浪能利用的主要方式，此外，波浪能还可以用于抽水、供热、海水淡化以及制氢等。波浪发电即是用波浪发电装置将海浪动能和势能转换成电能。波浪发电装置为了有效地吸收“波能”，其运转型式完全依据波浪之上下振动特性而设计，利用稳定运动机制撷取波浪动能，然后再加以利用来发电。海洋波浪蕴藏着巨大的能量，正弦波浪每米波峰宽

度的功率 $P \approx HT$ kW/m。式中，H 为波高，单位米；T 为波周期，单位秒。通过某种装置可将波浪的能量转换为机械的、气压的或液压的能量，然后通过传动机构、气轮机、水轮机或油压马达驱动发电机发电。

（3）海水温差能

海水温差能是指涵养表层海水和深层海水之间水温差的热能，是海洋能的一种重要形式。低纬度的海面水温较高，与深层冷水存在温度差，而储存着温差热能，其能量与温差的大小和水量成正比。

温差能的主要利用方式为发电，温差能发电的基本原理就是借助一种工作介质，使表层海水中的热能向深层冷水中转移，从而做功发电。首次提出利用海水温差发电设想的是法国物理学家阿松瓦尔，1926 年，阿松瓦尔的学生克劳德试验成功海水温差发电。1930 年，克劳德在古巴海滨建造了世界上第一座海水温差发电站，获得了 10 千瓦的功率。

温差能利用的最大困难是温差太小，能量密度低，其效率仅有 3% 左右，而且换热面积大，建设费用高，目前各国仍在积极探索中。

（4）盐差能

盐差能是指海水和淡水之间或两种含盐浓度不同的海水之间的化学电位差能，是以化学能形态出现的海洋能。主要存在与河海交接处。同时，淡水丰富地区的盐湖和地下盐矿也可以利用盐差能。盐差能是海洋能中能量密度最大的一种可再生能源。

据估计，世界各河口区的盐差能达 30 太瓦，可能利用的有 2.6 太瓦。我国的盐差能估计为 1.1×10^8 千瓦，主要集中在各大江河的出海口处，同时，我国青海省等地还有不少内陆盐湖可以利用。盐差能的研究以美国、以色列的研究为先，我国、瑞典和日本等也开展了一些研究。但总体上，对盐差能这种新能源的研究还处于实验室实验水平，离示范应用还有较长的距离。

（5）海流能

海流能是指海水流动的动能，主要是指海底水道和海峡中较为稳定的流动以及由于潮汐导致的有规律的海水流动所产生的能量，是另一种以动能形态出现的海洋能。

海流能的利用方式主要是发电，其原理和风力发电相似，几乎任何一个风力发电装置都可以改造成为海流发电装置。但由于海水的密度约为空气的1 000倍，且装置必须放于水下。故海流发电存在一系列的关键技术问题，包括安装维护、电力输送、防腐、海洋环境中的载荷与安全性能等。此外，海流发电装置和风力发电装置的固定形式和透平设计也有很大的不同。海流装置可以安装固定于海底，也可以安装于浮体的底部，而浮体通过锚链固定于海上。海流中的透平设计也是一项关键技术。

3.8.1.2 海洋新能源评价

1. 潮汐能

据初步估计，全世界潮汐能约有10亿多千瓦，每年可发电2~3万亿千瓦时。我国的海岸线长度达18 000千米，据1958年普查结果估计，至少有2 800万千瓦潮汐电力资源，年发电量最低不下700亿千瓦时。

世界著名的大潮区是英吉利海峡，那里最高潮差为14.6米，大西洋沿岸的潮差也达4~7.4米。我国的杭州湾的“钱塘潮”的潮差达9米。

据估计，我国仅长江口北支就能建80万千瓦潮汐电站，年发电量为23亿千瓦时，接近新安江和富春江水电站的发电总量；钱塘江口可建500万千瓦潮汐电站，年发电量约180多亿千瓦时，约相当于10个新安江水电站的发电能力。

（1）潮汐发电具有较大的优点：

①潮汐能是一种清洁、不污染环境、不影响生态平衡的可再生能源。潮水每日涨落，周而复始，取之不尽，用之不竭。它完全可以发展成为沿海地区生活、生产和国防需要的重要补充能源。

②潮汐能是一种相对稳定的可靠能源，很少受气候、水文等自然因素的影响，全年总发电量稳定，不存在丰、枯水年和丰、枯水期影响。

③潮汐电站不需淹没大量农田构成水库，因此，不存在人口迁移、淹

没农田等复杂问题。而且可用拦海大坝，促淤围垦大片海涂地，把水产养殖、水利、海洋化工、交通运输结合起来，进行综合利用。这对于人多地少、农田非常宝贵的沿海地区，更是个突出的优点。

④潮汐电站不需筑高水坝，即使发生战争或地震等自然灾害，水坝受到破坏，也不至于对下游城市、农田、人民生命财产等造成严重灾害。

⑤潮汐能开发一次能源和二次能源相结合，不用燃料，不受一次能源价格的影响，而且运行费用低，是一种经济能源。但也和河川水电站一样，存在一次投资大、发电成本低的特点。

⑥机组台数多，不用设置备用机组。

（2）潮汐发电也有其缺点：

①潮差和水头在一日内经常变化，在无特殊调节措施时，出力有间歇性，给用户带来不便。但可按潮汐预报提前制定运行计划，与大电网并网运行，以克服其间歇性。

②潮汐存在半月变化，潮差可相差两倍，故保证出力、装机的年利用小时数也低。

③潮汐电站建在港湾海口，通常水深坝长，施工、地基处理及防淤等问题较困难。故土建和机电投资大，造价较高。

④潮汐电站是低水头、大流量的发电形式。涨落潮水流方向相反，水轮机体积大，耗钢量多，进出水建筑物结构复杂。而且因浸泡在海水中，海水、海洋生物对金属结构物和海工建筑物有腐蚀和沾污作用，需做特殊的防腐和防海生物粘附处理。

⑤潮汐变化周期为太阴日（24 小时 50 分），月循环约为 14 多天，每天高潮落后约 50 分，故与按太阳日给出之日需电负荷图配合较差。潮汐发电虽然存在以上不足之处，但随着现代技术水平的不断提高，是可以得到改善的。如采用双向或多水库发电、利用抽水蓄能、纳入电网调节等措施，可以弥补第一个缺点；采用现代化浮运沉箱进行施工，可以节约土建投资；应用不锈钢制作机组，选用乙烯树脂系列涂料，再采用阴极保护，

可克服海水的腐蚀及海洋生物的粘附。

2. 波浪能

全球有经济价值的波浪能开采量估计为1～10亿千瓦。我国波浪能的理论储量为7 000万千瓦左右。波浪能发电技术兴起于20世纪80年代初，西方海洋大国利用新技术优势纷纷展开实验，但受客观因素和技术影响，效益不一。

目前，我国已研制出了新型高效波浪能发电装置。此设备主要是通过模拟海洋表面波浪所产生的动能和势能发电来展示清洁能源生产的过程。整套系统由一个振荡水柱装置和一个振荡浮子装置俘获波浪能，通过广州能源研究所发明的原始新成果——蓄能稳压系统，将波浪能转换成稳定的液压能，从而实现稳定发电和海水淡化等功能。与传统的潮汐发电和波浪直接发电技术相比较，这种通过“蓄能稳压系统对波浪进行移峰填谷”处理的技术发电更稳定，效率也相对更高。此外，相关研究人员还研制了波浪能制淡装置，以解决多余波浪能的使用问题。早在2005年，日产5吨淡水的波浪能制淡装置就被研发出来。此后，这套装备不仅能将波浪能转换为用户可直接使用的稳定电力，而且多余的能量就被用来制造淡水。经计算，一个年均发电功率5千瓦，日平均产淡量10吨的波浪能独立发电与制淡系统需投资近100万元，可供边远海岛地区的50户以上居民的电力和淡水供应（按每户3口人的每天用电量2度，用水量200升左右计算）。一般来说，这套装置系统使用寿命可达15年，总发电量为65.7万度，制造淡水总量为5.5万立方米。计入管理费用和设备折旧、维修发电费用之后的发电成本大约在每度电1～2元，制淡成本大约在每吨淡水5～10元，这在边远海岛区具有很好的应用前景和社会经济效益。波浪能是品味最高、能流密度大、分布最广泛的海洋可再生能源，对其的利用有助于海防和海洋资源开发。

目前，大规模波浪能发电的成本还难与常规能源发电竞争，但特殊用途的小功率波浪能发电，已在导航灯浮标、灯桩、灯塔等上获得推广应用。在边远海岛，小型波浪能发电已可与柴油发电机组发电相竞争。今后应进一步研究新型装置，以提高波浪能转换效率；研究聚波技术，以提高波浪能密度，缩小装置尺寸，降低造价；研究在离大陆较远、波浪能丰富的海域利用工厂船就地发电、就地生产能量密集的产品，如电解海水制氢、氨及电解制铝、提铀等，以提高波浪能发电的经济性。预计随着化石能源资源的日趋枯竭，技术的进步，波浪能发电将在波浪能丰富的国家逐步占有一定的地位。

波浪发电优缺点：

①优点：波浪发电具有无污染以及不必耗费燃料等优点。

②缺点：波浪之不稳定性及发电设备需固定于海床上，承受海水之腐蚀、浪潮侵袭破坏，以及效率不够显著、施工及维修成本相对过高等问题。

3. 海流能

全世界海流能的理论估算值约为 10^8 千瓦量级。利用中国沿海 130 个水道、航门的各种观测及分析资料，计算统计获得我国沿海海流能的年平均功率理论值约为 1.4×10^7 千瓦。属于世界上功率密度最大的地区之一，其中辽宁、山东、浙江、福建和台湾沿海的海流能较为丰富，不少水道的能量密度为 15 ~30 千瓦/平方米，具有良好的开发值。特别是浙江的舟山群岛的金塘、龟山和西堠门水道，平均功率密度在 20 千瓦/平方米以上，开发环境和条件很好。

海流能开发还具有较多优点：无污染、无碳排放、不占用土地；资源不枯竭；能流密度大。

4. 温差能

海洋温差发电工作原理与目前使用火力、核能发电原理相类似。是以非共沸介质（氟里昂 -22 与氟里昂 -12 的混合体）为媒质，输出功率是以前的 1.1 ~1.2 倍。一座 75 千瓦试验工厂的试运行证明，由于热交换器采用平板装置，所需抽水量很小，传动功率的消耗很少，其他配件费用也低，再加上用计算机控制，净电输出功率可达额定功率的70%。一座3 000千瓦级的电站，每千瓦小时的发电成本每日50元以下，比柴油发电价格还低。人们预计，利用海洋温差发电，如果能在一个世纪内实现，可成为新能源开发的新的出发点。

5. 盐差能

盐差能发电是利用河口海域咸淡水之间盐度的明显差异，把化学能转化为电能。日本、美国、以色列、瑞典等国均在进行研究、试验。

据估算，地球上存在着26亿千瓦可利用的盐差能，其能量甚至比温差能还要大。海洋盐差能发电的设想是1939年由美国人首先提出的。盐差能发电的原理是：当把两种浓度不同的盐溶液倒在同一容器中时，那么浓溶液中的盐类离子就会自发地向稀溶中扩散，直到两者浓度相等为止。所以，盐差能发电，就是利用两种含盐浓度不同的海水化学电位差能，并将其转换为有效电能。科学家经过周密的计算后发现在17℃时，如果有1摩尔盐类从浓溶液中扩散到稀溶液中去，就会释放出5 500焦的能量来，科学家由此设想：只要有大量浓度不同的溶液可供混合，就将会释放出巨大的能量来。经过进一步计算还发现，如果利用海洋盐分的浓度差来发电，它的能量可排在海洋波浪发电能量之后，比海洋中的潮汐和海流的能量都要大。

据资料显示，我国1980年前后开始盐差能发电研究，1985年在西安采用半透膜，研制成功干涸盐湖浓差能发电实验室装置，半透膜面积为14平方米。试验中溶剂（淡水）向溶液（浓盐水）渗透，溶液水柱升高10米，水轮发电机组发电功率为0.9～1.2瓦。但尚处于实验室原理性研究的初步阶段。此后就只有一些在这方面研究的论文，没有突破性进展和实际运用的报道。与常规能源发电相比，盐差动力发电成本比较高，但随着技术日趋成熟，成本会有很大下降空间。据路透社报道，挪威的斯塔特克拉弗特水力风力发电公司计划投资2 000万美元，率先在世界上建设一座盐能发电站，所发的电可以满足几十个家庭的日常所需。荷兰的可持续水利技术中心（WETSUS）也将启动利用盐能发电的“绿色能源”计划。可以看出，发展和利用盐差能发电是一项造福人类和地球，并且具有战略性的能源计划。

3.8.2 海洋新能源管理

海洋新能源的发展在我国经历了发展—沉寂—发展的过程。在20世纪50年代末，我国开展了大规模的海洋新能源实验和开发工作。据不完全的统计，我国最多曾建设了40多座潮汐发电站，后因泥沙淤积、海洋利用矛盾等问题大多废弃；波浪发电和海流发电大多为实验阶段的实验设备。这阶段的海洋新能源工作主要停留在研究和实验阶段，因此，其管理工作也是一种国家科研管理部门的科研管理。

进入21世纪后，由于能源危机和环境污染的日益加剧，海洋新能源的研究和开发在世界范围内再次掀起热潮。我国政府自2003年起，加大了对海洋新能源研究和开发的支持力度，制订了一系列海洋新能源研究的相关规划和计划，加强了对海洋新能源研究、开发的管理工作。2010年起，国家投入海洋可再生资金用于资助海洋可再生资源、设备、技术和示范工程等方面的研究。

1. 海洋新能源管理的组织形式

海洋新能源管理是一项复杂工程。国家主要授权国家能源局和国家海洋局进行管理，此外，还涉及气象局、财政部、国土部、科技部、商务部、工信部、住房和城乡建设部、交通运输部、全国人大环资委、电网公司、地方政府及一系列相关部门。

国家能源局下设新能源与可再生能源司，管辖范围包括海洋能。其主要职责是：承担新能源和可再生能源的行业管理；组织拟订相关领域技术法规和行业标准；具体指导相关领域科研工作。研究新能源与可再生能源体制改革问题，提出体制改革建议，拟订和组织实施改革方案，协调相关重大问题。管理新能源与可再生能源资源，指导协调农村能源发展。提出相关价格建议，参与相关财税、环保政策制定工作。

2010 年国家为加强对海洋新能源研究、资金、项目、建设等方面的管理，满足我国合理开发利用海洋能资源的需要，国家海洋局依托国家海洋技术中心成立了国家海洋局海洋可再生能源开发利用管理中心，负责拟定海洋可再生能源开发利用和产业化发展的方针政策、法规、规划；海洋可再生能源专项资金项目管理；技术与产品的检测认证与市场准入，组织制订相关行业规范和技术标准；海洋能科技成果管理，产品指导目录编制；海洋能资源信息管理及发布；国际交流及合作，使海洋新能源的管理进入了一个新的时期。

2008 年中国可再生能源协会海洋能专业委员会成立，发挥了海洋新能源研究、开发的学术咨询和交流作用。

2. 海洋新能源管理的法律

为了促进可再生能源的开发利用，增加能源供应，改善能源结构，保障能源安全，保护环境，实现经济社会的可持续发展，《中华人民共和国可再生能源法》自 2006 年 1 月 1 日起正式施行。该法所称可再生能源，是指风能、太阳能、水能、生物质能、地热能、海洋能等非化石能源。2009 年 12 月 26 日，十一届全国人大常委会第十二次会议表决通过了《中华人民共和国可再生能源法修正案》，修正案对《可再生能源法》部分条款进行了修改，对原有内容进行了细化。2010 年 4 月 1 日，《中华人民共和国可再生能源法（修正案）》正式实施，规定了该法适用于中华人民共和国领域和管辖的其他海域，确立了海洋新能源的管理职责（国务院能源主管部门为其开发利用的统一管理部门，国务院有关部门在各自的职责范围内负责有关的可再生能源开发利用管理工作），明确了资源调查与发展规划、产业指导与技术支持、推广与应用、价格管理与费用分摊、经济激励与监督措施的管理内容。同时，还制定了其他可再生能源法律法规，如《中华人民共和国节能法》、《可再生能源发电有关管理规定》、《可再生能源中长期发展规划》，为海洋新能源的发展奠定了一定的基础。

2010年2月，为做好海上风电发展规划编制、海上风电建设项目授权和核准工作，促进海域空间资源合理利用，强化海洋生态环境保护，引导海上风电健康、持续发展，国家能源局、国家海洋局联合下发《海上风电开发建设管理暂行办法》，对沿海多年平均大潮高潮线以下海域以及在相应开发海域内无居民海岛上的海上风电项目实施管理，并强调在海上风电规划编制、项目核准、施工等阶段做好管理衔接和发展规划。

3. 海洋新能源规划与项目管理

国家加大了海洋新能源科研经费的支持力度，分别在“908专项”、“863计划”、“国家科技支撑计划重点项目”、“海洋可再生能源专项资金项目”给予了有力支持。2008年国家海洋局颁布了《全国科技兴海规划纲要》，对海洋新能源的研究、开发、建设工作给予了部署。2011年国家出台了《国家“十二五”海洋科学和技术发展规划纲要》，对海洋新能源的发展进行了全面部署。

3.9 海洋旅游资源管理

3.9.1 海洋旅游的概念与特点

1. 海洋旅游的概念

所谓海洋旅游，是指在一定的社会经济条件下，以海洋为依托，以满足人们精神和物质需求为目的而进行的海洋游览、娱乐和度假等活动所产生的现象和关系的总和。还可以说，海洋旅游是指人们以海洋资源为基础的包括观光、度假和特种旅游的各类旅游形式的总称。

海洋旅游是以海洋为旅游场所，以探险、观光、娱乐、运动、疗养为目的的旅游活动形式。海洋面积辽阔，开发潜力很大。海洋空气中含有一定数量的碘、大量的氧、臭氧、碳酸钠和溴，灰尘极少，有利于人体健康，适于开展各种旅游活动。在海上旅行具有与陆地迥然不同的趣味，游客可在海上观看日出日落，开展划船、海水浴，以及各种体育和探险项目，如游泳、潜水、冲浪、钓鱼、驰帆、赛艇等。游船是海洋旅游的主要交通工具。当今世界拥有数百艘豪华型游船，不仅可为游客提供食宿，而且具有各种服务项目和娱乐设施。

2. 海洋旅游的特点

我国海洋旅游资源最显著的特点是海洋旅游资源丰富，类型多样。我国濒临太平洋西岸，拥有大陆海岸线（18 000 千米）和海岛岸线（14 000 千米），岛屿 6 500 多个。从海洋自然旅游资源来看海洋地貌旅游资源、海洋气候气象旅游资源、海洋水体旅游资源、海洋生物旅游资源应有尽有，不仅存在面积广，而且类型多样。5000 年的悠久历史在漫长的海岸线上，积淀了我国沿海厚重的海洋人文旅游资源。由于我国海岸线在南北方向上纬度跨度大，海洋旅游资源地域差异显著。因此，不同地域，不同季节，海洋旅游资源的卖点各异。另外，由于我国多数地域属于季风性气候，海洋旅游资源及海洋旅游项目都要受季风影响。

海洋旅游最主要的特点是依托海岸带开展旅游活动。主要特点是：

①旅游海岸

旅游业为主导，带动多种产业并形成互动的产业集群，具有整体品牌形象和多种滨海旅游形式的大规模、综合性海岸带经济区域。其代表有法国蓝色海岸，西班牙太阳海岸及系列海岸，澳大利亚黄金海岸、阳光海岸等。

②滨海旅游区

依托海岸而建设，主要表现为提供旅游服务的开发区，包括滨海观光区、主题景区和度假区。各旅游区之间相对独立，彼此之间联系不强。

③独立海岛

离海岸较远、面积较大的海岛或群岛，是相对独立的旅游目的地。如西班牙的加那利群岛和马略卡岛、美国的夏威夷群岛、印尼的巴厘岛、韩国的济州岛、日本的冲绳岛、泰国的普吉岛等。

④近岸离岛

靠近大陆海岸或靠近较大的岛屿，并对其有一定依附性的离岛。如马来西亚沙比岛，我国海南岛的西岛、蜈支洲岛等。由于一些半岛体现了较强的岛屿特征，从旅游角度可将其视为离岛。

⑤旅游城市

海滨旅游业为重要产业乃至主导产业的城市，市区或市郊建有海滨旅游区和海滨旅游设施。如法国尼斯、我国上海和海南的三亚等。

⑥旅游村镇

沿海的旅游为主要特色的村镇。如我国海南的博鳌、日本北海道的小樽镇等。

⑦邮轮旅游

大型豪华邮轮是流动的海上旅游目的地，但邮轮除自有度假、旅游设施外，仍需依托沿海旅游城市，因此将其列入滨海旅游。

⑧沿海游船

中、小型近海游船和游艇，提供服务设施和小规模娱乐设施，以近岸离岛观光和海岸观光为主要功能。各种主要滨海旅游区和旅游城市大多开展此项目。

3.9.2 海洋自然旅游资源

海洋自然旅游资源包括海洋地貌旅游资源、海洋气候气象旅游资源、海洋水体旅游资源、海洋生物旅游资源。其中，海洋地貌旅游资源可分为海岸地貌旅游资源、深海与大洋底地貌旅游资源，而海岸地貌旅游资源（平原海岸、基岩海岸和生物海岸）与海岛旅游资源（大陆岛、火山岛、珊瑚岛和冲积岛）在目前的海洋旅游中占据着主导地位。

3.9.2.1 海洋地貌旅游资源

（1）海岸地貌旅游资源

从旅游的角度，可将海岸地貌分为基岩海岸、沙质海岸、生物海岸三种类型。

① 基岩海岸

基岩石海岸为侵蚀性海岸地貌，形成的海蚀洞、海蚀穴、海蚀柱、海蚀崖、海蚀蘑菇等类型，是海岸受海浪侵蚀产生后退的标志。基岩海岸往往巨石突兀、激浪拍岸，形成绮丽海景，极具观赏价值。如海南三亚“海角天涯”胜景。在海岸后退过程中，海蚀崖现象十分普遍。有的海蚀崖上常留有海蚀穴，如浙江普陀山的潮音洞、梵音洞。有些崖角上的海蚀穴被海浪凿通而形成海蚀拱桥。岬角崩解后留下的岩石，成为海蚀柱，如海南的“南天一柱”、青岛的“石老人”等。

② 沙质海岸

沙质海岸简称沙岸。沙岸海滩地带若沙质纯净、沙粒粗细相宜、沙滩坡度相宜，一般都会成为良好的浴场和海滨旅游胜地。如海南的亚龙湾、广西北海银滩、广东闸坡的十里银滩等。

③ 生物海岸

生物海岸又有红树林海岸，珊瑚礁海岸之分。红树林的繁殖方式很特殊。人们往往称红树为“胎生”。在海岸带中有大片红树林，不仅蔚然可观，而且海产丰富，能为旅游者提供丰富鲜美的海产品。同时还形成了大量鸟类的栖息地，形成很好的观鸟场所。如广东番禺新垦的湿地公园、珠海淇澳岛红树林湿地公园等。珊瑚自古即视为宝玩，其形态有鹿角状、枝状、板状等，颜色有白、红、绿等，富有观赏价值。珊瑚礁区域往往是鱼类的理想生活环境，因而珊瑚礁海岸会成为价值很高的海底观光和潜水旅游胜地。世界著名的以观赏珊瑚和鱼类为特色的旅游地当属澳大利亚之大堡礁，我国海南亚龙湾附近的野猪岛海域是我国最重要的珊瑚礁保护区，也是最为瑰丽的海底世界。

生物海岸则只分布于温热地带，主要在福建、广东、海南，尤其是南海诸岛，有些岛礁完全是珊瑚堆积而成。

（2）深海与大洋底地貌旅游资源

海底观光、潜水、探险等活动。如潜水旅游和“人工海底乐园”（如美国佛罗里达州奥兰多迪斯尼世界建立的“活海”）。

（3）海岛旅游资源

①大陆岛

大陆岛指的是其地质质构造与邻近的大陆相似，原属大陆的一部分，由于地壳下沉或海水上升致其与大陆相隔成岛。按其形成的原因可分为构造岛和冲蚀岛两种。

世界主要的构造岛有：不列颠群岛；日本群岛；马来群岛；格陵兰岛；纽芬兰岛；马达加斯加岛；台湾岛；海南岛；库页岛；新西兰的南岛、北岛。

我国大陆岛总数是6 000多个，占我国海岛总数的90%之多，面积占我国海岛总面积的99%左右。我国的大陆岛绝大多数为基岩岛，主要分布于大陆沿岸和近海。由于长江口以北主要为平原海岸、东南和华南主要为山地丘陵和台地海岸，使得我国的大陆岛分布不均，形成南多北少的格局，并很有规律地向北偏东方向排列。

②火山岛

火山岛是由于海底火山喷发后，熔岩、火山灰等喷发物堆积形成的岛屿。火山岛的面积一般都不大，既有单个的火山岛，也有群岛式的火山岛。

世界著名的火山岛有：菲律宾群岛；印尼群岛（主要集中在苏门答腊岛和爪哇岛）；夏威夷群岛；斐济群岛；关岛；塞班岛；所罗门群岛；冰岛；小安的列斯群岛（大部分）。

我国台湾著名的火山岛有：澎湖群岛；基隆屿；龟山岛；兰屿；绿岛。

③珊瑚岛

珊瑚岛是海中的珊瑚虫遗骸堆筑的岛屿。一般分布在热带海洋中，一般与大陆的构造、岩性、地质演化历史没有关系，因此珊瑚岛和火山岛一起被统称为大洋岛。

世界著名的珊瑚群岛有：大堡礁（澳大利亚）；马尔代夫群岛；马绍尔群岛；加罗林群岛；南沙群岛；西沙群岛；东沙群岛；中沙群岛；拉利克群岛；图瓦卢群岛；拉克沙群岛（印度）。

④冲积岛

冲积岛是由于河沙淤积而形成的岛屿，故又称为沙岛。冲积岛主要分布在河口地区，其地质构造与河口两岸的平原相同。冲积岛由于主要是由泥沙组成，结构松散，其外形轮廓很不稳定，每逢洪水过后或强潮之后都可能使其形态受到影响。冲积岛的面积一般不大，目前世界上最大的冲积岛是位于上海的崇明岛，面积达 1 041 平方千米，其面积还在以每年 1 平方千米的速度扩大。我国第二大冲积岛是湖北枝江长江中的百里洲。冲积岛的地质构造与河口两岸的冲积平原相同。其地势低平，在岛屿四周围绕着广阔的滩涂。

3.9.2.2 海洋气候气象旅游资源

海洋气候气象旅游资源主要包括：日出与晚霞；日食、月食、彗星奇观；云、雾景；雨景；蜃景与宝光；雾凇、雨凇景等。

(1) 海市蜃楼景观

海市蜃楼的自然景象是由大气的折射和反射作用造成的，一般出现在中、高纬度地区的海面、沙漠等地势开阔地方。在一定的下垫面、天气条件下，空气的密度会出现不均匀现象。不同密度空气间可形成界面，这一界面对光线有折射和反射作用，这样就会使远处冰山、岛屿、城郭或船只出现于空中。

在我国山东蓬莱一带，每当春夏之交，或夏末秋初，平静的海面上有时会出现一种奇幻的景象：一座座亭台楼阁，一片片山村村舍，时隐时现，如同仙境一般。这种景象，在我国古代称之为“海市蜃楼”。蜃景的出现有两个特点：一是在同一地点重复出现，比如，美国的阿拉斯加上空经常会出现蜃景；二是出现的时间相对固定，如我国蓬莱的蜃景大多出现在每年5月、6月，俄罗斯齐姆连斯克蜃景往往在春天出现，而美国阿拉斯加的蜃景是在6月20日以后的20天内出现。

（2）海滨气候旅游

滨海气候（又称海洋气候）深受大海的影响，四季温和，日照充足，空气清新，湿润和柔和的海陆风昼夜交替，十分宜人。

青岛、大连、秦皇岛、烟台是我国著名的滨海城市，它们同处于中纬度地带的渤海、黄海之滨，受海洋的影响较大，加之倚山濒水的地势便形成了夏无闷热，冬无寒冷，春季凉爽，秋季温和的海滨气候。其气候特征主要表现为：四季温和少变；降水集中，大部分降水量都集中在夏季，尤以7月、8月最多；阳光充足，年日照时数达2 800小时左右，比内陆普遍偏多。

海滨气候的旅游吸引力主要表现在其夏季所提供的避暑条件上。盛夏时节，当内陆地区处于炎热酷暑时，海滨地区却凉风习习。除夏季平均气温较低以外，海滨地区每年的炎热日数也较内陆少得多。日最高气温≥35℃的年平均炎热日数青岛为0.5天，烟台只有1天，而同纬度的内陆地区可达10～20天，因而，海滨地区成为夏季游客集中之地。海滨优良的避暑气候条件与夏季盛行的海陆风有密切的关系。由于海洋和陆地的热力差异，海滨地区白天海风由海洋吹向陆地，夜晚陆风由陆地吹向海洋。白天的海风来自较冷的海洋面，凉爽湿润，给陆地带来降温和降水；夜晚的陆风可带走城市中的污染空气，使旅游地空气清新。

海滨气候与优越的海湾、沙滩地貌条件结合，则可开辟为海滨浴场，成为夏日的旅游胜地。我国的秦皇岛北戴河、大连、旅顺口、金石滩、兴城、青岛、三亚等海滨风景名胜区就属于这种类型。

3.9.2.3 海洋水体旅游资源

海洋水体包括：a 海湾；b 海港（港湾）；c 海峡；d 峡湾；e 海洋等。

海洋景观主要包括以下3种：

（1）海面风光

辽阔的海面，水天一色，浩瀚无际，使人心胸开阔。海面时而狂涛滚滚、巨浪如山；时而风平浪静，微波荡漾。海面的这种变化，使人感受到自然界的无穷力量和魅力。海洋不仅以其优美的风光吸引游客，而且在海面上也可以开展活动，如海钓、游泳、驰帆、摩托艇、冲浪、滑水、热气球、划船和水上飞机等。随着我国海上交通的发展和旅游需求的变化，进行长途、短途海面观光旅游将得到更大的发展。

（2）海滨风光

蓝天、白云、碧海、细浪、沙滩、椰林构成了迷人的海滨风光，也成为传统“3S”旅游的主要内容。海滨地带始终是观光旅游的胜地。良好的气候和海水条件，还使海滨成为疗养度假的好去处。气候适宜、阳光充足的地中海沿岸、夏威夷、加勒比海、东南亚、我国的海南等地区，都成为世界著名的避暑、疗养、度假和水上活动胜地。另外，在河流入海的喇叭状河口地区，常可见到涌潮现象。涌潮是指涨潮时，海水从广阔的海域涌进河口，潮水愈前进河口愈窄，致使海潮陡立如壁，推进时轰鸣作响，异常壮观。我国钱塘江口的大潮，潮差最高时达 9 米，为世界闻名的涌潮。

（3）海底风光

海水中蕴藏了极为丰富的海洋生物，这些资源对于人类具有很强的观赏价值和科考价值。随着现代科学技术的发展，海底观光探密和建造“人工海底乐园”已成为海洋旅游活动的一个重要组成部分，游客在潜水员的指引下，潜到水下去观赏鱼类（与鱼共舞）、珊瑚等海生动物，游览和考察海底地貌以及在游览的过程中进行水下狩猎、摄影和打捞活动。据统计，世界上已有 30 多个国家建立了海洋旅游中心，每年吸引着众多的中外游客前往观光游览，如美国、澳大利亚、新加坡、泰国、印度尼西亚和我国的海南岛都是潜水旅游者最向往的地方。

海洋水体旅游具有大洋多功能化的特点，旅游方式包括海水疗养治病、海底风光和海底公园、海岛综合观景基地、海岸风光（海滨沙滩、海滨观潮、巨浪威力遗迹、海滨人文景观、动植物景观）、海市蜃楼等。

（4）海洋生物旅游资源

生物旅游资源，如特有的海洋动物、植物等。

3.9.3 海洋人文旅游资源

海洋人文旅游资源包括海洋古遗迹、古建筑旅游资源，海洋城市旅游资源，海洋宗教信仰旅游资源，海洋民风民俗旅游资源，海洋文学艺术旅游资源，海洋科学知识旅游资源等。海洋人文旅游资源以各种不同的自然海洋环境为背景，增添其吸引游人的独特魅力，彰显其文化的内涵。

海洋人文景观一般都依托于一定的海岸带自然条件要素，共同构成景观的整体。它大致可分为名胜古迹、休憩游乐以及商业购物场所3种类型。名胜古迹主要有古人类遗迹、古海岸遗址、海底古遗址、战争遗址、古代城郭、雄关要隘、寺庙宫殿、摩崖石刻、建筑景观、近岸工程、港城风姿、古朴渔村、风土民情、园林艺术、展览场址、文化艺术、名人遗踪等。

海洋人文旅游资源可分为有形资源和无形资源两大类。

有形的海洋人文旅游资源包括相关文物、建筑和建筑群、遗址遗迹等。如a. 沉船等水下文物；b. 港口；c. 海堤；d. 滨海和近海历史文化名城、古渔村、古集镇；e. 民间信仰与宗教建筑；f. 海防、海战遗迹；g. 历史人物遗迹和历史事件发生地遗址；h. 贝丘文化遗址；i. 博物馆、主题公园等；

无形的海洋人文旅游资源包括文学艺术、民俗民风、宗教信仰、节庆活动、科学知识等。如a. 有关海的诗歌、词曲、戏剧、小说、绘画、刺绣、雕刻等文学艺术作品；b. 民间文艺活动、传统技艺、历史传说；c. 与海洋生产活动、生活方式有关的民间习俗；d. 节庆活动，包括旅游节庆活动、文化节庆活动、商贸节庆活动、体育赛事活动等；e. 海洋科学知识。

3.9.4 海洋旅游资源管理

我国现行的海洋旅游资源开发与管理的主要法律规范包括:《旅游安全管理暂行办法》、《边境旅游暂行管理办法》、《旅游发展规划管理办法》、《旅游景区质量等级评定管理办法》等，由中华人民共和国国家旅游局（简称“国家旅游局”）制定的规章。是国务院主管旅游工作的直属机构。主要职能为:

（1）统筹协调旅游业发展，制定发展政策、规划和标准，起草相关法律法规草案和规章并监督实施，指导地方旅游工作。

（2）制定国内旅游、入境旅游和出境旅游的市场开发战略并组织实施，组织国家旅游整体形象的对外宣传和重大推广活动。指导我国驻外旅游办事机构的工作。

（3）组织旅游资源的普查、规划、开发和相关保护工作。指导重点旅游区域、旅游目的地和旅游线路的规划开发，引导休闲度假。监测旅游经济运行，负责旅游统计及行业信息发布。协调和指导假日旅游和红色旅游工作。

（4）承担规范旅游市场秩序、监督管理服务质量、维护旅游消费者和经营者合法权益的责任。规范旅游企业和从业人员的经营和服务行为。组织拟订旅游区、旅游设施、旅游服务、旅游产品等方面的标准并组织实施。负责旅游安全的综合协调和监督管理，指导应急救援工作。指导旅游行业精神文明建设和诚信体系建设，指导行业组织的业务工作。

（5）推动旅游国际交流与合作，承担与国际旅游组织合作的相关事务。制定出国旅游和边境旅游政策并组织实施。依法审批外国在我国境内设立的旅游机构，审查外商投资旅行社市场准入资格，依法审批经营国际旅游业务的旅行社，审批出国（境）旅游、边境旅游。承担特种旅游的相关工作。

（6）会同有关部门制定赴港澳台旅游政策并组织实施，指导对港澳台旅游市场推广工作。按规定承担大陆居民赴港澳台旅游的有关事务，依法审批港澳台在内地设立的旅游机构，审查港澳台投资旅行社市场准入资格。

（7）制定并组织实施旅游人才规划，指导旅游培训工作。会同有关部门制定旅游从业人员的职业资格标准和等级标准并指导实施。

此外，国家海洋局依据《中华人民共和国海域使用管理法》对涉及旅游产业的海洋资源开发行为和活动进行监督和管理。

4 海洋环境管理

随着工农业生产的发展、城镇居民人口的增多和生活水平的提高，污染物的排放也越来越多，陆地环境和海洋环境污染日趋严重。环境问题已经、正在、还将继续影响全球经济和社会的持续发展。环境危机的范围之广、程度之深、规模之大已经引起全球的普遍关注。

当今，海洋环境与全球环境一样，也向人类提出了挑战。联合国及国际组织、各国政府与群众团体，正在做出巨大努力，保护包括海洋在内的全球环境。1982 年 4 月联合国第三次海洋法会议在纽约联合国总部颁布的《联合国海洋法公约》第十二部分特别规定了“海洋环境的保护与保全”，对沿海、公海区域的环境和控制、防止污染损害，提出了普遍适用的准则。与国际环境组织采取行动的同时，沿海各国也大力加强了海洋环境的治理与保护，大都建立了海洋环境保护的法律制度，步入运用法律强制力保护环境生态平衡和健康发展的轨道。

对我国的海洋环境现状进行认真分析，找出主要海洋环境问题所在，制定相应的防治对策，将对海洋资源和海洋环境的保护、对海洋事业的科学发展等均具有十分重要的意义。

4.1 海洋环境问题

海洋环境是全球环境的基本组成部分，在全球环境的形成和变化中，从某种意义上还起着主导作用。但毕竟两者是局部与整体的关系。因此，研究当代海洋环境管理问题，必须首先讨论环境、海洋环境、全球环境正在发生的事件。

4.1.1 环境及海洋环境的概念

4.1.1.1 环境的定义

环境，通常认为，就某一事物主体而言，其周围的其他事物及其全部过程与现象，都是中心事物的环境。

在《中华人民共和国环境保护法》中，将环境规定为："本法所称环境，是指影响人类生存和发展的各种天然的和经过人工改造的自然因素的总体，包括大气、水、海洋、土地、矿藏、森林、草原、野生动物、自然遗迹、自然保护区、风景名胜区、城市和乡村等。"

各类辞书对环境的含义解释同环保法的表述基本类似，如《中国大百科辞典》释为"环境（是）人类社会存在和发展的基本条件。包括自然环境和社会环境。前者是环绕人类社会的自然界，由地理位置、地貌、气候和生物、矿产等资源构成。后者是社会发展过程中人类创造的现存的精神和物质财富。狭义指具体的个人、群体社会境况。"（《中国大百科辞典》编委会编，华夏出版社 1990 年第 1 版，第 271 页）由上述定义不难发现，环境概念最为本质之点，是以人为主体，相对于人类其周围存在的一切自然的、社会的事物及其变化和表征的整体。

从理论和实践研究，当前存在一种较为普遍的倾向，即"广义环境"是把自然环境变为无所不含的极为宽泛的概念，特别是把自然资源完全溶解在环境之中，有时在实际工作中只有环境，而没有相对独立的资源概念，于是事实上弱化了资源及其相关的工作。比如自环境污染受到关注以来，国际或国家的环境机构和组织的活动，大有一统环境、自然资源之势。实际上，自然环境与自然资源两者之间并不存在固定不变的隶属关系，各有相对独立的内在规律，都是自然条件的基本因素，它们在一定的关系下，可以成为对方的内容：当我们以自然环境为对象讨论其组成因素时，自然资源就是环境的内容之一，即"资源环境说"；而当我们以自然资源为对象讨论其组成因素时，环境就转化为自然资源概念下的内容之一，即“环境资源说”。它们在系统中所处的层次和地位，并不是不变的。所以，无论是理论上，还是实际工作中，都不能歪曲环境与资源的关系，否则是有害的。

讨论1：环境与资源

特别是在前几年，在“广义环境”大有一统环境、自然资源之势时，我们更应该强调：环境问题的由来。我们所说的“环境问题”、“海洋环境问题”是指现代的“环境问题”、现代的“海洋环境问题”，而非古代的“环境问题”、古代的“海洋环境问题”。正如前面所说，现代的“环境问题”、现代的“海洋环境问题”是在现代工农业的发展和陆地资源的开发、海洋事业的发展和海洋资源的开发过程中而发生发展的、而成为问题的、而成为灾难的。其问题的解决，就环境而环境，只能解决环境的表观，不能解决环境的根本。解决环境的根本必须从产生环境的根源入手，即资源的开发过程、技术、手段、方法、思想等方面和角度入手。

讨论2：污染与管理

人口、工业、发展、开发是否等于污染？

4.1.1.2 海洋环境概念

海洋环境是影响人类生活与发展的又一类自然因素的地理区域总体。海洋环境尽管是人们经常使用的概念，但其表达的形式与内容却有一定的差别。

按照《中国大百科辞典》的解释，海洋环境系为“地球上连成一片的海和洋的水域总体，包括海洋、溶解和悬浮其中的物质、海底沉积物以及生活于海洋中的生物”。

《海洋环境保护法知识》将其定义为：“海洋环境是人类赖以生存和发展的自然环境的一个重要组成部分，包括海洋水体、海底和海水表层上方的大气空间，以及同海洋密切相关，并受到海洋影响的沿岸区域和河口区域。”（倪轩、李鸣峰编著，中国经济出版社1987年第1版，第1页）。

国外海洋论著对海洋环境多缺乏系统的概括定义，一般认为海洋环境即是由海底地形、地球物理、海底结构和海洋化学、生物、热结构，以及海洋状况和天气等的总体海洋现象，亦即“狭义环境”、“物理环境”。例如美国1966年6月17日第89届国会参议院第944次会议通过的海洋《公约》中的定义（第八条）：“专门名词‘海洋环境’认为应包括：大洋、美国大陆架、五大湖、邻近美国海岸深度至200米或超过此深度但其上复水域容许开发海洋自然资源的深水区域的海床和底土、邻接包括美国领海内的岛屿的同样的海底区域的海床和底土、有关这些方面的资源。”

比较国内外海洋环境的定义，在概括的方法、内容上是大同小异的，都罗列了海洋自然地理环境要素，其差别只是所列举的要素多少而已。作为概念的原则，他们都未能对海洋环境本质之点进行归纳、体现。因为说到底概念的核心，不是叙述现象方面，而应该从现象揭示其事物的本质特征，并力求简洁、准确地抽象。以此衡量，上述海洋环境的概念，都是不尽如人意的。

那么，应该如何定义海洋环境呢？似应作如下归纳：海洋环境是指以人类生存与发展为中心，相对其存在并产生直接或间接影响的海洋自然和非自然的全部要素的整体。既包括海洋空间内的水体及其物理、化学、生物要素，海底的地质、地貌及矿产要素，海面及上空的海洋现象等自然固有要素与过程，也包括非海洋自然所固有，系由人类活动引起的人为因素，如海洋污染、海洋赤潮灾害等。这样定义海洋环境突出了两个问题：一是海洋环境是相对人类社会为中心的海洋自然与非自然要素总体，此点是问题的本质之处；二是海洋环境不仅是自然的要素，其非自然的要素，特别是近代以来，沿岸和近海区域受人类活动的影响越来越大，由此发生了一系列的环境后果，不论是有益的还是有害的，又都成为客观的存在之物，它们反过来对人类的生存和发展产生或大或小的作用。因此，人为影响而出现的海洋非自然要素应是海洋环境整体的组成部分。这一点是一些概念中易于疏漏的内容。

4.1.2 全球环境的大背景

由于自然的和人类的原因，使今天的全球环境出现了许多重大问题，对人类的继续发展已经造成或可能将会造成严重不利影响。

4.1.2.1 全球气候变暖

地球大气的温度周期性变化是持续进行的。仅在第四纪期间（距今200万年）就发生了全球性四次大冰期和间冰期，即显著的冷暖时期的交替。自最后一次大冰期－大理冰期（相当于欧洲的玉木冰期），在1.2万年前结束以来，全球气温仍在有规律地振荡着。资料分析，近100多年来气温经历了冷－暖－冷－暖两次小的波动，不过总的趋势是温度上升。约在1850—1919年间，气温降低的幅度若与第二次波动相比，下降的要低，气候更为寒冷，当时两极和高山的冰盖、冰川发育，在低纬度海域也有流冰活动；1920年开始增温期，至1949年结束。这一时期的全球气温比上个世纪后半叶大约要高0.3～0.4℃，冰川后退，欧洲的东阿尔卑斯山冰川，每年收缩0.61米，我国天山冰川退缩的幅度更大，约达几百米；1950年第二次波动开始，降温期约持续30年至1979年结束。在这30年中，全球平均气温比三四十年代大约要低0.3℃左右。尽管此期全球气温下降，但是仍然比上一个冷期的温度要高一些；1980年以来，气温又明显回升，全球平均气温不仅高于前两个低温期，而且也高于三四十年代的第一次波动的增温期。80年代的平均气温比20世纪下半叶约高0.6℃，

地质历史上的冷暖交替是自然史的结果，近100多年来的气温变暖，除了自然的原因外，还有没有非自然的因素呢？科学家特别注意到：近一个时期全球气温虽然存在周期性的振荡，但为什么近100多年间温度上升得较快呢？如果今后的100年也同样上升0.6℃，或者超过0.6℃，而达到1～2℃，那么人类的生活环境将会是一个什么状况？这个问题不得不成为人类面临的重大问题。

对于地球变暖有关问题的研究，早在几十年前就有学者开始进行。他

们认为，由于大气污染，空气中的二氧化碳和臭氧、甲烷、氟里昂、一氧化二氮等气体的不断增加，从而会造成地球气温的升高，即所谓的“温室效应”。二氧化碳等气体即称为“温室气体”。大气中的二氧化碳等温室气体的含量虽然是微乎其微，但对地球辐射热平衡却起着很大的作用。实验证明，温室气体对地球热辐射波长为12 500～17 000纳米，具有很强的吸收能力，从地球辐射出来的这一长波段的辐射热，大部分会被吸收，只有很小的一部分散失到宇宙中去；而当热辐射波长为7000～13 000纳米之间时，则吸收很少，约有70%～90%的长波辐射热会通过大气层散失到层外空间去，这个波段被称为“大气窗”。在正常的情况下，大气中的二氧化碳、甲烷、一氧化二氮、氟里昂等温室气体的含量，多处在大气窗的热辐射波段内。如果一旦温室气体含量增加，那么来自地球的辐射热就会被大气吸收，大气窗也就慢慢地关闭了，温室效应得到增强，从而也就引起气温的上升。在无人类影响的自然状态下，只要没有灾变过程的发生，大气中的温室气体含量，一般都是正常的。可是今天是不可能的，随着社会工农业的发展，污染的加剧，温室气体大量增加，如二氧化碳，其来源主要是煤、石油、天然气等矿物燃料（少量的，也有植物类的有机燃料）燃烧过程中释放出来的，其他还有森林火灾等。据统计，在19世纪60年代每年排放到大气中的二氧化碳不过0.9亿吨左右，到了20世纪80年代，以1985年为例，已达到50亿吨。前后仅100多年，排放的二氧化碳却增长了50多倍。氟里昂更为典型，自然界是不会产生这种气体，大气中的氟里昂全部来自工业生产。氟里昂的广泛利用也是近期的事情。其他温室气体也同样存在增加趋势。在现在的经济和社会发展条件下，如不采取有效措施，温室气体的增加带来全球变暖是不容置疑的。这一结论已被多数专家所接受。

全球气候变暖对人类的影响是目前世人共同关心的问题。是利是忧，尚难定论，不过，绝大多数结论认为将可能是灾难性的。概括全球气候变暖引起的后果有五个方面：

（1）气候带移动

全球气温上升，必然造成气候带分界的变动。据有关材料介绍，如若全球平均增温3.5℃，北半球温带的北界平均要向北推移5个纬度。按照我国气候带划分，以最冷月份为0℃等温线作为副热带的北线，以-10℃等温线作为暖温带的北线，在气温平均上升3.5℃后，副热带将要由目前秦岭-淮河一带移至黄河以北附近；暖温带由华北地区北部推到内蒙古一带。气候带的移动，在不同纬度和地区的具体情况也是不一样的。

（2）降水变化

气候变暖，蒸发量加大，空气中的水分含量也要随着增加，全球总的降水量会增多。但是地区的分布和季节的分配各地仍然有很大差异，并且同现在降水格局也不会相同。研究认为，低、高纬度地区的降水可能会减少。

（3）对农业生产的影响

增温过程及其结果，对农业生产活动的影响是多方面的。首先，增暖与二氧化碳的增加有关，二氧化碳是植物光合作用的基本要素，在理想的条件下，二氧化碳的增加有利于农作物的增产。相当一部分农作物随空气中二氧化碳浓度的升高而产量同步增加，例如大豆、小麦、水稻等。但二氧化碳含量增加也并非对所有谷物都能起到增产作用，例如：玉米、高粱等效果就不大；其次，热量和水分是农作物生长的重要条件，全球增温既能使热资源更加充沛，植物生长季节延长，又可得到更多的降水，这些是有利因素。但也有区域的变更，长期耕作的肥沃土地，有可能会被放弃等不利因素。

（4）对工业、城镇和社会生活的影响

全球增温和伴同发生的水、热条件、种植区、森林植被等自然环境的变化，势必影响工业生产布局和生产项目的安排，影响城镇的分布和发展，影响人民群众生活和人群的流向等。因为无论是工业生产，还是城乡人民的生活都需要充足的水源，否则难以生存和发展。在变暖的趋势下，各地的自然地理环境将发生或大或小的改变，比如有的预测中纬度地区降水有可能减少。降水增加的地区，虽然也有一些问题产生，但尚且不大，如果地区降水量减少，所带来的问题将要困难得多，一些大城市和耗水大的工业，有可能就要控制发展，甚至采取疏散政策等。

（5）海平面上升

全球气温升高，两极冰盖与高山冰川消融，海平面就要上升。沿海地区会因海平面的变化而出现一系列的灾害。

4.1.2.2 环境污染

环境污染是近20多年来警钟长鸣的世界性的重大问题。人口的增加、工业加速发展、大量化肥农药和化工制品的使用、油气与核能的广泛开发利用等，一方面给人类社会带来繁荣，另一方面也给人类带来越来越严重的环境污染。其危害范围、程度及后果，已由过去的区域性的天气、水源与生态的破坏，转变为温室效应、臭氧层破坏和世界海平面变化的全球性危机。污染的范围几乎遍及地球各个角落，危害之重、损失之大、影响之深远都是前所不及，使世界各国不得不共同发出“救救地球，救救人类”的呼声。环境污染已是人类继续发展的桎梏因素，尤其是发展中国家。目前的主要焦点是：

（1）大气污染

来自工业、生活燃料燃烧，有害物质挥发、蒸发，以及尘埃物质吹扬等的大气污染，是近代一直危害人类健康的环境痛疾。在人类消费物质更加多样化的今天，空气中有害成分更加复杂。虽然20世纪80年代以来国际组织和各国政府作了努力，局部得到一些好转，但是整体上改善不大。特别是发展中国家，反而趋向严重。一些城镇终日处于烟雾缭绕之中，一些城市在卫星照片上消失。偶发事件不断发生，例如1987年3月24日美国纽约西部一家金属冶炼厂喷出的毒气，迫使该地区18 000多名居民撤离，有200多人中毒住院。大气污染不仅伤害人类健康，影响农业、林业、水源，腐蚀建筑物等，而且还破坏大气臭氧层。1985年南极考察发现，南极上空的臭氧层已出现近于美国大陆面积的臭氧空洞，其他地区也有臭氧层减薄的现象。臭氧空洞和某些地区臭氧层的变薄，对人类的影响将是重大的。

（2）水源污染

在人与工业淡水消耗日益增加的情况下，水资源的不足，已构成尖锐的矛盾。不足的淡水资源又有相当一部分受到污染，其用途大为缩小，于是更加重了淡水的危机。据联合国环境开发署报道，发展中国家水源污染相当普遍，印度大约有70%的地表水已被污染；我国的河流污染也很突出。通过对78条河流的水质监测，其中有54条被未经处理的污水和工业废水所污染；马来西亚的40多条河流污染严重，以致鱼虾消失。

2007年5月，太湖水位出现50年以来最低水位，加上天气连续高温少雨，太湖水富营养化较重，诸多因素导致蓝藻提前一个多月爆发，形成自然灾害。2007年5月29日起，太湖蓝藻集中暴发。由于无锡城区的生活、生产用水主要取自太湖，导致无锡部分地区自来水发臭，无法饮用。

（3）城市垃圾污染

城市生活垃圾主要包括居民生活垃圾、商业垃圾、市政垃圾、建筑垃圾等。垃圾既污染环境，又影响市容景观。现在世界50万人口以上的城市约有400多个。这些城市每天都在产生数量很大的垃圾，20世纪80年代中期统计，美国每年产生城市垃圾1.93亿吨，苏联为0.55亿吨，日本0.41亿吨，英国0.285亿吨。垃圾中有机物含量达到51%～83%。垃圾的成分随科学技术水平提高，也在不断变化，有害物质成分呈上升趋势。城市垃圾是环境的一大公害。此外，环境污染，其他还表现、存在于动植物、土坡、海洋等自然地理要素上。

2007年有关报道：我国约有2/3的城市陷入“垃圾围城”的困境。我国仅“城市垃圾”的年产量就近1.5亿吨，这些城市垃圾绝大部分是露天堆放。它不仅影响城市景观，同时污染了与我们生命至关重要的大气、水和土壤，对城镇居民的健康构成威胁，垃圾已成为城市发展中的棘手问题。

4.1.2.3 生态破坏

生态环境恶化是全球环境的又一最重大问题。在人类过度开发、不合理或掠夺利用资源和环境空间下，使得生态环境原有的自然平衡遭致破坏，或者在人的影响下，自然灾害过程更加加速。首当其冲的是那些脆弱的生态地区。

（1）干旱和半干旱地区的沙漠化

沙漠化是指“干燥、半干燥和半湿润干旱地区的土地退化现象”。现在全世界沙漠化已影响到世界六分之一的人口，影响的土地约为2亿多公顷，占世界陆地总面积的四分之一。生活在这些地区的群众，水源和其他条件非常困难。我国沙漠和沙漠化的面积约为153.3万平方千米，占国土面积的15.9%，超过全国耕地面积的总和。这对于人均只有1亩[①]多地的我国，不能不视为极大的灾难。

（2）森林砍伐或其他因素的毁林

森林和林地拥有丰富的生态系统和生物多样性，考察资料认为：世界热带雨林仅占据地球陆地面积的6%，却至少拥有地球物种数的一半以上，估计在500万~3 000万种之间。森林和林地还起着调节气候、水土保持和资源蓄存的作用。但由于认识、需要和自然上的原因，森林一直受到破坏，林地在缩小。例如热带森林过去曾有15亿~16亿公顷，目前只剩下约9亿公顷了，有人测算，热带森林每年消失的面积约在760万~1 000万公顷之间。假若目前的情况继续下去，不久的将来，世界的原始热带雨林，除扎伊尔盆地、巴西的亚马逊河流域、南美北部的圭亚那和新几内亚岛等部分地区外，将所剩无几。

（3）土壤流失与退化

土壤流失与退化，在近几十年呈现加剧之势，例如至20世纪70年代

---

① 亩为非法定计量单位；15亩=1公顷。

末，美国的农田土坡大约有三分之一的侵蚀速度超过了土壤的形成速度；加拿大为治理土壤的退化，每年投资约在10亿美元，印度农田土壤侵蚀的数量，大约要占耕地总面积的25%～30%。联合国专门研究报告指出，广大发展中国家所拥有的依赖雨水的耕地面积，在今后的一个时期内将要较快地减少约达5.44亿公顷。土壤的侵蚀与退化将严重威胁着世界农业。

讨论3：土壤流失等于人类走向死亡

（4）生物多样性减少

生物多样性，能够为人类发展提供更多的选择机会，其经济价值是不可低估的。另外，生物多样性还为人类提供了美学、伦理学、文化和科学上的意义。生物研究揭示了以下的事实：目前世界上存在的几百万、几千万种生物，是过去大约5亿物种的幸存者。物种平均生存时间约持续500万年，在过去的2亿年间，由于自然原因，物种消亡的速度大概是每1.11年绝灭1种。现今源于人类活动影响，物种消亡的速度大大加快，可能要高出自然原因灭绝速度的几百倍，甚至有的估计在数千倍。例如，亚马逊河流域因森林砍伐造成的物种减少，据辛姆伯洛夫的研究结论，若砍伐速度得不到制止，到2000年，该区域的森林植物物种会有15%行将绝灭，如果森林区只剩下目前的保护范围，则60%的植物物种和69%的鸟类物种都要消失。

无论是生物多样性的减少，还是上述的温室效应、污染、沙漠化、臭氧层破坏等，都是20世纪全球环境的重大变化和显著事件，它们必将对人类的未来发展产生极为深刻地影响。

4.1.3　海洋环境的问题

海洋环境是全球环境最大的地理区域，全球环境整体的变化无不影响或表现在海洋上，其中有一些还是以海洋为主体产生的。当代海洋环境中引起国际社会特别关注的主要是以下四个问题：

4.1.3.1 沿海海平面上升

由于全球气候振荡和温室效应等原因所引起的海平面上升，已造成对人类，特别是沿海地区的普遍威胁。联合国环境规划署发布的《当前全球环境状况》和他们的许多资料及专题报告中，都着重地强调了这一问题，一时也使得一些沿海低平原和海岛国家产生某种恐慌。

根据过去100年的验潮资料，全球海平面平均每年以1～2毫米的幅度上升，我国的沿海海洋验潮站资料，也同样呈现这种变化速度，大约每年1.5毫米左右。海平面上升的速度虽然是缓慢的，但持续一个较长时期的累积，数量还是相当大的。海平面上升的影响至少有五个方面：

（1）淹没沿海低地和海拔较低的岛屿。世界人口大约有3%居住在海拔1米的沿海低平原区域，在这个地区每年约有3 000万人口遭受风暴潮灾害的袭击。如果海平面上升1米，在地壳稳定的情况下，这个区域将要被海水淹没，以现有的世界总人口计算，无家可归的人数也将有1.5亿以上，所形成的局面是相当可怕的。

（2）洪涝和风暴潮灾害加剧。沿海低平原海湾和河口地区，由于地势低洼，其抵御洪涝、风暴潮增水和海水侵入基本上都是靠工程设施，建筑堤坝和围堤预防灾害的发生，其高度和抗御强度都是以现在的水文条件等设计的。假若海平面上升，其性能和安全性必然降低，如天津海河拦潮闸建成30多年，在此期间该地海平面上升与地面下沉相结合，累计达到1.05米，现在闸门高度已不能够挡潮。再如上海黄浦江外滩防洪墙，其标高按千年一遇的标准修建的，若海平面上升0.5米，则降为百年一遇。如此潮灾和洪涝灾的加剧是自然的。

（3）增加排污、排水的困难。海平面上升会使现有的市政排污、排水工程设计标高降低，造成沟渠或管道排放困难，甚者会排不出去而至海水倒灌。

（4）港口功能减弱。港口或其他工程设施，在海平面上升过程中，其功能和使用性能不断下降，如码头离水面高度，会因海面上升而降低，原来具有的船舶停靠的安全性随之降低等。

（5）其他海平面上升还将伴随发生邻海土地盐碱化、地下水盐化、生态环境变迁等问题。

4.1.3.2 海岸侵蚀

海岸侵蚀是沿海各地区普遍存在的海岸过程。据报道，世界沿海有70%以上的砂质海岸遭受侵蚀破坏。侵蚀的危害后果是综合的，不仅吞没了大量的滨海土地和良田，而且毁掉了众多的设施（包括公路、铁路、桥梁、堤坝、建筑物、养殖场、军事工程等），甚至逼迫一些城镇、村庄搬迁，损失是大的。

我国海岸侵蚀也很严重，从南到北，不论是大陆海岸，还是海岛岸线都有侵蚀发生，既有砂质海岸，也有基岩海岸。砂质海岸的侵蚀及后果尤其严重，例如苏北滨海县废黄河口岸段，自1855年黄河北徙山东入海后，泥沙的输送补充断绝，海岸与海底的地形重新塑造，侵蚀急速发生发展，经过100多年的时间，岸段被海水侵蚀后退了20多千米；基岩海岸，尽管组成物质比较坚硬，有一定的抗冲刷能力，但在长时间强大的波浪与海流作用下，侵蚀崩坍后退现象也不可避免。沿海各地分布的海蚀崖、倒石堆及其他海蚀地形地貌就是证明，例如北黄海的青堆子湾、常江澳、小窑湾、大连湾和辽东湾的锦州湾、太平湾、蓝家口湾、复州湾、营城子湾等处，都广泛地分布着侵蚀后退的陡崖、崖前倒石堆和各类侵蚀平台、海蚀洞、海蚀穴、海蚀柱等海蚀地貌。其中有的规模比较大，如常江澳的大门咀子，由于侵蚀强烈，形成数千平方米的倒石堆等。

海岸侵蚀在我国的危害主要有六个方面：①吞没大片陆地，房屋建筑崩坍入海，给人民生命财产带来损失。这种例子多不胜数，东海鳄鱼屿，该岛原有面积0.24平方公里，经多年强浪流冲刷，蚀掉了41%，现只有0.14平方千米。②破坏海岸公路、桥梁、海底电缆管道。如辽宁田家葳子距海岸4米的公路，由于人为因素1969年发生侵蚀，之后的8年间，该处海岸后退15米，公路被冲掉一段；厦门岛东海岸，1986年一次风暴潮巨浪袭击，冲垮沿海公路200多米等。③毁坏海堤、防护堤、防护林带及各种护岸工程。1983大连附近岸段，大浪冲毁防潮堤坝221处，长达19 300米，淹没良田百万公顷，损失1 271万元等。④加剧港口与航道淤积。侵蚀的沉积物，往往随沿岸流被挟带进入港池和航道沉积下来，使之淤积变浅，阻碍船只的航行。海南清澜港的淤积就属此类情况。其他如塘沽港、连云港等港口也属这类问题。⑤破坏海防工程设施。海防设施因冲刷而毁坏废弃的很多，仅厦门一地就有10余座岸防工事因侵蚀而倾倒或坍进海中。⑥破坏景观旅游资源，诸如沿岸防护林带、炮台、古城墙、古建筑、优美的地貌景观和浴场等，被海浪、海流冲刷遭到严重损坏甚至消失，从而失去原有价值，在秦皇岛、辽东半岛、厦门岛等地都有这类状况的发生。总之，海岸侵蚀已成为我国沿海地区不容忽视的灾害。

4.1.3.3 海洋污染

海洋是人类生产、生活过程中所产生的废物、废水的最终归宿地。能够进入海洋并威胁环境健康的物质来源、种类繁多，有城市污水和工业与生活垃圾，农药、化肥及农业废物，船舶、飞机及海上设施的废物排放和有害物质，放射性物质及军事活动所产生的污染物质等。进入海洋的污染物正在急速地增加着，每年到底有多少有害成分进入海洋，准确无误地回答，毕竟是一个十分困难的问题。因为进入海洋的渠道、方式、物态、种类等过于复杂，在基础资料尚且难以获得的情况下，计算和统计当然也就难以做到。

全球海洋每年接纳的污染物，据研究，数量非常之大：石油类，保守的估计约为几百万吨，也有资料认为高达1 000万吨，其中通过河流和管道排入海洋的约500万吨，船舶排入的约50万～100万吨，海上油田溢入海里的为100万吨等；重金属类，包括汞、铅、铜、镉等，主要污染源是工业污水和矿山污泥与废水，其中汞每年入海量达1万吨之多，其他铅、铜、锌等的数量，少则几十万吨，多则数百万吨；农药类，目前人工合成的农药已有数百种，使用极为普遍，虽然提倡无毒或低残毒农药，但并不能都达到要求，因此每年入海的有毒农药量还是比较大的；放射性物质类，来自核试验的散落物、直接向海洋倾倒核废料等，例如1993年俄罗斯就向日本海倾倒了大量的核废料。另外，海上活动的核潜艇和核动力舰只也有放射性废物的排放，如有海难事故的发生，泄漏量将会非常大，美国和苏联已有几条核潜艇失事，每条艇上都载有数百万居里的核裂变物，后患是严重的；有机物和营养盐类，造成海洋污染的有机质和营养盐，来自工业、生活和农业污水，在每年数10亿吨的污水中，仅美国沿海城市通过粪便进入海洋的有机磷就达9万吨左右，其世界总量更是大得多。

除上述污染海洋因素外，还有热污染和固体物质污染等。我国邻近海域污染，在近二十几年来也有发展的趋势，特别是近海的河口、海湾区域，有的还比较严重。根据20世纪80年代的资料，我国沿海工矿企业约有5万多家，主要污染有280多处，每年排入海洋的工业污水有38.9亿吨，生活污水16.8万吨，入海的污水量可达55亿多吨；20世纪90年代各种污水入海量增加到100亿吨以上；2000年陆源排量达到221亿吨，2005年陆源排量超过317亿吨，污染物入海量达2 534多万吨，陆源排量平均不到十年翻一番。八成以上的入海排污口超标排放污染物。

废弃物海上倾倒，数量也在增长，经过审批的海洋倾倒量2012年有18 922万立方米，未经批准而倒入海里的数量不算少，如沿海城市堆放在滨海的垃圾，在波流和潮水的冲荡下大量进入海里等。

作为自然界的水体，海洋较之陆地江河湖泊要庞大得多，就其对污染物的承纳能力来说两者也极为悬殊。但海洋承受污染损害绝不是无限的，尤其是脆弱地区的海岸带和近海。近海众多海湾，一般都有不同程度的封闭性，由于水体交换能力相对较差，其稀释扩散与降解作用，大大低于开阔的海域，因此，以陆源污染物为主的大量污染物进入海湾后，会长期停滞在海湾之中，使水质、底质等遭受污染，达到一定界限不仅破坏生态环境、生态系统，使生物资源衰减，严重者甚至使生物绝迹，而且直接破坏区域自然景观和空间资源。目前世界不少沿岸水域的水质已处于三类水质标准之下。水质的变差、变坏，导致了一系列污染灾害的发生，损失惨重，影响深远。

讨论4：环境污染影响有多远?

4.1.3.4 海洋生态环境恶化

海洋生态环境是海洋生物存在发展和海洋生物多样性保持的基本条件。生态环境的任何变化都可能或强或弱地影响海洋生态系统和海洋生物资源的变动。

一个时期以来，海洋生态环境恶化的趋向，受到各沿海国家的重视，为改善生态条件，曾采取了一些措施，但是无奈海洋资源与空间的开发利用，却是各沿海国海洋工作的主流。在保护与开发关系的处置上，保护多服从于开发，所以，在海洋开发日益扩大下，生态环境的破坏越来越严重。主要表现在：

一是某些河口、海湾生态系统瓦解或消失。由于污染和海洋土程，像围垦、筑堤修坝、砍伐红树林、采挖珊瑚礁，使特定的生态环境完全改变，生态系统也随之变化或瓦解，如红树林的砍伐围垦、珊瑚礁采挖与炸礁、河口修筑拦河坝等，都会发生海域特定生态系统的消亡。

二是海岸带与近海生物资源量和生态多样性降低。因生态环境破坏而造成生物资源量和多样性下降的事例，可以说在世界各地近海和海岸带比比皆是。例如沿岸与河口湿地的减少，沿海湿地是多种水鸟、海洋哺乳动物和濒危生物的重要生境。湿地的生产力和近岸性对渔业经济、商业和娱乐活动特别重要。据研究，大西洋和墨西哥湾沿岸海域，大约有三分之二的商业鱼种，在它们的生命过程中的某些阶段必须依赖湿地环境。同时，这些湿地又是虾类、牡蛎、蛤类、鳍脚类等动物的索饵和隐避场所。因此，沿岸与河口湿地是海洋中的高生产力区域。但由于不同的原因，却在不断遭到破坏，仅其面积缩小就很惊人，在20世纪从50年代至70年代期间，美国的河口湿地减少了约1.5万公顷。又如海藻生境的破坏，海藻群落广泛分布在温带和热带沿岸水域，海藻丛生，为各种鱼类和其他生物创造了良好的栖息地，在阿拉伯湾每公顷海藻丛，每年可以提供850千克小虾，如果是热带、亚热带区域，海藻丛又同红树林、珊瑚礁群混生在一起，形成海洋生物繁殖、发育更为优越的生态环境，不同生长阶段的动物为觅食和寻求保护，就能够从一种生境迁移到另一种生境中去。对海藻的威胁主要来自挖泥船、围填海工程、捕捞使用的底层拖网和排钩以及污染等。据资料报道，世界各海区海藻丛受损比较严重，西澳大利亚科克本海的海藻从1954—1978年的20多年里损坏了近五分之一。无论是沼泽湿地和海藻生境破坏，还是其他海洋生境破坏，很自然地会使海域生物资源和生物多样性下降。

三是生境恶化致使偶发灾害事故增多。近海生态环境变差也诱发其他海洋环境灾害，其与诱发的本质因素与所发生的灾害之间，彼此又互为因果，只是这里我们讨论的主体是生态环境恶化带来的问题。由于生态环境恶化而酿成的突发性灾害事故很多，诸如溢油事故，随着海运中的油轮大型化，油轮触礁、碰撞溢油危害大增。例如，1989年3月24日美国“瓦尔迪兹”号油船，在阿拉斯加州近海触礁，24万桶原油流入威廉太子湾，形成宽1千米、长8千米的油带，在风浪作用下，大量原油被冲到沿岸，覆盖在海滩、沼泽地、岩石上，波及范围长1 280多千米。溢油破坏了该区域的生境，使渔业生产损失约0.5亿~1亿美元，海洋动物受害十分严重，有3.3万只海鸟死亡，包括海燕、海鸠、海鹦等，生活在溢油区域的1.3万只海獭，死亡约993只，19只海鲸相继死亡，不少海狗、海狮、鲱鱼、绿鳕及其他的鱼类大批中毒死亡。另外，栖息在潮间带的海螺、甲壳动物、海藻和海星等中毒窒息。不仅生态损失很大，而且威廉太子湾的生境在一个时期恢复困难。

四是近海海区富营养化，赤潮与赤潮现象频频发生。赤潮产生的原因是多种多样的，但海域富营养化是形成赤潮的基本条件。赤潮的出现会进一步破坏海洋生态平衡。赤潮发生初期，由于植物的光合作用，水体的叶绿素a、溶解氧、化学耗氧量都要升高，pH也要产生异常，造成水体环境因子的改变，海洋生物的结构发生变化，原有生态环境平衡被打破。赤潮是全球海洋的一种灾害，多造成较大的生态和经济损失，如1964年底美国佛罗里达西海岸发生赤潮，使大批鱼、虾、海龟、蟹和牡蛎等死亡，冲到海滩上的死鱼，长达37千米。赤潮后的一个相当时期，海域的生态系统难以恢复。赤潮还直接危害人体健康。从20世纪70年代以来资料看，赤潮毒素致人于死亡的事件，几乎年年都有发生，据记载统计，至1978年世界因食含赤潮毒素的贝类而中毒的事件约300余起，死亡人数达200多人。未有记录的中毒死亡人数，肯定要大得多。

其他生态环境恶化引起的突发事故，还有海上倾倒等。海上倾倒造成的损害事故在我国近来也不断发生，如1988年大窑湾建港工程违法倾倒淤泥，使大孤山、湾里、满家滩等地30多平方千米的水质变坏，养殖场减产8.4万吨，直接经济损失3 600万元；1992年香港在珠江口外伶仃岛一带海域倾倒废弃物，使海域无鱼可捕，污泥漂散到附近海水养殖区，引起大量鱼贝死亡，仅网箱养鱼致死量达10万千克，损失900多万港元。

2005年我国近岸海域生态环境系统处于不健康或亚健康状态的超过70%；自20世纪70年代以来，累计滨海湿地面积减少50%，红树林面积减少37%，珊瑚礁面积减少80%；海水养殖环境不容乐观。51%的增养殖海水中无机氮和活性磷酸盐的含量超过二类海水水质标准，90%以上的贝类受到不同程度的污染；赤潮灾害频发。大面积赤潮和有毒赤潮明显增加，2001—2005年全海域共发生赤潮453次，累计面积超过9万平方千米；2006年上半年已发生赤潮73起。

4.1.4 挑战与人类的努力

海洋环境与全球环境一样，今天也向人类提出了挑战。海洋污染如以当前的速度，再继续恶化下去，海洋作为人类社会发展的支持系统将是毫无前景的。为了人类社会的未来，制止其恶化、改善条件、创造持续进步的生存环境，已成为世界各国共同的任务。联合国及国际组织和各国政府与群众团体，正在做出巨大努力，保护包括海洋的全球环境。从1972年6月联合国人类环境会议以来的20余年里，仅联合国以环境与发展为主题，发起组织的会议与活动就未曾中断过，值得提起的，除1972年在瑞典举行的人类环境会议外，还有1984年10月成立“世界环境与发展委员会”，负责审议环境与发展问题，提出解决的途径和建议，推动有关的合作与交流；1987年2月世界环境与发展委员会东京会议，通过了《关于环境保护和持续发展法律原则建议》和《东京宣言》，并出版了由该委员会组织编写的《我们共同的未来》，1992年6月3—14日在巴西里约热内卢召开的世界环境与发展会议。这次会议是继1972年人类环境会议之后，规模最大、级别最高、与会国家最多的一次联合国关于环境与发展的世界大会，被认为是全球环境工作的第二个里程碑。会议签署了五个文件即：《关于环境与发展的里约热内卢宣言》，《21世纪议程》、《关于森林问题的原则声明》、《联合国气候变化框架公约》、《联合国生物多样性公约》，对继续发展中的环境保护、改善做出了长远安排。海洋环境保护在全球环境对策中，是作为一个主要部分加以考虑的，但海洋有其特殊性，所以，有关国际组织和沿海国家对海洋环境问题，组织开展了一系列的专题活动，并签订了防止海洋污染的国际或区域公约和法律规范，如伦敦海洋倾废会议、政府间海洋学委员会会议、第三次联合国海洋法会议等，1970年签订了《防止倾倒废物及其他物质污染海洋公约》（1972年12月29日开放签字）、《国际防止船舶造成污染公约》（1973年11月2日于伦敦签署）、《防止陆源物质污染海洋公约》（1974年6月4日于巴黎签署）、《保护波罗的海区域环境公约》（1974年3月22日签于赫尔辛基）、《保护地中海免受污染公约》（1976年2月16日签于巴塞罗那）等。20世纪80年代，最为主要的是1982年4月，联合国第三次海洋法会议在纽约联合国总部完成的《联合国海洋法公约》。该公约第12部分特别规定了“海洋环境的保护和保全”，对沿海和公海区域的环境和控制、防止污染损害，提出了普遍适用的准则。与国际组织行动的同时，沿海各国也大力地加强了海洋环境治理与保护，基本上都建立了海洋环境保护的法律制度，运用法律的强制力保护环境的生态平衡和健康。

综合研究国际的或国家的全球环境和海洋环境今后的对策和走向，有两个显著的特点：

4.1.4.1 环境意识空前高涨

德国著名的古典哲学家乔治·威廉·弗里德里希·黑格尔曾说过一句至理名言："人是环境的产物。"但是近代的发展，对环境似乎忽略了，片面地追求社会物质的增长，对人类赖以生存的环境而未予重视，使环境成了经济高速发展的牺牲品。正如其他历史事件，有了教训才能让人觉悟，环境愈演愈烈的后果，使人类不得不关注海陆环境的问题。在20世纪70年代初一批有识之士就已指出："人类生活的两个世界——他所继承的生物圈和所创造的技术圈——业已失去了平衡，正处于潜在深刻矛盾中。而人类正好生活在这种矛盾中间，这就是我们所面临的历史的转折点。这未来的危机，较之人类任何时期所曾遇到的都更具全球性、突然性、不可避免性和困惑不可知性。而且这种危机就在我们孩子所生活的时代将会形成。"（巴巴拉·沃德、雷内·杜博斯主编，《只有一个地球》，石油化学工业出版社，1976年7月第1版，第15页）这一观点并不是主编者两个人的，而是集中了58个国家的科学界和政府知名人士，约70多人的主张而产生的观念性认识，因此，有着广泛的代表性和时代性。20世纪80年代，人类的环境觉悟和观念更加高涨，不仅看到环境污染对人类当前生活的危害，而且预见到污染对资源、对大环境、对继续发展的深远影响，从而提出了更富高度、更富远见的环境见解，如大气污染引起的全球增温、臭氧层破坏、沿海海平面上升和生物多样性加速减少等。由于把环境放在更加广阔的范围、空间和历史周期里评估，因此对环境已存在和可能发生的危机能够进行更为充分地认识。1987年世界环境与发展委员会通过的《我们共同的未来》的报告，就体现了这一精神，把环境和人类的继续发展紧密地联系起来。在该报告的总观点中，有如下一段论述："委员会对未来的希望取决于现在就开始管理环境资源，以保证持续的人类进步和人类生存的决定性的政治行动。我们不是在预测未来，我们是在发布警告——一个立足于最新和最好科学证据的紧急警告：现在是采取保证使今世和后代得以持续生存的决策的时候了。我们没有提出一些行动的详细蓝图，而是指出一条道路，根据这条道路，世界人民可以扩大他们合作的领域。”这段话基本可以说明今天人们对环境的主导看法。

人类环境意识高涨还表现在环境保护组织和活动的加强上。首先，以环境保护为宗旨的环境组织蓬勃发展，除有组织成立的国际环境机构外，还增加了一些群众性的、民间的环境保护团体，如20世纪80年代已产生广泛影响的绿色和平组织等；其次，形成了以环境保护和环境问题为中心的环境外交和其他的国际合作关系。国家间、地区间和世界政治与经济事务活动，以环境改善、损害恢复和环境建设为主题，开展双边或多边的国际外交。国家的环境政策和实践，现已构成国际社会对一国政府衡量的重要标准。环境中的重大事件，如污染和资源破坏等，往往演化为国际区域外交热点问题，如两伊战争中发生的海域石油污染等；再其次，地区或国际间环境的调查、监测、研究、恢复治理、战略与预测以及环境建设等合作、协作、交流等，近期大为增加。在国际公共资金和国家资源的投入上，环境领域中的项目使用比例不断上升。还有，环境观念渗透到国家和国际的政治关系和政治生活之中，比如不少国家的政府自我标榜为环境政府，甚至在政党竞选中，也打出保护环境的旗帜，以取得选民的支持。以上都表明目前世界整体环境意识的高涨。

4.1.4.2　核心问题是加强环境管理

有效地解决环境问题的途径和方法，不论有多少，其核心还是加强环境的管理。这一点已取得共识。正如联合国环境与发展委员会的报告所说：“只有为了共同的利益，对公共资源的调查、开发和管理进行国际合作和达成协议，持续发展才能实现。但生命攸关的不仅仅是共同的生态系统和公共领域的持续发展，而且还有世界各国的持续发展，它们的发展程度的不同取决于其合理管理程度。”最近，联合国海洋保护科学问题专家组，也提出同样的看法：“防止海洋环境污染，保护海洋环境质量，持续开发海洋资源是20世纪七八十年代世界各国海洋开发的经验教训，也是本世纪国际社会追求的目标，要能达到既保护海洋，又合理开发海洋资源的目的，必须使用正确的海洋管理方法。其中沿海和近海环境管理是一个非常重要的环节。”

环境管理，在环境与发展中之所以处于特殊重要的地位，是由管理的属性、任务和使命决定的。环境的一切对策、措施，不论是政治的、经济的、法律的、科学技术的，还是国家的、地区的、全球的，都必须通过一定的组织、方式方法、社会资源调配等来实现，而这一系列工作，都是管理的基本行为。如世界环境与发展委员会在制定“全球的变革日程”的文件中，就认为：在持续发展的未来时日里，海洋环境的生态平衡和持续不衰的生产力，将取决于海洋环境管理的重大进展，我们为此需要对今天的机构和政策进行彻底的变革。在这一思想下，他们进而提出海洋环境管理应实施的三条措施：①海洋内在的统一性，要求一个有效的全球管理体制；②许多区域海洋的公共资源的特征，要求成立区域管理组织；③陆地活动对海洋构成的重大威胁，要求各国采取以国际合作为基础的有效的国家行动。虽然世界环境与发展委员会论述的是公共环境领域中的管理问题，但对于全球范围或国家范围的环境，特别是海洋环境，在管理的决定性这一点上是没有差别的。

4.1.4.3 关键问题是资源的综合开发和循环使用

海洋资源的综合开发利用是指对海洋资源多目标的开发利用，是充分、合理地利用海洋资源的重要方式。通过综合利用不仅可提高资源的利用程度，多目标的利用资源，还可以降低开发成本，有效保护环境，并利于各部门间的发展，最终取得经济、社会、生态效益的统一。

海洋资源利用中存在总体开发不足和局部开发过度的粗放型局面，这种状况既造成近岸海域的严重污染，又存在着资源的浪费。海洋同陆地一样，既可以开发利用，又需要保护，开发利用是为了补充陆地资源的不足，满足人类社会和经济发展的现实需要，保护是为了永续利用，两者的目的是一样的。

沿海经济发展和海洋开发对海洋环境的影响很大，人类生存和发展需要有良好的海洋生态环境，必须实现资源的综合开发和利用，必须坚持海洋经济发展规模、速度与资源环境承载力相适应，坚持海洋资源开发利用与海洋生态环境保护相统一。

讨论5：关键问题是资源的综合开发和循环使用

思考题：

1. 海洋环境的含义是什么？
2. 你认为当今海洋环境主要存在哪些问题？
3. 试论述开发利用和保护环境二者的关系。

4.2 海洋环境污染及其危害

4.2.1 概 述

4.2.1.1 海洋环境污染

（1）“海洋环境污染”的定义（1982年，《联合国海洋法公约》）

人类直接或间接把物质和能量引入海洋环境，其中包括河口湾，以致造成或可能造成损害生物资源和海洋生物，危害人类健康，妨碍包括捕鱼和海洋其他正常用途在内的各种海洋活动，损害海洋使用质量及减损环境优美等有害影响。

（2）海洋环境污染的特点

污染源多而复杂、污染持续性强、危害性大、污染扩散范围大。

海洋污染源多，不仅有陆源污染源，如工农业污水、生活污水、倾倒工业废料和生活垃圾入海，还有海上污染源，如海水养殖、海上航行船只、油船泄漏、作业的石油平台，排放的污染物最终大都进入海洋。

（3）海洋环境污染的危害

①损害海洋水质、污染海洋底质。水质恶化，改变环境要素，消耗溶解氧，产生有毒硫化氢，降低透光度 ；富营养化、引发赤潮；淤塞港口、沉积海底 ，二次污染；

②损害海洋生物：海洋生物缺氧死亡；有毒物质被生物富集，慢性毒害导致病变、畸形和死亡，影响生物组成和数量、破坏生态平衡；

③影响海洋渔业生产的发展，危及人类的食物源，食用受污染海产品，影响人类健康；

④浮游生物死亡，海洋吸收二氧化碳能力减低，加速温室效应。

4.2.1.2 海洋污染物

（1）海洋污染物的分类：有机物和营养盐、石油及其产品、有机化合物、金属和酸碱、放射性物质、废热和固体废物。

（2）环境优先污染物：难降解，有生物积累性、致畸形、有毒性特点。我国水环境优先污染物共有14类共68种优先污染物。包括：卤代烃类、苯系物、氯代苯类、酚类、硝基苯类、苯胺类、多环芳烃、酞酸酯类、农药、重金属及其化合物等。

（3）海洋污染源的分类

①按排放污染物种类，分为有机质和营养盐污染、石油污染、重金属污染、有机化合物污染、固体废物污染、热污染和放射性污染等；

②按污染的主要对象，分为大气、水体和土壤污染源；

③按排放污染物的空间分布，分为点污染源、面污染源；

④按污染物的发生地点，分为陆源型污染、海上型污染和大气型污染。

4.2.2 有机物质和营养盐对海洋的污染及其危害

4.2.2.1 海洋有机物质和营养盐的来源和富营养化

（1）来源：主要有生活污水（如食品残渣、排泄物、洗涤剂）、农田化肥、农村家畜饲养、工业污水（如食品、酿造工业、造纸工业、化肥工业等）以及海水养殖。

（2）海洋环境中有机物质和营养盐污染会引起水域的富营养化。富营养化的机理是：水体中含有的过量氮、磷等植物营养元素，逐渐氧化分解，成为水中微生物和藻类的营养，使得藻类迅速生长。越来越多的藻类繁殖、死亡、腐败，引起水中氧气大量减少，使水质恶化，导致鱼虾等水生生物死亡。

水域的富营养化发生在湖泊中称为“水华”，发生在海域称为“赤潮”。

（3）海洋富营养化的主要原因：人口迅速增加，城市不断扩大、生活污水越来越多，处理水平低；过度的海水养殖、农业面源增加。

（4）我国富营养化较严重海域主要分布在辽东湾、渤海湾、长江口、杭州湾、江苏近岸、珠江口。

（5）海洋水质中有机物质和营养盐的环境评价因子（参见《海洋水质标准》）

①生化需氧量 BOD_5（毫克/升）：在20℃下，1升污水中的有机物在微生物的作用下，5天内氧化分解所消耗的氧量。生化需氧量越高，表示水中有机污染物越多。

②化学耗氧量 COD（毫克/升）：指化学氧化剂氧化水中有机污染物时所需氧量。化学耗氧量越高，表示水中有机污染物越多。

③氮、磷：单位 毫克/升。

4.2.2.2 海洋有机物和营养盐污染的危害

海洋有机物和营养盐促使某些生物（如赤潮生物、水葫芦等）急剧繁殖，大量耗氧；降低了海水透明度、破坏海洋正常的生态结构；促使各种细菌、病毒大量繁殖，毒害海洋生物和人类；有机物分解，大量消耗溶解氧；海水缺氧，产生有毒气体，水质变差。这里重点介绍有关赤潮的内容。

（1）诱发赤潮的基本原因：海域水体的富营养化，海域中存在赤潮生物种源，合适的海流作用和天气形势，适宜的水温和盐度。

（2）赤潮的危害：危害近海水产养殖和捕捞业；分泌黏液，导致鱼、虾、贝窒息死亡；赤潮生物带有毒素，毒害海洋生物；缺氧引起虾、贝大量死亡；损害海洋环境（如赤潮发生后海水变色，pH 升高，黏稠度增加，降低了水体的透明度，毒素污染海水，分泌抑制剂或毒素使其他生物死亡、衰减，赤潮消亡阶段使海域大面积缺氧，甚至处于无氧状态，同时释放出大量有害气体和毒素。)；危害人体健康；此外，还影响海洋旅游业。

（3）怎样判断赤潮：海水颜色异常；pH 值升高，透明度降低；海水中溶解氧白天明显增高，夜间明显降低；赤潮生物处于优势地位，数量急剧升高，达到赤潮生物判断标准。

（4）赤潮易发生的区域及时间：在江河口海区和沿岸、内湾海区、养殖水体比较容易发生赤潮，主要分布在渤海湾、长江口外和浙江中南部海域；赤潮易发生的时间段为 5—10 月。

（5）赤潮防治：隔离法、撒播黏土法、生物治理方法，此外还有凝聚剂沉淀法、回收处理法、生物处理法和化学药品法（硫酸铜等)。

4.2.3 石油对海洋的污染及其危害

4.2.3.1 海洋中石油的来源

（1）海上石油开发：如油船、码头、修船、舱底污水、船舶事故溢油、海上油田；

（2）大气输入：如机动车的排污、石油作业中的蒸发损失；

（3）污水排海和河流携油污入海；

（4）城市含油污泥倾倒入海。

4.2.3.2　石油入海后的变化

石油入海后，形成油膜，并发生一系列复杂变化：扩散、蒸发、乳化、溶解、氧化和微生物分解以及沉降。

4.2.3.3　海洋石油污染的危害

（1）油膜阻碍阳光进入水体，抑制浮游植物光合作用；

（2）油膜阻碍氧气进入水体，使海水缺氧；

（3）油污染物的降解和分解，消耗大量溶解氧；

（4）使海兽、海鸟失去游泳和飞行的能力；

（5）油污染物使海洋生物中毒、死亡；

（6）油污染物中的致癌物质在海洋生物体内富集，通过食物链危害人体健康；

（7）破坏海滨风景区和海滨浴场。

4.2.4　有机化合物对海洋的污染及其危害

（1）海洋中有机化合物的来源：化工、石油化工、医药、农药、杀虫剂、除草剂。

（2）有机化合物的分类

①按物理化学性质分：卤代烃、酚类、多环芳烃类、多氯联苯类、有机磷农药类、除草剂类、邻苯二酸酯类、有机锡类等。

②按来源分类：石油和煤源类、合成有机物、城市废弃物，海洋中的有机化合物种类繁多，目前最引人重视的两大类是：

（a）有机氯农药，有机磷农药：有机氯农药，残留长、不易降解和强富集力，已在20世纪70年代停用；有机磷农药则因毒效大、易分解取而代之。近10年来，沿海水域因有机磷农药污染导致的鱼、虾、虫类等多起死亡事件；

(b) 多氯联苯：主要来源于丢弃含多氯联苯的废物以及垃圾焚烧由大气进入海洋。

(3) 海洋中有机化合物污染的危害

①易被海洋生物富集；

②毒害海洋生物：抑制浮游植物光合作用，生长和繁殖；鱼、虾、贝类中毒甚至死亡；海鸟、海兽捕食有毒鱼虾引发中毒、死亡；

③通过食物链，毒害人类。

4.2.5 重金属对海洋的污染及其危害

重金属是海洋的主要污染物之一，对海洋的污染比较明显的是：汞、镉、铅、铜、锌。

重金属污染物危害：重金属污染物污染水体底泥，使其为危险的二次污染源；重金属污染水体后，毒害海洋生物，经食物链，在较高级的生物体内高富集，通过食用海产品，最终进入人体，损害人体健康（如日本的水俣病是含汞废水引起，骨痛病是镉污染引起）。

4.2.6 放射性核素对海洋的污染及其危害

(1) 放射性核素的来源：天然放射性核素、人工放射性核素（如核试验、原子能工业（如核电站）、核动力舰船、核武器）。

(2) 放射性核素的危害：污染和辐射损害海洋生物（如体表吸附和摄食积累放射性物质）；食用海产品，损害人体。

4.2.7 热废水对海洋的污染及其危害

(1) 热废水的来源：工业冷却水（火力发电厂、核电站、钢铁厂）、冶金、化工、石油、造纸和机械工业热废水。

(2) 热废水的危害：海水的温度升高（温升4℃以上，为热污染区），影响各类海洋生物的新陈代谢、繁殖、洄游，使水中的溶解氧减少，缺氧使海洋动物窒息死亡，尸体分解进一步消耗溶解氧，导致水质恶化。

4.2.8　固体废弃物对海洋的污染及其危害

（1）固体废弃物的来源：海上航行垃圾、生活垃圾、工业垃圾。

（2）固体废弃物的危害：侵占近岸海区，严重损伤其水产资源；影响捕捞作业；影响船舶的正常航行；使海水中的细菌孳生，带给人类各种传染病。

思考题：

1. 海洋环境污染的含义。
2. 诱发赤潮的原因、赤潮的危害以及如何判断赤潮发生？
3. 海洋石油污染的危害有哪些？
4. 海上防油污设备（围油栏、收油机、吸油材料和消油剂）的应用范围是什么？
5. 汞、镉、铜、锌污染的危害特征有哪些？

4.3　海洋环境生态破坏现状

海洋生态系统是指海洋生物群落与非生物环境之间相互联系、相互作用、彼此间存在着物质不断循环和能量连续流动的统一整体。海洋生态系统的类型，近岸分为滩涂湿地、红树林、珊瑚礁、河口潟湖、基岩海湾等；在远岸分为岛屿海域、上升流、深海、外洋等生态系统等。

当生态系统发展到成熟的稳定阶段，它的能量和物质输入、输出，生物种类的组成以及各个种群的数量比例处于长期相对稳定状态。由于自然界非生物因素和生物因素总在不断变化，生态系统是相对动态的平衡。破坏的途径一般是生物组成种类的改变、环境因素的改变、信息系统的破坏。

4.3.1 海洋生物资源严重衰退

海洋生物资源严重衰退主要体现在：

（1）传统经济种类种群破坏严重

不仅渔业专捕损害大量幼鱼（如捕捞鳗鱼苗等；网具增多，近岸设置网过密，网目缩小），而且沿岸盐场、电厂等纳潮水也严重损害鱼虾幼体。

（2）海洋生物资源结构严重失衡

长期捕捞过度，海洋生物结构严重失衡：海洋鱼类组成及资源结构已发生很大的变化（如传统优质经济鱼类越来越少且小型化、低龄化；经济价值较低的鱼类、竞食物种上升，为主要渔获种类）。近岸和沿岸的贝类资源呈衰退趋势。

（3）海洋生物优势资源更替频繁

捕捞生产瞄准性过强，造成资源变动剧烈，造成优势资源频繁更替：随着某些优质鱼类资源的逐步衰退，同时由于捕捞力量的激增，捕捞目标越来越集中。只要一发现还有一定捕捞价值和数量的种类，就被集中围捕。严重的过度捕捞，使受捕的资源很快衰退，目标转移到另一种资源。

4.3.2 典型海洋生态系统的破坏

以下主要介绍3种典型海洋生态系统：珊瑚礁生态系统、红树林生态系统、滩涂湿地生态系统的特点、分布、经济环境功能以及被破坏的途径。

4.3.2.1 珊瑚礁生态系统

（1）特点：珊瑚礁是热带特有的浅水生态系统，存在25～29℃水温，水深<40米的海域。

（2）我国珊瑚礁的分布：主要分布在南海（如海南三亚国家级珊瑚礁自然保护区）、广东、广西、福建、台湾沿海。

（3）经济环境功能：珊瑚礁是生产力最高，生物多样性最大的生态系统之一；是昼夜活动鱼类群体共享的栖居地；礁中生物十分密集，种类多样；是巨大的新化合物来源库和物种储存库（抗菌素、抗癌药等）。在环境意义上，它能防止海岸侵蚀和风暴损伤；珊瑚岛也是永久居住、种植、海上避难的基地、娱乐区域和各种生物的庇护场所。

（4）被破坏的途径：过量捕鱼（炸药、毒药）；开礁和炸礁（烧制石灰水泥）；附近港口疏浚（泥沙）；电厂排放的冷却水（使水温升高）；石油和磷肥装运长期污染海区；旅游业造成的破坏（如炸礁通航，游船在珊瑚礁处抛锚，潜水员脚踏、采集珊瑚、贝壳作纪念品）。

（5）全球珊瑚礁的状况：2004 年世界珊瑚礁状况报告，全球三分之二以上的珊瑚礁遭到严重破坏或处于进一步退化的险境，而气候变暖是珊瑚礁所面临的最大的长期威胁。大气二氧化碳的增加，气候变暖，导致海水变暖。将使珊瑚释放体内的海藻，导致珊瑚礁被漂白、死亡或者退化。溶解在海水里的二氧化碳浓度的增加造成海水酸度增加，将减缓石灰化—即珊瑚礁形成的速度。

4.3.2.2 红树林生态系统

（1）红树林生态系统的特点：红树林是热带、亚热带（低盐、高温、淤泥质）潮间带特有的木本植物群落，生存在独特的环境（热带海滩阳光强烈；潮起潮落，海水不断淹没和冲刷；土壤富含盐分）；有独特的生命史和生理结构（如种子“胎生现象”、革质的叶、众多的气根）。

（2）我国的红树林主要分布：海南、广东、广西和福建沿海的河口两岸和淤泥质海湾。国家级红树林生态保护区有：湛江、山口、北仑河口、东寨港。

（3）红树林的经济和环境功能：红树林是高生产力海洋生态系统之一；是一种森林资源，具有多种用途（木材、薪材、纸浆原料等）；林中鸟类、昆虫众多，林下鱼、虾、蟹、贝丰富；生物种类多达 2 000 多种，也有许多珍贵濒危物种；红树林美化环境，景观奇异多姿，是良好的旅游胜地；红树林是有自我修复能力的天然沿海防护林（防风抗浪、固堤护岸、防止侵蚀、保护沿海设施）；能防治污染（过滤陆源入海污染物、净化海水减少海域赤潮发生）。

（4）被破坏的途径：沿海工业发展、城市扩张和倾废，侵占红树林区；红树林被砍伐，改造成稻田、椰子种植场、鱼池虾塘、盐田等；砍伐的红树林用于工业生产。

（5）保护的方法：海滩海岸植红树活动，红树林区的病虫害防治。

4.3.2.3 滩涂湿地生态系统

（1）湿地和滩涂湿地的定义：1993 年"关于特别是作为水禽栖息地的国际重要湿地公约"指出"不问其为天然或人工，长久或暂时性的沼泽地、湿草原、泥滩地或水域地带，带有或静止或流动，或为淡水、半咸水体者，包括低潮时不超过 6 米的水域"。一般理解的湿地包括沼泽、泥滩地、河流、湖泊、水库、稻田、滩涂（潮间带）以及低潮时水深不超过 6 米的海水区。后两者为滩涂湿地。

（2）滩涂湿地的分布：多由河流携沙淤积而成，在河口两侧往往集中连片；我国沿海滩涂湿地分布广泛，面积最大为黄河三角洲滩涂湿地；在低纬度，多生长红树林，构成红树林生态系统；在中、高纬度，多生长芦苇等或为贝滩（如鸭绿江口滨海湿地自然保护区）。

（3）滩涂湿地的经济价值和环境价值：滩涂湿地是高生产力生态系统之一，是人类的重要资源库。是许多有商业价值生物的产卵地和育幼场，也是众多野生动物繁衍地（两栖类、爬行类、鸟类甚至哺乳类等），为水产养殖、盐业发展提供有利条件；滩涂湿地植物是饵料、燃料、工业原料；在环境意义上，它能储水、泄洪、抵御风暴潮，防止海浪冲击、保护海岸；吸收大量二氧化碳，调节气候；降解近岸海域污染，也是是旅游观光的良好场所。

（4）被破坏的原因：大规模的盲目围垦是被破坏的主要原因，围垦为工业发展、城市扩张等工程用地，以及修建堤坝，开辟为盐田、虾田、农田及堆场等；此外，湿地污染加剧，泥沙淤积严重和海岸侵蚀不断扩展等也是进一步加剧其破坏。

4.3.3 海洋生物物种多样性的丧失

海洋生物物种多样性的丧失主要体现在：

（1）全球生物灭绝进度加快

这是由于人口增加、城市化、工业化，造成大量环境污染；人类对生物资源掠夺性开发利用，严重破坏各种生境；外来物种的引入，压迫和降低当地生物的物种多样性（船底带进、人工引进）。

（2）须鲸类、中华白海豚、儒艮、小须鲸、中华白海豚、西太平洋斑海豹、海龟、文昌鱼、斑海豹、海龟等珍稀、濒危海洋生物数量锐减。

4.3.4 其他生态破坏

其他生态破坏主要有河口环境急剧破坏、海岸自然度明显降低和临岸渔场严重破坏。

（1）兴修水库、河流修坝建闸，使河流入海量锐减，造成不良影响：影响营养物质的入海（使河口渔场退化）；淡水入海量锐减，使河口区的盐度、温度、含沙量等环境要素变化异常；河口区环境要素异常，影响鱼虾蟹类的产卵、育幼；河流入海量锐减，影响河口污染物的稀释、扩散、降解；河流下游建闸，堵截了鱼虾蟹类的洄游通道，造成其资源衰退。

（2）一些河口有机污染比较严重，导致河口海域富营养化。

（3）我国的海岸线正在不断缩短、平直、变单调，人工海岸比例逐渐增高，自然程度不断降低：①围海造地和造田：吞食许多优良港湾和滩涂湿地；破坏渔业资源生物的产卵场和育幼场。②在湾口和岬角间修建堤坝（岸线缩短的主要原因）：大大减少了纳潮量、削弱水交换能力；航道和浅滩淤积；影响湾内污染物的稀释、扩散，使污染加重、赤潮频发。

（4）临岸渔场严重破坏：过度捕捞；围海造地、造田、修建堤坝：破坏渔业资源生物的产卵场和育幼场；削弱水交换能力，航道和浅滩淤积，使污染加重；近海污染：严重有机污染，富营养化，赤潮频发；石油、重金属、热污染等其他污染。

思考题：

1. 我国海洋生物资源的现状和开发保护有哪些？
2. 海洋生物多样性的含义。
3. 三个典型海洋生态系统（珊瑚礁、红树林、滩涂湿地）的特点、经济环境功能以及被破坏的途径有哪些？
4. 围海造地和造田以及建堤坝给海洋环境带来哪些负面影响？

4.4 海洋环境管理理论

4.4.1 海洋环境管理的概念

海洋环境管理的含义，现在还没有统一的认识，尚未有完整的概念。虽然如此，但在一些著作中还是可以看到这方面的论述，如 J. M. 阿姆斯特朗和 P. C. 赖纳合著的《美国海洋管理》一书中，在给出“管理”一般含义的基础上，认为生态环境管理就是法律和行政的控制。他们把“管理”视为两种作用，一种是“全面的控制，或至少是试图全面控制”，允许进行什么样的活动，或者不允许进行什么活动；另一种“有点类似于施加影响，即最低限度地行使政府的权力”。由此，国家对“海洋水质、各种物质的入海处置、200 海里区域内的渔业活动、某些水域中船舶运输方式，外大陆架油气生产以及其他许多事务”，即被理解为海洋环境管理的含义。再如倪轩等编著的《海洋环境保护法知识》一书里关于什么是海洋环境保护的解释中，则为“在全面调查和研究海洋环境的基础上，根据海洋生态平衡的要求制定法律规章，自觉地利用科学的手段来调整海洋开发和环境保护之间的关系，以此来保护沿岸经济发展的有利条件，防止产生不利条件，达到合理地充分利用海洋的目的，同时还要不断地改善环境条件，提高环境质量，创造新的、更加舒适美好的海洋环境”。不过，需要指出，对海洋环境保护的解释，并不是直接给出海洋环境管理的概念，但是要注意在早一些时候通常的看法认为海洋环境保护即是海洋环境管理。

讨论6：海洋环境保护是否是海洋环境管理？

1992年联合国环境与发展会议通过并签署的《21世纪议程》对海洋环境保护特别强调了以下问题：建立并加强国家协调机制，制定环境政策和规划、制定并实施法律和标准制度、综合运用经济、技术手段，以及有效的经常性的监督工作等来保证海洋环境的良好状况。我们引述的以上材料，虽然并没有直接提供海洋环境管理的科学概念，但却是我们建立海洋环境管理概念的认识基础。

如此，海洋环境管理的概念如何抽象归纳呢？根据现有认识，我们可以概括为：以海洋环境自然平衡和持续利用为目的，运用行政、法律、经济、科学技术和国际合作等手段，维持海洋环境的良好状况，防止、减轻和控制海洋环境破坏、损害或退化的行政行为。

海洋环境管理概念包括三个要点：一是性质，它是国家采取的行政行为，或者以政府和政府间的海洋环境控制活动为主体；二是海洋环境管理的目标，在于或主要在于维护海洋环境要素的平衡，防止和避免自然环境平衡关系的破坏，为人类海洋资源和环境空间的持续开发利用创造最大的可能；三是达到海洋环境保护的途径和手段是行政和法律、科学与技术、经济与教育等控制措施的产生和应用。近一二十年里在地区间、国际间开展广泛的联合与合作，也是一种极为重要的方法，且有不断发展、强化的趋势。进展的事实表明，效果还是比较突出的。

4.4.2 海洋环境管理的分类

海洋环境管理内容繁多，根据不同研究重点、依据原则、立足点而有不同划分。

按环境管理空间范围划分，可分为：海岸带环境管理、浅海环境管理、河口环境管理、海湾环境管理、海岛环境管理、大洋环境管理等；

按海洋自然管理对象划分，可分为：海水环境管理、海洋沉积环境管理、海洋生态环境管理、海洋旅游环境管理、海水浴场环境管理、海水盐场环境管理等；

按海洋环境损害因素划分，可分为：陆源污染物排海的防污染管理、海岸工程建设影响海洋的环境管理、海洋倾废管理、海洋石油勘探开发防污染管理、防止船舶污染海域的环境管理；

按环境管理科学划分，可分为：海洋环境管理理论（概念、分类、原则）、海洋环境管理法规（法律、规定、标准）、海洋环境管理技术（环境容量评价技术、环境影响评价技术、环境保护技术、环境恢复技术等）。

4.4.3 海洋环境管理的基本原则

4.4.3.1 影响海洋环境管理原则的因素

海洋环境管理原则是有时代性、现实性和针对性的。具体制约或限制海洋环境管理原则的因素主要有三个：

(1) 国际或国家的环境思想和政策

回顾人们的环境思想变化，即可发现环境思想对环境管理原则的制约作用。在20世纪70年代前，国际社会对全球环境的思维还限于直观、浅层次的认识，从环境污染损害造成的直接问题进行考虑。客观上也不可能从更广阔的空间和时间尺度上，深入地观察污染的原因及长远影响，及其更长时期的后果和对人类生存与发展的关系。因此，在实际工作中，只能走局部治理、改善和防止道路。采取的措施，自然是通过工程技术或其他包括行政及法律的措施，来控制污染物的排放，以减轻环境的破坏。1972年人类环境会议及其之后，环境观念发生变化，开始把环境与人类的发展紧密地联系起来，变革了那种就污染而谈防治的旧认识。意识到人类社会经济整体上发展的不均衡，难以仅仅依靠局部区域的污染防治来达到全局性环境问题的解决。应把发达国家的环境问题，和发展中国家的环境问题，既要加以区别，又要联系起来统一地进行研究。进入20世纪80年代，区域环境和全球环境又出现了一系列新的情况，比如温室效应、海平面上升、生物多样性加速减少、海洋生物资源量衰退、近海污染加剧、海岸侵蚀与海水倒灌、重要海域生态系统破坏等。这些问题并非过去都不存在，只是在20世纪80年代变得更为明朗和突出了。不仅如此，纵观全球这些问题已不是地区或区域性现象，而是全球性的共同问题，也不是影响仅及当代，而是人类的持续发展问题。能够说明这些环境思想转变的论述，莫过于1987年世界环境与发展委员会提出的（我们共同的未来）报告，报告总的观点集中于一点，就是持续发展的思想。他们认为："人类有能力使发展持续下去，也能保证使之满足当前的需要而不危及下一代满足需要的能力。持续发展的概念中包含着制约因素（不是绝对的制约），而是由目前技术状况和环境资源方面的社会组织造成的制约以及生物圈承受人类活动影响的能力造成的制约。人们能够对技术和社会组织进行管理和改善，以开辟通向经济发展新时代的道路。"至20世纪90年代，人们的环境思想更为壮阔，在1992年《关于环境与发展的里约热内卢宣言》中，提出了27条全球环境与发展的总体原则，要求国际社会和各国都要致力于达成既尊重所有各方面的利益，又要保护全球环境发展的体系，充分地认识地球的整体性和相互依存的关系，充分认识"人类处于普遍关注的可持续发展问题的中心，他们应有以与自然相和谐的方式健康而富生产成果的生活权利"。号召国际社会对未来的可持续发展充满信心，并在持续发展中负起义务和贵任。

环境思想和政策的进步与变化，必然要反映到海洋环境管理工作的原则上，因为工作原则是由思想认识和一定时期的政策决定的。也可以换一种说法，原则是指导思想和政策的自然延伸。比如强调环境与持续发展统一的思想，那么，持续发展就应该成为海洋环境管理的原则等。

（2）海洋环境状况与环境变化趋势

不同的环境状况，所采取的对策和管理也是不同的。管理适用原则因环境条件而异是自然而然的。与此类似之原因，环境变化过程的平稳与否，也必然构成影响环境管理原则的重要因素。例如海岸滩涂和浅水区域围垦，以及河口拦河坝的修筑，以往一直认为是一件颇为有益的工程活动，既可扩大土地面积，也可避免陆地紧缺的淡水，白白地流入大海。但是，这类工程所产生的生态、环境影响，在许多地区往往很不佳，不仅区域生态环境遭到破坏，而且引起一系列灾害的发生，经济损失很大。事实转变了人们对围垦和拦河筑坝的观念，由此也使管理这类工作的思想原则变更，对待海岸带区域诸如此类工程，需要予以合理控制，只有经过充分论证和资源环境影响评价，才可以慎重地进行。再如海洋倾废，1972 年在伦敦召开的海上倾倒废弃物协商会议上，所通过的《防止倾倒废物及其他物质污染海洋的公约》，鉴于当时向海洋倾倒的各类废物及其后果的状况，《公约》尚允许倾倒含有砷、铝、钠、锌及其化合物和有机硅化合物、氰化物、氟化物等的工业废弃物，也允许倾倒含不属强放射性物质的废物，以及某些废物的海上焚烧行为。近十几年海洋环境调查、监测和研究发现，“在海洋表面已经分布着高浓度的重金属、有机氯以及石油等物质，经过不断的积累，它们会产生复杂和持久的影响。海床是发生各种物理、化学和生物活动的区域，其中微生物过程发挥着主要作用，但到目前为止，已经知道（会发生）非常严重的破坏”，虽然这种破坏仅在近海区域，可是这个区域恰是人类开发活动仰赖的地区。另外，放射性废物的海上倾倒，已经造成不少区域“捕捞的鱼类身上发现有高浓度的放射性物质”，大量的工业废弃物和弱放射性废料向海洋倾倒，不仅损害海洋生态系统，降低海域生物生产力，而且通过海洋水产品，转嫁到对人类自身的伤害。事情的规律总是这样，只要危害环境的因素，同人类的距离拉近，并直接伤害人身的时候，解决问题的条件也便成熟了。1993 年《1972 伦敦公约》（即“防止倾倒废物及其他物质污染海洋的公约”）第 16 次协商会议，经反复辩论审议通过了《关于在海上处置放射性废物和其他放射性物质的决议》、《关于逐步停止在海上处置工业废弃物的决议》和《关于海上焚烧的决议》。第一个决议要求各国都要停止一切有放射性物质的海上倾倒，第二个决议规定，除疏浚物、阴沟污泥、渔业加工过程中的废料、船舶平台、未受沾污的其化学成分不易释放到海洋环境中的惰性地质材料、未被沾污的自然衍生的有机材料等六类废弃物之外的其他一切工业废物，在1995年底前逐步停止向海洋倾倒，第三个决议规定今后禁止在海上焚烧工业废弃物。三项决议作为对《1972伦敦公约》的修改。

从对海岸围垦、筑坝和海上倾倒废弃物的管理思想和实践变革中，我们可以找到海洋环境管理的又一条原则，这就是通过监测、监视掌握环境的变化，以适时调整管理的动态原则。

（3）海洋科学技术的进步

海洋环境的知识、评估、对策和管理，均与海洋科学和技术的进步密不可分。没有海洋科学研究的成就，就不能揭示海洋环境各类现象、过程、问题或灾害；没有海洋科学和技术的进步，也不会有利用环境、改造环境和恢复环境的有效或成功的发展。也正是在这一角度上，人是有能力获得持续前进的力量。否则，人类对海洋环境将会变得软弱无力。

推动科学技术的不断进步，其本身就是海洋环境管理的一条不可忽视的基本原则。此外，科学技术还对海洋环境管理的全部行为过程起着更新、变革的推动作用。过去，一个较长的历史时期里，人们一直认为海洋自然环境和资源系统是一个强大的系统，能够承受人类加予的一切结果。因此，向海洋施加的行为几乎不受什么约束。久而久之，今天的海洋环境状况便发生了。固然今天的海洋环境状况，有的是人直观可认识的，但大部分却是非直观的，需经大量的调查、分析、研究等，才能准确地了解其环境的内部变化的信息，比如评价海洋污染程度，除其他方法外，多利用沿海经济贝类体内污染物残留量来进行分析，贝类一般栖息在港湾、河口和沿岸水域，污染海洋的主要来源，大部分是陆源物质以及近海的开发利用活动，受害者首当其冲的是经济贝类。资料表明，贝类对重金属、石油、有机氯农药、多氯联苯等污染物有很强的累积能力，其富集率从几倍、几十倍、几百倍到几千倍、上万倍。因为贝类生命史中的活动范围较小，所以能够很好地反映区域污染物浓度的变化，衡量海域的水质、底质和生物体的受污染程度，并能应用关联与比较分析而找到污染物的来源。这里我们列举此例，并不是为了说明经济贝类与海洋污染研究的关系，而在于阐明它作为一项海洋科学技术内容对海洋管理提供了或提出了什么样的工作原则。由此，只要是正常的思维逻辑，我们必然能够建立海洋环境管理的“科学促进可持续发展”的又一原则。这也是1992年巴西环境发展大会通过的《21世纪议程》所确定的通用原则。该议程认为：“科学的作用和利用科学支持审慎的环境与发展管理，以利人类日常的生活和未来的发展。所建议的方案领域范围很大，用意是支持《21世纪议程》其他章节内列举的具体科学要求。科学的作用之一应是提供资料，以便在决策过程中能够更好地制定和选择发展政策。为满足这个要求，必须增进科学的了解，改进长期的科学评估，加强所有各国的科学能量和确保科学能响应新出现的需要。”

影响各时期海洋环境管理原则的因素，无疑不仅仅是上述三个方面，其他还有依赖海洋程度、国家经济与投资能力等因素，也是制约海洋环境管理原则的条件。

4.4.3.2 海洋环境管理的基本原则

经过多年的理论和实践，总结出了海洋环境管理的以下五个“基本原则”：

(1) 持续发展原则

所谓“持续发展”，其含义在联合国有关文件中作了以下概括：“持续发展是既满足当代人的需要，又不对后代人满足其需要的能力构成危害的发展。它包括两个重要的概念：‘需要’的概念，尤其是世界上贫困人民的基本需要，应将此放在特别优先的地位来考虑；‘限制’的概念，技术状况和社会组织对环境满足眼前和将来需要的能力施加的限制。”（世界环境与发展委员会编著，《我们共同的未来》，世界知识出版社1989年第1版，第19页）持续发展的观点是人类环境思想的一大跃升，它使人们从狭隘的环境思维中解放出来，把环境同资源和社会经济发展放在一个大系统中加以讨论；把人类今天的发展同未来的持续发展联系起来考虑；把一个国家、一个地区同全球、同国际社会的发展持续性结合起来研究。这就是现代环境管理的新思维。这种思维下的环境问题其有一定的整体性，甚至是全球性的，如同加拿大环境部长汤姆·迈克米兰在1986年所讲的那样，“世界性的环境问题，比各个国家的环境问题的总和要大。所以它们当然是不能单凭各个国家独立的力量就可以解决。世界环境与发展委员会应在各国之间通力合作，超越主权的障碍，采取一切国际手段，在共同对付全球威胁的具体途径方面提出建议，以对付这个根本的问题。越来越增长的孤立主义表明，目前的历史节奏同人类的愿望是相悖的，甚至同人类自身的生存机会相悖的。我们面临的挑战是：超越本国的自身利益，以获得更高一层的‘自身利益’——在这个受到威胁的世界上，使人类能够得以生存。”持迈克米兰这种环境观点的国家和人士，目前是国际环境活动的主流。在全球环境上，立足于大环境的统一性、相互依存、彼此关联的客观规律，强调世界环境问题需要超越国家范围，共同行动、寻求解决。但是，就此领域内，否认或轻视地区和国家根据历史发展阶段、物质基础、人民生活状况、发展与保护的主流、发达国家与发展中国家的不同责任与义务，以及环境中发生的特殊问题等，显然是不对的，也是行不通的。如此持续发展的总体目标也将不可能实现。其中，尤其不应忘记的是今天的世界环境，特别是全球大环境系统的异常变化，是人类长期危害自然环境的结果，并不是短期所为能够产生的。发展中国家的工业化进程并不太久，他们刚刚踏上现代发展的道路，环境的“危机”就开始出现了，因此，发展中国家同样担起环境的责任是不合理的，严格地分析貌似平等的均衡承担，实质上是不平等的强加。发达国家理应对全球环境问题的解决作出较大的贡献，并对发展中国家的环境保护与治理提供必要的援助。这一认识也就是《关于环境与发展的里约热内卢宣言》中第七条原则所讲的，“各国应本着全球伙伴精神，为保存、保护和恢复地球生态系统的健康和完整进行合作。鉴于导致全球环境退化的各种因素不同，各国负有共同的但是又有差别的责任。发达国家承认，鉴于它们的社会给全球环境带来的压力，以及它们所掌握的技术和财力资源，它们在追求可持续发展的国际努力中所负责任”。尽管原则的阐述意犹未尽，其基本意思还是体现的。

海洋环境的自然特点，使其与陆地环境相比具有更强的全球统一性，“所有海洋是一个基本的统一体，没有任何例外”。沿海国家直接或间接施加海洋的影响及其造成的危害，绝非局限在一个海区之内，往往有着大范围的区域性，甚至全球性。原因在于：

一是海水介质不同尺度的流动，既有全球性大尺度环流系统，也有洋区和海区等较小尺度的流系，它们是物质的输送与交换者，使人类对局部海域的影响结果扩展到更大的范围。在输送有害物质上，即便是陆地入海河流的作用都是相当大的，据观测资料，南美的亚马逊河可以将其挟带的沉积物和污染物质，一直冲到离岸 2 000 千米以外的洋区。海水介质的流动性使全球海洋有了共同的命运；

二是海洋中的相当多的生物种群具有迁移和洄游的性质，其中有的范围小，有的范围大，那些高度洄游种群，如金枪鱼、长鳍金枪鱼、鲣鱼、黄鳍与黑鳍金枪鱼、乌鲂科、枪鱼类、旗鱼类、箭鱼、竹刀鱼科、鲯鳅、大洋沙鱼类和鲸类等，它们的洄游区域多以洋区为范围。海洋生物这一特性，决定了人类对海洋生物资源的影响不可能不具广延性。正是由于海水的流动性和海洋生态系的整体性，所以海洋环境管理就需要贯彻持续发展原则，突出环境问题的解决，应以持续发展的“需求”和环境与资源的持久支持力为目标，根据国家、地区和国际的政治、经济的客观情况，以海洋环境不同的区域范围确定对策和管理方式，达到海洋环境与资源保护的目的。

如目前进行的全球海洋大海洋生态系保护与管理行动计划，即为比较典型的体现持续发展原则的环境项目。其中黄海大海洋生态系保护与管理行动计划，其行动的主旨是防止、减轻和控制海洋环境恶化，以保持和加强海洋生产力与维持生命的能力；开发和增加海洋生物资源的潜力以满足人类对营养的需求及社会、经济和发展的目标；促进沿岸和海洋环境的综合管理。为此而采取：开展黄海大海洋生态系的综合监测与评价，获得用以指导、监控、减轻对生态系压力的各种信息；建立并加强致力于大海洋生态系保护、资源保护以及永续利用的国家与地区综合管理海洋生态环境的体制和国际间的协调机制；加强海洋学家、环境与资源管理人员和适当的地方、地区、国家决策者之间就海洋环境与资源保护的交流与合作；训练有较高素质的管理专家和海洋决策者及有关的实践人才，培养并应用评价、监测、减轻压力和管理活动的尖端技术与方法的能力；建立包含有关各种来源的污染情况，包括生物多样性在内的海洋环境与资源的现状、主要生态参数以及不同国家、国际特定的海洋环境管理的政策和实践信息，并设立数据库。从黄海大海洋生态系行动计划的宗旨、目标和手段中，完全可以了解是否贯彻持续发展原则的差别。海洋环境管理贯彻持续发展的思想，管理的目标、任务、手段就会具有整体性、系统性；管理的体制和运行机制就会具有稳定性、科学性。否则，因袭就污染而治理、就事论事进行管理，将治不胜治、管不胜管，绝不是一条成功的道路。

（2）预防为主、防治结合、综合治理原则

该原则意指，把海洋环境管理的重点放在防患于未然上。通过一切措施、办法，预防海洋的污染和其他损害事件的发生，防止环境质量的下降和生态与自然平衡的破坏，或者基于能力（包括经济的、技术的）的限制，不可避免的环境冲击，也要控制在维持海洋环境的基本正常的范围内，特别是维持人体健康容许的限度内。但是，我们今天面临的近、中海的自然环境，已没有多少属于原始自然的区域了，大都受到了人类开发利用的影响，有的平衡已被打破，有的已酿成持续性的灾害，现在不可能从头做起，觉醒之后也只能以更大的投入进行治理，亡羊补牢，积极整治恢复犹未为晚，在预防环境进一步恶化的同时，有计划地采取综合性措施，使海洋环境在新的条件下形成新的生态平衡。

预防为主、防治结合的环境保护工作思想，是人类利用海洋环境的实践经验总结。在过去的时期里，生存、发展的主流，掩盖了海洋环境危害发生、发展的问题。这种掩盖，既包括认识上的原因，也包括能力上的原因。应该承认，在早期认识上的原因占主导，当时人们并没有意识到人的微弱力量，能够给海洋自然环境带来什么麻烦，认识不到海洋接纳一些废弃物还会有什么伤害等。但新近时期则不同，虽然仍有盲目危害海洋环境与资源的事情发生，不过，有意识的危害和能力不及或不得已而为之的危害大大增加，例如沿海向海排放废水、废液；城市向海洋倾倒垃圾、工业废弃物等，都是经常发生的，这类倾倒大多是了解危害下的活动；还有海岸滩涂围垦也属于这类现象。至于能力不及而产生的海洋环境危害，也是较为普遍存在的问题。在能力中主要是两类能力，一是经济能力，二是技术能力。就经济能力来说，不论发达国家，还是发展中国家都会遇到，当然发展中国家更为突出。对于发展中国家，主要还是解决人民的基本生存条件，没有多余的投资用在海洋环境的保护上。技术能力基本与经济能力的情况相类似，发展中国家更是有着巨大的差距。因此，发展中国家即便想开展海洋环境的保护工作，有时也会因技术不具备而难以如愿。两种原因，虽然性质上是不同的，但实际的海洋环境结果是一样的，都是以牺牲海洋环境为代价获得发展的条件。这条道路已为海洋环境的恶化和由此产生的资源衰退证明是行不通的。先污染后治理将要付出更大的经济代价，以我国工业废污水为例，若不采取预防性措施，进行净化处理、开展循环使用，2000 年全国工业废污水排放数量要由 1995 年的 240 亿吨，增加到 1 000 亿吨。这些废污水除少部分进入内陆区域或短期停留在陆地江河湖泊内外，大部分或最终都要进入到海洋之中，暂不说这样庞大的污水且给海洋以什么样的影响，仅就处理1 000 亿吨污水的建设费和运行费，将要达2 000 亿元，国家的负担也是沉重的。由于采取预防措施，2000 年全国排放工业废水仅100. 2 亿吨。排放量大量减少，不仅降低了污水处理系统的建设和运行投资、减少淡水的消耗，而且对环境，特别是海洋环境的损害也会大大减轻。另外，先污染后治理造成的生态、环境代价将难以估算，从全球环境而言，发达国家早期以牺牲海洋环境求得发展，为我们今天酿成了沉重的、灾难性的历史遗产，至今还在继续着，其中包括着全球变暖下的全球海平面上升，不少的优美海洋自然景观和沿海沼泽湿地消失、生物多样性减少，一些珍稀海洋物种消亡等，实践和教训说明，海洋环境保护工作与管理需要坚持预防为主的原则。

海洋环境污染和破坏，其结果的形成，原因是多方面，有直接原因，有间接原因，还有的原因至今尚不清楚，如全球海平面变化、海洋赤潮等。但不论原因清楚与否，有一点是无疑的，环境污染与破坏，都是综合因素造成的。原因的多样性决定了整治的综合性。首先，表现在海洋环境恶化的遏制上，杜绝或减轻环境的继续破坏，针对性的措施是切断污染源和危害环境的各种直接或间接的力量与过程，这是治本的防治办法。其次，表现在整治已破坏或受到污染的海洋环境上，海洋环境即使是很小的海域，其组成要素也是极为复杂的，既包括着地形地貌、沉积物，也包括海水介质、生态系等，在区域受到损害的情况下，不可能是其中的某一个要素，如当水质受到污染后，污染物必然要传递给沉积物和生物体；如当海岸地貌形态发生变化时，也要改变海底沉积物动态、地形和生态系统的结构等。由于这种内在的特点，要求海洋环境的治理不能只采取“单打一”的措施，而应该实行综合治理。再者，就治理技术和行政办法也必须是综合的。在技术上，可以运用工程的方法，修筑海堤、补充沙源以防止海岸侵蚀；应用生物工程，恢复、改善生态系统，提高海域生物生产力；利用回灌技术，制止沿海低平原人为原因的地面下沉，防止海水入浸。在行政上，使用相应的手段控制环境非正常事件的发生等。无论从哪一方面考虑，海洋环境的治理都是一项综合性很强的工作。

（3）谁开发谁保护、谁污染谁负担原则

海洋开发与保护是一对矛盾统一体。不论是海洋资源的开发，还是环境的利用，都要构成对海洋环境的干扰与破坏，甚至打破自然系统的平衡。因此，在开发利用海洋的同时必须对海洋环境保护做出安排。谁开发谁保护原则是指开发海洋的一切单位与个人，既拥有开发利用海洋资源与环境的权利，也有保护海洋资源与环境的义务和责任。在《中华人民共和国民法通则》第八十一条第一款、第三款规定："国家所有的森林、山岭、草原、荒地、滩涂、水面等自然资源，可以依法由全民所有制单位使用，也可以依法确定由集体所有制单位使用，国家保护它的使用、收益的权利；使用单位有管理、保护、合理利用的义务"；"公民、集体依法对集体所有的或者国家所有由集体使用的森林、山岭、草原、荒地、滩涂、水面的承包经营权，受法律保护。承包双方的权利和义务，依照法律由承包合同规定"。《民法通则》完全明确了所有在我国海域进行的资源开发的单位、个人都必须做好海洋环境的保护工作。贯彻谁开发谁保护原则，并不降低国家和各级政府有关主管部门的责任。主管部门的责任主要在制定海洋环境保护的政策、规划、协调和检查与监督工作上。再者，海上的开发可能产生的问题，在时间和空间上并不是固定的，只有开发实施单位，对出现的问题及时发现及时进行处理。而且这种处理工作应该是事前早已作好预案安排的。

谁污染谁负担，是我国环境保护实践经验的总结。实践证明是行之有效的。执行这一原则能够加强开发利用海洋的单位和个人的行为责任，能够唤起开发利用者自觉或强制性的保护海洋环境与资源的意识。其道理是简单易明的，如果不把"谁污染谁治理"加到肇事者的头上，依靠一般的环境保护要求，是不会受到开发者的重视的。有了治理恢复的责任，情况就大不一样，如前所述，污染的治理是一项投资大，技术难度高的工作，一切因开发造成海洋环境污染损害，开发者将要受到较大的经费损失，多数还要承担法律的责任。这是所有开发者都不愿发生的问题，他们一定会在开发作业中，给予高度重视，避免污染或环境危害事故的发生。该原则在国外环境管理中，也被广泛应用，早在1972年，由西方24个国家组成的《经济合作与发展组织》为改善资源分配和防止国际贸易和投资发生偏差，确定污染者担负费用的范围，应包括防治污染的费用、恢复环境和损害赔偿费用，被称为“污染负担”原则。这条原则，后来在国际上得到承认，并适用于污染环境的处理上。我国《环境保护法》第四章“防治环境和其他公害”第二十八条规定：“排放污染物超过国家或者地方规定的污染物排放标准的企业事业单位，依照国家规定缴纳超标排污费，并负责治理。水污染防治法另有规定的，依照水污染法的规定执行”；第二十九条规定：“对造成环境污染严重的企业事业单位，限期治理。”通过法律固定的原则，其执行已转化为强制性的效力，从而使原则的落实更具确定性。

（4）环境有偿使用原则

环境也是资源，对其开发利用不应该是无偿的，特别是有损害的环境利用，更应该是有代价的。在我国环境保护法律法规中，也包括这方面的规定，例如《中华人民共和国水污染防治法》第十五条：“企业事业单位向水体排放污染物的，按照国家规定缴纳排污费；超过国家或者地方规定的污染物排放标准的，按照国家规定缴纳超标准排污费。”虽然该法的适用范围仅及陆地水域，但所规定的向水域排放污染物要缴纳费用，本质上属于利用环境的有偿性。再如根据《中华人民共和国海洋倾废管理条例》和《中华人民共和国海洋石油勘探开发环境保护管理条例》及其实施办法，制定的《关于征收海洋废弃物倾倒费和海洋石油勘探开发超标排污费》的规定，要求“凡在中华人民共和国内海、领海、大陆架和其他一切管辖海域倾倒各类废弃物的企业、事业单位和其他经济实体，应向所在海区的海洋主管部门提出申请，办理海洋倾废许可证，并缴纳废弃物倾倒费”。虽然收费数额出于政策考虑掌握较低，但这种费用不属一般的管理费，而是倾废对海洋环境损害的付费。它也表明海洋环境使用的代价。

海洋环境的利用变无偿为有偿，其积极的意义在于：①有偿使用海洋空间、环境是强化海洋环境管理的重要途径，也是海洋环保在国际上的通例措施。在《关于环境与发展的里约热内卢宣言》中，就有这方面的原则要求，其原则十六提出："考虑到污染者原则上应承担污染费用的观点，国家当局应该努力促进内部负担污染费用，并且适当地照顾公众利益，而不歪曲国际贸易和投资。"其原则十二，十三，十四，都阐述了对引起环境退化的一切活动实行费用补偿，将是全球环境控制的不可替代的方法之一，为此，国际组织要大力推进有关法律制度的建立；②有利于海洋环境无害或最大减少损害的使用，维护海洋生态健康和自然景观。如果海洋环境继续无代价利用，没有反映在经济利益上的约束机制，客观上便失去了保护海洋环境的物质动力，海洋开发利用者很难能够做到持续不懈地、自觉地保护海洋环境。如果能转为有偿、危害罚款并治理恢复，这样一切开发利用的企事业单位或个人，他们即便完全为了自己的利益，也要努力减少危害海洋环境的支出，从而在客观上达到海洋环境保护的目的；③积累海洋环境保护的资金。保护海洋环境是为了更好地利用和发挥海洋对人类的价值，并不是完全限制有益的利用。利用海洋环境是必须的，也是完全应当的。因此，海洋环境的损害，甚至破坏，从大范围来看是不可避免的，由此产生的结果是海洋环境治理工作是一项历史性的任务。治理资金需要较多，广泛筹备是必要的，但是海洋环境管理内部积累一部分也是重要的来源。执行环境有偿使用，将所收经费用在国家管辖海域的环境伤害的治理上，不仅有利于环境维护，而且也有利于活化海洋环境管理。

在海洋环境管理工作中需要贯彻的原则，其他还有生态原则、海洋经济建设与海洋环境协调原则、动态原则、海洋自然过程平衡原则等，也是应予贯彻执行的重要原则。

（5）全过程控制原则

海洋环境是一个复杂的系统，海洋环境管理也因此是一个负责的系统过程。既包括生活劳动过程和生产活动过程的控制，又包括海洋污染过程和陆地污染过程的控制；既包括工程前、工程中和工程后的控制，又包括工艺、技术、方法、计量等方面的控制。

4.4.4 科学发展理论

单纯环境保护观点和单纯经济发展观点都是不可取的。而需要遵循的是海洋环境的科学发展观。

正确处理资源开发与环境保护的关系，使两者在实践中融合起来。进一步树立经济效益、社会效益、生态效益相统一的观点，实际工作上统筹兼顾。要从把环境质量看作资源开发的约束条件，转为资源开发的重要目标之一。建设海洋强国，要在总体规划中，加入环境目标要求。要从经济与环境各自分立，转为互相融合，一举两得。克服单纯经济观点和单纯环境观点这种取此舍彼的旧思路。

一是资源开发要贯彻“绿色发展战略”，包括生态农业、生态渔业、生态盐业等绿色市场。

二是环保工作要实现产业化。把以防治污染、改善环境、保护自然为目的的技术开发、产品生产和流通、咨询服务等部门经营化、实业化。

三是大力发展经济建设和环境建设双赢的事业，包括滨海旅游业，自然保护区管理业，林业，用固体废料做人工渔礁等。

4.4.5 生态经济学理论

生态经济学是从经济学角度来研究生态系统、社会系统和经济系统所构成的复合系统——生态经济系统的结构、功能、行为及其运动规律的新经济科学，是跨越生态学和经济学之间的新兴边缘学科。生态经济学是由美国经济学家凯恩斯（B. Kenneth）在 20 世纪 60 年代提出的，它将经济学与生态学相结合，以研究生态规律与经济规律的相互作用，研究人类经济活动与环境系统的关系。

生态经济学与生态学在研究对象上有共性但亦有所不同。共同之处在于两者都研究生物之间及生物与非生物之间相互作用的规律与机理的科学，都是研究有生命的系统。不同之处在于，生态经济学研究的不是一般的生命单元，不是以生物与环境的关系作为研究对象，而是研究与自然界进行物质交换的人类同环境系统的关系。所以，在生态经济学的领域里，同环境系统发生关系的主体不是一般的生命，不是自然界具有一定结构和调节功能的生命单元，而是人类。当然生态经济学也注重研究自然界具有一定结构和调节功能的生命单元——动植物和微生物，因为尽管这些生命单元不是生态经济学研究的主要对象，但它们的存在对于人类社会的存在和发展有着十分重要的作用。

生态经济学与经济学的研究目的也有共性和不同之处。生态经济学是经济学的一个分支学科，其研究的最终目的是求得经济稳定持久的发展，以满足人类的需要，这是它与经济学的共同之处，不同之处在于它把生态规律和经济规律结合起来，研究两者之间的相互影响和相互作用的关系，以求全面认识经济规律。

生态经济学的主要研究内容有以下几个方面：

一是研究人类经济活动与环境系统的相互影响、相互促进的关系。人类进行社会经济活动，必须与自然界进行物质交换，也就是对环境系统产生影响，自然界为人类提供所需的各种资源，而劳动把资源变成人们所需要的生产资料和生活资料。人类在从自然界获取资料的过程中，同时又把各种废弃物排入环境，生态经济学研究合理调节人类与自然环境之间的物质交换过程中同环境系统的关系。

二是研究如何建立合理的生态经济系统结构。生态经济系统是社会经济系统与生态系统的复合体。生态经济系统的持续稳定发展，依赖于生态经济系统合理的结构和相应的功能，生态经济系统的结构是生态经济系统进行物质、能量和信息进行交换和流通的渠道，是建立系统间联系的桥梁，系统与功能的优劣，很大程度上取决于生态经济系统的结构是否合理。

三是研究生态系统与经济系统的内在联系与规律。生态系统与经济系统之间存在着内在的联系，并有着不依人的意志为转移的客观运动规律。如果不了解这一运动过程的变化趋势，不认识这种生态经济规律，就可能顾此失彼，或者受到大自然的惩罚，或者受到经济规律的制裁。因此，必须了解和认识生态系统与经济系统之间的内在联系，掌握和运用它们之间的客观运动规律及其变化趋势，才能实现生态效益与经济效益的协调统一。

四是研究经济再生产和自然资源再生产过程的相互协调问题。生态经济学的主要研究对象就是自然生态系统与经济系统的结合，目的是企图通过定量或半定量的分析研究（建立生态经济模型），使经济再生产和自然资源再生产实现最优组合，协调发展。这就是说，对自然、资源的开发、加工、利用，直到产品的分配、流通、消费以及废物的排放，整个过程都能和自然生态系统相统一实现以最少的劳动、最少的消耗取得最大的经济和生态效益。

把人口、资源、能源、生态环境、经济建设和环境建设等问题作为一个整体来研究，找出它们之间的内在联系，使之相互协调发展。综合而言，生态经济学就是探讨发展与资源、人类与环境的相互关系，以求得经济稳定持久的发展，环境管理必须遵循生态经济学揭示的客观规律，才能取得经济、社会和环境效益的统一。

思考题

1. 海洋环境管理的含义是什么？
2. 海洋环境的分类有哪些？
3. 海洋环境管理遵循的基本原则包含哪些内容？
4. 海洋环境管理的生态经济学理论有什么意义？
5. 试述海洋环境管理的科学发展理论的内涵。

4.5 海洋环境管理法律

4.5.1 国际海洋环境立法的发展进程

4.5.1.1 海洋环境保护立法的萌芽

1926年美国在华盛顿召开了有13个国家出席的关于防止油类污染海洋的国际会议，这是旨在通过缔结国际条约来防止船舶造成海洋污染的第一次尝试。但由于种种原因，会议未能制订一个能在国际上统一执行的条约。1934年，英国政府向当时的国际联盟提出了关于船舶防污的提案，此提案得到了许多国家的支持，国际联盟为此设立了专家委员会，并起草了一份国际公约草案，准备提交国际会议讨论通过。但是，由于第二次世界大战的爆发，亦无结果。从总体上看，这个时期海洋法的特点是强调公海自由和领海自主，对污染、破坏海洋环境资源的行为基本没有过问。

第二次世界大战以后，随着生产力的迅速发展和海洋事业的兴起，人类开发、利用和消耗海洋环境资源的规模越来越大，海洋环境污染和资源危机日益严重并日益区域化和全球化，人们开始关注海洋环境保护和海洋管理。1954年，由多个国家和联合国及其粮农组织的代表参加的防止海洋污染的专门外交会议终于在伦敦召开了，由于与会代表的一致努力，会议终于取得了丰硕的成果，制定并通过了《1954年国际防止油类污染海洋公约》（简称《1954年油污公约》）。《1954年油污公约》的诞生，标志着国际社会在海洋环境保护事业方面的国际立法和国际合作迈出了艰难可喜、具有决定性意义的第一步。

4.5.1.2 海洋环境保护立法的发展

从1954年至今半个多世纪，由于国际社会和各国政府海洋环境保护的意识日益增强，海洋环境保护的国际立法和国内立法工作得到了不断发展，海洋环境保护的法律制度已经建立，海洋环境保护的国际合作日益活跃。半个世纪以来，海洋环境保护的国际立法活动的发展和国际合作大致可以分为以下四个阶段：

（1）第一阶段是从 1954 年签订《1954 年油污公约》到 1972 年联合国在瑞典首都斯德哥尔摩召开人类环境会议。

这一阶段，国际海洋环境保护立法活动处于萌芽时期，国际社会开始关注海洋环境保护问题，但对于海洋环境的认识还不能突破传统国际法的范围，关心的重点在于防止海洋油污方面，还未考虑从更多方面来保护海洋环境。这一阶段签署的国际公约主要有：

《1954 年油污公约》（1954 年）；

《大陆架公约》（1958 年）；

《公海公约》（1958 年）；

《国际干预公海油污染事故公约》（1969 年）；

《国际油污损害民事责任公约》（1969 年）；

《合作处理北海石油污染协定》（1969 年）；

《丹麦、芬兰、挪威、瑞典关于合作处理海上油污的协定》（1971 年）；

《设立国际油污损害赔偿基金公约》（1971 年）。

从整体上讲，这一阶段国际社会尚未对海洋环境保护的重要性给予普遍的重视，对海洋环境的复杂性及清除污染的长期艰巨性亦缺乏足够的认识。协定内容单一，大部分协定都以防止海洋油污为内容，而且协定包含的内容多未能超出传统国际法的范围，例如对环境事故责任的确定，虽也适用无过错原则，但未涉及国家责任。海洋污染的问题并不能得到真正的解决和防止。

从时间上看，这些规定基本上是被动反应式的，是就事论事。《1954 年防止海洋石油污染公约》签订后的十几年中，国际上没有再针对海洋环境保护做出新规定。国际社会开始重视海洋污染的直接原因是由于 1967

年3月18日“托雷·坎永”号重大溢油事故。这件事的后果之一是在1969年召开布鲁塞尔会议，产生了《国际油污损害民事责任公约》，但此时关注的重点仅限于对单一事项被动的干预、处理。

（2）第二阶段是从1972年联合国在瑞典首都斯德哥尔摩召开人类环境会议到1982年《联合国海洋法公约》产生。

1972年联合国在瑞典首都斯德哥尔摩召开的人类环境会议是人类环境保护的重大事件，会议发表的《人类环境保护宣言》和通过的《人类环境行动计划》吹响了对海洋环境进行全面保护的号角。《人类环境保护宣言》原则七规定：“各国应采取一切措施，以防止那些危及人类健康、损害生物资源和海洋生物、破坏环境舒适或干扰海洋的其他合法利用的物质对海洋造成污染。”《人类环境行动计划》为国际社会采取环境保护具体绘制了一幅蓝图。我国常驻国际海事组织代表杜大昌先生认为，“原则七”吹响了对海洋环境进行全面保护的号角。

《人类环境保护宣言》发表以后，各国在海洋环境保护方面开始了广泛的国际合作，有力地促进了国际海洋环境保护法律制度的形成。前者为国际和各国国内环境立法及制定环境政策提供了方针和原则，后者不仅为国际海洋环境保护应采取的具体行动提供了指南，而且为国际合作指出了方向，制定了应采取的步骤，两者虽不具有法律约束力，但有“软法”的性质，被认为是国际环境保护法的一个重要里程碑。这一时期签署的公约或协定较多，且这些公约或协定所涉及的内容更广，所确定的原则也已超出传统国际法范畴。

根据1972年斯德哥尔摩人类环境会议而成立的联合国环境规划署（UNEP）作为全球环境保护的规划、设计、组织及部门，在为促进海洋环境保护的立法和开展全球及区域间的海洋环境保护的国际合作方面发挥了积极的作用，作出了重要的贡献。

这一时期的几个重要公约有：

《防止倾倒废物和其他物质污染海洋公约》（简称《伦敦公约》1972

年)；

《国际防止船舶污染公约》(简称《船污公约》1973 年)；

《防止陆源污染海洋公约》(巴黎，1974 年)；

《1973 年国际防止船舶污染公约的 1978 年议定书》（伦敦，1978 年)；

《南极海洋生物资源保护公约》(堪培拉，1980 年)；

综观本阶段的这些条约，可以发现他们具有以下特点：

第一：条约调整的对象，不再只局限于单一类别的防止油类污染，还涉及到海洋其他各种污染，如勘探、开发造成的污染，船舶污染以及对资源，特别是生物和鱼类的保护等。

第二：条约制定的一些原则已开始超越传统国际法的范畴，对传统国际法提出挑战，孕育着新原则的胚胎，如 1973 年的《船污公约》基本打破了传统的以船旗国为主的管辖原则，比 1954 年公约在海洋污染的管辖制度方面取得了明显进步（该公约规定，在其管辖范围内发生任何违反公约行为的沿海国，应根据该国的法律予以禁止并加以制裁)。条约都包括一些较为严格、具体的执行条款，不仅具有更强的约束力，也更易于各国执行。

第三：对修订协定程序的规定，也较为灵活，使已签的协定易于修订，以更能适应变化的形势。

第四：条约规定的内容出现从单一性向综合性发展，调整的范围亦随之扩大。这种综合性趋势首先体现在“伞性条约”。以这种“伞性条约”为基础，联合国环境署于 1974 年制订了《联合国海洋区域防污规划》。

第五：此条约所反映的面更加广阔，包括了更多国际社会成员的意志。

（3）第三阶段是从 1982 年《联合国海洋法公约》产生到 1992 年联合国在巴西首都里约热内卢召开环境与发展大会。

1982 年联合国第三次海洋法会议产生的《联合国海洋法公约》是一

部关于海洋的宪法，它对迄今为止国际海洋法问题作了最为详尽的编纂和规定，是国际社会管理海洋的划时代事件。《联合国海洋法公约》的通过，表明海洋环境资源的国际法体系初步形成。自通过《联合国海洋法公约》后，各国的海洋意识空前提高，海洋法律和海洋管理机构逐步完善，一些发达国家提出了“大海洋生态系统”、“海洋环境综合管理”和“预防海洋污染”等新的海洋环境保护管理原则和思想，建立了一些新的海洋环境保护制度。不少国家对海洋的开发、利用和保护已从自发状态转向自觉状态，在海洋管理和海洋环境保护法制建设方面取得了很大的进步和发展。在海洋环境保护立法和管理方面，有些工业发达国家在这个阶段已建立比较完整的海洋环境保护法体系和海洋环境保护管理体系。这一时期是国际、国内海洋环境保护立法和国际合作活动的繁荣时期。

这一时期的国际条约、公约主要有：

《联合国海洋法公约》（1982 年）；

《保护东南太平洋免受陆源污染议定书》（1983 年）；

《南太平洋无核区条约》（1985 年）；

《禁止在南太平洋长拖网捕鱼条约》（1989 年）；

《保护东北大西洋地区海岸和水域免受污染合作协议》（1990 年）；

《1992 年布加勒斯特黑海条约》（1992 年）。

这一时期，人们对海洋环境的保护和管理都有了实质性的改变，可以说这一时期是国际、国内海洋立法和国际合作活动的繁荣时期。例如，1958 年，联合国在日内瓦召开的第一次海洋会议上制订的《领海及毗连区公约》、《大陆架公约》、《公海公约》和《公海渔业及生物资源保护公约》四大公约中，只有两个公约直接提到了海洋环境保护问题。而《联合国海洋法公约》第十二部分用了一章的篇幅对海洋污染的种类、防止、减少和控制海洋污染的措施以及国际规则和国内立法、全球和区域合作、技术援助、环境监测和评价、国家责任和赔偿等进行了全面系统的规定。《联合国海洋法公约》产生后到 1992 年的联合国环境与发展大会召开之间的十年，新的国际公约不断产生，旧的国际公约纷纷被修改和完善，各沿海国家的国内立法异常活跃，全球和区域性海洋环境合作方兴未艾，国际海洋环境保护法进入一个崭新的发展阶段。

（4）第四阶段是从1992年联合国环境与发展会议至今，为可持续海洋环境保护法时期。

1987年，世界环境与发展委员会发表了著名的《布伦特兰报告》即《我们共同的未来》，该报告提出："可持续发展是既满足当代人需求而又不妨碍后代人满足其需求能力的发展。"经过一段时间的研究、筹划和推广，"可持续发展"逐渐被许多国际组织和国家采纳和实施。1992年6月，在巴西里约热内卢召开的联合国环境与发展会议，通过并签署了《里约热内卢环境与发展宣言》、《21世纪议程》、《生物多样性公约》等体现可持续发展新思想、贯彻可持续发展战略的文件，它们大都包含有保护海洋环境和可持续利用海洋资源的内容。会后，许多国家纷纷制定、贯彻海洋可持续发展的战略，将可持续发展纳入到海洋环境保护法和国际海洋环境保护条约之中，海洋事业和海洋环境保护法开始进入可持续发展的新阶段。

这个阶段重要的国际海洋环境协定有：

《联合国气候变化框架公约》（1992年）；

《生物多样性公约》（1992年）；

《1969年国际油污损害民事责任公约》的1992年议定书（1992年）；

《1971年设置油污损害赔偿国际基金的国际公约》的1992年议定书（1992年）；

《关于区域海洋环境规划的公约》（1993年）；

《1972年防止倾倒废物及其他物质污染海洋的公约》的1993年决议（1993年）；

《保护海洋环境免受陆上活动污染全球行动方案》（1995年）；

《保护海洋环境免受陆上活动污染华盛顿宣言》（1995年）；

《控制危险废物越境转移及其处置巴塞尔公约》修正案（1995 年）；

《跨界鱼类种群和高度洄游鱼类种群的养护与管理协定》（1995 年）；

《防止倾倒废物及其他物质污染海洋公约的 1996 年议定书》（1996 年）；

《海上运输有害和潜在危险物质造成的责任和赔偿国际公约》（1996 年）；

《美洲海龟保护和养护公约》（1996 年）；

《联合国气候变化框架公约的京都议定书》（1997 年）。

在国际海洋环境保护发展的过程中，1972 年斯德哥尔摩人类环境会议、1982 年联合国第三次海洋法大会、1992 年里约热内卢联合国环境和发展大会先后产生了重大影响，具有划时代的意义。这三次会议通过制定的《人类环境宣言》、《联合国海洋法公约》、《21 世纪议程》三个重要国际文件指导、规范和影响着国际海洋环境立法的进程和方向，是国际海洋环境法发展的三个重要的里程碑。其中，《人类环境宣言》和《21 世纪议程》虽不具有约束力，但他们作为举世公认的重要的国际“软法”，不仅与公约的有关规定相一致，更与公约的贯彻实施密切相关。

詹宁斯等认为“1982 年《联合国海洋法公约》第十二部分第一节的一般规定实际上是将斯德哥尔摩指的一般原则转变为有约束力的一般义务”，而《21 世纪议程》是一项面向 21 世纪的综合行动规划，涉及社会经济活动的所有部门，其中第十七章专门针对海洋，在《联合国海洋法公约》和联合国环境发展大会之间起桥梁作用。

4.5.2　联合国海洋法公约

《联合国海洋法公约》于 1994 年 11 月 16 日正式生效，标志着国际海洋新秩序开始建立。《联合国海洋法公约》已成为现代海洋法的主要渊源和权威文件，被誉为“一部真正的海洋宪法”。截止 1997 年 7 月，世界上 144 个沿海国中已有 120 多个国家批准了《联合国海洋法公约》。我国也已于1996年5月15日批准了该公约，公约的生效已经并正在带来重大的影响。

《联合国海洋法公约》第十二部分“海洋环境的保护和保全”，是控制海洋环境污染、保护海洋环境的国际立法的重要组成部分。它在历史上第一次规定了各国有保护和保全海洋环境的一般义务，涉及有关国际海洋环境保护的原则性规定，要求各国应采取一切必要措施防止、减少和控制任何来源的海洋环境污染。

4.5.2.1 关于海洋环境保护的一般规定

（1）各国保护海洋环境的权利、义务和责任。

（2）各国应该采取防止、减少和控制海洋环境污染的措施。各国应在适当情况下个别的或联合的采取一切符合《联合国海洋法公约》的必要措施，适用其所掌握的最切实可行的方法，尽力协调他们的政策，防止、减少或者控制人为来源地海洋环境污染。这些措施应该针对海洋环境的一切污染来源：防止从陆上来源、从大气层或通过大气层或由于倾倒而放出的有毒、有害或者有碍健康的物质，特别是持久不变的物质污染海洋环境的措施；防止来自船只的污染的措施，特别是为了防止意外事件和处理紧急情况．保证海上操作安全，防止故意和无意的排放，以及规定船只的设计、建造、装备、操作和人员配备的措施；防止来自用于勘探或开发海床底土的自然资源的设施和装置的污染的措施，特别是为了防止意外事件和处理紧急情况，保证海上操作安全，以及规定这些设施或装置的设计、建造、装备、操作和人员配备的措施；防止来自海洋环境内操作的其他设施和装置的污染的措施，特别是为了防止意外事件和处理紧急情况，保证海上操作安全，以及规定这些设施或装置的设计、建造、装备、操作和人员配备的措施；为保护和保全稀有或脆弱的生态系统，以及衰竭、受威胁或有灭绝危险的物种和其他形式的海洋生物的生存环境，而有必要采取的措施。

（3）各国有不将损害或危险转移或将一种污染转变为另一种污染的义

务。各国在采取措施防止、减少和控制海洋环境的污染时采取的行动不应直接或间接将损害或危险从一个区域转移到另一个区域，或将一种污染转变为另一种污染。

（4）各国在使用技术以及在引进外来的或新的物种的时候，有保护海洋环境的义务。各国应该采取一切必要的措施以防止、减少和控制由于在其管辖或控制下使用技术而造成的海洋环境污染，或由于故意或偶然在海洋环境某一特定部分引进外来的或新的物种致使海洋环境可能发生重大和有害的变化。

4.5.2.2 海洋环境保护国际合作的法律制度

（1）在拟定和制定有关国际性海洋环境保护法律和政策文件时（包括有关海洋规章的科学标准方面）进行国际合作。各国在为保护和保全海洋环境面拟订和制订符合《联合国海洋法公约》的国际规则、标准和建议的办法及程序时，应该在全球性的基础上或在区域性的基础上，直接或通过主管国际组织进行合作，同时考虑区域的符点。各国应参照有关情报和资料，直接或通过主管国际组织进行合作，订立适当的科学准则，以便拟订和制订防止、减少和控制海洋环境污染的规则、标准和建议的办法及程序。

（2）建立通知制度和应急计划制度，在发生海洋环境污染的情况时进行国际合作。当一国获知海洋环境有即将遭受污染损害的迫切危险或已经遭受污染损害的情况时，应立即通知其认为可能受这种损害影响的其他国家以及各主管国际组织，以便及时采取防治海洋环境污染的措施。接到关于海洋开始有即将遭受污染损害的迫切危险或已经遭受污染损害的情况时，受影响区域的各国，应按照其能力，与各主管国际组织尽可能进行国际合作，以消除污染的影响并防止或尽量减少损害。为此目的，各国应共同发展和促进各种海洋污染应急计划，在应付海洋污染事故方面进行国际合作，以有效应付海洋环境污染事故、减少损失。

（3）建立情报交换制度，在研究、研究方案及情报和资料的交换方面进行国际合作。必要的情报和信息资料是防治海洋污染的前提，科学技术手段是防止海洋污染的主要手段。各国应直接或通过主管国际组织进行合作，以促进研究、实施科学研究方案，鼓励交换所取得的关于海洋环境污染的情报和资料。各国应尽力积极参加区域性和全球性方案，以取得有关防治海洋污染、鉴定海洋污染的知识。

4.5.2.3 保护海洋的技术援助

（1）促进对发展中国家的科学技术援助。

首先要制订切实有效的援助方案，各国应直接或通过主管国际组织，促进对发展中国家的科学、教育、技术和其他方面援助的方案，以保护和保全海洋环境，并防止、减少和控制海洋污染。援助方案的内容包括：训练其科学技术人员；便利其参加有关的国际项目；向其提供必要的装备和便利；提高其制造这种装备的能力；就研究、监测、教育和其他方案提供意见并发展设施。其次是当发生海洋污染事故时，要对发展中国家提供适当的援助，以尽量减少可能对海洋环境造成严重污染的重大事故的影响，还要对发展中国家提供关于编制环境评价的适当援助。

（2）对发展中国家实行优惠待遇。

为了防止、减少和控制海洋环境污染或尽量减少其影响，各国际组织应在该组织负责的有关款项和技术援助的分配、该组织专门服务的利用等方面，对发展中国家以优惠待遇。

4.5.2.4 海洋环境监测和评价制度

（1）海洋环境评价制度。

各国应在符合其他国家权利的情形下，在实际可行范围内，尽力直接或通过主管国际组织，用公认科学方法观察、测算、估计和分析海洋环境污染的危险或影响；应特别注意不断地监视其所准许或从事的任何活动的影响，以便确定这些活动是否可能污染海洋环境。各国应发表海洋环境监测报告，或每隔相当期间向主管国际组织提出这种报告；各有关组织应将此类报告提供给所有国家。

（2）海洋环境监测制度。

各国如果有合理根据认为在其管辖或控制下的计划中的活动可能对海洋环境造成重大污染或重大和有害的变化，应在实际可行范围内就这种活动对海洋环境的可能影响做出评价，并依照《联合国海洋法公约》规定的方式报送这些评价结果的报告。

4.5.2.5 对国际和国内海洋环境立法的要求

（1）防治陆源污染。

（2）防治国家控制的海底活动污染。

（3）防治来自“区域”内活动的污染。

（4）防止倾倒污染。

（5）防治船舶污染。

（6）防治来自大气或者通过大气层的污染。

4.5.3 我国海洋环境保护法律

概括起来，我国现行海洋环境资源法体系，主要包括如下七个部分：

（1）由全国人民代表大会制定的《宪法》中有关海洋环境资源的法律规范。

（2）由全国人民代表大会常务委员会制定的有关海洋环境资源的法律。如《海洋环境保护法》(1982年，1999年修改)、《领海区及毗连区法》(1992年)、《渔业法》(1986年)、《野生动物保护法》(1988年)、《海上交通安全法》(1983年)、《中华人民共和国海关法》(2000年）等。

（3）由国务院制定的有关海洋环境资源行政法规。如《海洋石油勘探开发环境保护管理条例》(1983年)、《防止船舶污染海洋环境管理条例》(2009年)、《海洋倾废管理条例》(1985年)、《防治陆源污染物污染损害海洋环境管理条例》(1990年)、《防治海岸工程建设项目污染损害海洋环境管理条例》(1990年)、《防治海洋工程建设项目污染损害海洋环境管理条例》(2006 年)、《自然保护区条例》(1994 年) 等。

(4) 由国务院各部委制定的有关海洋环境资源行政规章和标准，如《海洋石油勘探开发环境保护管理条例实施办法》、《海洋倾废管理条例管理办法》(1990 年)、《海洋自然保护区管理办法》(1995 年)《海军防止军港水域污染管理规定》、《海上监督管理处罚规定》、《交通行政处罚程序规定》、《渔业行政处罚程序》、《拆解船舶监督管理规则》、《关于加强渔港水域环境保护的规定》、《渔船污染结构与设备规范》、《交通建设项目环境保护管理办法》、《关于船舶拆解监督管理的暂行办法》、《渔业环境监测技术规定》、《渔业资源增殖保护费征收使用办法》、《海水水质标准》、《渔业水质标准》、《海洋石油开发工业含油污水排放标准》、《船舶污染物排放标准》和《船舶工业污染物排放标准》等。

(5) 由沿海各省、自治区、直辖市人民代表大会及其常务委员会，省政府所在地的市、经国务院批准的较大的市和由全国人大常委会授权的市的人民代表大会及其常委会制定的有关海洋环境资源地方法规，如《江苏省海岸带管理条例》、《深圳经济特区海域污染防治条例》(2000 年 3 月 1 日施行)、《青岛市近岸海域环境保护规定》(1995 年 3 月 16 日青岛市第十一届人大常委会第十六次会议通过，山东省第八届人民代表大会常委会第十四次会议批准)、《广东省渔港管理条例》等。

(6) 由沿海地方人民政府发布的有关海洋环境资源地方规章，和具有普遍约束力的决定、命令。例如：《天津市海域环境保护管理办法》、《天津市防止拆船污染环境管理办法》、《河北省近岸海域环境保护暂行办法》、《青岛市近岸海域环境保护规定》、《大连市防止拆船污染环境的规定》、《威海市海洋环境保护暂行规定》、《厦门市海域环境管理办法》、《广州港务监督防止船舶垃圾污染管理办法》、《广州港船舶油作业布设围油栏管理规定》、《湛江港防止港口水域污染暂行办法》、《防止汕头港水域污染暂行规定》等。

(7) 我国参加的国际海洋环境资源条约，如《国际防止船舶污染公约》、《国际油污损害民事责任公约》、《国际捕鲸公约》、《大陆架公约》、《南极条约》、《国际防止倾倒废弃物及其他物质污染海洋公约》、《生物多样性公约》等。

1982年8月23日，第五届全国人民代表大会常务委员会第24次会议通过的《中华人民共和国海洋环境保护法》（1982年制定，1999年修订），既是一项专门性的环境保护单项法律，也是对我国海洋环境保护进行比较全面的法律调整的综合性海洋环境保护法律。该法的制定、修订和实施，带动了我国环境保护法律与国际环境法的协调与接轨，推动了我国海洋环境保护法律体系的发展和健全，对保护我国的海洋环境及资源、防止海洋污染损害、保护生态平衡、保障人体健康、促进海洋事业的发展，发挥了重要的作用。

4.5.4 海洋环境标准

海洋环境标准是针对海洋环境调查、海洋环境保护、海洋环境预报、海洋环境信息的需要而制定的，是属于海洋标准体系的一个子标准体系。

海洋环境标准的依据是《中华人民共和国标准化法》、《中华人民共和国标准化法实施条例》、《国家标准管理办法》、《行业标准管理办法》、《全国专业标准化技术委员会管理办法》、《全国专业标准化技术委员会章程》、《海洋标准化管理规定》和《全国海洋标准化技术委员会章程》。

4.5.4.1 海洋环境标准发展史

（1）新中国成立初（1949年）到20世纪60年代

在我国，20世纪五六十年代，是国民经济恢复和国家第一个至第三个五年建设计划时期。在这一时期中，国家注重恢复发展传统海洋产业，相应的海洋政策仅仅涉及盐业、渔业等少数几项海洋产业。海洋事业方面制定的法律大都是为了加强行政管理，对海洋环境的重视不够，由于科技水平比较落后，因此没有制定关于海洋环境标准的文件。

（2）20世纪60—70年代

这一阶段海洋环境标准制定的突出特点是针对工业污染源和海上石油污染。1973年是我国环境保护起步阶段，首先发布实施了《工业“三废”排放试行标准》，参考世界各国排放标准，结合我国实际情况，要求做到既能防止危害，又在技术上可行。该规定的内容包含了废水排放的若干规定等，主要体现了当时我国环境保护的主要目标是对工业污染源的控制，主要控制污染物是重金属、酚、氰等19项水污染物。该标准在我国环境保护初期，对控制工业污染源污染海洋间接产生了重要作用，可以说是第一个涉及海洋环境标准的文件。

海上石油运输事业迅速发展，油轮运输事故日益增多，海洋石油污染成为威胁我国海洋环境的突出问题，为了防止我国沿海水域污染，1974年1月国务院批准试行《中华人民共和国防止沿海水域污染暂行规定》，该规定对沿海水域的污染防治，特别是对船舶压舱水、洗舱水和生活废弃物的排放，做了详细的规定。该规定为以后设计专门的防止油类污染物污染海洋的标准做了一定的准备工作。

（3）20世纪80年代

这一阶段海洋环境标准的制定主要是针对船舶污染海洋及陆上综合污水。

进入80年代，海洋环境保护问题正式提到国家的议事日程，海洋环境保护的法制建设有了更加迅速的发展，1982年4月国务院环境保护领导小组颁布了《海水水质标准》，规定了海水水质分为三类及每类海水中有害物质最高容许浓度。这是我国的第一部海洋环境质量标准。

为配合《海洋环境保护法》中关于海洋环境标准规定的实施，1983年我国实施了《船舶污染物排放标准》，规定了船舶含油污水、船舶生活污水及船舶垃圾的最高容许排放浓度，1985年实施了《船舶工业污染物排放标准》和《海洋石油开发工业含油污水排放标准》。这些标准都是为了规范向海洋直接排放含油污水的行为，这些海洋环境标准的制定有助于更好的实施海洋环境标准，使《海洋环境保护法》中规定的标准真正有标准可以依据。

1984年5月，我国颁布了《中华人民共和国水污染防治法》，明确规定了水环境质量标准和污染物排放标准的制定（修订）、实施、管理监督，使水环境标准制度有了法律保障。因为陆地水质与海洋水质有密切的联系，水环境质量标准和污染物排放标准的规定对有海洋环境标准有重要的作用。

80年代，有机污染日趋严重，城市污水等生活污染问题愈加突出，主要工业部门的有机污染也不断增加，对海洋环境造成了巨大的压力。因此，我国在80年代制定了《综合污水排放标准》，并且对轻工、冶金等30多个主要行业制定了行业水污染物排放标准31项，从标准上体现进一步加强对主要工业污染源的水污染物的排放控制。这些行业水污染源排放标准的制定和实施对海洋环境标准也是重要的完善。

（4）20世纪90年代以后

这一阶段主要进行了有关海洋环境标准的修订和协调工作，同时制定了《海洋标准化管理办法》，海洋环境标准的制定更具规范性。

海洋环境标准的发展加快了步伐，有关部门结合标准的清理整顿工作，提出综合排放标准与行业排放标准不交叉执行的原则。结合新的标准体系和2000年环境目标的要求，对《污水综合排放标准》再次进行修订。新标准于1996年发布。新修订的主要内容是形成了综合污水排放标准和行业水污染物排放标准两类标准。与此同时，也对部分国家行业水污染物排放标准进行了修订，有些排放标准则予以废止。

随着《渔业水质标准》制定出台，《海水水质标准》也得到了修订，在原来3类水质标准的情况下改为4类，并且对海水水质标准有了更加细致的规定，增加了海水水质的分析方法，更具有操作性。

为了规范海洋标准化活动，提高海洋标准的科学性、协调性和适用性，制定了《海洋标准化管理办法》，明确规定对海洋环境保护的各项要求和检测、分析、检验方法应当制定海洋标准，并且对海洋标准的范围、立项、制修订、审批、复审等作出了明确的规定，使得有关海洋环境标准的一系列活动更加规范化。

4.5.4.2 环境标准的意义和作用

环境标准是有关控制污染、保护环境的各项标准的总称。它应当解决的主要问题包括：人类健康及其生命支持系统和社会财产不受损害的环境适宜条件是什么？为了保障社会持续发展，人类的生产、生活活动对环境的影响和干扰应控制的限制和数量界限是什么？

前者是环境质量标准的任务，后者是污染物排放标准的任务。由这两方面的含义出发环境标准可被定义为：为保护人类及其生命支持系统和社会财产，对环境中有害成分或有害因子的存在强度及其在排放源的发生强度所规定的阈值和与实现阈值或阈值测量有关的技术规范。

环境标准在环境管理中起着重要的作用。它在控制污染、保护环境中的作用主要表现：

（1）环境标准是制定环境规划、计划的主要依据。在制定环境规划时，需要有一个明确的目标，而环境目标就是根据环境质量要求提出来的。如同制定经济计划需要生产指标一样，制定保护环境的计划也需要一系列的环境指标，环境质量标准和按行业制定的与生产工艺、产品产量相联系的污染物排放标准正是起到这种作用的指标。有了环境质量标准和排放标准，国家和地方就可以较为容易地根据它们来制定控制污染、改善环境的规划、计划，也就便于将环境保护工作纳入国民经济和社会发展计划中。

（2）环境标准是环境执法的尺度。环境标准是环境保护的技术规范和法律规范有机结合的综合体，因此，它也是环境法律的组成部分。环境标准是用具体数字来体现环境质量和污染物排放应控制的界限、尺度。超越这些界限，污染了环境，即违背了环保法。环境法律的执法过程与实施环境标准是同一过程，如果没有各类标准，这些法律将难以具体执行。据统计，世界上制定环境标准的近百个国家中，半数以上国家的标准属于法律范畴。

（3）环境标准是科学管理环境的技术基础。环境的科学管理包括环境立法、政策制定、环境规划、环境监测和环境评价等方面。环境标准是环境立法、执法的尺度，是环境决策、环境规划所确定的环境质量目标的体现，是环境影响评价的依据；监测、监督环境质量和污染源排污是否符合要求的标尺。因此，环境标准是科学管理环境的技术基础，是评判环境质量优劣的依据，如果没有切合实际的环境标准，这些工作的效果就很难评定，也难以进行科学的环境管理。

4.5.4.3 制定海洋环境标准的原则和程序

中华人民共和国标准委员会和国家技术监督局对环境标准化工作实行统一领导，负责组织国家环境标准的制定、审批、发布，并根据科学技术的发展和环境建设的需要适时进行复审，以确认现行标准继续有效或予以修订、废止。

省、自治区、直辖市人民政府对国家环境质量标准和污染物排放标准中未作规定的项目，可以制定地方环境质量标准和污染物排放标准。对国家环境质量标准和排放标准中已作规定的项目，根据当地特殊条件和技术经济分析结果可以制定严于国家环境标准的地方标准。

1. 制定环境标准的原则

（1）制定环境标准要贯彻国家环境保护方针、政策和法规，要结合我国国情，做到环境效益、经济效益和社会效益相统一。

（2）标准的制定要建立在科学实验、调查研究的基础上，做到技术上可靠、经济上合理，以保证标准的科学性和严肃性。

（3）制定环境标准须做到与其他相关标准协调配套。

（4）鼓励积极采用国际环境标准。

2. 制定环境标准的程序

组成多学科标准编制组，制定工作计划。全国开展调查研究工作，这是编制工作的技术基础，有如下几个方面：

（1）环境基准研究。通过基础实验和对他人基准资料进行研究、综合分析，主要确定分级界限值，如制定我国“海水水质标准”时，就大量参考了“美国联邦水质基准”，并补充开展了大量基础实验工作。

（2）污染现状调查及评价。主要内容是调查、分析、研究历年的监测资料和各部门掌握的数据。确定环境介质中的主要污染物、背景值、污染现状水平和扩散稀释的特点和规律。目的是确定标准中污染物项目，掌握待定分级、分区标准的基础资料。

（3）监测方法研究。包括布点、频率、采样、分析测试、数据处理等的方法，这是必须与标准同时确定的。

（4）技术经济调查。初步掌握要达到各级标准的污染物削减量和与之对应的有哪些工艺、技术和综合防治手段，并考察其经济性。

（5）初拟分级标准。在全面调查和专题研究的基础上，进行综合分析，初步拟定分级标准值。

（6）可行性调查验证。可组织召开专家评审会，听取专家评审意见，向全国省、市、各部门、各有关科研、监测单位发出征求意见稿，不同地区的意见听取会、典型地区（水域）调查验证等几种形式。验证标准可行性是很重要的工作环节。国际标准在制定过程中要经过多数国家的验证认定后，才能投票表决。全国性的标准一般选择典型地区（水域）进行验证。验证工作量大，需要时间长。因环境质量标准起到管理环境的作用，一般来说要通过排放标准的实施才能实现；而排放标准的制定又受到质量标准的约束，两者互为检验。

（7）审批阶段。各典型地区（水域）经检验证明标准可行即可进入审批阶段。

（8）批准和发布。最终经主管部门批准和发布。

4.5.4.4 环境标准体系

人们根据环境标准的特点和要求，将颁布的或计划制定的各种环境标准进行全面规划，统一协调，按照它们的性质、功能和内在联系进行分级、分类，构成一个有机联系的统一体，称之为环境标准体系。

我国目前的环境标准体系，由两级五类构成：两级是国家环境标准和地方环境标准；五类是环境质量标准、污染警报标准、污染物排放标准、环境保护基础标准和环境保护方法标准。

（1）环境质量标准

环境质量标准是指在一定的时间和空间范围内，对环境质量的要求所作的规定。或者说，它是为了保护人体健康、生态平衡和社会物质财富，对环境中各种有毒有害物质或因素的允许强度作出的规定。环境质量标准可以主导、影响制约其他环境标准，为环境保护管理部门提供工作方向和依据。

环境质量标准分为国家环境质量标准和地方环境质量标准两级。前者是指国家对各类环境中的有毒有害物质或因素，在一定的条件下允许浓度所作的规定。如1997年我国经修订颁布的《海水水质标准》，其中根据不同情况和要求，将海水水质标准分为四类。同时，国家环境质量标准还包括中央各个部门对一些特定的地区，为了特定的目的要求而制定的标准，如《渔业水质标准》等。

我国地域辽阔，环境情况复杂，国家环境质量标准不可能包揽全部。对于那些没有规定的项目，地方可按照法定程序，结合当地的环境特点制定地方环境质量补充标准即地方环境质量标准。它是国家环境质量标准的补充和完善，是制定地方污染物排放标准的依据之一。

（2）污染物排放标准

为了实现环境质量标准，结合技术经济条件和环境特点，对污染源排入环境的污染物或有害因素的浓度实施控制的标准，或者说是对排入环境的污染物的允许排放量或排放浓度。它的制定对直接控制污染、保护和改善环境质量、防治环境污染具有重要作用。因为污染物排放标准是实现环境质量标准的重要保证，规定了污染物排放标准，有效控制污染物的排放，环境质量标准的实现才有可能；同时，污染物排放标准又是控制污染源的重要手段。它的制定和执行，使对污染源排污进行强制性控制，包括超标征收排污费等，有了依据能促使排污单位采取各种有效措施加强治理，使其污染物的排放达到国家规定的标准。

污染物排放标准也分为国家污染物排放标准和地方污染物排放标准两级。

为了实现国家环境质量标准的要求，以常见的污染物为主要控制对象而制定的标准，规定了污染源排放污染物的浓度和数量，适用于全国，这是国家污染物排放标准。如由国家环境保护局批准颁布的《中华人民共和国国家标准——污水综合排放标准》，该标准适用于排放污水和废水的一切企、事业单位。

除上述污水综合排放标准外，我国还制定了部分行业的污染物排放标准，如1983年颁布的10项工业污染物排放标准；通用专业污染物排放标准，如全国电镀专业污染物排放标准，全国噪声、震动、电磁波辐射等物理污染标准等。

地方污染物排放标准是指地方控制污染源排放污染物所制定的标准，它既要根据国家环境质量标准和污染物排放标准，又要符合地方环境质量标准，还要结合地方环境特点和技术经济条件的可能性。它是实现国家环境质量标准和防止地方产生新污染源的可靠保证，因而它对地方污染源排放污染物具有直接的法律约束力；同时，它补充和完善了国家污染物排放标准。

（3）污染警报标准

污染警报标准是指环境污染物造成环境状况恶化，其污染水平达到一定程度而报警的规定。这种污染物或指单一或指两种以上的，其数值和浓度达到某种危害水平的值，此限值就是污染警报标准，并有必要在污染区域内，及时向社会发出警报。根据环境恶化的不同程度，将环境警报标准分为警告、紧急和危险三种标准。它对于防止污染事故的发生，避免或减少损失，有针对性地治理污染都将起重要的作用。

（4）环境保护基础标准

环境保护基础标准是指在环境保护工作范围内，对有指导意义的有关名词术语、符号、指南、导则等所作出的规定。在环境标准体系中它处于指导地位，是制定其他环境标准的基础。如我国1983年颁布的《制定地方水污染物排放标准的技术原则与方法》就是环境保护基础标准。

（5）环境保护方法标准

环境保护方法标准是指在环境保护工作范围内，以试验、分析、抽样、统计等方法作为对象而制定的标准，包括分析方法、取样方法等。如国家海洋局1991年发布、1992年开始实施的《海洋监测规范》。有了统一的环境保护方法标准，才能提高环境监测数据的准确性，保证环境监测质量；否则，对于复杂多变的污染环境因素的存在，将难以或无法执行标准。

各种环境标准之间互相联系、互相依存、互相补充、共同构成一个统一的整体，具有配套性；同时，各个环境标准之间又互相衔接、互为条件、协调发展，又具有协调的特性。但是，这个体系不是一成不变的，它与社会发展的每个时期的科技和经济发展水平，以及环境污染对人类危害的状况相适应。同时随着人类社会的发展，尤其是科技的进步和经济的发展，以及环境保护的需要，这个环境标准体系也将不断变化、充实和发展。

4.5.4.5 各项环境标准间的关系

（1）五类环境标准的相互关系

五类环境标准的关系是互相联系、互相制约的。环境质量标准是环境质量的目标，是制定污染物排放标准的主要依据；污染物排放标准是实现环境质量标准的主要手段和措施；污染警报标准，实际上是污染物排放标准的另一种表达形式，它的制定依据是环境质量标准，并为环境质量目标服务；环境保护基础标准是制定环境质量标准、污染物排放标准、污染警报标准、环境保护方法标准的总体指导原则、程序和方法；环境保护方法标准是制定、执行环境质量标准、污染物排放标准、污染警报标准的重要技术根据和方法。

（2）两级环境标准的相互关系

国家制定的全国环境质量标准、污染物排放标准、污染警报标准、环境保护基础标准、环境保护方法标准，在全国各地或特定区域执行。当地方执行国家环境质量标准、国家污染物排放标准或污染警报标准不适于地方环境特点和要求时，省、自治区、直辖市人民政府有权组织制定地方环境质量标准、污染物排放标准、污染警报标准。此时，国家环境标准则成为制定地方环境标准的依据，是指导标准，而地方环境标准则是执行标准。国家环境标准的执法作用，通过地方环境标准对污染源的控制而实现。在制定地方环境质量标准时，对国家没有规定的项目，可制定补充标准；对已确定的项目一般不宜变动。当国家环境标准和地方环境标准并存的情况下，要执行地方环境标准；没有颁布地方环境标准的地区或地方环境标准没有规定的，仍然执行国家环境标准。这在我国《环境保护法》第十条中也有规定："凡是向已有地方污染物排放标准的区域排放污染物的，应当执行地方污染物排放标准。"

环境基础标准和环境方法标准则由国家统一颁布，适用于全国。前者如《环境标准管理导则》，后者如我国的《海洋监测规范》。

总之，国家环境标准是按全国一般情况制定的，而地方环境标准是紧密结合地方环境特点，以及科技、经济条件等制定的。两者是一般和特殊、共性和个性的关系，前者是后者的根据，后者是前者的补充和完善，是一完整的统一体。

思考题

1. 我国海洋环境管理管辖的区域范围有哪些？
2. 我国现有海洋环境管理的法律、法规有哪些？

3. 试述制定海洋环境标准的意义和作用。

4.6 海洋环境管理任务

海洋环境管理内容丰富、综合性很强。随时代的进展、研究的深入和新的环境问题的产生，海洋环境管理的任务也会不断增加。所以不同时期必然有不同的海洋环境管理基本任务。

目前海洋环境管理的主要任务是：陆源污染物管理、海洋倾废管理、海洋石油勘探开发防污染管理、海洋工程建设防污染损害管理、防止船舶污染管理、海洋自然保护区管理、海洋特别保护区管理等。

4.6.1 陆源污染物管理

陆源污染是指陆地产生的污染物（包括各种含有害成分的废液、废水、城市垃圾、工业废弃物等）通过不同的渠道（包括自然的，如江河、溪流等；人为的，如倾倒、堆放、污水管道等）进入并污染海洋的过程和结果。

4.6.1.1 陆源污染物对海洋环境的影响

海洋污染损害，绝大部分来自陆源。一般认为约有80%的海洋污染是陆源污染物造成的。在杰拉尔德.J. 曼贡所著的《美国海洋政策》一书中，将污染海洋的物质来源归纳为五个方面，其中首要的是陆源污染物，他在统计资料基础上，作了如下一段记述：人类生活和工业废物是海洋污染物质第一大的来源，“每天有成百万加仑的溶解有机质和无机质变为河床沉积物的组成部分，或者直接流进附近的海域。据统计，1975 年美国人每天用水 3 840 亿加仑（1 升 =0.22 加仑），其中 1 270 亿加仑用于灌溉，300 亿加仑用于公共设施，50 亿加仑用于城乡家庭生活，650 亿加仑用于工商业，还有 1 570 亿加仑用于发电。这些巨大的水流把各种粉尘、碎料、刨花、污垢、废油、粪便、黏液、浮沫、污物、破片、弃土、酸性物质、残渣以及人类文明的其他数不胜数的残余物从陆地上冲刷下来，或通过管道排放到海中"。这里只是记述美国的情况，放眼全球海域，从陆地进入海洋的污染物数量更为庞大。联合国权威机构的统计，仅倾倒的废弃物就达到每年几十亿吨以上。我国海域的情况，也反映出陆源污染物对海洋环境污染的控制作用，据报道，经河口流入黄海的污染物每年约达356 638吨，其中含有机物35.1万吨、汞2.4吨、铜259.9吨、铅140.7吨、锌81.2吨、镉10.9吨、油类2 109.1吨、有机氯农药6.3吨等。

大量的陆源污染物进入海洋，对海洋环境破坏是十分突出的，每年因陆源排放导致的海洋污染事件也最多。其危害的潜在隐患自不必论，仅急性与突发灾害就层出不穷，例如日本沿岸、近海在20世纪70年代每年的污染事件从数百到数千起。80年代以来，发达国家陆源污染突发事件，似有所遏制，但并未解决，仍不时发生。与此相反，更多发展中国家的邻接海域污染却呈增加的趋向。例如我国近海区域，由于沿海经济高速度发展，工业企业和人口流动性增加，需要向海洋倾倒、排放的垃圾和废弃物成倍上升，加之净化处理或防污染处理不够严格，有的甚至不经处理直接入海，使沿岸河口、海湾和近海遭受不同程度污染，突发性的污染灾害事件经常发生，其中损失严重的污染事件，每年都要发生许多起。

1990年，河北省丰南县黑沿子镇大量对虾死亡和青岛胶州湾大多数养殖场绝产事件；1991年，山东莱州湾、苏北沿岸海域和海州湾大面积水域鱼虾死亡事件；1992年，广东外伶仃岛附近海域贝类、鱼类中毒死亡事件等。这些灾害的造成，基本上都是沿岸工厂排污所致，像1990年4月丰南对虾死亡，系由丰南碱厂的碱渣和废水向海排放，使海水中铅的浓度超标6~7倍，使黑沿子镇九个对虾育苗孵化池的15 000余尾对虾全部死亡。总之，陆源污染对海洋环境影响极大，在近海起着控制性的作用，为改善海洋环境必须重点做好防止陆源污染的管理工作。

4.6.1.2 陆源污染管理

开展陆源污染管理的核心，是严格贯彻执行有关法律制度。我国1990年颁布、施行了《中华人民共和国防治陆源污染物污染损害海洋环境管理条例》。该条例的宗旨是“为加强对陆地污染源的监督管理，防治陆源污染物损害海洋环境”。从几年的实施情况来看，这部法规虽有不够完善之处，但若能够切实执行仍可以达到防止陆源污染物污染海洋的基本目标。

（1）陆源污染物排放管理

沿海工矿企业、城镇向海排放陆源污染物，必须遵守以下规定：

首先，要履行申报登记制度。按法规要求：“任何单位和个人向海洋排放陆源污染物，必须向其所在地环境保护行政主管部门申报登记拥有的污染物排放设施、处理设施和正常作业条件下排放污染物的种类、数量和浓度，提供防治陆源污染物污染损害海洋环境的资料，并将上述事项和资料抄送海洋行政主管部门。”主管部门在受理申报时，要对登记单位提供的资料进行核定，特别是处理设施的规格与性能，要测试验证经其处理的废液、废水能否达到国家和地方发布的污染物排放标准和有关规定。申报单位将申报全部资料抄送海洋行政主管部门也是一个重要问题。海洋行政主管部门负责海洋资源、海洋环境等的综合管理，掌握陆源污染物的排放情况，协助环境部门做好监督和采取必要的预防措施是完全必要的。从实践考察，此点由于被忽视，应在管理上引起注意。

第二，对污染物排放实行控制。向海洋排放的污染物，一般都不应该超过国家和地方制定的环境标准，如果限于设备技术和其他不可克服的原因，而超标排放的，需征收超标排污费，并负责环境损害的治理工作，维持海洋环境的良好状况。

第三，对污染敏感区和生态脆弱区实施特别政策，禁止向海洋自然保护区、海洋风景旅游区、盐场保护区、海水浴场、海水增养殖区、重要渔业水域、海洋科学试验区等保护海域排放污染物，不得在这些区域设置排污口，以保护这些区域的自然景观与生态环境。

第四，禁止法律允许范围之外的污染物排放。有关法律规定，禁止向海洋排放含高、中放射性物质的废水，伦敦海洋倾废会议提出禁止一切含放射性物质的倾倒或排放，我国已表态同意执行。此点将要对国内法提出修正。今后低放射性物质将不允许向海洋排放。另外，向海洋排放含油废水、含有害重金属废水、含病原体废水、含热废水、富含营养盐和有机质的工业与生活废水，以及其他工业废水等，都必须经过处理，并符合规定标准后才可以向海洋排放，处理过程产生的残渣不得弃入海洋。还有，在排放方式上，禁止使用不正当的稀释、渗透的办法排放有毒、有害废水等。

（2）在沿岸区堆放、弃置和处理固体废物的管理

在沿岸滩涂或其他海岸带区域堆放、弃置或处理固体废弃物，会经过风力、波浪、水流或降雨坡面流等力量搬运入海，或溶解于水中入海。为防止通过这种途径污染海洋，要禁止在岸滩区擅自堆放、弃置或处理固体废弃物。根据需要必须临时堆放和处理固弃物的，应履行审批手续，只有经行政主管部门审查批准后，才可临时堆放和处理。即使批准的，使用单位或个人，也要按要求建造防护堤主防渗漏、防扬尘等设施，保证在使用过程中废弃物入海的发生。被批准的废弃物堆放场和处理场，使用单位不得堆放、处理未经批准的其他种类废弃物，也不准露天堆放含剧毒、放射性、易溶解和易挥发的废弃物等。

4.6.1.3 陆源污染物管理中的问题

陆源污染物损害的最终对象是海洋环境与资源。我国《防治陆源污染物污染损害海洋环境管理条例》的主管部门是各级环境行政部门，因此便出现了三个问题：

一是陆源污染物排放虽然是经申报登记或申请审批的，也是按环境标准排入海洋或堆放、弃置滨海的，但是从法律的规定和实际工作的运行，均表现出对海洋环境纳污能力、海洋稀释扩散能力的忽视。

二是即使所排放的陆源物质，均符合立足于陆地环境制定的技术标准和规范，由于海洋的自然条件同陆地的差异，因此，大量陆源污染物的长期排放，损害海洋环境在多数情况下是难免的。

三是对排放单位收取排污费和超标排污费，并不能免除或减轻陆源污染物对海洋环境的危害。实践证明，陆源污染引起的环境灾害事件，很难简单地与某一排污单位直接挂钩，所以事故的法律处理将是极为困难的。此类问题的存在和解决，都同海洋行政管理部门在陆源污染管理中的作用发挥程度有关系。

如果海洋管理部门能够在以下工作上发挥作用，陆源污染的控制毫无疑问可以得到加强：

其一，排污口的选择，按照海洋行政主管部门制定、颁布的海洋功能区划，把陆源污染物入海点选定在“排污功能区”，使之既避开其他开发和保护区，又得到污染物进入海洋后的较快稀释扩散条件。

其二，陆源污染物排放，除了遵守环境标准外，还应遵守海洋主管部门制定的海域污染物容量和排海总量标准。制约陆源污染排放仅仅依靠一般环境标准是不够的，还要根据各海域具有的、客观的环境容量，在理论和现实上容量是更为重要的依据条件。现实发生的问题，也多是不按海域承纳污染物的容量而造成的。

其三，陆源污染动态管理需依赖海上的环境监测监视，只有通过排放影响海域环境要素的变化，才能发现陆源污染物排放应该加强监督管理的问题，这是仅仅依靠陆上或排污口检测无法达到的。在防止陆源污染物排放损害海洋环境的管理中，充分发挥海洋部门的作用是今后要继续理顺，并在法律和实际活动上调整、完善的工作。

4.6.2 海洋倾废管理

4.6.2.1 海洋倾废的概念和意义

海洋倾废有严格的定义，最为权威的释义莫过于1972年12月29日开放签字通过的《防止倾倒废物及其他物质污染海洋的公约》(现通常简称为《1972 伦敦公约》) 所给出的概念。该公约第三条对“倾倒”表述为:“‘倾倒’系指:①从船舶、航空器、平台和其他海上人工构造物上有意地在海上弃置废物或其他物质的任何行为;②有意地在海上弃置船舶、航空器、平台或其他海上人工构造物的任何行为。”简言之则为:利用运载工具将废弃物倾倒入海,包括类似手段的海上弃置。

倾废的概念有其时代的内容,在《1972 伦敦公约》之后的 20 多年间,海上倾倒的方法有着不少变化。由此公约的适用范围或包括的内容也有其相对需要的变更,比如现在发展很快的管道排污,在适用有关海底管道铺设规定时,就其倾废性质,也应该有倾废管理参与其中,才会产生更好的环境效益。

对海洋环境影响最大的原因,除陆源污染物排海之外,海上倾废也是一个比较重要的损害条件。世界沿海各国每年都有数量很大的废弃物倾入海洋。我国仅港口疏浚泥和部分生产废渣、粉煤灰等每年倾倒量就达 5 000 万立方米左右,这些物质虽然所含有害成分数量很低,属于《1972 伦敦公约》允许倾倒范围,但毕竟数量较大,对海洋环境质量总有一定的不利影响。何况属于《1972 伦敦公约》禁止倾倒对象,如该公约附件 I 所列的有机卤素化合物;汞及汞化合物;镉及镉化合物;持久性塑料及其他持久性材料;为倾倒而在船上装载的原油及其废物、石油炼制品、石油馏出物残渣及含有上述任何油类的混合物;放射性废物及其他放射性物质;为生物和化学战争制造的任何形态的物质等,在履行中尚有不能够遵守而私自倾倒,以及倾倒方式不科学、不合理等问题的经常发生等,多年来因海上倾倒废弃物破坏海洋环境和资源,并造成重大经济损失的事件,不仅没有减少,反而有增长的势头。海上倾废的形势,要求沿海国家切实施行《1972 伦敦公约》,加强对海洋倾废的管理。

但是,海洋的自然地理条件,相对地球其他地理单位是最为活跃的区域,海洋里有众多的流系川流不息,波浪无时无刻不在搅动着水体,还有巨大净化能力的、无可比拟的生物界。再者，海洋与人类虽然关系密切，可是与森林、平原、城市和乡村相比较总还有着差距。因此，利用海洋的空间，分担一部分人类生产、生活必定产生的“三废”，是合乎人类总体与长远利益的。那种绝对禁止向海洋倾倒适量的废弃物的做法，既是不合理的，也是行不通的。如何做到适量倾倒，却是个比较困难的问题，不过，以现在的科学技术，只要严格地进行倾废管理工作，还是能够解决的。

4.6.2.2 海上倾倒区的选划和审批

为减小倾倒对海洋环境与资源，尤其是生物资源的影响，其基本前提是科学、合理地选划倾倒区，没有相对合理的倾倒区，便不能达到把倾倒的损害降低到最小程度的结果。世界各地海域都有因倾倒区的选定不科学，而产生损害、损失的事例。

（1）选划标准：①科学标准。为使倾废区的选划合理，首先要科学地组织论证。根据废弃物的性质、物质成分、数量和在海水中的沉降、悬浮、溶解、变化的情况，以及可能对海域生态环境、生命资源和其他开发产生的影响等，经调查、资料分析和试验选划出适合于倾倒的区域。这一阶段的工作必须建立在科学的基础上，否则，倾废区的选划不可能成功。②安全标准。倾废区选划的安全标准，应包含两个方面：一是倾废区使用后，不会对其他开发利用活动，如航行、养殖等构成妨碍或破坏性的影响；二是对海区的环境、资源的危害最小。③经济标准。这项标准主要是指倾废单位倾倒中的经费支出相对较少。为此，一是要求倾倒的距离尽量短一些，由于倾倒是经常性的，如能使运输距离缩短，运费降低的节约也是可观的；二是倾废区使用时间尽量长一些，并便于倾倒作业。

在倾废区选划中，通常将科学、安全、经济和合理作为主导的原则标准，我们这里认为只有达到科学、安全和经济，所选定的倾废区才是合理的。它们之间虽然各有其衡量侧重，但本质上是统一的，是互为因果的。在实践中不能割裂运用。

（2）选划程序：按照我国海洋倾废管理制度，需要倾倒废弃物的单位，必须向国家海洋行政管理部门提出申请，由海洋行政管理部门组织倾废区的选划。其选划工作的程序虽然没有进行具体的明细规定，但实际工作已经形成了一套程序性的惯例做法，依次是：①提出倾废申请。由倾倒单位向国家海洋行政主管部门提出倾倒废弃物申请。申请报告中要陈述拟倾倒废弃的种类、成分、数量、持续时间、倾倒方式以及初步推荐可能倾倒的海区建议等。②初步审查和组织倾倒区选划。主管部门收到申请后，根据申请资料和法律法规的有关规定，初步审查是否允许申请之废弃物的倾倒。如在许可之列，则可组织选划工作。实施选划由具有较强技术、研究能力的监测或科研机构进行，通常情况应由管理部门考核认可的单位承担，以确保选划的合理、客观、准确。无论由谁来担负选划工作，均需按照倾废区选划指南进行。最后提出预选区域和全部选划资料报告。③技术审查和协调。对选划报告及选定区域，主管部门为了确认其正确性，要召集有关方面专家和代表进行论证和技术审查。在这一阶段的工作中，要求申请单位和执行选划的单位提供的资料要全面，除海区的环境要素、开发利用状况外，还要提供废弃物的特性、成分、总量、形态、毒性、理化及对生态环境的可能影响的对策等的分析与评估，为技术审查创造必要的基础。由于海洋倾废活动涉及到许多单位的海上利益，涉及到政府许多部门对海洋环境和资源的管理，以及一些海洋公益服务工作，若要取得各方面的支持，必须做好各方面的沟通和协调并取得认识的基本统一。协调也有利于有关方面了解倾废的区域和可能的影响，便于及早做好必要的准备，采取对策预防可能引发的危害。选划倾废区的协调是一件有难度的工作，从已批准的倾废区实例来看，要做到完全的一致是不可能的，但基本的一致还是能够做到的。协调中重要之点是吸收有关部门参与全过程的工作和可能的妥协。全过程就是协调要从选划到审批的全过程，都要尽力做好沟通协商；妥协就是在意见对立的情况下，原则上不硬性决定，而是在不失科学、安全、经济的前提下，经妥协达到意见的统一。事物的多样性决定协调方法应有灵活性。④审批。我国海洋倾废区的审批是严格的。《海洋倾废管理条例实施办法》第九条规定："一、二、三类倾倒区经商有关部门后，由国家海洋局报国务院批准，国家海洋局公布。试验倾倒区由海区主管部门商海区有关单位后，报国家海洋局审查确定，并报国务院备案。试验倾倒区经试验可行，上报有关部门后，再报国务院批准为正式倾倒区。临时倾倒区由海区主管部门审查批准，报国家海洋局备案。使用期满，立即封闭。"其中一、二、三类倾倒区是倾倒之废弃物的分类，凡属《倾废条例》附件一所列物质原则上禁止向海洋倾倒，只有在陆地处置会严重危害人类健康，向海洋倾倒是防止威胁的唯一办法时方可视为例外。这种例外的、倾倒原则禁止物质的倾废区，即为一类倾倒区；二类倾倒区是倾倒《倾废条例》附件二物质和附件一中属痕量沾污及能够迅速化害的物质；三类倾倒区是倾倒未列入《倾废条例》附件一、二的低毒、无害的物质及附件二、含量小于显著量的物质，亦即是三类废弃物。三类废弃物大体对应的三种类型的倾倒区的批准权限都属于国务院。只有试验倾倒区和临时倾倒区的批准权限在海洋行政管理部门。

4.6.2.3 海洋倾废的监督管理

(1) 管理权限

《海洋倾废管理条例》第四条规定："海洋倾废的主管部门是中华人民共和国国家海洋局及其派出机构。"在《条例》发布的20世纪80年代中期，监督管理部门是国家海洋局和所属之北海分局、东海分局、南海分局。这种监督管理体制，是同当时国家海洋行政管理体制一致的。

90年代后，随着地方海洋管理机构的建立和发展，沿海省、自治区、直辖市逐步具备了管理海洋倾废的条件，所以在《海洋倾废管理条例实施办法》中规定通过授权方式，使沿海地方具有海洋倾废管理职能，明确"沿海省、自治区、直辖市海洋管理机构是主管部门授权实施本办法的地方管理机构"。至此海洋倾废管理形成了国家与地方相结合的体制。

（2）审查批准和签发许可证

倾倒区的选划和批准使用，只是解决倾倒的一个条件，在实施倾倒时，还必须办理倾倒许可证。实行倾倒许可证制度是加强倾废管理的一个十分重要的工作，是倾废管理的一项基本内容。

①许可证申请

由废弃物所有者和疏浚工程单位向主管部门提出倾倒许可证申请，或者由“废弃物所有者或疏浚工程单位与实施倾倒作业单位有合同约定，依合同规定实施倾倒作业单位也可向管理部门申请办理倾倒许可证”。两种申办方式都是符合规定的。申办许可证时，应填报由国家海洋行政管理部门统一制订的“倾倒废弃物申请书”，并附具废弃物特性和成分检验单。申请书由申请单位填写，检验单由检验单位填写。在实际办理中，一般是倾倒单位向主管部门提出报告，主管部门根据其要求，发给申请单位“海洋倾倒废弃物申请书”和“废弃物特性和成分检验单”，而后申请者如实填写报送。

②受理和许可证签发

主管部门受理倾倒废弃物申请，需向申请单位了解废弃物的成分、倾倒数量、倾倒时间和方式方法，以及倾倒后的可能影响的环境评价。视必要亦可进行某些验证工作。但这些工作，必须在收到申请之后的两个月之内办理完毕，签发倾倒许可证。许可证分为：普通许可证、特别许可证和紧急许可证。其中特别许可证、普通许可证由海区主管部门签发，紧急许可证由国家海洋局签发。普通许可证有效期为一年，继续使用可到发证单位换发；特别许可证，有效期不超过半年；紧急许可证，为一次性使用。

（3）监督管理

倾废区的选划、许可证制度的实施固然都是倾废管理的基本内容，但防止海上倾倒活动造成危害，维持海洋生态环境的良好状况，主要还在于加强海上倾倒的经常性管理。从1993年《1972伦敦公约》第16次协商会议关于修正公约附件的三次决议来看，海洋倾倒活动的约束是越来越趋向严厉。20 世纪 70 年代可以在海上倾倒的废弃物，现在已开始禁止，特别是逐步要求停止工业废弃物的海上处置、禁止工业废弃物和污泥的海上焚烧和暂停所有放射性废物及其他放射性物质的海上倾倒等。这些变化必将对海洋倾废管理提出许多新的问题，这是需要认真研究的。

①实施倾倒核查

为了保证倾废单位所倾倒的废弃物能够切实按批准的内容执行，海洋倾废实施办法中，特别规定了主管部门进行核查的措施。措施要求“进行倾倒作业的船舶、飞机和其他运载工具在装载废弃物时，应通知发证主管部门核实”。核实的主要项目包括审批手续是否完备、装载的废弃物是否与倾倒许可证的记载相一致，废弃物运载方法是否符合许可证的要求等。如发现内容不符或不按规定等问题时，应责令停止装运，并根据情节进行处理。另外，进行倾倒作业的船舶、飞机或其他运载工具，都应按规定把倾倒作业情况如实填在记录表和航行日志上，并在返港后 15 天内将倾倒记录表报给主管部门。此项要求是倾废管理一项重要措施，主管部门应通过检查、核查了解作业者的执行情况。

②开展巡航监视

采用船舶、飞机、岸边观测或跟随作业船、机等监督倾倒情况，是海洋倾废管理的基本手段和方法。从我国海上倾倒情况来看，经常会发生倾废不到位，不按规定倾倒方式进行作业或在不利海况下倾倒等问题，由此往往造成损害事件。为了避免或减少此类现象的发生，主管部门必须加强现场的巡航监视，及时发现、处理违法违规倾倒活动。

③组织倾废区环境监测

虽然倾倒区是经过现场调查、科学论证和环境影响评价之后选划的，但是，预测的结果不一定就是事实的结果，由于认识的局限性而发生倾废区选划不当的事例亦不少见。为掌握倾废区使用后的变化情况，必须做好周围邻近海域的环境监测工作，特别是水质、生态系、海底地貌等要素的变化。通过长期监测和资料的分析，了解倾废对周围环境的影响。如发现异常尽早采取措施，防止重大灾害的发生。如果异常是显著的，有可能造成严重危害，亦应采取减少倾倒或暂停倾倒，甚至关闭倾废区，都是主管部门可选择的应变行动。监测是海洋倾废动态管理的必须手段。目前，倾倒区的经常的环境监测，尚未受到高度重视，还是倾废管理中的薄弱环节，应该予以加强。第一步应把重点倾废区的有效监测开展起来，然后，根据条件对全部倾废区，建立监测网络，实行制度化、标准化的监测活动。

④对境外有关倾废活动的管理

我国海洋倾废管理制度，对外国或境外倾废活动涉及或影响我管辖海域环境的有明确规定，其要点有四：一是外国的废弃物不得运至我国管辖海域倾倒；二是外国的船舶、航空器、平台或其他人工构造物等，不得在我国管辖海域内弃置；三是在我国管辖海域外倾废而影响我国海域环境，或造成污染损害的，可令其限期治理恢复，并承担治理和损失的赔偿费用；四是境外船舶或其他运载工具，为倾倒而运送废弃物途经我国管辖海域，应在进入我国管辖海域前的 7 天，通报我国主管部门，及时报告进入海域时间、航线和废弃物名称、数量、成分等资料。这些制度都是维护我国海域安全和环境状况所必需的。

（4）倾废收费制度

海洋环境是一类综合性的“资源”，使用这种资源，尤其是损害性的使用，应该收取一定的补偿费用。收费可以达到以下目的：首先，体现对“资源”的一种所有的关系；其次，向海洋倾倒废弃物，不论经过多么充分的论证，其对海洋的影响和损害是不可避免的，因此，收取一定量的费用用于海洋环境的维护工作是完全需要的；再者，实行收费对控制海上倾倒能够起到一定的制约作用等。

正是为了上述目的，经过各方面反复调研和协商，1992 年 8 月，国家物价局和财政部根据海洋环保法律法规和我国海洋倾废的实际情况，在听取各方面意见基础上，下达了《关于征收海洋废弃物倾倒和海洋石油勘探开发超标排污费的通知》(简称《通知》),规定“凡在中华人民共和国内海、领海、大陆架和其他一切管辖海域倾倒各类废弃物的企业、事业单位和其经济实体,应向所在海区的海洋主管部门提出申请,办理海洋倾倒许可证,并缴纳废弃物倾倒费”。《通知》还规定了不同海区、不同废弃物的收费标准和缴费办法。

废弃物倾倒费由海洋行政管理部门负责征取,并纳入国家财政实行统一管理。这笔经费的使用范围,主要开支在对倾废区经常性的监测、监视;海上倾废区的现场管理;选划和使用中的倾废区环境影响评价和发生污染的治理等工作上。尽管经费的数额比较小,但是涉及到海洋环境管理的政策、队伍建设等问题,所以,收好、管好、用好废弃物倾倒费也是各级海洋管理部门的一项重要任务。

4.6.3 海洋石油勘探开发防污染管理

进入海洋里的石油,对海洋的危害是很大的。有专家分析,1 升石油完全氧化需消耗 40 万升海水中的溶解氧。缺氧的水体生物是不能生活的。一次大的溢油事故进入海中的石油少则数百吨,多则数千吨以上,例如,1970 年美国密西西比河三角洲外海,油井发生井喷并引起火灾,在大火扑灭后,每天油井仍喷 140 吨原油;路易斯安那州浅海莱克·巴里油田每天排入海里的含 5 ~ 35 毫克/升油废水约达 1 300 多吨;1993 年 4 月,我国华北油田采油一厂作业时发生井喷,造成大面积海域污染,致使河北唐海县附近海区约 37.3 公顷虾池受害。海洋石油勘探开发溢油是海洋油污染的主要来源之一,对海洋环境破坏很大,所以,加强海洋油气勘探开发防污染管理是海洋环境管理的基本任务之一。

4.6.3.1 海洋石油勘探开发防污染管理的指导思想

海洋石油勘探开发防污染管理的指导思想,是由海洋石油工业本身的特点决定的。这些特点构成了对海洋环境的影响方式、程度和规模,也构成了防止其不利因素发生所需要的主导思想。

其一，海洋石油勘探与开发对环境的危害，特别是溢油（如井喷、输油管和储油仓破裂等），不同于陆源排污和海上倾废，它不是有意识的事故行为，而是偶然发生的或不可预计的，当然这里也不可以排除部分有意识的行为或被迫采取的不得已行为。陆源排污和海上倾废是有计划、有安排地将废物废水引入海洋。这是它们之间的根本区别。

其二，基于第一方面的特点，形成了第二个特点，为防止溢油污染海洋，必须建立预防发生和应急对策的管理思想。因勘探开发中的溢油事故并不是或主要不是有意识的施行，具有偶发性，并可能出现在开发作业的全过程之中。所以，预防工作要概括一切易于发生溢油的工作环节和系统的有关部位，制定并安排好应急计划，做到有备无患或有患能治。

其三，不论何种具体原因溢入海洋的石油，都要采取积极的措施进行回收，尽量减少流散在海洋里的数量。非机械回收的办法，如使用消油剂等，只能在技术上实在做不到回收时才可以节制使用。这些思想或原则均是在海洋石油勘探开发防污染管理中予以贯彻的。只有切实贯彻这些思想、原则，才能做好防止海洋石油勘探开发过程中污染损害海洋环境的管理工作。

4.6.3.2 海洋石油勘探中的管理

在勘探阶段有两类活动易于造成对海洋环境的威胁，应予以规范、管理。

（1）人工地震勘探管理

石油普查勘探使用人工地震法找油是比较常用的方法。以炸药、压缩气体、电火花等为震源的地震勘探对鱼类影响较大，爆炸的巨大冲击波和声响，可以致鱼虾死亡。据水产部门试验，在水中、海底浅层和海底深层进行爆炸作业，以水中爆炸对渔业资源破坏最大，浅层次之，深层较轻。相同的炸药量，水中爆炸比海底深层爆炸的损害程度要大36倍。1千克炸药在水深1.5米处爆炸，梭鱼在8米半径内死亡约50%左右，毛虾死亡且高达88%～94.2%。因此，在《海洋石油勘探开发环境保护条例》中，对使用人工地震进行海洋石油勘探作了专门规定："海洋石油勘探开发需要在重要渔业水域进行炸药爆破或其他对渔业资源有损害的作业时，应采取有效措施，避开主要经济鱼虾类的产卵、繁殖和捕捞季节，作业前报告主管部门，作业时应有明显的标志、信号。主管部门接到报告后，应及时将作业地点、时间等通告有关单位。"石油工业和渔业都是海洋经济的重要行业，都要发展。管理的责任就是协调两者的矛盾，将人工地震测量作业对生物资源的危害减少到最小程度。在技术上，目前还做不到避免爆炸冲击的情况下，通过石油勘探时间上的调整，避开鱼类产卵期、繁殖期。

（2）控制钻井泥浆的使用

泥浆在钻井中用以冷却滑润钻头、悬浮携带岩屑、清洗井底保护井壁、防止井喷等是必须应用的。泥浆种类很多，常用的有水基泥浆、油基泥浆、乳化泥浆等。钻井使用泥浆较多，每钻一口井要 1 000 多吨。泥浆是钻井作业中处理数量很大的一种废弃物。由于各种泥浆及钻井产生的岩屑可能含有有害物质，如油基泥浆等，排入海中必然造成污染，因此，泥浆的排放是必须关注的防污染工作。相关制度规定"使用水基泥浆时，应尽可能避免或减少向水基泥浆中加入油类，如必须加入油类时，应在防污记录簿上记录油的种类、数量；含油水基泥将排放前，应通知海区主管部门，并提交含油水基泥浆样品；含油量超过 10%（JEI）的水基泥浆，禁止向海中排放。含油低于 10%（JEI）的水基泥浆，回收确有困难，经海区主管部门批准，可以向海中排放，但应交纳排污费。含油水基泥浆排放前不得加入消油剂进行处理"。在《海洋石油勘探开发管理条例实施办法》中，对钻井作业防止泥浆污染海洋的各个环节，都有详细规定。

4.6.3.3 海洋石油开发中的防污染管理

在海洋石油开发生产中应着重抓好的防污染工作主要有六个方面：

（1）海洋环境影响评价

油田投入开发之前，进行环境影响评价是国际通例，我国《海洋石油勘探开发环境保护管理条例》第四条规定，"企业和作业者在编制油

（气）田总体开发方案的同时，必须编制海洋环境影响报告书”，对油田投产后，开发对周围自然环境、资源和其他开发活动可能会产生什么样的影响，并对可能发生的有害影响制定出防止的保护措施及其预定方案。环境影响评价应由具备环评能力、持有环境评价证书的单位承担，并由主管部门组织审查、批准后，才能作为开工的必备条件。

（2）审查溢油应急计划

石油开发中溢油事故发生的可能性和危害性都是较大的，因此，必须预作安排，制定出溢油应急计划，一旦事故发生才能够按计划进行处理。溢油应急计划由石油作业者负责制定，报所在地区的海洋主管部门审查。溢油应急计划的审查通过也是油田投产的必须条件之一。根据我国情况，溢油应急计划的管理还有一些薄弱之处，主要出现在溢油发生后的回收工作上，至今仍未建立一支应急的装备技术力量，这是今后要尽快解决的一个问题。

（3）平台含油污水排放和生活废物处理

平台含油污水排放，必须符合《船舶污染物排放标准》、《海洋石油开发工业含油污水排放标准》，不允许不经处理直接超标排放，也不允许通过稀释降低含油量或加入消油剂后排放。

平台生产中或生活中，所产生的一切废弃物，包括含油垃圾、各种残渣、废料、岩屑、塑料制品等，均禁止弃入海中，要求储存在专门容器里，运回陆地处理；平台也禁止焚烧纸制品、棉麻织物、木质包装材料和有毒化学制品等。平台作业中产生的垃圾、废物的种类、数量都比较多，应分类管理，以免污染海洋。

（4）事故处理

油田开发中，开采、输储等环节总会因故发生溢、漏油事故。按规定要求，出现溢油事故时，作业者一方面要迅速查明原因，采取积极措施切断溢、漏油源，并组织力量回收漂油；另一方面及时向所在海区主管部门报告，将事故时间、位置、原因、溢油情况、数量、已采取的紧急措施和当时的海况等资料一并上报。海区主管部门接报告后，视情况派出监察力量赴现场调查和实施监视、监测，对无力回收的漂油可能的漂移路径进行预测，通报海区有关部门提早防范，尽量减少其他开发利用业的损失。同时，作业者要如实地把事故有关资料记载在“防污记录簿”上，并填写“海洋石油污染事故情况报告表”送达主管部门，作为事故处理的依据。

（5）超标排污费征收

对石油平台不按国家规定标准而超标准排污者，主管部门可征收超标排污费。征收标准按国家物价局和财政部1992年颁发的《关于征收海洋废弃物倾倒和海洋石油勘探开发超标排污费的通知》执行。征收超标排污费的根本目的在于促进油田开发作业者重视海洋环境的保护，自觉地加强管理，严格按法律规定和标准排放。再者，收取超标排污费，也可以改善国家治理海洋环境的条件，归根结底仍然是维护海洋环境。

（6）登临检查和巡航监视

为监督平台实施法律制度的情况，主管部门应组织公务人员不定期登临平台开展现场检查。检查工作要依法进行，了解防污设备、设施和器材是否齐全、运行是否正常；防污记录和操作记录情况，如有污染事故发生，可向有关人员调查事故的过程，必要时应采集样品，以备分析研究等。现场检查是平台防污染管理的一项不可忽视的工作，适时登检有利于平台防污染的常抓不懈。平台周围海域的环境监测、监视是主管部门掌握开发对环境影响信息的基本手段，经常组织监视、监测才能掌握确切的实况资料，评价海区的环境，如发现异常变化则可及时采取防治措施。

4.6.4 海洋工程建设防污染损害管理

海岸和海上开发利用工程活动，是改变、损害海洋环境的主要因素之一。因此，在海洋环境保护和管理中，受到突出重视。在《联合国海洋法公约》关于“海洋环境保护和保全”中，根据海洋环境污染损害的基本来源，相应制定了5项对策性规定，其中第3条第4款即是对海洋工程开发建设的专门要求。对“来自在海洋环境内操作的其他设施和装置的污染，特别是为了防止意外事件和处理紧急情况，保证海上操作安全，以及规定这些设施或装置的设计、建造、装备、操作和人员配备的措施”。该款制约之对象主要是海岸和海上工程开发建设可能引起的不利环境影响。在海洋资源和空间利用快速发展的条件下，海洋工程建设的环境危害越来越受关注。如为1992年联合国环境与发展大会所准备的“保护大洋和各种海洋，包括封闭和半封闭海以及沿海区域，并保护、合理利用和开发其生物资源”的专门章节的专家讨论中，对海洋工程活动的环境作用，予以特别的关心。他们认为：“除污染外，许多发展、经济活动也对海洋资源、环境造成直接和间接的有害影响。例如，工业和住房发展（包括旅游和娱乐建筑，通过填埋湿地、渠化交通和修建水坝及其他沿海基础设施）可破坏自然生境（排干红树属植物区和类似区域），不考虑持续性的农业、林业和建筑的做法，可加剧沿海区域的沉积程度，从而对珊瑚礁和贝类等许多生物群体产生不利影响。把红树属植物生长地、森林和其他低地转用为水产养殖，不仅破坏天然生产系统统，而且也会导致非本地种的引入。”虽然他们的意见是立足于海岸带区域工程建设所出现的不利后果，但亦可见危害及影响之严重。从另一意义上，也提出防止海洋工程建设对海洋环境影响的任务。

4.6.4.1 海洋工程建设含义和防污染损害管理目的

（1）海洋工程建设在狭义上指一切在海洋地理区域（含海岸带和海上）进行的基本建设、技术改造和开发利用工程建设活动。若广义理解，则可认为除在海洋区域进行的新建、扩建、改造的基本建设和区域开发利用与保护工程项目外，还可包括需通过海洋才能完成其全部功能的邻接海岸带的陆地区域的建设或开发项目。按目前的实际进展和已达到的开发能力，海洋工程建设项目主要有：沿岸和离岸港口、修造船厂；滨海发电厂、油库、各类仓储设施；滨海矿山、钢铁厂、化工厂、造纸厂、加工厂和其他工厂企业；水利工程、航道工程、河口工程、围海造地工程；海水养殖基地、渔业工程（如人工鱼礁等）；防灾工程、桥梁隧道工程、护岸设施、生物工程；城镇基本建设工程和三废处理工程以及其他改变、影响海岸和海洋的开发利用的海洋工程建设或活动等。海洋工程建设项目的种类、规模、数量等，随社会需要和能力的提高而不断增多、扩大、丰富。近期是一个快速发展的时期。

海洋工程对海洋环境的作用、影响是多方面的，概括起来主要有两个：①改变海洋的自然条件系统。不论开发利用海洋资源和空间的项目是位于海上，还是位于海岸区域，它们都必然直接地改变海底的地形地貌、景观形态、动力状况及过程、局部生态系统等。这种改变，除保护环境和减灾目的工程项目外，绝大部分对海洋环境的平衡是一种冲击和破坏，例如防波堤工程，其修筑虽然可阻挡波浪，保持港区海况平稳，但也改变了附近的动力条件，出现新的冲刷、沉积区，这类新的冲淤动态，对不同功能的海岸段其利弊结果也是不同的，可能有利，也可能有害。不论客观上的利害如何，对原有的自然过程都必须进行适应性调整。至于河口筑坝和滩涂围垦等工程，其发生的影响更为显著。世界各地沿海都有发生过失败的例子，总结其教训：一是破坏海岸和邻近浅水区生态系，尤其是沼泽湿地和生物海岸的围垦，使得海岸的海洋生态系统瓦解、复杂曲折岸线变得平直单调，降低陆地社会生产与生活同海洋直接接触的几率。河口筑坝，堵死溯河洄游鱼虾的通道，致使河口生态系破坏；二是筑坝、围垦改变区域海洋动力、沉积、地形、海水物理、化学等生态环境状况，甚至使区域地理单元完全改观；三是次生灾害增加等。②污染海洋环境，海洋工程建设和投入使用，可能造成的污染有两类：一是建设施工中的污染，比如在港口建设中，一般要疏浚港池淤泥和挖掘航道，所产生的疏浚泥的倾倒，就可能污染海洋环境；二是工程投入运行后废弃物污染，不论工矿企业，还是生活设施，投入使用都会有废弃物，包括废液、废水或固体垃圾等进入海洋，污染环境。有的工程不仅有废弃物污染，而且还可能造成其他污染的发生，例如滨海发电站，大量冷却水入海会形成热污染等。海洋工程建设对近海区域的海洋环境变化具有显著影响，必须加以控制、管理。

为了在推进海洋资源、环境开发利用的同时，维护海洋生态环境的平衡，减少工程建设项目对海洋环境的有害影响，国家运用政府的行政力量对海洋工程建设进行指导、节制、统筹协调和监督是完全需要的，这一系列的政府职能行为即是海洋工程建设防污染及损害管理。

（2）海洋工程建设防污染损害管理的目的：①合理科学利用海洋环境条件。海洋工程建设同海洋的关系，大体有三种：一是利用海洋的空间布局安排生产和生活建设项目，减少陆地的压力；二是利用海洋资源条件开展的开发工程，比如港口、养殖、围垦等建设项目；三是通过海洋环境条件，为工程建设提供必须或必要的功能要求，以及为建设项目使用后提供便利条件。三个方面，不论是其中哪一种都涉及适度利用海洋自然环境问题。适度或科学合理的标准，不是工程建设需要海洋助其实现什么，而是海洋对工程所利用的方面可允许到什么程度。只有在最大可利用限度之内的利用，才是科学合理或是适度的；②尽量不改变或最小地改变区域海洋的自然度。此种项目对于海洋工程可能属较为困难的目标要求。因为有些工程开发项目主要是经改变海岸或海洋某一部分的形态或状态实现的，比如海洋围垦、码头建设、海水养殖工程等，不改变海岸的地形地貌等条件，工程就无法开展。这一目的不能机械地认识和实践，其精神在于：一切海洋工程应该把最小地改变自然度为目标，如能不改变达到，就不要去改变；③不伤害或最小伤害海洋生态环境。完全不伤害海洋生态环境的海洋工程建设项目，可以说是没有的。有些工程，如沿岸和浅海生态建设工程（营造红树林、恢复珊瑚群体）、海洋公园和自然保护区建设等，虽然对环境有些影响，基本上可以认为是无害的工程项目。其他大多数工程都有不同程度的生态环境破坏，针对这一情况，对于管理上的目标，就是要使其伤害程度降到最小的程度。通过调查研究、改进工程设计、最佳布局、利用新技术成果等措施，再经反复比较论证，选择既能满足工程根本目的，又能保护生态环境的最好方案。总之，海洋工程建设防污染管理的目的是综合效益。

4.6.4.2 海洋工程建设防污染管理原则

在海洋环境管理的共用原则指导下，海洋工程建设防污染管理还有其特殊的必须遵行的具体原则，贯彻这些更具针对性的原则，是搞好该领域管理工作的基本保证。

（1）功能原则

统一的海洋，由于各个区域的自然地理及其资源、环境条件的差异，而具有各不相同的功能价值和使用方向。不论在海岸区域，还是在海洋之上进行工程建设项目，都应该根据具体海区的功能区划所确定的开发利用范围组织实施，只有如此才能够使工程活动最好的适应海洋自然环境特征，减少或避免因建设项目带来的不利影响。目前我国小比例尺的海洋功能区划工作已经完成，为保证海洋开发工程的秩序、效果，防止海洋因工程建设而酿成的灾害，必须采取措施做好功能区划在海洋工程建设中的贯彻，保证海洋工程的实施能够符合海域的客观功能要求。

（2）协调原则

因海洋的任何区域对社会的作用都是多方面的，其资源具有高度复合与共生性。这一特点，一方面为不同利用目的的海洋工程建设提供了选择的机会，但也注定不同部门、单位和建设项目在区域选择上的矛盾和问题，尤其是毗邻大中城市和经济发达地区的海域，矛盾和问题表现更为突出。在这些地带布局海洋工程，将会遇到大量需协调解决的问题。为此，协调原则在海洋工程建设中的贯彻，主要放在建设项目之间环境制约关系上。各类海洋工程，因其性质、规模等因素，彼此间及与海洋间的关系表现不同，有的项目不仅影响环境，而且对环境（包括海洋环境和其他环境）条件有适应性要求，如海水增养殖工程，一方面除要求较好的海水水质和适宜的地形地貌等条件外，另一方面增养殖活动，对海洋也是一种排他使用和污染的因素；有的工程项目，就其主流衡量，虽然在建设选址上有特定地理条件的要求，但建成投入使用后，其主要影响是加快海洋环境和其他海洋工程开发，如化工、造纸企业等。这样的一些客观要求，必须造成海洋工程建设之间和与环境之间的复杂关系和矛盾，需要通过管理的协调工作，处理好它们的关系。

（3）预测原则

按照我国基本建设管理规定，工程建设项目正式列入投资计划之前，必须进行项目的可行性论证，以使基建工程项目“建立在科学、可靠的基础上”。论证工作除对“矿产资源、工程地质、水文地质、工艺技术、原材料燃料供应、产品销售、外部协作条件、投资得失”等基本情况搞清楚之外，还必须对工程建设的环境影响作出评价，预测可能产生的环境后果，然后决策工程建设项目的可行与否。在这一过程中，环境管理部门拥有对工程可行性的“一票否决权”。通常，工程项目的环境评价，按其阶段分为三种类型，即回顾评价、现状评价和未来评价。在建设项目可行性论证阶段所进行的评价工作系为未来评价，亦称环境影响评价或环境预测评价。它是根据工程建设项目的性质、规模、所产生的废弃物种类、数量、排放方式、海区环境条件、资源条件等，对工程项目建设和投入使用后，可能发生的海洋环境影响及其影响后果等，作出科学论断。所谓预测原则，就是指海洋工程的防污染管理必须建立在环境影响评价而得到的预测结论基础上，没有科学、合理的预测，海洋工程建设项目是不能实施的。如果硬性施工建设，必将付出环境与资源的投失代价。

（4）法律原则

因海洋工程项目数量大、分布广，不仅仅集中在沿海地区，而且还散布在海洋之中。另外，有些工程虽非海洋工程，但其产生的“三废”物质，相当大的部分要进入海洋。这种复杂的情况，给工程建设项目防污染管理带来很多困难，仅靠主管部门的行政管理工作是难以管好的，即便行政管理是有效的监视，也难以办到真正的有效。实践证明，实施有效的监视管理，只有法律、法规、标准一旦为工程开发单位所掌握，才能达到工程建设防污染的各项环境目标，才能使维护海洋环境的措施和行动达到经常化和有效性。所以，为了使得工程建设项目减少或避免对海洋环境的危害，应该大力组织好工程单位学习有关法律、法规和标准制度，进而自觉地遵守，这是工程建设防污染管理的关键。

4.6.4.3 海洋工程建设防污染损害管理任务

目前，我国海洋工程建设项目防污染损害管理的体制还不完善，从法律上仅只明确海岸区域的工程项目由国家环保部门主管，其他海域尚未确定主管机构，是有待解决的。但不论国家海洋工程防污染管理体制最终如何建立，作为海洋工程建设的海洋环境管理任务及其国家海洋行政管理部门的职责，还是清楚的。

（1）参与海洋工程建设项目的审批

我国固定资产投资体制，在整体经济体制改革和建立社会主义市场经济的进程中，也在演变着。在现行体制下，根据国家基建制度，建设单位利用中央财政预算内投资、地方财政预算内投资、银行贷款、外资、自筹资金和各种专用资金安排的新建、扩建、零建、复建项目和扩大再生产性质的改建项目，都要纳入国家各级综合基本建设计划。一切基本建设项目，特别是大中型项目，在正式列入计划之前均要经可行性研究、编制设计任务书、选择建设地点、编制设计文件、做好建设准备等一系列工作，经审定通过之后才可列入年度实施计划中去。从可行性研究到列入计划的各阶段工作，都包括着工程对海洋环境影响、对策、防治措施、环保设备等的论证、部署和设计。在各个环节上，如果对海洋环境保护安排不落实或不能获得通过，其项目的审批都是不具备条件，当然也得不到批准。

项目批准之前的论证和审查，是环境和海洋主管部门控制海洋工程损害海洋生态环境的极为重要的一项工作，必须按规定既要积极参加，又要主动判断，尽量减少危害环境或以牺牲海洋环境、资源为代价的海洋工程建设项目的出现。

（2）组织海洋工程建设项目环境影响评价

《中华人民共和国防治海岸工程建设项目污染损害海洋环境管理条例》第7条第1款规定："兴建海岸工程建设项目的建设单位，必须在可行性研究阶段，编制环境影响报告书（表）按照规定的程序，经项目主管部门和有关部门预审后，报环境保护行政主管部门审批。"同时规定，为保证环境影响评价的质量，确保准确可靠，承担海岸工程建设项目环境影响评价的单位，必须持有《建设项目环境影响评价资格证书》，按照证书中规定的范围承担评价任务。

依据有关制度规定，我国环境影响评价工作大致可分为四个阶段：一是环境影响评价任务的确定和委托；二是评价单位按管理部门颁发的海洋工程建设项目环境影响评价大纲，调研、论证、编制环评报告；三是由项目主管部门和海洋主管部门组织环评报告的预审；四是环境主管部门或有关主管部门进行审批。在实际执行中。

（3）检查、监督环境保护设备

建设和使用海洋工程因其对海洋的影响不同，而需采取不同的防污染措施，有关法律法规均有明确的规定。《防治海岸工程建设项目污染损害海洋环境管理条例》规定港口、油码头、化学危险品码头应配备海上重大污染应急设备与器材；岸边修船厂、造船厂、油库需配置溢漏回收和含油废水处理设施；滨海矿山、海滨垃圾场和工业废渣填埋场等应建设防护堤坝、底封闭层、渗透废水收集处理系统、可燃气体防爆装置、含矿废水处理设施等。通过这些环保工程及其设备，防止工程使用中的有害物质进入海洋。但是，由于海洋环保意识、法制观念等原因，规定或要求有时得不到遵守，因此有时发生污染海洋的事故。例如，1989年10月浙江宁海县灵昆岛青蟹死亡事件，即是由于邻近化工厂环保措施不落实，向海排放含硝基和苯胺类及其氧化物的废水而造成的。所排废水苯胺含量已超过规定允许浓度的42.23倍，造成43公顷虾、14个池塘的青蟹几近全部死亡，损失逾百万元。虽经法院调解由肇事厂方，向水产养殖场支付20万元损失赔偿费而结案，但是，终究难以弥补所造成的养殖和海洋环境损失。大量事例说明，海洋工程仅具备环保的设施设备还是不够的，更为重要的还是环保设施的正常的运行，保证海洋工程防污染设施经常处于良好状态和正常运行的必要条件，为此主管部门必须做好经常性的检查和监督。

（4）附近海域环境监测

海洋工程建设和使用对海洋环境的影响，是不能完全依靠工程环保装备及其工作情况就能够判定的，即便环保装备运行完全达到规定要求，也难以确保海洋环境完全避免可能受到某种危害。因此，海洋工程环保主管部门或有关海洋部门组织附近海域环境监测是必须的一项工作。目前主管部门仅仅开展排污口的监测，范围过于局限，监测资料还不能说明邻近区域受污染物质影响的实际情况。今后，应适应扩大监测范围和项目，从水质、底质和海洋生物体内污染物含量等方面，分析研究海洋环境受到的危害，而据情制定管理措施。在这里监测与其说是海洋工程环保管理的措施性工作，倒不如说是管理任务更为确切。

（5）行政执法管理

在海洋工程建设和开发中，由于各种原因总会出现违法违规的问题。对发生问题主管部门必须依法进行处理，维护法律在生活中的严肃性。这类工作在海洋工程建设中，近期不仅较多，而且处理难度较大。

4.6.5 防止船舶污染管理

船舶故意地、任意地或意外地向海洋排放油类和其他有害物质，是海洋环境遭受污染损害的一个基本来源和重要因素。

4.6.5.1 发展趋势

海洋环境污染事件中，油类污染发生的次数，历来都占有较高的比例。据资料统计，在20世纪七八十年代，日本沿岸海域油污染事故占海洋污染事件总数的83%左右；美国沿岸海域每年所发生的约1万起污染事故中，约有四分之三是石油污染。污染海洋的油类来源，虽然有的来自陆地、有的来自沿海和海上石油勘探开发等多种途径，但最为主要的还是来自船舶任意或意外排放。1992 年 6 月在巴西里约热内卢的联合国环境与发展会议上，通过的《21 世纪议程》中也作了同样的肯定："海洋污染也是内河航运和海上活动引起的。每年汇入各大洋的石油大约有数万吨，由正常的航行活动、事故和非法排放所造成。关于近海开采石油和天然气的活动，目前机械空间排放受到国家管制，有六项关于管制平台排放的区域公约正在审议中，由于近海石油开采和生产活动的环境影响的性质和范围，通常只占海洋污染的极小比例。"换句话说，即是海洋油污染的主要来源仍为船舶排放。

在世界贸易发展的带动和海洋捕捞及其他海上活动的发展下，海洋交通运输和作业船舶不仅数量不断增加，而且某些专门船舶还在大型化，特别是原油运输船，由几万吨上升到十几万吨、几十万吨。船舶数量、吨位的增加，必然发生两种结果，一是活动海洋上的"机动污染源"的增多，在其他条件不变的情况下，排放入海的油类和其他有害物质势必上升；二是船只吨位的提高，一旦有海难事故发生，若系油轮，其进入海洋的石油量将大大上升。事实上，最近的一些年份里，世界各海域船舶溢、翻油污染事故层出不穷，呈现明显增长趋势。以我国近海飞机巡航监视发现海面溢油次数为例，也显现这种变化，1991 年发现几十起，到 1993 年发现次数上升到 100 多起。

石油对海洋环境的危害是相当严重的，尤其是生物资源、自然景观和旅游资源。它可造成大面积海水缺氧，使生物大量死亡，或发生畸变，或短时期内经济鱼、贝类产生油味，降低水产品质量，甚至失去食用价值，如果持续时间较长，会使鱼、贝类蓄积致癌物质，从而危及人体健康等。正是由于石油污染后果严重和趋于发展之势，所以受到国际社会的突出关心。防止船舶溢油污染海洋是海洋环境保护较早提出，并逐步制定了比较系统完善的法律制度。20 世纪 60 年代末国际海事协商组织，在比利时的布普塞尔召开会议，通过了《国际油污损害民事责任公约》，该公约申明："意识到全世界海上运输精装油类引起污染危险；确信有必要保证对因船舶溢出或排放油类造成污染而遭受损害的人员给予充分赔偿；为了确定在上述情况下的责任问题和给予适当赔偿，亟待采用统一的国际规定和程序。"继之，国际海事协商组织为全面调整船舶污染海洋的关系，在充分总结、反映当时各国防止船舶污染的成功政策、方法、措施和技术的基础上，于1973年在英国伦敦召开海事组织成员国大会上，制定并通过了《国际防止船舶造成污染公约》。该公约是《1954年国际防止油污公约》之后，有关防止船舶污染海洋的法律制度新进展的编纂，它是迄今为止在防止船舶污染方面比较全面的重要公约。首先，《国际防止船舶造成污染公约》的目标是彻底的，要求达到"消除有意排放油类和其他有害物质而污染海洋环境并将这些物质的意外排放减至最低限度"的理念；其次，对具体防污标准通过了5个附则进行详细规定。

附则1为防止油污规则，分3章25条，以及油类、油污证书和油类记录簿3个附录。基本上概括了1954年油污公约的技术条款；

附则2为控制散装有毒液体物质污染规则，计13条，以及有毒液体物质的分类准则、名单和其他物质名单、货物记录簿及证书格式等5个附录；

附则3为防止海运包装或集装箱、可移动柜式公路及铁路槽车装有害物质污染规则，计8条；

附则4为防止船舶生活污水造成污染的规则，共10条；

附则5为防止船舶垃圾造成污染的规则，计7条。

1973年《国际防止船舶造成污染公约》通过之后，重大油轮事故在各海区不断发生，如1975年希腊籍"帕尼斯·阿尼"号油轮在澳大利亚西部海域发生事故，溢油15 000吨；1976年希腊籍"阿尔皋商人"号在美国东海岸搁浅，溢出燃料油160多万升，接着在美国邻近海域又有几起油轮沉没溢油事件等。针对这些船损溢油，1978年国际海事组织召开了"国际油轮安全和防污会议"，会议制定了《1973年防污公约的1978年议定书》，并对附则1（即：防止油污染规则）进行了修改和补充。在同时期内，沿海国家也普遍注意和加强了防止船舶污染的立法与管理，仅在70年代颁布、实施的法律、法令就有：《防止北极水域污染法》（加拿大，1970年）、《防止油类污染法》（加拿大，1973年）、《防止船舶造成油污损害的法令》（芬兰，1972年）、《油污损害赔偿保障法》（日本，1975年）、《海洋污染管制法》（阿曼，1974年）、《防止海洋污染法令和油类污染民事责任法》（新加坡，1971年，1972年）、《油污损害赔偿法》（瑞典，1973年）、《防止船舶污染海水措施法》（瑞典，1972年）、《前苏联海运部北方航道管理法令》（1971年）、《油污染防止法》（英国，1971年）以及美国《联邦水污染控制法》等。其中有的虽然不是专门的防止船舶污染海洋的法律，但都包含船舶防污染损害的制度规定。以上情况说明，20世纪70年代是国际社会更加关心、重视和加强防止船舶污染海洋管理的新阶段的开始。

我国防止船舶污染海洋的系统管理和立法相对较迟，于1982年颁布包含“防止船舶对海洋环境的污染损害”在内的《中华人民共和国海洋环境保护法》，又于次年制定了专门的《防止船舶污染海域管理条例》。自此之后，我国防止船舶污染海洋的管理，走上了法制化的时期。

4.6.5.2 船舶污染的特点

船舶活动及对海洋产生影响的特点，决定了船舶防污染管理工作的特点，并形成防止船舶污染的管理思想、原则、方法和内容。

（1）船舶机动性

船舶作为运载的工具，其活动性、机动性应是其最主要的特点。凡是有一定范围和深度的地方都可以成为船只活动的区域。这些区域都会受到船只故意地、任意地或意外地排放油类和其他有害物质的影响或损害。船舶污染海洋的这种特点，给管理工作带来许多困难和问题，完全使用海洋工程、海洋石油勘探开发和海上倾废等防污染管理的方式、方法就难以奏效，甚至无法进行。为了及时发现、监督船只海上排放污物的情况，就需要使用快速、大面积航空、航天的遥测、遥感手段，以便尽可能在更大范围监视船舶污染信息，为处理提供依据等。但是，不论手段发展达到多高的水平，要达到全面覆盖整个海洋或国家管辖海域，也是不大可能的。因此，缩小范围、突出重点监视、监测的重要海域或敏感、脆弱海区就成为必须的管理措施了。在不少国家的船舶防污染法律中，都划出“禁区”和“特殊区域”等，例如，《国际防止船舶造成污染公约》附则1防止油污染的规则第一条第十款规定：“特殊区域系指这样的一个海域，在该海域中，由于其海洋学和生态学的情况以及其运输的特殊性质等方面的公认的技术原因，需要采取防止油污的特殊强制办法。”特殊区包括该附则第十条所列的海区，即：特殊区域为地中海区域、波罗的海区域、黑海区域、红海区域和海湾区域等。科威特《防止通航水域石油污染的法令》，则规定为“禁区”，把科威特的内水水域，包括科威特湾封闭线向陆一方的所有区域。科威特领水以及太平洋与大西洋局部区域、北海与波罗的海、地中海与亚德里亚海、黑海与亚速海、红海、阿拉伯海、孟加拉湾、印度洋局部区域等列为“禁止由任何船只、着陆物，或者船上或着陆物上用以容纳或从着陆物向另一场所运送石油的设备排放或流失油类或其他油性混合物而污染”海洋的严禁排放海区。由于划出禁止船舶排放区，从而使实施管理成为可能和有效。

(2) 排放物质的多样性

船舶向海排放或可能排放的物质是多样的，有油类、含毒性液体物质、含毒固体物质、生活废水和垃圾等。据有关法律法规的规定，油类包括：原油、始料油、油泥、油渣、含油废水、油性混合物和各种原油制品等；有毒流体物质更为复杂，有关制度将其分为四类：

A类：能为生物积聚并易于对水生生物或人体健康造成危害的物质，或是对水生生物有毒性的物质，以及在特别强调危害方面的附加因素或该物质的特殊性时，某些对水生生物有中等毒性的物质，如丙烯醛2－甲基－烃基丙精、二硫化碳、甲酚、甲苯基酸等。

B类：能为生物短时积聚约一周或不到一周的物质，或是易于对海洋食物造成污染的物质，或是对水生生物有中等毒性影响以及在特别强调危害方面的附加因素与物质的特殊性质时，某些对水生生物有轻微毒性作用的物质，如烯丙酸、氮（28%水溶液）、丁酸等。

C类：对水生生物有轻微影响，以及在特别强调危害方面的附加因素或物质的特殊性质时，某些对海洋生物几乎无毒性的物质，如乙醛、醋酸、苯、苛性钾等。

D类：对海洋生物几乎无毒的物质，或能造成生化需氧量高的覆盖海床的沉积物，或由于其持久性、气味或有毒的或刺激的物质而对休息环境造成中等损害，以及可能妨碍对海滨利用的物质等，如丙酮、明矾（15%溶液）、烃已基替乙二胺、醋酸正丁酸等；有毒的固态物，种类也很复杂，其中有的虽然无毒，但随数量的增加而可能转化有损害影响，如在近海还可能影响海洋娱乐价值等；船舶生活污水，含任何类型的厕所及厕所的一切排出物，医务室所产生的废物，装有动物处所排出物以及混有上述排出物的其他废水等；船舶垃圾，包括“产生于船舶通常营运期间并要不断地或定期地予以处理的各种食品、日常用品和工作用品的废弃物”等。船舶运行、使用过程中，直接或间接排入或可能排入海洋的废水、废物和装载之物质是繁多复杂的，它们对海洋环境和资源影响也必然是多种形式的。为此船舶防污染的管理制度和方法也必须建立在这一客观基础上。

（3）漂移与流动性

海水介质是流动的，由此决定了船舶进入海洋里的污染物也不可能局限或固定在入海的某一地点。其溢、漏油类，漂浮于海面，要随风浪和表层流而扩散，所能达到的区域，完全由溢、漏油的数量、动力条件和时间而决定，有的影响区域可达数百、数千平方千米，甚至数万平方千米。排放的其他物质，按其物态、性质、入海后的变化和海水动力、时间等条件，而有不同的影响范围和程度，其与陆地的状态是完全有别的。不论移动（或进入海水后的转化）都要传送到一定的区域，并影响该区域的环境及其生命资源。针对这种特点，为尽量减少危害、缩小危及区域，就需要采取相应的措施，并反映到管理的有关制度上来，如海上船舶溢油应急计划，即是根据海面漂油迅速扩散的特点而建立的防范性计划，一旦较大溢油事故发生，主管机构将很快组织应急计划实施，首先是布放围油栏，把漂油圈闭起来，避免随风流扩散，然后进行溢油回收或使用其他方法处理。

4.6.5.3 防止船舶污染管理的任务

根据船舶在航行中可能发生的污染损害和已形成的管理制度，防止船舶污染管理的主要任务有五项：

(1) 船舶防污染证书和防污设备管理

①防污染证书管理。船舶防污染损害证书是船只的重要文书内容。它既是船只的有关证明和实况记录的文件、档案，也是供管理部门和司法处理的调查与取证的原始材料。我国《海洋环境保护法》规定：150 吨以上的油轮、400 吨以上非油轮、2 000 吨以上散装货轮和各种运载有毒、含腐蚀性货物船舶，都要依要求配备港务监督部门制定的《油类记录簿》、《油污损害民事责任保险或其他财物保证证书》、《油污损害民事责任信用证书》以及其他防污文书等。

国家港监部门，除对国内船舶防污文书实施统一监督管理外，根据《国际防止船舶造成污染公约》规定，在"一缔约国授权按照规则的各项规定所颁发的证书，其他缔约国应予承认，并视为在本公约涉及的全部范围内与他们自己颁发的证书具有同等的效力"的原则下，还拥有对外国进入所管辖港口或近海装卸站的船舶的检查和依法处理权，包括通过正式授权官员检查、核实船上是否备有有关的、有效证书，如果船只及其设备条件实质上不符合证书所载情况，或者船只根本不备有有效证书，执行检查的官员应采取步骤，以使该船的出海对海洋环境不会产生危害性的威胁，只有达到这一要求，才能准予开航驶往可供使用的最近的、适当的修船厂等管理行为。

②防污染设备管理。各类船舶应按标准配备有关的防污染设备。我国法律规定，凡150吨以上油轮、400吨以上的非油轮，所配备的防污染设备要符合以下要求：机舱污水和压载水分别设置、使用管道系统；设有污油储存舱；装置标准排放接头；装设油水分离或过滤系统；配备排油监控装置（对1万吨以上船只要求）以及其他国家、国际规范要求防污设施等。

船舶防污染管理机关，在管辖海域和管辖范围内，对国内外船舶依法执行检查、监督和管理其防污设施的配备、使用情况。

（2）防止船舶油污染管理

据统计，船舶溢油污染多在以下环节、场合或条件下发生，以避免缘此可能发生的污染损害。首先是船只进行油类作业，比如在油轮装卸油、普通船只加油过程中，由于管路、阀门等设备或监管上的原因，发生跑、冒、滴、漏油事故；其次是船只故意、任意或意外的，向海洋排放压舱、洗舱、机舱的污水，或其他的含油废、污水；再有即是各类海难事故，如碰撞、翻沉、触礁等而产生泄油。

为开展有效的防止船舶油污染管理，必须切实控制船舶溢、翻油的发生及其入海的途径，并尽可能的避免船只海难事故的发生，特别是大型油轮的海难事故。不过，任何理想上的目标和要求，总是难以同实践结果做到百分之百的符合，在海上船舶数量还在不断增加、船舶技术和管理技术先进与落后长期共存的情况下，尽管船舶溢、翻油的事故比率，在总体上没有上升，但其事故的绝对数量，还是呈现增加的趋势。存在决定管理，船舶油污染的客观情况决定了防止其油污染管理两项基本管理任务：

①预防管理，根据船舶油污染入海途径制定相关的管理制度、标准并监督其贯彻执行。例如我国防止船舶油污染法律法规中，对船舶油类作业及油水排放规定了具体操作细则和必须排放的含油污染物应达到的标准，以及排放的方式方法。其中在技术要求与指标上，一般都具有国际的通用性；

②各类船舶溢油事故的处理，无论是人为事故，还是非抗拒性的灾害事故，亦或既包含人为因素，也包含非人为因素的复杂事故，都需主管部门依法进行处理和对海洋环境不利影响的消除工作。美国《联邦水污染控制法》规定：“无论何时，只要在美国通航水域中发生海上不幸事故，以致因船只排放或紧急排放大量石油而对美国的公共卫生和福利（包括但不限于鱼类、贝类及野生生物）以及对美国的公共的或私人的海岸线和海滨造成重大的威胁，美国就可以：调动或指挥一切公共的或私人的力量，来清除或消除这类威胁；采取一切可行的措施，立即排除这类船只，必要的话予以销毁，而不管人员雇用或拨用基金的花费方面如何规定。根据本分节规定而造成的任何开支应作为美国政府为（六）分节（即肇事者应负担的清理费用方面的规定条款）的目的清除石油而付出的代价。”同时该法还规定美国政府在处理溢油船只或对有可产生威胁的船只所拥有的行动权力，除隶属政府之公务船只外，“总统授权执行本节规定的任何人”，均可登临并检查管辖水域内的任何船只；对持有或不持有任何证书而违反本法规定或依据本法所颁布的任何条例的任何人，可行使逮捕行动；执行主管法院或官员所签发的任何证书或其他诉讼活动等。我国法律对船舶溢油事故处理也有一套完整的管理制度。

（3）防止危险货物和有毒物质污染管理

船舶装运易燃、易爆、腐蚀、有毒害和放射性物品，应采取必要的安全与防污染措施，以防止发生事故造成有毒和危险货物散落或溢翻入海，酿成污染灾害。为此，国际海事组织在《国际防止船舶造成污染公约》中，专设了《控制散装有毒液体物质污染的规则》，另外制定了《国际海上危险货物运输规则》等，有关国家对一些重要海域，如波罗的海、地中海等，制定了针对性更强的防止危险品和有毒物质运输的专门制度。我国也根据《海洋环境保护法》和《海上交通安全法》的有关规定，制定、实施了《船舶装载危险货物监督管理规则》、《水路危险货物运输规则》等法规。

这些制度，在对有毒和危险品科学界定、划分及对不同海域环境与资源功能大分区的基础上，确立了分类管理原则与模式。按照国际通行做法，及有毒物质对海洋及人体健康危害程度，将其划分为A、B、C、D四类，并分别规定其排放的要求。在一般情况下，A类物质（包括它们的压舱水、洗舱水或其残留液体、混合液体等）原则上是禁止排放的，但如果能满足以下条件也是可以有控制地进行排放，即舱内余留的残留物，经加入不少于该舱总容积的5%的水加以稀释，并满足航行速度至少为7节（若为非自航船，航速至少为4节）；距离陆地不少于12海里、水深不少于25米；排放入海的位值应在船只吃水线以下等。对于其他三类，一般在原则上也属禁止之列，不过，只要满足特定的条件也是允许排放的，当然条件较之A类而言要为宽松，比如D类有毒物质，同样也包括含有这类物质的压舱水、洗舱水，或其他残留物、混合液等，若能满足一定的离岸距离、船速并保证排放之混合液体浓度不大于水中物质浓度的十分之一，就可排放。不过，装载有毒物质或危险品的船舶，在航行中如遇到非排放不能维持船只安全的情况下，如恶劣的海况、气象，或船只破损等，亦可以实施不按标准或要求的排放活动。但是，不论禁止排放、有条件排放，还是意外状况下的必然与必要排放，都有其相应的管理任务，包括对装载此类物质船只的监督、检查、控制措施的落实以及发生事故的紧急处理等，如《保护地中海免受污染的公约》，在其关于《紧急情况下合作控制地中海石油和其他有害物质造成污染的议定书》之第九条对紧急情况处理中的管理工作规定了四项："①就事故的性质和重要性，或必须采取紧急措施的情况，或必要时，对有关石油或其他有害的种类和大约数量，以及污染带的方向和速度，做出必要的估计；②采取一切可能的措施排除或减少污染后果；③直接或通过区域中心迅速将其估计和按控制污染规定从事的所有活动，通报其他缔约国；继续尽可能长期地进行观察，并依第八条规定做出安排。"还要求在事故紧急处理中，应采取一切可能措施救助遇难船上的人员、尽力救护船舶自身、有效控制事故影响，若为缔约国需将事件情况通知政府间海事协商组织，以便动员国际支持力量，协同对事故的处理和污染的消除工作。

(4) 船舶废水和垃圾管理

船舶是海上的生产、生活“场所”，因此也经常产生“三废”物质，管理或处理好这类废水、废液和垃圾是船舶防污染管理的任务之一。

国际公约规定，船上的生活污水和垃圾或禁止排放、倾倒，或有条件、有控制地排放。比如生活污水的排放，除在特殊情况下（包括为了保障船只及人员安全或处理设备意外损坏而采取适当的预防性措施等），又能满足规定要求的船只离岸距离在4海里之外、运用了符合标准的处理设备、排放业经消毒并将其中的固体物质进行了粉碎、排放航速应不少于4节、排放速率应掌握在中等程度，不得因排放污水或垃圾造成海水颜色的改变，和形成海面漂浮物等。对船舶垃圾的倾倒也有类似的专门规定。鉴于船舶垃圾和废水产生经常性和排放、倾倒较大的随意性等原因，都给管理工作带来很多困难。

(5) 防止拆船污染管理

拆解报废船只，因船上存留的垃圾、残油、废油、油污垢、含油污水和易燃、易爆物质以及其他有毒物品，如无严格的预防措施，就可能发生有害物质排入、渗漏或冲刷、淋溶而进入海洋的污染事故，引起海洋生态环境、生物资源等的损害。为防止拆船污染海洋，我国1988年制定并颁布了《防止拆船污染环境管理条例》。

防止拆船污染管理的主要任务：

①合理选定拆船厂的具体地点。沿海地方政府和有关主管部门要根据需要与可能，充分注意本地区经济、社会特点，环境与资源状况，统筹规则、合理地选定拆船厂点。但是，原则上禁止在水源地、海水淡化取水地、盐田区、重要渔业水域、养殖区、自然保护与特别保护区、风景旅游区、海水浴场以及其他需要保留、保护区布设拆船厂点。

②组织海洋环境影响评价。选定拆船厂址必须进行海洋环境影响评

价，对拟选区域的环境与资源状况、社会与经济发展走向、拆船厂的规模及所需条件、拆船工艺技术、防污染方案与措施、预期效果分析等进行论证评价。并据评价编制环境影响报告书或报告表，按不同的工程规模报请各级环境保护部门审查和审批。未获批准者，不得设置拆船厂和开展拆船作业。

③关心监察、检查拆船活动，处理污染事故。防止拆船污染的主管部门有权对拆船单位的作业活动进行监督、检查，拆船单位必须实事求是地反映情况，提供有关资料。对发生严重污染或破坏环境的拆船单位，主管部门视情提出限期治理的意见，并报经同级人民政府批准后执行。如系突发性的污染事件，主管部门在监督肇事单位采取消除或控制措施的同时，会同有关单位组织查处工作。

拆船是一项对环境危害较重的行业，加之绝大多数又在沿海滩涂地带作业，因此，对海岸带自然景观及环境资源影响较大，必须加强监督管理。政策上也要限制其发展。

现代海洋调查研究证明，影响海洋环境健康的基本因素，固然是陆源、倾废、石油勘探开发、工程建设和船舶的污染损害，但它们绝不是全部因素，其他如大气带来的污染物质等来源，也是不可忽视的因素。搞好海洋环境保护，必须有效、合理地控制污染源，不从污染源的控制和治理入手，海洋环境保护工作是做不好的，也不可能取得最后的成功。再者，海洋环境保护虽然是海洋环境管理的中心内容，但从理论和方法上研究，两者还不能等同起来，海洋环境管理的概念、范畴应该较之更为广阔一些，比如海洋灾害中，不论是自然的，还是人为活动下产生的，有相当一部分并非污染的原因，也非污染的后果，像海岸地带侵蚀、堆积（包括港口、航道的洄淤）、海侵与滨海土地盐化等，尽管在实践中有的将其作为环保工作的问题，似乎亦无不可，但是，从环境保护发生、发展已形成概念、范畴研究，倒不如作为环境管理的问题来得更为确切、有利。

我国是发展中国家，在发展与保护的关系上，从道理上讲应该是并重的，只有注意环境的保护工作，才能保证社会经济的持续、稳定的发展。但在实际工作中，有时会发生某种忽视环境的问题，这应该是可以理解的，也是一种国情。在这种情形下的海洋环境保护和海洋环境管理发生着诸多困难也是必然的。

4.6.6 海洋自然保护区管理

4.6.6.1 海洋自然保护区的概念和作用

(1) 自然保护区的概念

自然保护区是强化的自然保护手段和方式，通过调研、论证，把对人类持续发展有特殊、特定价值与意义的对象及其分布地区，按照法律或行政规定程序选划、批准、建立的保护与管理的地理区域。

1956年我国第一个自然保护区——广东鼎湖山自然保护区建立。截至2004年底，我国自然保护区数量已经达到2 194个，总面积为14 822.6万公顷，占陆地国土面积的14.8%。其中有14个自然保护区列入世界自然遗产，26个加入联合国教科文组织“国际人与生物圈保护区网络”，27个被列入“国际重要湿地名录”。

(2) 海洋自然保护区的概念

海洋自然保护区是指为了人类持续发展，维持海洋的多样化、丰富性，对海洋自然要素中具有不同价值的对象及其分布区，依据法律和规定程序选划出来，并经权力机关批准予以建区保护和管理的海洋地理区域，以使保护对象得以保存、延续、恢复和发展或尽可能保留原始风貌，留存后世。

我国海域纵跨3个温度带（温带、亚热带和热带），具有海岸滩涂生态系统和河口、湿地、海岛、红树林、珊瑚礁、上升流及大洋等各种生态系统。

1988年7月，我国确立了综合管理与分类型管理相结合的新的自然保护区管理体制。规定“林业部、农业部、地矿部、水利部、国家海洋局负责管理各有关类型的自然保护区”；同年11月，国务院又确定了国家海洋局选划和管理海洋自然保护区的职责。

1989年初，沿海地方海洋管理部门及有关单位，在国家海洋局统一组织下，进行调研、选点和建区论证工作，选划了昌黎黄金海岸、山口红树林生态、大洲岛海洋生态、三亚珊瑚礁、南麂列岛5处海洋自然保护区。

1990年9月，国务院批准上述5处海洋自然保护区为国家级自然保护区。

1991年10月，国务院又批准了天津古海岸湿地、福建晋江深沪湾古森林2个海洋自然保护区。在这期间，一批地方级海洋自然保护区相继由地方海洋管理部门完成选划并经国家海洋局和地方政府批准建立。

根据国家海洋局发布的公告，截止到2011年5月19日，在全国沿海11个省、区、市建立海洋自然保护区共计59个。其中，国家级海洋自然保护区33个、地方级海洋自然保护区26个（详见表4－1、表4－2）。

表4－1　国家级海洋自然保护区名录（共33个）

序号	名称	面积（公顷）
1	丹东鸭绿江口滨海湿地国家级自然保护区	101 000.00
2	辽宁蛇岛－老铁山国家级自然保护区	14 595.00
3	辽宁双台河口国家级自然保护区	128 000.00
4	大连斑海豹国家级自然保护区	672 275.00
5	大连城山头国家级自然保护区	1 350.00
6	昌黎黄金海岸国家级自然保护区	30 000.00
7	天津古海岸与湿地国家级自然保护区	35 913.00
8	滨州贝壳堤岛与湿地国家级自然保护区	43 541.54
9	荣成大天鹅国家级自然保护区	10 500.00
10	山东长岛国家级自然保护区	5 015.2
11	黄河三角洲国家级自然保护区	153 000.00
12	盐城珍稀鸟类国家级自然保护区	284 179.00
13	大丰麋鹿国家级自然保护区	2 667.00

续表

序号	名称	面积（公顷）
14	崇明东滩国家级自然保护区	24 155.00
15	上海九段沙国家级自然保护区	42 020.00
16	南麂列岛国家级海洋自然保护区	20 106.00
17	深沪湾海底古森林遗迹国家级自然保护区	3 100.00
18	厦门海洋珍稀生物国家级自然保护区	39 000.00
19	漳江口红树林国家级自然保护区	2 360.00
20	惠东港口海龟国家级自然保护区	1 800.00
21	广东内伶仃岛－福田国家级自然保护区	921.64
22	湛江红树林国家级自然保护区	20 279.00
23	珠江口中华白海豚国家级自然保护区	46 000.00
24	徐闻珊瑚礁国家级自然保护区	14 378.00
25	雷州珍稀海洋生物国家级自然保护区	46 865.00
26	广西山口红树林生态国家级自然保护区	8 000.00
27	合浦儒艮国家级自然保护区	35 000.00
28	广西北仑河口红树林国家级自然保护区	3 000.00
29	东寨港红树林国家级自然保护区	3 337.00
30	大洲岛海洋生态国家级自然保护区	7 000.00
31	三亚珊瑚礁国家级自然保护区	5 568.00
32	海南铜鼓岭国家级自然保护区	4 400.00
33	象山韭山列岛国家级自然保护区	48 478.00

表 4－2　省级海洋自然保护区名录（共 26 个）

序号	名称	面积（公顷）
1	黄骅古贝壳堤省级自然保护区	117.00
2	青岛大公岛岛屿生态系统自然保护区	1 603.23
3	胶南灵山岛省级自然保护区	3 283.20
4	青岛市文昌鱼水生野生动物市级自然保护区	61.81
5	庙岛群岛斑海豹自然保护区	173 100
6	海阳千里岩岛海洋生态自然保护区	1 823.00

续表

序号	名称	面积（公顷）
7	荣成成山头省级自然保护区	6 366.00
8	烟台崆峒列岛自然保护区	7 690.00
9	龙口依岛省级自然保护区	85.49
10	莱州浅滩海洋资源特别保护区	5 519.24
11	上海市金山三岛海洋生态自然保护区	46.00
12	长乐海蚌资源增殖保护区	4 660.00
13	泉州湾河口湿地省级自然保护区	7 008.00
14	东山珊瑚礁自然保护区	3 630.00
15	宁德官井洋大黄鱼繁殖保护区	19 000.00
16	龙海九龙江口红树林自然保护区	420.20
17	南澎列岛海洋生态省级自然保护区	35 679.00
18	江门中华白海豚省级自然保护区	10 748.00
19	阳江南鹏列岛海洋生态省级自然保护区	20 000.00
20	琼海麒麟菜省级自然保护区	2 500.00
21	儋州白蝶贝省级自然保护区	30 900.00
22	文昌麒麟菜省级自然保护区	6 500.00
23	海南省清澜港红树林自然保护区	2 948.00
24	海南西南中沙群岛省级自然保护区	2 400 000.00
25	闽江河口湿地自然保护区	3 129.00
26	临高白蝶贝省级自然保护区	34 300.00

（3）建设海洋自然保护区的作用

① 保护海洋生态过程和生命维持系统；

② 海洋生物多样性的基地；

③ 保留海洋自然条件的天然“本底”和“原始”风貌；

④ 科学研究的天然现场；

⑤ 观赏、娱乐和旅游价值；

⑥ 宣传教育群众的基地；

⑦ 促进自然资源持续利用。

4.6.6.2 海洋自然保护区建设和管理原则

（1）海洋自然保护区建设与海洋经济发展协调一致原则；

（2）坚持综合、整体保护原则；

（3）科学划分、分类管理原则；

（4）关心群众利益和宣传依靠群众原则。

4.6.6.3 海洋自然保护区的保护对象、类型和分类

（1）海洋自然保护区的保护对象

①“原始”海洋区域保护，受人类活动影响微乎其微的海洋区域，保护其原始性，使其不会酿成失而不可复得的结果。②海洋珍惜或濒危物种保护。③典型海洋生态系统保护，海洋生态系统丰富多样，也具有明显的脆弱性。热带亚热带红树林、珊瑚礁生态系统被严重破坏。④代表性的海洋自然景观和有重要科研价值的海洋自然历史遗迹保护。⑤综合整体的区域海洋自然保护，具有多个受保护的对象，比如说某些海岛，同时有特殊的地貌、生物群落、自然遗痕等要素。

（2）海洋自然保护区的类型

①海洋自然景观类保护区。②海洋野生生物和生态系统类自然保护区，保护濒危物种和有代表性的生态系统，比如我国的双台河口自然保护区，主要保护对象为丹顶鹤、白鹤等珍稀水禽和海岸河口湾湿地生态系统。③自然历史遗迹类保护区，旨在保护海陆变迁、海洋地质地貌及沉积历史过程的遗存和遗迹、古生物化石等。如我国的深沪湾海底古森林遗迹国家级海洋自然保护区，它为我们揭示了 7000 年前的海底古森林和近万年前的牡蛎礁等珍贵的“自然古迹”。④生物圈保留地，这是以“人与生物圈”为宗旨的海洋自然保护区，注重在一定自然地理区域内，人既能最好的开发利用自然资源与空间，又能最好的保护生物圈不受损害或破坏。

（3）海洋自然保护区的分级

①国家级自然保护区：其保护对象在全国范围内具有典型的特殊的意义，对世界有重大影响。②地方级自然保护区：达不到国家标准或者研究意义不够深，但在当地有一定保护意义的海洋自然保护区。

4.6.6.4　建立海洋自然保护区的程序

（1）建立海洋自然保护区动议的提出

三种提出的方式：依据规则提出，专家建议，各级人民代表或其他群众团体的提案提出。

（2）预选区调研，论证和征询

通过对预选区的保护对象，自然环境，生态系统和海洋自然资源的调研来评价其是否具有保护价值。

（3）呈报办理

申报材料有4部分：编写建立国家海洋自然保护区申请书，保护区综合考察报告，保护区研究成果汇编或文集，保护区录像和画册。

（4）批准与公布

海洋自然保护区的批准权由各级人民政府行使。

4.6.6.5　海洋自然保护区管理的基本任务

（1）改革完善海洋保护区的管理体制

海洋保护区管理体制是管理活动和成效的主要制约因素，各国的体制虽各有不同但有着共同的原则：努力使其管理体制适应本国海洋自然保护事业的发展。

我国海洋自然保护区作为自然保护区的一个类型，由国家海洋行政管理部门分工统一管理，即：会同有关部门选划和管理海洋自然保护区和海洋特别保护区，分工负责海洋生态环境保护工作。

（2）组织建立海洋自然保护区管理机构，培养保护管理人员

A. 管理机构的职责：

① 贯彻执行国家自然保护区和海洋自然保护区的方针政策和法律法规；实施保护区的执法监察，保证适用法律法规的全面执行和管理秩序；

② 根据国家海洋自然保护区的法律制度制定本保护区的管理制度，并负责监督实施；

③ 编制本保护区建设方案中长期发展规划和年度计划，并负责落实；

④ 组织本保护区的功能区划，按分区功能和保护目标制定管理规范，并组织，监督实施；

⑤ 按批准的保护方案，设置保护区界碑标志物及有关的保护措施，并组织监督实施；

⑥ 开展保护区“基线”调查和经常性监测监视。开展阶段性保护区进展和预测评估工作，建立保护区工作档案；

⑦ 进行保护对象，区域生态环境的恢复和建设，开展有关科学研究；

⑧ 在确保保护区宗旨和目标得前提下，发挥保护区的资源与环境优势及多种功能，在允许的区域内组织合理的生产经营活动，努力开辟保护区自养和发展途径；

⑨ 协助地方政府的有关部门合理安排好保护区内居民的生产生活；

⑩开展自然保护区的宣传教育和国外的有关交流活动等。

B. 人员培训：

① 通晓海洋自然保护区的理论知识和本保护区的管理计划，管理目标与区划；能够熟练的掌握各种情况或问题适用的制度与规定；

② 具有将管理计划中的细节落实到现场或付诸实施的能力，能够识别本保护区重要植物和动物物种；

③ 能够提出现有或潜在问题，在紧急情况发生时，具有采取正确的应急措施和处置的能力；

④ 具有一定的自然保护区的政策素养，能够理解认识自然保护区总体行为的意义和作用；

⑤ 能够调动全体人员广泛参与和讨论保护区的各种保护活动；对全

体职工做好岗位培训；善于培养高度团结精神等；

⑥ 能够通过前景的分析评估目前的行为；注意倾听各种意见和申诉并与之讨论协商，在认识评估活动中，能抑制个人的偏见或减少个性的冲突；在工作中能够摆脱个人的好恶，合理公正的处理问题；明白自己的岗位职责；

⑦ 能够利用自己的时间从事较高水平管理工作，即使必须为最终结果对上级承担责任；

⑧ 保护区的领导应能够与职员团结共事，还应具备对负责创新和具有著名技能的人员以适当的荣誉；能够树立一种工作态度精神和行为的榜样；

⑨ 保护区工作人员要具备为海洋自然保护区发展的业务技术能力，能够提出卓有成效的见解和建议；

⑩ 协调协作精神，公而忘私的工作等。

（3） 建立实施海洋保护区的法律制度

保护区的管理制度：应根据各个保护区的不同情况，制定保护区的专门的管理制度。保护区管理制度既包括国家地方权力机关和行政机关为保护区制定的法律法规，也包括保护区管理机构制定的各种管理制度。如美国 1972 年的《海洋自然保护法》第三章；新西兰 1971 年的《海洋保护区法》；特立尼达和多巴哥 1970 年的《海洋区法令》；塞舌尔 1973 年的《国家海洋公园条例》；我国 1994 年的《中华人民共和国自然保护区条例》和 1995 年的《海洋自然保护区管理办法》《浙江省南麂列岛国家级海洋自然保护区条例》。

（4） 编制海洋保护区规划和区划

保护区规划：系统规划：国家和地区的整体规划，是国家或地区海洋经济与社会发展规划的组成部分；个例规划：每个海洋自然保护区的规划。

海洋保护区的区划：指的是为提高管理的针对性、有效性对保护区进行的科学的区划，在《海洋海岸自然保护区——规划与管理》中有所划的功能类别。

（5）组织保护区监测和科研

监测：基线调查：一是对保护区的环境质量和资源状况全部要素展开的初始监测，二是为了解后来长期的变化趋势和管理效果进行的重复性监测；经常性监测；应急监测。

科研："海洋保护区为基础研究提供了机会。保护区对科研的优点在于能够对形同生物群或相同生境进行连续的研究而不会受到好奇者和破坏者的干扰"（海洋与海岸保护区——规划与管理人员指南）。

（6）开辟保护区的自养道路

海洋自然保护区需要投入大量的人力和物力，限于目前的经济状况，我国的很多保护区都因为没有经费而有名无实。由于自然保护区对人类持续发展有着特殊意义，其中大多数保护区有着雄厚的旅游资源潜力或是其他资源优势，所以在不影响保护目标实现的前提下，因地制宜地开展适度的开发与经营活动，既可以为保护区创收增强保护区的自我发展的活力，又可以通过开发探索资源优势持续利用的新途径。

（7）海洋特别保护区管理

海洋特别保护区是指根据区域的海洋自然地理，生态环境，生物与非生物资源以及开发利用的特殊性和突出的自然、社会价值，而划出的具有一定范围的海洋地理区域。鉴于其特别性和意义，须采取特殊措施以保证该区域的各种海洋资源能够得到科学、合理、有效的利用，充分发挥海洋资源、环境和空间的最佳综合效益。

海洋特别保护区分为国家级和地方级，其中具有重大区域海洋生态保护意义和重要资源开发价值、涉及维护国家海洋权益及其他需要申报国家级的海洋特别保护区，列为国家级海洋特别保护区（表4－3），达不到国家级标准，但在当地具有一定生态保护意义和重要资源开发价值的特别保护区，列为省级海洋特别保护区（表4－4）。迄今全国共有21处国家级海洋特别保护区，10处省级海洋特别保护区。

表4-3 国家级海洋特别保护区

序号	名称	面积（公顷）
1	江苏海门市蛎岈山牡蛎礁海洋特别保护区	1 222.90
2	浙江乐清市西门岛国家级海洋特别保护区	3 080.00
3	浙江嵊泗马鞍列岛海洋特别保护区	54 900.00
4	浙江普陀中街山列岛国家级海洋生态特别保护区	20 290.00
5	浙江渔山列岛国家级海洋生态特别保护区	5 700.00
6	山东昌邑国家级海洋生态特别保护区	2 929.28
7	山东东营黄河口生态国家级海洋特别保护区	92 600.00
8	山东东营利津底栖鱼类生态国家级海洋特别保护区	9 404.00
9	山东东营河口浅海贝类生态国家级海洋特别保护区	39 623.00
10	山东东营莱州湾蛏类生态国家级海洋特别保护区	21 024.00
11	山东东营广饶沙蚕类生态国家级海洋特别保护区	8 282.00
12	山东文登海洋生态国家级海洋特别保护区	518.77
13	山东龙口黄水河口海洋生态国家级海洋特别保护区	2 168.89
14	山东烟台芝罘岛群海洋特别保护区	769.72
15	山东威海刘公岛海洋生态国家级海洋特别保护区	1 187.79
16	山东乳山市塔岛湾海洋生态国家级海洋特别保护区	1 097.15
17	山东烟台牟平沙质海岸国家级海洋特别保护区	1 465.20
18	山东莱阳五龙河口滨海湿地国家级海洋特别保护区	1 219.10
19	山东海阳万米海滩海洋资源国家级海洋特别保护区	1 513.47
20	山东威海小石岛国家级海洋特别保护区	3 069.00
21	辽宁锦州大笔架山国家级海洋特别保护区	3 240.00

表4-4 省级海洋特别保护区

序号	名称	面积（公顷）
1	胶州湾滨海湿地省级海洋特别保护区	3 621.92
2	台州大陈省级海洋生态特别保护区	2 160.00
3	温州洞头南北爿山省级海洋特别保护区	898.00

续表

序号	名称	面积（公顷）
4	瑞安市铜盘岛省级海洋特别保护区	2 208.00
5	烟台山海洋生态特别保护区	570.65
6	长岛长山尾地质遗迹海洋特别保护区	297.00
7	日照市大竹蛏－西施舌生态系统海洋特别保护区	10 256.00
8	蓬莱市登州浅滩海洋资源省级海洋特别保护区	1 622.96
9	烟台逛荡河口海洋生态特别保护区	320.00
10	招远砂质海岸海洋特别保护区	841.79

海洋特别保护区管理：

① 管理体制

原则：执行综合管理与分部门、分级管理相结合的体制。包括政策、原则、规划、宣化论证、监督等，主要由国家海洋行政管理部门和沿海各省、直辖市、自治区人民政府海洋行政管理部门承担。

② 管理任务

海洋特别保护区的主要管理任务为：保护和恢复特定海洋区域的生态系统及其功能，维护国家主权和权益，科学、合理利用海洋资源，促进海洋经济社会的持续发展。

思考题

1. 海洋环境管理的主要任务有哪些？
2. 什么是陆源污染物？影响海洋环境的陆源污染物主要有哪些？
3. 简述海洋倾废区的选划标准。
4. 海洋石油开发中的防污染管理措施包含哪些方面？
5. 简述海洋工程建设防污染环境管理的基本原则和任务。
6. 船舶对海域的污染事故屡有发生，试述船舶污染的特点和防污染措施。

7. 海洋自然保护区的保护对象及其管理的任务是什么?

4.7 海洋环境管理技术

随着我国沿海经济和海洋开发的快速发展，海洋环保问题日益突出，港口、船舶、海洋化工、海洋工程、海洋石油开发、海上倾废、滨海旅游的污染防治以及沿岸陆源污染源的治理等对各种海洋环境监测仪器、环保设备、环保产品及技术的需求大大增加。我国在20世纪80年代出现了海洋环保的监测仪器、环保设备、化学原料和产品市场。

鉴于海洋污染程度的日益加重，自20世纪90年代中期以来，我国政府采取了强有力的措施控制陆源污染，有效地削减了陆源污染物的入海量，也为环保产业的发展营造了良好的社会环境。同时也加快了环保技术的研究步伐，取得了一批有价值的成果。“九五”科技攻关计划项目海岸带资源环境利用关键技术研究，在海湾类型污染物排海总量控制技术、近岸海域纳污能力评价与区划技术、难降解有机污染物监测技术、赤潮等环境灾害跟踪监测与损害评估技术、含油污水处理技术及设备、养殖容量与调控技术等方面取得了突破性进展，有望进入转化应用阶段。在“九五”科技发展计划中，也研究与开发了许多与海洋环境保护有关的技术和产品，有待于结合我国“十五”期间海洋环境保护与生态修复技术领域的发展而进行系统的转化，开拓出相应的市场，从而加速高技术成果的产业化和业务化应用。另外，一些企业和地方也在清洁生产工艺技术、环境保护方面取得了部分成果，为我国海洋环保产业的发展奠定了良好的基础。

但从总体上讲，在技术方面，由于基础薄弱，资金投入小，当前开发的重点仍以环境污染控制技术为主，清洁生产技术、资源综合利用技术以及现场快速污染监测技术方面的成果还比较少。海洋环保产业的技术水平较低，目前世界上普遍将环保产业视为高新技术产业之一，而我国在环保产品生产、环保技术开发等领域，却仍以常规技术占主导地位，环保产业的总体技术水平较国际先进水平约落后20年。在产业化方面，缺乏海洋环保技术产业化的有效机制，造成先进的海洋环保技术成果产业化步伐缓慢，成果转化率低。此外，整个社会的海洋环境意识还比较淡薄，对海洋环境的监督管理和污染治理力度不够，也制约了海洋环保技术的开发和产业化。

综合研究进展情况，过去和当前海洋环境科学的研究内容大致可概括为：人为活动释放的物质的入海通量在海洋环境中的行为及其对海洋生态环境的效应和破坏作用；确定当前海洋环境质量恶化、退化的程度和演变及机制；查明区域海洋环境系统中的环境容量及资源开发的承载能力，寻求预防海洋环境问题的生产及改善海洋环境质量的途径和方法。

4.7.1 海洋污染计算

4.7.1.1 污水排海量的确定

污水排海量的确定方法主要有三种方法，推算法、实测法以及系数估算法。

（1）推算法

推算法是根据用水量和耗水量推算污水排海量：

$$Q_w = Q_c - Q_h$$

式中：

Q_w——污水排海量，万吨/年；

Q_c——用水总量，万吨/年；

Q_h——消耗水总量，万吨/年

（2）实测法

实测法是通过对入海排污口的现场测定，得到污水的排海速率和污水排海管（渠）道的截面积，计算出污水排海量：

$$Q_w = S \times M \times T$$

式中：

Q_w——污水排海量，万吨/年；

S ——污水排放速率，立方米/秒；

M ——污水排海管（渠）道的截面积，平方米；

T ——年排放时间，秒。

（3）系数估算法

系数估算法是从排污单位的新鲜用水量来估算其污水排放量。如排污单位的新鲜水量没有进入其产品，一般其污水排放量可以估算为新鲜水量的0.8~0.9倍，如有相当部分变成产品（如啤酒、饮料行业），则其污水排放量应以新鲜水量减去转成产品数量的0.8~0.9倍，还有部分行业水的重复利用率很高，如轧钢、选矿等行业水的重复利用率都高达80%~90%，水经过多次使用，蒸发和流失都很大，这时用新鲜水量推算污水排放量时所用的系数就比较小，有时甚至会达到40%~50%。

污水排放量的计算可以使用各种流量计进行测量，如监测数据、各种流量计测得的数据和连续自动监控测得的数据等。还可以进行系数估算法，从排污单位的新鲜用水量来估算其污水排放量。或者推算法等其他方法。

实测法因为是在排放现场测量的所以具有准确的特点，但是相对推算法或系数估算法来说不如其方便。

4.7.1.2 污染物排海量的确定

（1）物料衡算法

物料衡算法是指生产过程中投入的物料应等于产品所含此种物料的量与此种物料流失量的总和。如果物料的流失量全部由污水携带入海，则污染物的入海量就等于物料流失量。

$$M_i = A - B$$

式中：

M_i，为物料流失量，千克/小时；

A 为投入的物料量，千克/小时；

B 为进入产品的物料量，千克/小时。

（2）经验计算法

经验计算法是根据生产过程中单位产品的排污系数求得污染物的入海量：

$$Q = K \times W$$

式中：

Q——污染物入海量，千克/小时；

K——单位产品经验排放系数，千克/吨；

W——单位产品的单位时间产量，吨/小时。

根据生产过程中单位产品的经验排放系数进行计算，求得污染物排放量的计算方法。只要取得准确的单位产品的经验排放系数，就可以使污染物排放量的计算工作大大简化。因此，我们要通过努力，不断地调查研究，积累数据，以确定各种生产规模下的单位产品的经验排放系数。如生产 1 吨水泥的粉尘排放量为 20 ~ 120 千克。

（3）实测法

实测法是通过对入海排污口的现场测定，得到污染物的排海浓度和污水排海量，计算出污染物的排海量：

$$Q = C \times L \times 10^{-6}$$

式中：

Q——污染物的排海量，吨；

C——实测的污染物算术平均浓度，毫克/升；

L——污水排海量，立方米（吨）。

$$G = Q \times C \times T$$

式中：

G——废水或废气中某污染物的排放量，单位：千克；

Q——单位时间废水或废气的排放量，单位：立方米/小时或标立方米/小时；

C——某污染物的实测浓度，单位：毫克/升或毫克/标立方米；

T——污染物排放时间，单位：小时。

例：某厂共有两个污水排放口。第一排放口每小时排放废水 400 吨，COD 平均浓度 300 毫克/升；第二排放口每小时排放废水 500 吨，COD 平均浓度 120 毫克/升，该厂全年连续工作，求该厂全年 COD 排放量。

注：单位说明及换算

1 吨 =1 立方米　毫克/升 = 克/立方米 = 10^{-3} 千克/立方米 = 10^{-6} 吨/立方米

解：该厂全年工作时间 T = 365 × 24 = 8 760（小时）

COD =（400 吨/小时 × 300 毫克/升 + 500 吨/小时 × 120 毫克/升）× 8 760小时

=（400 立方米/小时 × 300 × 10^{-6} 吨/立方米 + 500 立方米/小时 × 120 × 10^{-6} 吨/立方米）× 8 760 小时

= 1 576. 8 吨

由于实测法是从实地测定中得到的数据，因而比其他方法更接近实际更比较准确，这是实测法的最主要的优点。但是实测法必须要解决好实测时具有代表性的问题。为此，常常测定时不只测定一个浓度值而是测定多次，具有多个浓度值。此时，对于污染物的实测浓度 C 的取值有两种情况：

①如果废水或废气流量 Q 只有一个测定值，而污染物的浓度 C 反复测定多次，污染物的浓度 C 取算术平均值：

$= C_1 + C_2 + \cdots\cdots + C_n$

②如果废水或废气流量 Q 与污染物浓度 C 同时反复多次测定，此时废水或废气流量 Q 取算术平均值；而污染物的浓度 C 则取加权算术平均值。

$= Q_1 + Q_2 + \cdots\cdots + Q_n$

污染物排放量多根据监测数据，一般使用实测法计算。在使用物料衡算法和经验系数法确定排污单位的污染物的排污量时，一定要结合工业企业的生产工艺、使用的原料、生产规模、生产技术水平和污染防治设施的去除率等，才能合理反映排污量。因此取值时应根据实际情况加以修正。实测法、物料衡算法和经验计算法三种方法各有所长互为补充，应用时需区别情况适时选用。

4.7.1.3 评价方法

根据污染源调查结果进行污染源评价，多用两种方法：一种是类别评价，根据各类污染源某种污染物的排放浓度、排放量（体积或质量）、统计指标（检出率、超标率、超标倍数、标准差）等项指标来评价单项污染物对环境的潜在污染能力；另一种是综合评价，它考虑多种污染物、多种污染源和污染类型对环境总的潜在污染能力。

评价方法主要有等标污染负荷法、排毒系数法和等标排放量法三种。

（1）等标排放量

等标排放量的基本计算公式：

$$P = M/S$$

式中：

P——等标排放量（立方米/小时）；

M——污染物入海量（吨/年）；

S——污染物的排放标准（毫克/升）。

（2）区域污染源等标排放量比值

区域污染源等标排放量比值为：

$$K = P_j/P_r \times 100$$

式中：

K——区域污染源的等标排放量比值；

P_j——j 污染源的等标排放量；

P_r——区域污染源等标排放量之和。

等标污染负荷法是将 K_i 值由大到小排列，由大到小计算累计污染负荷比，等于80%左右所包含的污染物（或按同法计算的污染源）确定为主要污染物（或主要污染源）。这种方法对排放量小但毒性很大的污染物的污染源要作全面分析和考虑。

（3）排毒系数法

排毒系数法指某污染物的排毒系数

$$F_i = \frac{M_i}{d_i}$$

式中：

M_i——污染物排放量；

d_i——导致一个人出现毒理作用反应的最小摄入量，毫克/人，是由毒理学试验得出的毒作用阈剂量值计算求得的。

废水中污染物 d_i，为污染物毒作用阈剂量（毫克/千克）×55（千克/人）（成人平均体重）；废气中污染物 d_i，为污染物毒作用阈剂量（毫克/立方米）×10（立方米/人）（人体每日呼吸空气量）。

F_i 值的意义是很明显的，它表示当污染物长期作用于人体时，能引起毒作用反应的人数。F_i 值完全是一个反映污染物排放水平的系数，它不反映任何外界环境的影响，因此可以作为污染源评价的一个客观指标。各种不同性质的污染物通过这种标准化计算，相互之间就具有了可比性，并有了相同的量纲，为进一步运算打下了基础。

4.7.2 海洋环境评价

海洋环境评价是一项多学科、综合性的技术工作，既涉及到自然科学的基础理论，又涉及到应用技术的开发。海洋环境评价包括海洋环境资源评价（功能评价）、海洋环境质量评价、海洋环境影响评价。

4.7.2.1 海洋环境资源评价

海洋环境资源评价也即海洋功能评价。海洋功能是指某海域在自然状态下或目前状态下海洋所具有的本底功能，是海域适用于各种海洋开发和使用需求的、先天的条件和能力。也就是说海洋功能系指海洋不同区域的自然资源条件、环境状况和地理区位，并考虑海洋开发利用现状和社会经济发展需求等。

为了提高海洋资源的社会、经济和环境的整体效益、促进海洋经济可持续发展、科学合理地安排各功能区域的资源开发与环境保护，我们有必要对海洋功能进行科学、客观的定量评价，以便为沿海各级政府合理开发利用海洋资源、发展海洋经济以及在海洋规划、海域管理、资源开发与保护等方面提供科学的决策依据。

在海洋功能区划、海洋有偿使用、海洋管理、海洋规划等工作中都不可避免地涉及到海洋功能的科学、客观、定量的评价问题。

海洋功能是指某海域在自然状态下或目前状态下海洋所具有的本底功能，是海域适用于各种海洋开发和使用需求的、先天的条件和能力。也就是说海洋功能系指海洋不同区域的自然资源条件、环境状况和地理区位，并考虑海洋开发利用现状和社会经济发展需求等。

为科学合理地开发利用我国海洋地区的各种资源，促进海洋地区经济的持续发展，就必须对这一地区实行海洋综合管理。在全面调查海域自然环境、自然资源、开发现状及存在问题和综合分析区域经济发展需求的基础上，确定海域及其毗邻陆域海洋功能区，并对贯彻实施海洋功能区提出相关措施和建议。

为了建立科学、合理划定海洋功能区的评价目标体系，所遵循的原则是：①指标选取必须揭示海洋不同区域的固有属性。这一原则要求所制定的确定海洋功能区的标准（评价目标）体系是对海洋特定区域的自然条件、区位条件、环境状况、资源条件、社会条件和社会需求等这些固有属性的界定。通过判别特定区域满足所制定的何种指标或标准，选定特定区域具备的各种功能，保证所做工作的合理性和科学性。②评价目标选取必须兼顾地域性和可操作性。一般地说，评价目标体系中选定的标准即指标，是按照全国统一的原则建立的，但考虑到我国海岸线漫长，南北纬度跨度大，固有条件相差悬殊，很难对评价目标都做出统一的规定。为此，对有些评价目标应做有弹性的规定，以满足地方性的需求。在不失科学性、规范性、通用性的基础上，做这种有弹性的规定，强调照顾地方功能和满足地方需求，还可以大大提高评价目标体系的可实施性和可操作性。③评价目标选取必须兼顾到海洋功能条件具有可创造性。特定区域固有属性条件是适合特定功能的基础条件，但不是绝对条件。在现代科学技术条件下，在有特殊需要的特定情况下，也可以创造条件使特定区域满足特定功能。④评价目标选取定量定性相结合。在指标选取中，最佳的选取是选取定量指标，要完全做到这一点现实条件还做不到；其次是选取定量与定性相结合的指标，要全部做到也有困难；只有在不得已的情况下才选取定性指标。但是，随着科技的进步、条件的不断成熟，可以不断丰富定量指标。⑤与涉海部门标准相协调。在评价目标制定工作中，要求充分吸取各种相关部门的标准。海洋功能评价目标体系见图 4－1。

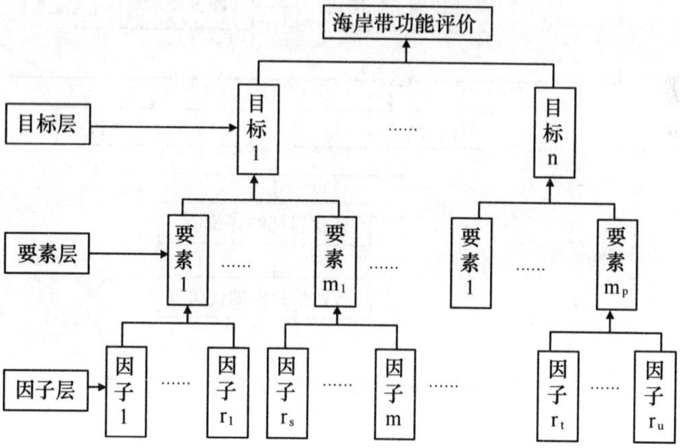

图 4－1 海洋功能评价目标体系

为了科学合理的开发利用海洋资源，控制和引导海域使用方向，保护海洋环境，促进海洋资源和区域经济持续发展，为海洋综合管理提供服务，本研究广泛收集国内外海洋功能评价理论和模型研究成果，从海洋使用的各种需求出发，全面遴选评价类别和各种评价要素，建立以海域属性、水文、气象、生物、化学、地质、经济、交通、资源、环境等为主要内容，以及临近海洋的人口、经济、文化、教育、科研、交通、腹地等为辅助内容的，以系统工程理论、多目标决策理论和统计理论为基础的，具有简单、科学、客观、定量特征的海洋功能评价数学模型。海洋功能评价的总体框架如图 4－2 所示。

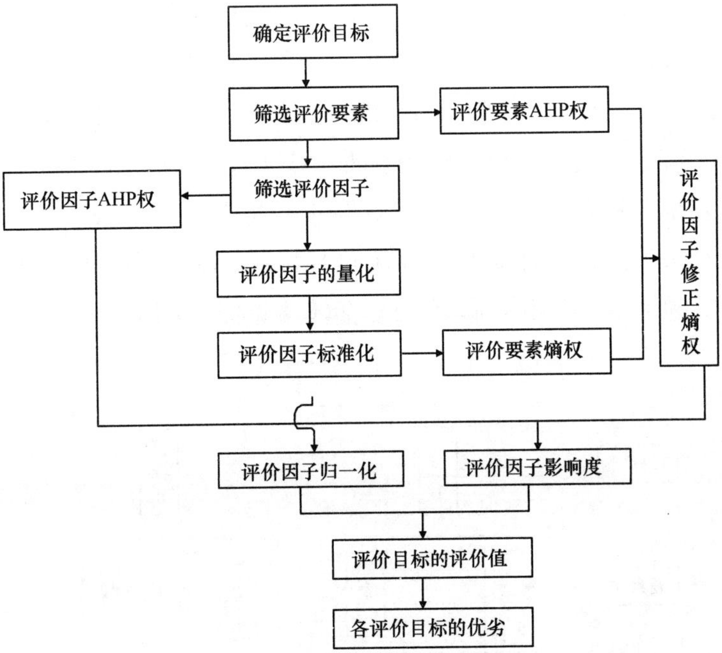

图 4－2　海洋功能评价的总体框架

4.7.2.2　海洋环境影响评价

海洋环境质量评价即是按照一定的评价标准和评价方法对一定区域范围内的海洋环境质量进行识别和评定。海洋环境影响评价也即海洋环境质量预测评价。一般来说，海洋环境影响评价所指的是包括海洋环境质量评价在内的海洋环境质量预测评价。海洋环境影响评价分为海洋区域环境影响评价和海洋工程环境影响评价。

（1）海洋区域环境影响评价：这是对某一海域，特别是对邻近大的工业城市或海洋开发程度比较高的海域或海湾，一般在经过了一段时间的开发和利用后，为了摸清海域的环境质量状况而进行的评价。例如，渤海湾的环境质量评价，大连湾的环境质量评价等。

海洋区域环境影响评价的目的是通过区域开发活动环境影响评价以完善区域开发活动规划，保证区域开发的可持续发展。

海洋区域环境影响评价的意义是有助于了解区域环境状况和区域开发带来的环境问题，避免重大决策失误，最大限度地减少区域开发活动对区域内自然生态环境和资源的破坏，同时可作为单项环评的基础和依据，使单项环评能够符合区域环境的总体要求。

区域环境影响评价的基本内容有：①区域环境现状调查与评价；②区域总体发展规划；③ 环境问题的识别和筛选；④区域环境影响分析；⑤环境保护综合对策研究（图 4－3）。

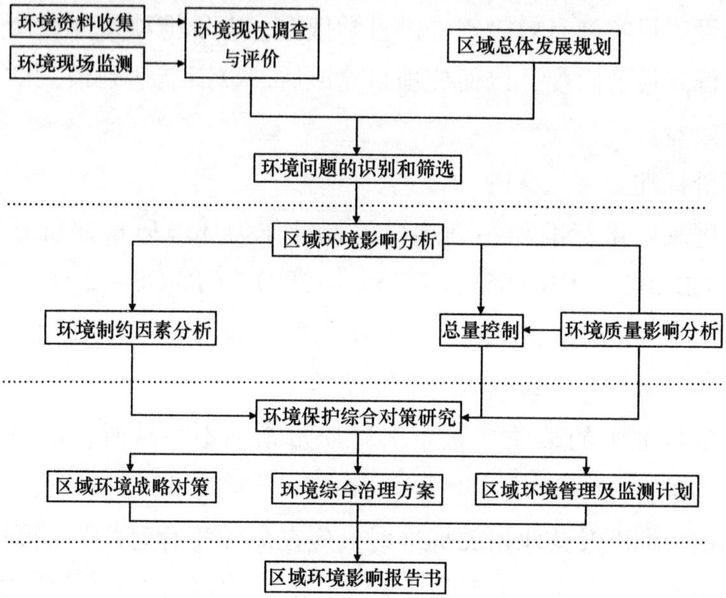

图 4－3　海洋区域环境影响评价总体框架

（2）海洋工程环境影响评价

海洋工程是指工程主体或者工程主要作业活动位于海岸线向海一侧、或者需要借助、改变海洋环境条件实现工程功能，或其产生的环境影响主要作用于海洋环境的新建、改建、扩建工程。

《中华人民共和国海洋环境保护法》第四十七条规定："海洋工程建设项目必须符合海洋功能区划、海洋环境保护规划和国家有关环境保护标准，在可行性研究阶 段，编报海洋环境影响报告书，由海洋行政主管部门核准，并 报环境保护行政主管部门备案，接受环境保护行政主管部门监督。"海洋工程环境影响评价的目的是通过环境影响评价查清建设项目的环境背景，明确环境保护目标，同时通过评价对项目建设过程中和建成后可能对环境造成的影响进行系统的分析和评估，并向业主提出减少这些不利影响的环保措施和对策建议，明确开发建设者的环境责任及应采取的措施，以求将不利的环境影响减少到最小程度。同时，通过评价为环境管理者对建设项目实施有效管理提供科学依据，力争把项目建设所带来的不利影响降低到最低限度，以便使项目建成后，以期能达到最大的社会、环境、经济效益。

①评价标准

采用国家质量标准和污染物排放标准作为环境质量评价标准，按照GB3097、GB18421、GB18668、GB3552－1983、GB3838－2002、GB4914－1985、GB8978－1996、GB11607－1989的要求执行；也可采用行业质量标准和地方质量标准作为环境质量评价标准。

采用的标准中的某项（某要素）质量指标不一致时，应以要求最严格的指标为准。

采用国际标准及其他相关标准时，应在海洋工程环境影响评价大纲中明确所采用的标准名称、类别和标准值，并经国家海洋行政主管部门审批。

②环境质量现状调查与评价

应初步了解并阐明建设项目所在区域及周围海域的自然环境概况与特

征，制定区域自然环境和社会环境现状调查实施方案，主要内容包括：

阐明区域环境质量概况，主要包括海洋水文动力环境概况，海洋地形地貌与冲淤概况，海域水质概况，海域沉积物质量概况和海洋生态环境概况等。

应阐明建设项目所在海域和区域的社会环境与社会经济活动现状，主要包括城市（或城镇）规模，行政区划及人口，现有工矿企业和生活居住区的分布状况，人口密度，交通运输状况及其他社会经济活动等内容。

应阐明建设项目周围海域海洋功能区划和海洋环境保护规划的主要内容，阐明海洋经济开发利用的内容、类型和程度，海域开发使用现状，现有海洋工程和设施的分布状况等。

应阐明海洋自然资源（主要包括渔业资源、油气资源、矿产资源、景观资源、湿地和滩涂资源、野生生物资源等）现状和开发利用现状。

应制定环境质量现状调查与评价实施方案。根据已分析确定的各单项评价的内容、范围和等级，结合环境特点和现状评价及影响预测的需要，尽量详细地制定包括调查范围、调查项目及调查方法、调查时期、调查地点、站位布设、调查次数等内容的现状调查实施方案，并明确调查所应执行的技术标准。

依据已界定的各单项评价内容的环境影响评价等级，明确资料收集的目的、内容、范围等要求。

应明确环境质量现状的评价范围、评价内容、评价标准和评价方法并提出具体要求。

应明确环境敏感区（例如渔业资源区、海水养殖区或珍稀濒危物种分布区等）的调查与评价内容，对已界定的环境敏感区、敏感目标和重点环境保护对象提出调查内容、范围和方法的具体要求，并界定评价标准、评价内容和评价范围。

③应制定环境影响预测与评价实施方案，明确以下内容：

各单项评价内容的预测的目的和要素，预测的范围、时段，参与预测的污染要素和非污染要素的特性，采用的主要预测方法和模式，边界条件、初始条件、计算域、计算参数等计算条件的选取及简化，有关参数的估值方法等，同时应明确预测精度。

应对建设项目施工阶段、生产阶段、废弃阶段等各阶段的影响要素、影响内容、影响范围、影响程度和影响结果等，提出具体预测要求。预测的准确度指标应满足主管部门管理和指导环境保护设计等要求。

应明确环境影响预测的评价内容、评价方法和标准，提出评价的具体要求。

有环境事故风险的建设项目，应进行环境事故风险分析与评价，制定环境事故风险分析与评价实施方案，明确以下内容：

提出环境事故风险分析内容和方法的要求，包括对建设项目各阶段环境事故发生概率的分析要求，对自身和非自身环境事故叠加的风险概率的分析要求，对发生各类环境事故时各种污染物排放规模与源强的分析要求，对污染物迁移扩散路径与范围的预测要求，对可能造成的各类环境影响和潜在影响的分析要求等。

明确环境事故影响预测的方法，包括预测范围、主要预测因素、污染物扩散浓度、面积等时空要素，应明确不确定性分析内容和方法。

明确环境事故处置分析要求，包括对应急设施和器材、配置地点、机动性能、通讯联络、应急组织、应急反应程序、各阶段拟采取的防范措施的可行性、有效性等的分析内容。

海洋环境评价目标框架图如图 4－4，海洋环境预测评价框架图如图 4－5。

4.7.3 海洋环境监测

4.7.3.1 海洋环境监测的概念

海洋环境监测的涵盖面很广，它既包括传统的一些海洋观测，又包括近几十年来所进行的海洋环境污染监测或称海洋环境质量监测，我们这里所说的海洋环境监测主要指海洋环境质量监测。

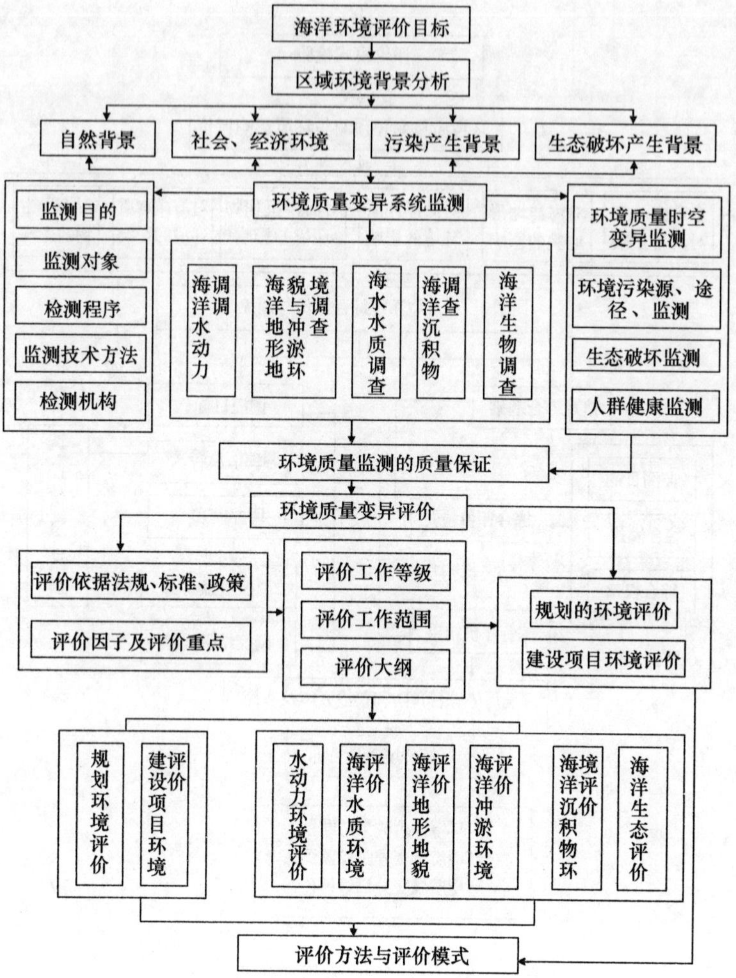

图 4－4　海洋环境评价目标框架图

环境监测是随着环境科学的形成和发展而出现的，并在环境分析的基础上逐步发展起来的。海洋环境监测是环境监测的分支和重要组成部分，但就其对象和目的而言，海洋环境监测与传统的海洋观测有着本质的不同。海洋环境监测的对象可分为三大类，即：①造成海洋环境污染和破坏的污染源所排放的各种污染物质或能量；②海洋环境要素的各种参数和变

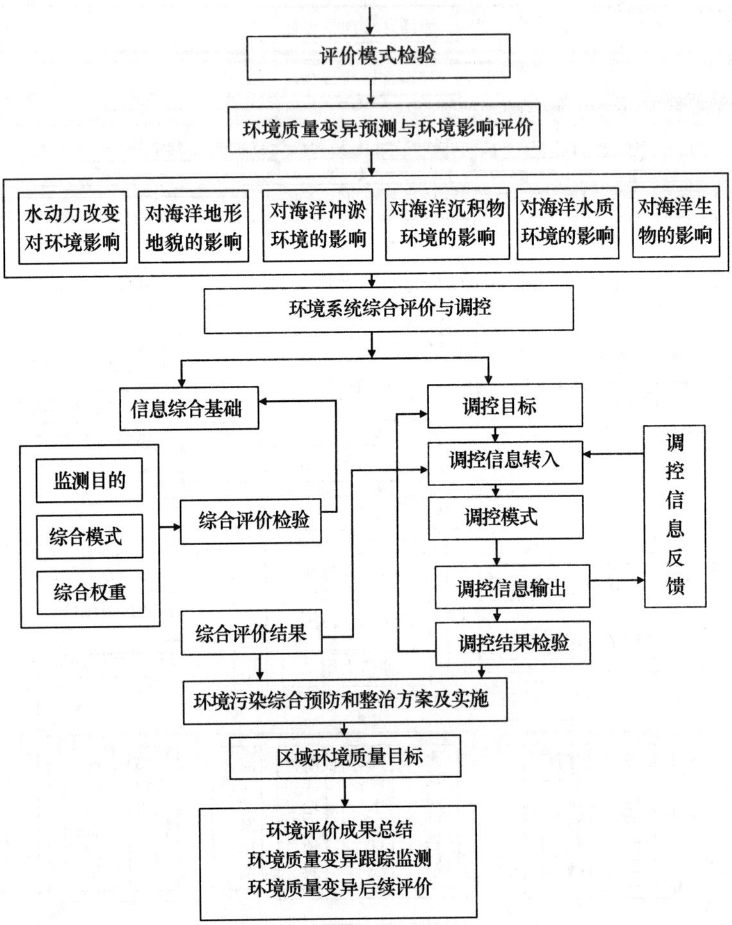

图4－5　海洋环境预测评价框架图

量；③由海洋环境污染和破坏所产生的影响。

对海洋观测来说，其对象仅为第二类中的海洋自然环境要素部分。就目的而言，海洋观测主要是了解和掌握海洋自然环境的变化规律，趋利避害，为海洋的开发利用服务。而海洋环境监测则以了解和掌握人类活动对海洋环境的影响为主，保护海洋环境是其主要目的。

根据其目的、对象和手段等，海洋环境监测可定义为：在设计好的时间和空间内，使用统一的、可比的采样和检测手段，获取海洋环境质量要素和陆源性入海物质资料，以阐明其时空分布、变化规律及其与海洋开发利用和保护关系之全过程。简单地说，就是用科学的方法检测代表海洋环境质量及其发展变化趋势的各种数据的全过程。

4.7.3.2 海洋环境监测的地位与作用

海洋环境监测是海洋环境保护的“耳目”，是海洋环境管理的重要组成部分。海洋环境管理必须依靠海洋环境监测，具体表现在如下三个方面：第一，及时、准确的海洋环境质量信息是确定海洋环境管理目标、进行海洋环境决策的重要依据，这些信息的获取要依靠监测，否则很难实现科学的目标管理。第二，海洋环境管理制度的贯彻执行要依靠环境监测，否则制度和措施将流于形式。第三，评价海洋环境管理和陆源污染治理效果必须依靠海洋环境监测，否则很难提高科学管理的水平。由此可见，海洋环境监测是海洋环境管理的重要支柱。海洋环境监测的这些重要作用决定了其在海洋环境保护事业中的基础性地位。

4.7.3.3 海洋环境监测的目的和基本任务

海洋环境监测的目的是及时、准确、可靠、全面地反映海洋环境质量和污染物来源的现状和发展趋势，为海洋环境保护和管理、海洋资源开发利用提供科学依据。

海洋环境监测的基本任务如下：①对海洋环境中各项要素进行经常性监测，及时、准确、系统地掌握和评价海洋环境质量状况及发展趋势；②掌握海洋环境污染物的来源及其影响范围、危害和变化趋势；③积累海洋环境本底资料，为研究和掌握海洋环境容量，实施环境污染总量控制和目标管理提供依据；④为制订及执行海洋环境法律、标准及海洋环境规划、污染综合防治对策提供数据资料；⑤开展海洋环境监测技术服务，为经济建设、环境建设和海洋资源开发利用提供科学依据。

4.7.3.4 海洋环境监测的分类

海洋环境监测按其手段和方式可分为三类：①对海洋生态环境各种组分（水相、沉积物相、生物相）中污染程度进行测定的化学监测。②测定海洋环境中物理量及其状态的物理监测。③利用生物对环境污染的反应信息，如群落、种群变化、生长发育异常、致畸、致突变、致癌等作为判断海洋环境污染影响手段的生物监测。

按其实施周期长短和目的性质可分为四类：

①例行监测。例行监测是在基线调查的基础上，经优化选择若干代表性测站和项目，对确定海域实施定期或不定期的常规监测。它既包括应用常规手段对一般污染指标实施的例行常规监测，也包括为特殊目的而实施的例行专项监测。例行监测是确定区域、甚至全海域环境质量状况及其发展趋势的最重要的监测方式。这类监测一般通过完整的多级监测网来实施。其实施目的一是在确定海域内，按固定频率和测站，观察和测定已知污染物指标的量值及其污染效应等的空间分布和时间的变率；二是判断环境质量变化趋向，检查控制和管理措施的效果。该类监测是海洋环境监测中主要的工作内容。

②临时性监测。临时性监测是一种短周期监测工作，其特点为机动性强，与社会服务和环境管理有着更直接的关系。它适用于以下情况：（a）当出于经济或娱乐目的对特定海域提出特殊环境管理要求时，可通过临时性监测提供环境可利用性评估；（b）对即将有新的海洋开发活动或近岸工业活动的周边海域，通过此种短周期临时性监测，可掌握区域环境基础资料并提供环境预评价；（c）用于监测局部海域已经受纳的额外污染物增量或局部海域海洋资源受到的意外损害程度及其原因，这种增量或损害可能来自临时性经济活动的短期影响、新经济活动的初始影响或较大型污损事件带来的滞后影响（不同于应急监测），也可能源自目前尚不清楚的原因。

③应急监测。应急监测是指在突发性海洋污染损害事件发生后，立即

对事发海区的污染物性质和强度、污染作用持续时间、侵害空间范围、资源损害程度等的连续的短周期观察和测定。应急监测的主要目的，一是及时、准确地掌握和通报损害事件发生后的污染动态，为海洋污损事件的善后治理和恢复提供科学依据；二是为执法管理和经济索赔提供客观公正的污损评估报告。

④研究性监测。研究性监测又叫科研监测，属于高层次、高水平、技术比较复杂的具有探索性的一种监测工作。如确定污染物从污染源到受体的运动过程、鉴别新的污染物及其对海洋生物和其他物体的影响、为研制监测标准物、推广监测新技术等而进行的监测活动。

除上述分类外，还有按监测介质分类的水质监测、沉积物监测、生物（残毒）监测和界面大气监测；按监测功能和机制分类的控制性监测、趋势性监测和环境效应监测；按监测工作深度和广度划分的基线调查、玷污监测、生物效应监测和综合效应监测等。

4.7.4 环境容量与入海污染物总量控制

4.7.4.1 环境容量

1. 环境容量的概念

根据《环境科学大辞典》中的定义，环境容量是一个复杂的反映环境净化能力的量，其数值应能表征污染物在环境中的物理、化学变化及空间机械运动性质。

环境容量不仅是环境科学的一个基本理论问题，也是环境管理中的一个重要的实际应用问题。环境容量反映了污染物在环境中的迁移转化和积存规律，也反映在特定功能条件下环境对污染物的承受能力。在实践中，环境容量是环境目标管理的基本依据，是环境规划的主要环境约束条件，也是污染物总量控制的关键技术支持。

水环境容量指某水体在特定的环境目标下所能容纳污染物的量，它反映了污染物在水体中的迁移转化规律，在满足特定功能条件下水环境对污染物的承受能力，在实践上常以管理环境容量表示。当前水环境容量研究的主要对象是管理环境容量，它以环境标准值作为环境目标，它的大小不仅和自然因素有关，而且考虑了各种社会因素和经济因素。

2. 海洋环境容量的概念

海洋环境容量问题属于海洋环境科学中的基础理论问题。GESAMP（联合国海洋污染专家小组）认为“环境容量是环境的特性，在不造成环境不可承受的影响的前提下，环境所能容纳某物质的能力”。这个概念包括三层意思：①污染物在海洋环境中存在，只要不超过一定的阈值，就不会对海洋环境造成影响；②在不影响生态系统特定功能的前提下，任何环境都有有限的容量容纳污染物；③环境容量可以定量化。

海洋环境容量对制定近岸海域环境规划、实施污染物排海总量控制规划等有着重要的科学意义。海洋环境容量的大小与海域特征、海水水质目标及污染物特性有关。海域特征是指海域范围、海底地形、海流、海水的物理化学性质及水生生物状况等，它决定着海域对污染物扩散、稀释能力和自净能力；海水水质目标是指海域所能满足的环境功能指标，它包括渔业用水功能、工业用水功能、旅游娱乐功能、航运功能等；污染物特性是指海域污染物种类及其稳定性能。

需要强调的是：“海洋环境容量”概念在使用中，应注意到其特殊性。其一是水体的空间无限性，计算域中总会有误差存在，所谓“海洋环境容量”只能是在所指定的海域范围内的环境容量。其二是时间上的变化，海洋的水交换性随时间在变化，海洋环境容量问题，实际上是一个动态过程中的量。

3. 海洋环境容量的资源特征

海洋环境容量也是一种宝贵的资源。所谓自然资源概念，是指一切能被用于满足人类的生活和生产所需要的自然物质和能量。一切自然水体，尤其是占地球表面积71%的海洋水体，具有较强的物理能、化学能和生物能。这种能量对污染物的降解作用很强，能转化、稀释污染物，可以部分代替污水的人工净化，从而节约治理投资。这种通过容量所包含对污染缓冲作用的潜能，更能适应人类生产和生活活动需求的环境容量，无疑也属于资源范畴。它与直接用于生产和生活的水资源相比，虽是不同形式的两个概念，但具有相同的资源价值。人类应当给予合理的利用，应当同样地加以珍惜和爱护，应当让它在人类发展史上发挥作用。相反，闲置和浪费这种强大的环境资源，不仅没有必要，而且还会影响社会经济的发展。

不容忽视的是：环境容量既然是种资源，就有稀缺性，若是超过一定的限度则会被耗尽。因此，对环境容量的利用应该在一定的限度内，否则超过自净能力，将引发环境污染。

4.7.4.2 入海污染物总量控制

海洋污染和人为造成的海洋生态灾害是世界沿海国家所共同面临的生态环境问题。许多发达国家在经济建设初期，由于忽视了对资源与环境的保护，从而走了先污染再治理的弯路，这在日本和美国20世纪50年代的经济高速发展期最为明显。总量控制研究始于60年代末和70年代初，它以海洋功能区划为依据，以海域功能区划所确定的水质目标为约束条件，研究入海污染物在海洋环境中的行为，通过对环境动力和污染物在海洋环境中的输运和扩散过程的研究，确定污染源与水质的定量响应关系，根据海洋功能区划对水质的要求和经济承受能力逐步削减污染物的排放量，逐步改善和恢复生态平衡。如日本的濑户内海、美国的纽约湾和长岛海域、欧洲的波罗的海等，通过总量控制研究，采取综合治理措施都取得了良好的环境效益。到80年代末期发达国家大多数曾经被污染的海域的水质和生态都得到了恢复和改善。

目前，我国部分近岸海域污染颇重，生态环境退化、赤潮频发、水产资源衰退，生物多样性遭到一定程度破坏，这些已经或可能成为影响海洋经济的制约因素。究其原因，一个重要因素是污染物入海量已明显超过海域环境的承载能力。为此，就必须实行总量控制，采用排放浓度标准和排放总量指标相结合的方式，严格控制入海污染物排放总量。否则，依然沿用单一的排放浓度标准控制方式，即使所有污染源做到达标排放，污染物的总量仍会继续增加，污染物加剧的趋势得不到有效控制，环境保护目标也难以实现。因此，入海污染物容量总量的研究，将为总量控制方案的制订提供依据。

我国自20世纪80年代中期开始对近岸海域环境自净能力和环境容量进行了一些有益的探讨。国家海洋局“九五”期间在大连湾、胶州湾和长江口组织实施了以我国近海环境容量计算为目标的有关研究计划；科技部开始了“渤海碧海行动计划”等。通过这些研究对我国近岸海域海洋生态环境保护，特别是对海洋环境容量理论和方法等方面做出了重要贡献，对我国近岸海域污染物排海总量控制、有效保护海洋生态环境的要求起到了指导作用。

国家水污染物总量控制指标原为：COD、石油类、铅、镉、砷、汞、六价铬、氰化物共8种。1998年12月召开的“海洋环保工作会议”上，提出渤海主要污染指标为：氮、磷、COD和石油类4种。说明海洋中污染物危害程度的排序和国际上类似，也有很大的变化，由重金属、油类为重点转为以营养盐、有机物等为重点。

非保守物质氮、磷列入海洋主要污染控制指标，反映了海洋污染的现状，同时也将使海洋环保工作的面貌发生很大的变化，将对海洋环保工作总体格局产生深刻的影响。

我国在控制COD、石油类和重金属方面已有比较成熟的经验和有效的方法，控制的对象主要是工业废水和城市生活污水。制定了一系列的污水排放标准和环境质量标准，对已有的工业污染源实行达标排放、总量控制、限期治理，关、停、并、迁、转等。对新的污染源实施环境影响评价、“三同时”等制度，取得了很好的成效。

目前，对氮、磷通过各种不同途径进入海洋的比例尚不清楚。20世纪90年代美国Chesapeake湾的一项研究报告给出如下数据：

氮的点源入海量占23%，非点源占68%，大气直接输运占9%。我国尽管没有这方面的数据，但环保界比较一致的看法，氮、磷入海量中面污染源是主要的。

氮、磷排污的上述特点，将使海洋环保工作的重心转移到面污染源（包括养殖排污）的控制和治理上，同时行之有效的控制工业污染源和城市生活污水的方法失效（指对面污染源），必须寻求海洋环保工作的新途径。

国家提出氮、磷作为主要污染控制指标后，如何控制氮、磷入海量，保护和改善水环境质量，抑制富营养化和有机污染加剧趋势，是国家对海洋环保的重大需求。

发展非保守物质氮、磷的水质预测技术，为氮、磷的容量研究提供手段和方法，为总量控制方案的编制提供依据，是一项基础性的工作。

5 海域使用管理

海域使用管理是国家通过各级政府及其海洋行政主管部门，为维护海域的国家所有权，保护海域使用权人的合法权益，促进海域的合理开发和可持续利用，按照依法、统一、全面、科学的原则和要求，对海域的分配、占有、开发、使用等过程和行为所进行的一系列决策、组织、协调、控制、监督等综合性措施的活动。海域使用管理属于行政管理范畴，是海洋管理的一个重要组成部分。

5.1 海域使用管理概述

5.1.1 海域使用管理提出的背景

5.1.1.1 海域使用中的情况和问题

进入20世纪90年代，随着海洋开发密度、强度的加大，海域使用中出现了一些新的情况和问题，尤其是外资涌入海洋开发，使得海洋利用形势更加复杂，快速发展的海洋开发活动向海洋管理提出了更高要求。而这个复杂的局面也让海洋管理中一些原则性的问题暴露出来。

传统的用海观念错误的认为与之毗邻的海域属于本地区、本企业甚至个人所有，擅自占用或出让、转让、出租海域；

海洋功能区划的内容已经在《海洋环境保护法》中确定的，但在海域使用管理中其法律地位不明确，难以发挥规范、协调各行业用海的作用，致使养殖与港口锚地、养殖与滨海旅游、盐田与养殖、排污与滨海旅游、排污与养殖以及海洋开发与国防设施安全等用海冲突，一系列矛盾日益突出，由此引发的群众上访和诉讼案件逐年上升；

具体的海域使用确权发证的权限和程序没有法律、法规作出规定，海域使用者的合法权益得不到有效保护；

无偿使用海域现象突出，一方面造成国有资源性资产流失，另一方面也加剧了对海域的过度开发，造成海域资源衰退，海洋环境恶化，严重影响了海域资源的合理开发和可持续利用。

而我国海域使用中所出现的种种矛盾和问题的核心在于海域使用管理制度未有法律规范，造成管理无法可依，致使海域使用中“无序、无度、无偿”现象普遍存在。要改变海域使用的混乱局面，必须从制度上、法律上加强对海域使用的管理，建立海域权属管理制度和有偿使用制度，使各行业和个人通过法定程序依法取得海域使用权，规范和理顺海域使用秩序。

外商投资引发的海域管理问题推动海域使用管理工作的进展，为了扭转海域使用的混乱局面，维护国家的海洋权益，财政部和国家海洋局于1991年底向国务院提交了《关于外商投资企业使用我国海域有关问题的报告》，就如何加强外商投资企业使用海域的管理提出了建议和意见。国务院办公厅在征求有关部门的意见后认为，国家海域使用不仅要针对外商投资企业，对国内企业、单位的海域使用同样要加强管理。国务院下发国办通［1992］20号文，批复国家海洋局、财政部，要求尽快制定对国内外企业使用我国海域从事生产经营活动的行政管理办法，对海域使用者实行海域使用许可证制度和有偿使用制度，从而正式确立了我国的海域使用管理制度。

5.1.1.2 海域使用管理立法的现实意义

加强海域使用管理，具有重大的现实意义。健全完善的海域使用管理制度，有利于维护国家海洋权益及海域使用权人的合法权益，有利于遏制对海洋资源的破坏，改善海洋生态环境，保持国家海洋资源的可持续利用。

1. 海域使用管理法律制度明确了海域的所有权

健全的海域使用管理制度可以有效地保证国家的海域使用形成有序、有度、有偿的良好局面。我国海域辽阔，领海面积达38万平方千米，管辖海域约300万平方千米，拥有18 000千米的大陆岸线，14 000多千米的岛屿岸线，蕴藏着丰富的资源。依据《联合国海洋法公约》及我国《宪法》有关规定，海洋资源归国家所有。《海域使用管理法》（以下简称《海域法》）第三条第一款明确规定："海域属国家所有，国务院代表国家行使海域所有权。"国家对所辖海域拥有所有权，对其有占有、使用、收益、处分的权能，并可以通过这些权能的行使获取国家应有的合法权益。国家对这些权能的行使即是对海域使用的管理。海域所有权归国家所有，海域使用权由国家让渡给海域使用权人。只有管理好国家的海域使用权，才能维护好国家的海域所有权，才能保护好国家的海洋权益。而如何处理好海域使用权人与海域所有权人之间的关系，如何保护国家的海洋权益，成为海域使用管理的主要内容。

2. 健全的法制环境促进海域的合理开发和可持续利用

我国有着丰富的海洋资源，而海域具有功能多宜性和流动性等特点，各种海域开发利用在空间上相互交错，功能上相互影响，各涉海行业用海目的不同，利益需求不同，如果海域使用权属不明，必然会导致各涉海行业之间的用海纠纷，海洋资源的过度开发、浪费及海洋环境污染，将会导致海域开发的无序和混乱，不利于海域的合理开发和可持续利用。健全的海域使用管理法律制度有利于促进海域的合理开发，保护海洋环境，促进海洋资源的可持续利用。

3. 海域使用管理法律制度保障了海域使用权人的合法权益

任何权利必须有法律强制力的保障，才能真正成为实质意义上的权利。国家以强制力保证海域使用权人权利的行使，排除任何不特定第三人的不法侵害。海域使用权是一种自然资源使用权，国家在保护海域使用权人依法产生的权利时，实质上是在维护国家海域所有权的基础上建立海域使用的法律秩序。有了完备的海域使用管理法律制度的保障，就会逐步形成规范的海域使用管理秩序。在规范的管理秩序下，海域使用权人的合法权益才能得到有效保障。

5.1.2 海域和海域使用

5.1.2.1 海域的含义

1. 海域的一般理解

《辞海》对海洋的解释为："海洋，是由作为主体的海水水体、生活于其中的海洋生物、邻近海面上空的大气和围绕海洋的周缘海岸及海底等组成的统一体。通常仅指作为海洋主体的连续咸水体，面积为36 200 万平方千米，体积为137 000 万立方千米，中心部分叫洋，边缘部分叫海，另有地中海、内海和被特殊海水包围的马尾藻海。"

海域可分为地理海域与主权海域两种。地理海域，是最广义的海域，泛指海洋的所有组成部分。广义而言，所谓海域就是一定界限之内的边缘海区域，包括区域内的海表层水体和海床及其底土的立体空间。海域的范围大小并无严格的数量限制，大型的海域可以达到数百平方千米，甚至数千万平方千米，如东中国海海域、南中国海海域、欧洲北海海域、中东阿拉伯海海域等。或者是指某一特定的、小型海的海洋区域，可以是几平方千米或十几平方千米，如小型海湾、河口海域、海洋某类开发区所涉及的海域等。主权海域指沿海国对其拥有主权的海域。根据是否拥有完全主权，可将主权海域进一步区分为完全主权海域和不完全主权海域。譬如，按照1982 年的《联合国海洋法公约》（以下简称《海洋法公约》），依据法律地位的不同，海洋可划分为内海、领海、毗连区、群岛水域、专属经济区、大陆架、公海、国际海底区域、用于国际航行的海峡等。领海是沿海国家的领土在海洋上的延续，国家对领海可以行使完全主权。不完全主权海域，是指沿海国拥有海域的部分管辖权和资源主权的毗连区、专属经济区和大陆架。

2.《海域法》中海域的含义

在《海域法》中给出的海域定义是指中华人民共和国内水、领海的水面、水体、海床和底土。《海域法》所称内水，是指中华人民共和国领海基线向陆地一侧至海岸线的海域。

其中的海岸线是水陆分界线，《中华人民共和国国家标准》已经作出明确界定："海岸线系指平均大潮高潮时水陆分界线的痕迹线。"

讨论

关于海域使用范围比较多争议的地方，我们不妨进行如下讨论：某市的一条小河入海口，原本是一片湿地，前些年当地政府在此建了1 000多亩虾池，是自然纳潮的那种。这部分虾池究竟是不是海域的范围?

这个问题，也是以前海域使用管理中遇到过的问题。根据《海域法》的规定，海域使用管理的范围是指我国的内水、领海的水面、水体、海床和底土，内水是指领海基线向陆地一侧至海岸线的海域。而海岸线的界定，根据GB/T18190－2000规定："海岸线"，即"海陆分界线，在我国系指多年大潮平均高潮位时海陆分界线"，在其他的一些国家标准中也有类似的规定。

河口区的管理问题，对河口岸区比较明显的，则可采用两岸大潮平均高潮位上的两点之间横越河口的直线划定分界线，而对一些较大的河口要进行专门的分析研究。提出的问题是在湿地上围筑起的虾池，但是属于自然纳潮的，应该属于海域管理的范围。即使过去在管理中没有纳入管理范围，但是根据《海域使用管理法》，虾池的取水口区域（纳潮口）也是属于海域使用管理的范围。因为取水口的使用具有排他性，在审批取水口附近的其他用海项目时应该考虑保证取水的顺畅。所以为了保证已围虾池的高产和丰收，应进一步征求海域使用管理部门的意见，办理相关的海域使用申请和审批手续。[①]

---

① 吕彩霞，海洋开发与管理，2002年1期

3. 海域的特点

海域作为“蓝色国土”，有如下明显的特点。

第一，人为特定化。海域具有功能的多宜性和水体的流动性等特点，是一个无法截然分开的空间资源整体。海域虽没有像土地一样明确的边缘，但随着科技的发展和人们对海洋利用的日渐深化，每一片海域都可以根据经纬度、自然外观或人为地设置海上界标而“特定化”。海域的表面边界与面积特定后，水体、海床与底土也随之特定。即海域的整体与其各组成部分可以因“分割”而成为无数个特定、具体和相对独立的物。海域的特定化，使其得以成为民法上特殊的“物”和权利的客体与支配的对象。

第二，海域具有资源复合、功能多宜性。这个特点在人类生产、生活中占有十分重要的地位。每一片海域都是多种自然资源的统一体，无论海面、水体，还是海床和底土，都蕴藏着不同种类的资源。如海面有娱乐资源、港口资源，水体中有渔业资源，海床和底土有矿产资源等。作为一种自然资源，海域同其他任何资源一样，是稀缺的，其价值受资源的质量和数量影响。因此，必须要对其进行合理利用和保护，以保障海域整体功能的发挥和海洋经济的可持续发展。明确海域是一种自然资源，也是国家作为海域所有者对海域使用者征收海域使用金的前提。避免海域被无偿地占有使用，这既符合经济学的原理，也出于对法律所维护的社会公平正义的基本要求。

第三，海域具有三维空间性。海域并不是一个平面的概念，单纯的海面或海床不能称作海域。海域是立体性的，它自上而下可以划分为水面、水体、海床和底土四部分。各部分通过海水流动相互作用形成一个有机结合的整体。海域资源和功能的立体性分布决定了其多样化利用的可能，只要对各种资源的利用相互间不冲突，便完全可以对其同时进行开发利用。

第四，海域具有专属性。即海域专属于国家所有。目前，绝大多数国家都明确规定海域为国家所有，仅有极少数国家承认海域的有限私有。在我国，海域的所有制与土地的所有制有一定的差异。土地有国家所有和集体所有之分，而海域全部属于国家所有。我国《宪法》第九条规定，矿藏、水流、森林、山岭、平原、荒地、滩涂等自然资源，都属于国家所有，即全民所有。《海域使用管理法》贯彻了宪法规定的这一原则，明确规定海域属于国家所有，由国务院代表国家行使海域所有权；任何单位和个人只能依法取得海域的使用权，不能取得海域的所有权。明确国家对海域的所有权，有利于澄清过去在海域权属上"谁占用，谁所有"的错误认识，从根本上理顺国家与集体、个人之间在海域的所有与使用上的权属关系，从而维护国家的所有者权益；有利于国家对海域功能区划和海域使用的统筹安排，规范用海秩序，保证海洋资源的合理利用和持续开发，从而促进海洋经济的协调发展；同时，这也是加强国防建设，维护国家安全的需要。

5.1.2.2 "海域使用"的含义和特点

一般地，海洋管理中的"海域使用"是指人类根据海域的区位和资源与环境优势所开展的开发利用活动，即用海行为。比如，海底石油天然气开发、海水养殖与捕捞、海洋盐业与海水综合利用、海岸与海洋工程建设、海洋自然保护区和特别保护区建设、海水浴场和海洋旅游、陆源废污水排放、港口建设和海上交通运输、海上城市、海上人工岛、海上机场、海上卫星发射、海底隧道、海底仓库等。随着经济与社会的发展和科学技术进步，人类的海域使用会越来越多样化。

(1)《海域法》中的"海域使用"

为便于依法进行管理，《海域法》对海域使用给出的定义，并按照时间进行了区分，分为非临时用海与临时用海。非临时用海即在中华人民共和国内水、领海持续使用特定海域3个月以上的排他性用海活动，一般将非临时用海称为海域使用。

这里的海域使用定义需要明确三方面的内容：使用固定海域空间，而非偶尔进入、不具有空间稳定性，如船只航行等；使用海域时间具有连续性，且在3个月以上的利用活动；特定的开发利用活动具有排他性，以及只要此项利用发生后，在此海域中不能有其他的固定开发利用活动。这种排他性是指海域使用人的排他，在使用期内的使用权排他，并不是用途的排他。

在海域使用分类的问题上，考虑到用海性质的不同，除申请和审批环节外，在不同的用海项目的海域使用时间上限上还予以不同设定。

临时用海是指用海时间不超过3个月，流动性大且没有永久性设置的用海行动。具体表现为：捕捞、海上交通运输、海上临时调查抽样、海上油气勘探等。

（2）海域使用与其他使用的区别

由于海域具有功能的多宜性、生态系统的复杂性、资源的多样性、开发利用的立体性和上覆海水的流动性等特点，海域使用具有与其他自然资源开发利用所不同的性质和特点。

①所有权界定的模糊性

过去在海域资源开发利用中，海域资源相对富裕，维护海域所有权的成本高，维护能力有限，导致所有制关系缺乏明确性和规范性，对海域资源占有的多寡往往是与占有者的占有能力相联系的，从而导致了海域使用过程中所有权界定的模糊性。

长期以来，海洋开发利用的程度与人类活动的占有能力呈正相关系。从人类社会发展史与海洋的相互关系上看，海洋曾有过漫长的“无所有权”时期。古罗马曾提出海洋全部归罗马所有的主张，英国国王在10世纪也曾宣布自己为不列颠海洋之王，但那时其他民族并未表示有任何异议。15—16世纪初，达·伽马、哥伦布、麦哲伦等人的航海大发现，也只是发现新大陆或通向新大陆的道路而不是海洋领土本身。1609年，荷兰法学家格劳休斯发表的《海洋自由论》中讲道：“海洋不能被人类拿起和圈定，它不是任何国家的所有物。”

随着资本主义的发展，海外贸易和殖民掠夺出现了海域争端。1618

年，塞尔丹在其《海洋闭锁论》一书中首次指出了海洋的许多部分事实上已被占有。到了18世纪，沿海国家划分一定近海海域的“领海”概念才逐步形成。20世纪以来，尤其是第二次世界大战以后，国际社会开始利用国际海洋法协调国际海域争端。但迄今为止，海洋也只是以国家的名义被占有。

另一方面，由于所有权模糊导致了占有方面的非规范性。人们在对海域的占有和使用上缺乏相应的法律约束，导致了“谁想占用谁就占用，谁能占用谁就占用”的混乱局面，西方称之为“公地悲剧”。海洋资源并不是公共物品，但是由于海洋流动性分割和固定占有的困难，造成的海域管理和维权的缺位，事实上被公共物品化了。形成了海洋资源国家所有只存在于制度上，而实际上，海洋资源只是被部分单位和个人使用，并从中获取利益，进而形成所有权和使用权的实际脱节和分离，这是海域使用中一个非常突出的现象。这一现象又引发了一系列问题，如海域资源的增值、保护与受益主体上的错位，即海洋资源的调查、勘探、开发投入的是国家资金，但由企业或个人得到好处，企业或个人不计资源成本地对海洋资源进行掠夺性开发并获取超额利润。20世纪90年代在长江口出现的“鳗鱼大战”和渤海湾对虾的灭绝性捕捞都是由于这个原因。每当鳗鲡孵化季节，由于渔民和企业都怀着“不捕白不捕，我不捕别人也会捕”的心理，导致长江口出现抢捕鳗鱼苗的“鳗鱼大战”。同样，到了渤海湾对虾捕捞季节，万船云集，反复扫荡，结果造成了对虾仔资源逐年锐减的后果。

② 产业分布的交错性

由于海域资源分布的复合性和立体性，海洋各产业以海水为同一介质呈立体分布，分割困难，相互间影响较大。目前，我国海域的利用还很不均衡，一些区域仍然人迹罕至，另一些区域，主要是区位良好、资源密集的海域，各种产业呈立体分布，聚集度很高。如果这些产业的经营者为同一主体的话，关系还比较容易协调，否则，矛盾和纠纷就不可避免，甚至表现得很尖锐。由于海洋是一个连续的水体，各种产业活动对海洋自然环境的加工改造方式千差万别，各种海洋产业间虽然有的可以互利，但是互相干扰和损害甚至相互对立的情况屡见不鲜。

③ 海域使用的部分排他性

由于海水的流动性和海域的立体性，海域无法实现类似于陆地上那种功能单一、区域独立、界限明确的区块，海域使用显著区别于土地使用的特征：海域使用的部分排他性，主要表现在用海活动的方式、用海活动的空间、用海时间上。也就是说，并不是所有的海域利用活动都是绝对排他的，有的用海活动可能是部分排他，或限制性排他。在同一海域对海底、水体和水面的利用活动通过科学合理的安排，有可能交错进行而不互相干扰。比如，在海底铺设电缆、管道或者建设仓储设施，当工程完成后，对于海上执法或者从事海洋科技调查的船舶在其上覆水面通过就不具有排他性。同时，海洋资源具有半公共物品的性质，它的使用价值往往不是一次性消费掉，因此，其消费和使用具有非竞争性，即大家都可以利用。但是，先用者或者多用者可能会损害他人的利益，这是海域使用利益上的排他性。海域使用上的部分排他性和利益上的排他性，形成了一对普遍而深刻的矛盾，如果缺乏有效的制度约束，就会形成所谓的“公地悲剧”。

5.1.3 《海域法》确立的主要内容

5.1.3.1 海域使用管理的含义

海域使用管理是国家通过各级政府及其海洋行政主管部门，为维护海域的国家所有权，保护海域使用权人的合法权益，促进海域的合理开发和可持续利用，按照依法、统一、全面、科学的原则和要求，对海域的分配、占有、开发、使用等过程和行为所进行的一系列决策、组织、协调、控制、监督等综合性措施的活动。海域使用管理属于行政管理范畴，是海洋管理的一个重要组成部分。

我国治理国家的基本方针是实行依法治国，政府部门要依法行政，用体现国家意志和人民利益的法律治理国家。为了加强海域使用管理，维护国家海域所有权和海域使用权人的合法权益，促进海域的合理开发和可持续利用，海域使用管理工作迫切需要运用法律手段。海域使用涉及面广，关系复杂，需要用法律手段规范人们的行为，管理的科学性和有效性也需要用法律手段予以保证。另外，国家通过法律、行政、经济、技术等手段加强海域使用管理，其中法律手段还得以有力的保障和支持其他手段的运用。《海域法》是国家进行海域使用行政管理的基础法律。

《海域法》是基于海域资源国有而建立的物权管理法律，它首先具有民法特征，海域使用权这种用益物权在国家和使用人以及使用人与使用人之间流转，要遵循民法的一般性原则；它又有行政法特征，沿海各级人民政府及海洋行政主管部门根据法定职权，审批海域使用项目；它还具有经济法特征，海域使用活动是海洋经济社会的核心内容之一，利用经济法原则提高海域使用综合效益，有利于实现海域法立法宗旨。

5.1.3.2 海域使用管理的性质和定位

海域使用管理作为一种政府行为，属于行政管理的范畴。海域使用管理必须有明确的职能定位：

（1）界定和保护海域物权

从市场经济的角度看，界定和保护物权是政府的首要职责，也是保障市场机制有效运作的基本前提。通过界定和保护海域的国家所有权和海域使用权，可以有效地防止非法买卖、租用、抢占海域的行为。通过维护海域使用权人享有的占有、使用和收益的权利，可以有效地防止海域的不合理、盲目开发和过度利用等短期行为，从根本上整顿和规范海域开发利用秩序。

（2）保障经济和社会发展

保证经济和社会发展用海需要是各级政府及其海洋行政主管部门的重要职责。在保证经济建设用海的同时，更要为社会公益事业、社会基础设施建设提供良好的用海保障。保证公共目的对海域的使用需要，是以追求利益最大化为目标的市场机制和在这一机制支配下的海域使用行为所不能做到的，必须由政府干预海域使用才能实现。

(3) 实现海域的可持续利用

海洋经济和沿海城镇的发展提出了更大范围、更高强度的用海需要，但是，海域的供给是有限的。这就要求海域使用管理必须站在全局和整体的立场上统筹兼顾，合理分配和再分配海域。使海域开发利用的规模和强度与海洋资源和环境承载能力相适应，走海洋的可持续发展道路。

(4) 促进公平分配和市场建设

海域使用管理工作中的公平分配，不仅涉及到各级政府之间、不同地区之间、不同社会群体之间关系处理，而且涉及到社会稳定与发展的大局，必须引起高度重视。海域使用管理中的公平分配主要包括海域使用权取得的公平（机会均等、权利均等、义务均等等）和海域使用收益分配的公平（如中央和地方海域使用金的分配）。实现公平分配的重要措施就是要培育和规范海域市场，形成海域使用权公平、公开、公正交易的市场环境，确保海域使用权市场交易的合法性和安全性。

(5) 维护国家的海域收益权

海域属于国家所有，国家作为海域所有人应当享有海域的收益权，海域使用者必须按照规定向国家支付一定的海域使用金作为使用海域资源的代价。实行海域有偿使用制度，不仅有助于国家海域所有权在经济上的实现，而且有利于杜绝海域使用中的资源浪费和国有资源性资产的流失。

5.1.3.3 海域使用管理的主要内容

根据海域使用管理的职能定位和当前的海域使用管理实践，海域使用管理主要包括法制建设、区划管理、权属管理、有偿使用管理、市场管理、海籍管理、资质管理和监督检查8个方面的工作。

(1) 海域使用法制建设

推行依法行政是搞好海域使用管理的关键，而加强海域使用法制建设，建立适合社会主义市场经济要求的海域使用法律体系，是全面推进依法行政的前提和基础。海域使用法制建设主要包括：起草和制定海域使用管理中的重大方针、政策；起草海域使用管理法律、法规草案，制定配套规章制度；协调相关法律法规与海域使用管理法律、法规的关系，加强海域使用管理在宪法、行政、民事、经济、刑事等相关法律制度中的建设；开展海域使用行政复议工作。

（2）海洋功能区划管理

海洋功能区划是海域使用管理的科学依据，是实现海域合理开发和可持续利用的重要途径。海洋功能区划一经批准，就具有法定效力，必须严格执行。海洋功能区划管理主要包括：海洋功能区划四级编制管理；海洋功能区划两级审批管理；海洋功能区划实施情况的跟踪、评价和监督管理；海域使用规划和重点海域使用调整计划的编制、审批和实施；协调相关区划、规划与海洋功能区划的关系，参与其他相关部门区划、规划的编制和审查。

（3）海域权属管理

海域权属管理包括海域的国家所有权、海域使用权、相邻海域利用权和抵押权的管理。其中，海域的国家所有权是从国家主权延伸出来的，具有完全性，它不需要任何人的许诺，可以自主行使；海域使用权是民事主体在法律规定的范围内对国家所有的特定海域享有占有、使用、收益的权利和一定的处分权利，其管理包括海域使用权的取得、海域使用权登记、海域使用权证书颁发、海域使用权的变更或终止、海域使用权争议调解处理等；由于海域是固定的，特定化的区域，应当建立相邻海域利用权管理制度；由于海域是不动产，应当适用抵押权的规定。

（4）海域有偿使用管理

海域有偿使用是海域使用管理的主要制度，也是国家公共财政管理的一项内容。海域有偿使用管理包括：海域价值评估、分等定级与征收标准的制定；海域使用金（出让金、转让金和租金）的征缴管理；海域使用金的减缴、免缴管理；海域使用金的预算管理（预算级次、预算科目、缴库管理等）；海域使用金使用管理，包括项目投资计划管理、支出预算管理等。

(5) 海域市场管理

海域使用权市场包括一级市场（出让）和二级市场（转让、出租、抵押等）。海域使用权市场管理是指依法对进入海域使用权市场从事海域使用权交易活动的单位或个人（包括以中介组织）以及对海域使用权交易活动、交易价格、交易合同、交易程序、应纳费用等进行的组织、指导、监督、调控等管理行为。海域使用管理部门要依法维护市场秩序，保证市场竞争的公平性和有效性，同时也要避免和克服市场可能带来的短视行为。

(6) 海籍管理

海籍管理是指为实行海域权属管理制度、海域有偿使用制度和海域使用统计制度，而开展的一项海域管理的基础工作。通过实施海籍管理，将海域的位置、界址、权属、面积、用途、使用期限、海域等级、海域使用金以及海域权利等项目，按照法定的程序，整理形成海域使用权登记册（又称海籍簿册）和海籍图，作为海域管理施政和保护海域使用权益的依据。海籍管理工作包括海域使用现状调查、海籍调查（权属核查和海籍测量）、海域使用统计、海域使用动态监测、海域使用档案管理和信息管理等。

(7) 海域使用资质管理

海域使用管理作为一种实践性、综合性很强的管理活动，其各项工作必须实现全过程的质量控制和技术控制，必须保证海域使用管理的各项决策建立在科学评价的基础上。海域使用论证资质管理是科学合理审批项目用海的保障，海域使用测量资质管理是准确界定位置和面积、减少权属纠纷的前提，海域使用评估资质管理是合理确定海域使用金征收标准、实现海域资产保值增值的重要途径。

(8) 海域使用监督检查

包括海域使用行政监督和行政执法。行政监督的对象是各级海洋行政主管部门及其工作人员，重点是监督行政机关及其工作人员是否依法行使职权、执行政令。行政执法的对象主要是用海单位和个人，重点是监督检查海域使用管理法律法规的遵守情况以及对违法行为实施法律制裁。

5.1.4 海域使用管理的主要手段

通常我们进行管理工作，实施的管理手段与工具，主要有法律法规、政策、区划和规划、行政措施、经济和科技手段、教育和培训、道德和习惯等，其中法律、政策、规划、行政措施和经济手段则是最基本的。海域使用管理的主要手段可分为法律手段、行政手段和经济手段3种。

5.1.4.1 法律手段

法律手段是指国家行政机关运用法律管理海洋事务，依法行政。法律手段具有权威性、强制性、规范性和稳定性的特点。海洋行政管理机关运用行政手段或经济手段管理海洋事务的权限和职权范围，都是通过颁布行政法规赋予的。在海域使用管理过程中，法律手段是行政手段和经济手段的基础和法律保障。国家通过立法，规定海洋资源开发利用活动的基本准则，调整海洋资源开发利用活动之间的关系，保证海洋资源可持续开发利用，维护开发秩序，保护海洋生态环境。海域使用管理的法律手段主要表现在海域使用管理法律体系的建立以及海洋执法管理的配合。其内容包括以下两个方面。

（1）海域使用管理法

1993年《国家海域使用管理暂行规定》颁布以来，我国的海域使用管理工作得到了有力的推进，取得了初步成效，基本建立了海域使用管理的国家和地方法律体系，全面推行了海域使用确权发证工作，加强了海洋功能区划工作，建立并实施了海域使用可行性论证制度，海域使用管理示范区建设得到了进一步推广，海域使用秩序有了较大改善。但是海域使用管理工作中仍然存在很多问题和矛盾，其根本原因在于《国家海域使用管理暂行规定》属于部门规章，法律地位较低。因此，在出台国家级海域使用管理法的强烈呼声下，2002 年 1 月《海域法》正式施行，其立法目的是加强海域使用管理，维护国家海域所有权和海域使用权人的合法权益，促进海域的合理开发利用和可持续发展。《海域法》对海域使用管理中采取的重要法律制度以及相关人员的法律责任都作了明确规定。

（2）相关配套法规

《海域法》只是规定了我国海域使用管理的大的法律框架和基本法律制度，要真正达到海域使用管理的规范化、科学化，维护国家海域所有权和海域使用权人的合法权益，促进海域的合理开发利用和可持续发展，还必须制定一系列的条例和办法及配套法规作为其必要的补充和完善，对一些具体的行政管理行为做出具体规定，如制定《海域使用申请审批管理办法》、《海域使用可行性论证管理办法》、《海域使用权转让管理办法》、《海域使用分级分类和评价标准》、《海域使用金征收管理条例》等。此外，各沿海地区也应健全完善符合当地实际情况的地方性海域使用法规或规章，制定海洋资源开发利用的区域性管理制度，实行区域性海洋资源开发利用的协调管理，从而保证在统一、协调的管理下统筹安排海洋资源的开发利用，达到环境效益、经济效益、社会效益三者协调和海洋可持续发展的目的。

5.1.4.2 行政手段

行政手段是国家海洋行政管理机关依靠法律赋予的行政权力和权威，通过发布行政命令和采取行政措施的方法，直接指挥和影响海域资源开发与利用活动的一种管理手段。由于海域使用管理本身属于行政管理的范畴，所以，在海域使用管理中必然采用行政手段。具体内容有以下三个方面。

（1）行政管理体制的建设

《海域法》出台以前，由于海上存在多个产业行政管理部门，执法部门之间缺乏统一协调的运行机制，海域行政管理工作中出现了“多龙治海、群龙无首”的局面。各涉海行业管理部门受利益驱动，导致相互争权或推诿扯皮的现象时有发生，影响了海洋行政执法的严肃性，削弱了海洋行政管理的作用。《海域法》确立了海洋行政主管部门对海域统一监督管理的地位，在海域资源开发利用和海洋环境保护管理方面，加快了建立以海洋行政主管部门为主体的海洋综合管理体制的进程。

（2）实施中央和地方分级管理

行政手段是依靠行政权威、用非经济手段等直接指挥海域使用管理工作和我国涉海行业部门，具有直接性、单一性和强制性的特点。由于海域使用往往会涉及十几个行业、几十个部门，因而完全由中央统一管理，一是难以实施全面有效的管理，二是难以得到沿海各级地方政府的理解和支持，使海域使用管理工作取得实效。因此，只有合理划定中央与地方的管理范围和职责，充分调动国家、地方各级政府的积极性，实施中央和地方的分级管理，才能达到海域使用管理的目标。

（3）海域使用管理主要以行政管理模式为主

海域使用管理是关于国有海域所有权和使用权的管理，属于依法行政行为。《海域法》第七章所规定的法律责任，也大都属于行政责任。该法还对各类违法使用海域的行为设立罚款，其性质属于行政处罚中的财产处罚。此外，目前我国海域使用权大部分是通过行政审批手段获得的。

5.1.4.3 经济手段

经济手段是指国家海洋行政管理机关运用税收、财政援助、收取费用、奖励、罚款等经济手段实施海域使用管理的方法。运用经济手段管理海域使用的实质是贯彻物质利益原则，通过经济手段和措施，实现社会经济利益的重新分配，从而调节海洋经济活动中的各种经济关系，使海洋活动中各种经济组织的活动方向、活动规模和发展速度朝着有利于保护海洋环境、资源可持续开发利用的方向发展和变化，达到海域合理开发的目的。在海域使用管理中常用的经济手段主要有以下三种。

（1）海域使用金

《海域法》规定海域实行有偿使用制度，单位和个人使用海域要向国家缴纳海域使用金。海域使用金是国家凭借其海域所有权向海域使用权人让渡海域使用权的收益。海域使用管理通过征收海域使用金这种经济手段，调整了国家与海域使用者之间的经济关系，保证了国家海域所有权在经济上得以实现，通过将资源无偿使用变为有偿使用，避免了国有资源性资产的大量流失。

（2）奖励

通过奖金的设立、发放，鼓励某些有利于海域资源开发管理的活动和行为，引导各种海洋活动健康有序地开展。《海域法》第八条对奖励制度做出明确规定："在保护和合理利用海域以及进行有关的科学研究等方面成绩显著的单位和个人，由人民政府给予奖励。"

（3）罚款

罚款，即通过对违反《海域法》及相关法律、法规，破坏海域资源和海洋环境的海域开发活动或责任人进行经济处罚，限制或防止他们对海洋法律的触犯行为，以达到合理利用海域资源、保护海洋环境的目标。

5.1.5 我国海洋管理体制的现状及其海域使用管理工作进展

5.1.5.1 我国海洋管理体制的现状

新中国成立以来，我国海洋管理体制虽然发生过几次重大变革，但由于受历史条件和政治体制等因素的影响，均未触及管理体制的核心问题。

目前，我国对海洋资源的管理基本上是根据海洋自然资源属性及其开发产业，按行业和局部区域部门进行计划管理，即传统型的条块（条条块块）管理体制。"条条"是指行业管理呈纵向分级进行，即"中央－省－市－县－乡"，从上到下，一级管一级。"块块"是指区域管理呈横向并列存在，如不同的县、市、省、经济协作区分别管理各自辖区内的事务。这种管理体制是陆地各种资源开发部门管理职能以及陆地条块管理向海洋的延伸。在这一体制下，行业和区域管理占有重要地位并发挥着关键作用。按照这一管理模式，主要涉海产业的职能分工是：① 海洋渔业资源及其开发由国家和各级政府的水产主管部门管理；② 海上运输和海上交通安全由交通部及所属的海事局管理；③ 海上油气资源的勘探开发由石油部门管理；④ 海盐业由轻工部门管理；⑤ 滨海旅游业由旅游部门管理。现有的海洋经济管理部门，除了国家海洋局及其派出的3个分局外，都是针对某一个侧面或某一个局部区域的管理部门，如农业、交通、环境保护、能源、土地、公安、外交部门等。这些部门一般又采取分级管理的体制，即在其各自的垂直系统中实现中央、省、市、县分级管理。

我国现行海洋管理体制主要由以下几个部门组成：

① 国家海洋局及其中国海监、国家环保部门，主要行使我国海域使用管理、海洋环境和资源保护、海洋权益维护和海洋公益服务等职能。

② 交通部海事部门，主要行使监督我国水上交通安全，防止船舶污染，检验船舶和海上设施，进行海上航标管理和港口航道测量等职能。

③ 农业部渔业渔港监督部门，主要负责渔船渔港的监督管理，保护海洋渔业资源及其巡航检查等。

④ 海关和边防部门，海关主要负责我国进出口货物的检查和缉私；边防则主要负责海上治安和进出关人员检查等。

5.1.5.2 我国海域使用管理工作的进展

在《海域法》正式履行后的十年多时间里，我国海域使用管理工作取得了明显的进展，《海域法》的各项重要制度在贯彻实施上都取得了可喜的成绩。

(1)《海域法》配套制度建设取得明显进展

为了配合国家物权立法，国家海洋局深入开展了海域物权法律制度研究，并协助中国社会科学院法学研究所、中国人民大学法学院、厦门大学法学院召开了海域物权法律制度学术研讨会。海域物权制度开始得到社会各界的广泛关注和立法机关的高度重视。2007年3月16日，第十届全国人民代表大会第五次会议表决通过《物权法》，海域使用权作为用益物权写入其中，海域物权立法工作取得重大突破。

国家海域使用管理制度建设工作稳步推进。《海域法》实施以来，国家海洋局依托各技术支撑单位，在广泛调研和深入研究的基础上，先后制定和出台了各类规范性文件40余个，内容涉及海域使用申请审批、海洋功能区划、围填海、区域建设用海、区域农业围垦用海、海域使用金征收管理等方面，基本建立起较为完善的法律制度体系，使海域管理真正有法可依、有章可循。

以围填海管理的制度建设为例，依据《海域法》，近年来国家海洋局先后制定和实施了规范性文件10余项。2008年，制定了《关于改进围填海造地工程平面设计的若干意见》，引导围填海向集聚式和人工岛式发展，避免围填海“遍地开花”。2010年，国家海洋局联合国家发改委出台了《关于加强围填海规划计划管理的通知》，初步建立了围填海计划管理的制度，首次为我国围填海管理提供了确切的、可操作的政策抓手，使我国围填海管理工作进入了定量化精细管理的历史阶段。同年，国家海洋局又联合国土资源部印发了《关于加强围填海造地管理有关问题的通知》，进一步明确了围填海形成土地的管理等一系列问题。2011年，在总结围填海计划管理工作经验的基础上，国家海洋局、国家发改委又印发了《围填海计划管理办法》，标志着围填海计划正式纳入国民经济和社会发展计划体系。可以说，随着管理制度的不断完善，我国的围填海管理日趋规范化，同时也取得了突出的经济社会效益，为沿海地区经济发展注入了强大的活力。

省级海域使用管理立法及配套制度建设工作也取得了显著成效。山东、福建、广东和海南等省海洋行政主管部门分别会同本省财政部门联合下发了关于海域使用金征缴的规范性文件。

此外，沿海各地区全面清理了与《海域法》和《行政许可法》相抵触的地方法规。例如，浙江省人民政府出台了《关于科学开发利用滩涂资源的通知》和《关于进一步加强海洋管理工作的通知》，进一步理顺和规范了海域使用管理体制和机制。

（2）海域权属管理工作得到明显加强

为了贯彻实施《中华人民共和国海域使用管理法》，规范海域使用权管理，维护海域使用秩序，保障海域使用权人的合法权益，提高海域使用管理效率，国家海洋局制定了《海域使用权管理规定》、修订了《海域使用权证书管理办法》、出台了《海域使用权登记办法》、编制了《海域使用分类体系》，修订了《海籍调查规范》等。通过实施规范化的海域权属管理制度，有效协调了各行业用海矛盾，有力保障了国家重大建设项目和重点行业的用海需求，促进了海洋经济的持续、协调发展，海洋开发利用秩序得到全面改善。沿海各地区以养殖用海和建设项目用海管理为重点，坚持依法行政，进一步规范了海域使用申请、受理、审查程序和时限要求，建立预审、内部审核、批前公示和批后公告等制度，实现了海域使用审批的公开公正和高效便民。

沿海各地区积极探索，运用市场化手段合理配置海域资源。

（3）海域有偿使用政策全面推开

财政部、国家海洋局联合发布《关于加强海域使用金征收管理的通知》，确定了不同海域等别和不同用海类型的海域使用金征收标准。进一步明确海域使用金免缴范围，统一海域使用金减免政策，规范海域使用金分期缴纳行为，调整部分项目用海海域使用金减免权限和程序。各沿海省（自治区、直辖市）财政部门和海洋行政主管部门积极开展配套管理政策和养殖用海海域使用金减免政策研究工作。同时，全面开展海域分等与海域使用金标准的制定工作。由国家海洋环境监测中心、国家海洋技术中心、国家海洋局南海分局海洋工程勘察与环境研究院、南京师范大学和天津师范大学 5 家技术单位组成的项目组，完成了 11 类用海、428 个样点、5 万多个数据的研究和分析，形成了 19 个成果报告。

（4）海洋功能区划体系渐趋完善

在海洋功能区划制度完善方面，海洋功能区划是《海域法》确立的一项基本制度。《全国海洋功能区划（2011—2020 年）》获得国务院的批准，各省级海洋功能区划也将陆续报批。下一步，应该重点作好全国海洋功能区划和各省级海洋功能区划的落实工作。同时，加强区划执行情况的评估，充分发挥各级海洋功能区划在海域管理工作中的基础性和约束性作用，确保全国海洋功能区划各项目标的实现。

（5）海岛管理逐步走上法制化轨道

《中华人民共和国海岛保护法》（简称《海岛保护法》）是我国首次以立法的形式，加强对海岛的保护与管理，规范海岛开发利用秩序。《海岛保护法》的颁布实施，是我国海洋事业发展具有里程碑意义的一件大事，体现了党和国家对海岛工作的高度重视。该法明确了海岛的生态价值、海洋权益价值和社会经济价值，明确了各级政府和部门在海岛管理工作中的职责，开创了海洋事业新局面。

此外，地方海岛立法与管理工作也深入开展。部分省市已启动地方海岛立法调研工作，如浙江省人民政府印发了《关于加强无居民海岛管理工作的通知》；广东省开展了海岛管理工作实践；福建省无居民海岛保护与利用总体规划通过专家评审；厦门市完成全部无居民海岛的岛标设计，并已对部分海岛进行了立碑建设。

海岸带海岛基础数据库建设按计划推进。全国海岸带海岛综合调查档案资料的收集工作全面结束；完成了 10 个沿海省（自治区、直辖市）海岛基础数据库建设工作；海岛管理和应用系统进一步完善。

（6）海域勘界工作进展顺利

省际间和县际间海域界线数据核实和界线报批工作加快进行。2011 年，国务院批准辽冀、津冀（北线和南线）、冀鲁、辽鲁、闽粤、粤桂和粤琼等 8 条省际间海域行政区域界线和广西、河北、山东、上海、浙江、福建、海南 7 省（区、市）的县际间海域行政区域界线共计 136 条。海域行政区域界线的勘定，对于促进海域界线相邻地区社会稳定，合理开发利用海洋资源，保障海洋经济可持续发展具有重要意义。

(7) 其他海域使用管理工作也取得了一定的成效

① 资质管理已经启动。国家海洋局印发了《关于进一步加强海域使用论证资质质量管理的通知》，对海域使用论证资质单位的质量管理体系建设、报告书编制和审核、围填海项目论证质量等提出明确要求。国家海洋局完成了79家海域使用论证资质单位的资质年审工作。山东和广西等省（区）建立了省级海域使用论证评审专家库。经全国勘察设计注册工程师管理委员会批准，注册工程师海洋工作专业管理委员会及执业资格考试专家组正式成立。

② 海域管理信息系统建设稳步推进。

③ 海底电缆管道管理正在有序展开。

④海域使用动态监视监测管理系统建设已取得成效。

5.2 海洋功能区划制度

5.2.1 海洋功能区划的意义

5.2.1.1 编制海洋功能的必要性

我国是个海洋大国，改革开放以来，海洋产业、海洋经济有了长足的进步和快速发展，海洋产业已成为我国国民经济新的增长点。由于陆地资源、人口、环境等问题的困扰，尤其是沿海土化资源日趋紧张，因此大家均纷纷把目光投向海洋。谁先占领海域，谁得益；谁先开发海洋，谁发财。为此，从20世纪90年代起，我国掀起了新中国成立以来最大的向海洋进军高潮。虽然海洋有丰富的资源，但因其整体性、流动性、多适宜性，开发利用活动缺乏统筹规划，各涉海部门、单位、个人从本部门、单位和个人的利益出发，势必造成海域开发秩序混乱，产生矛盾和冲突，乃至对海洋环境造成污染和破坏。存在的这些问题，主要表现在：一是开发利用方式粗放，结构和布局不合理，部分海域开采过度，资源浪费严重；

二是用海矛盾的纠纷屡有发生，有的酿成械斗事件，影响社会稳定；三是擅自用海、填海、采砂、养殖等行为，破坏了海洋资源和海洋开发秩序；四是无遏制地向大海排污，使近岸海域环境恶化，赤潮频繁发生；五是缺乏海洋开发统筹协调机制，综合调控力度较弱。以上这些问题已经成为制约海洋资源长期稳定供给、海洋经济健康发展的主要因素（见王曙光《全面实施海洋功能区划，促进海域合理开发利用》一文）。面对我国全面建设小康社会，维护国家海洋权益，经济全球化的挑战，要求我们必须对上述面临的问题制定治本之策。经过多年的研究和实践，表明制定并实施海洋功能区划是解决上述问题的行之有效的办法。海洋功能区划是科学用海的基础，也是海域开发、利用管理的科学依据。

5.2.1.2 编制海洋功能区划的目的和目标

海洋功能区划的目的主要是：为制定海洋发展战略，进行海洋主体功能区划、编制各类海洋规划、计划，强化海洋综合管理提供基础性科学依据；宏观指导海洋开发、利用活动，建立统筹协调机制和良好的开发秩序，优化海洋产业结构和生产力布局，提高开发的整体和综合效益；为协调海洋开发和环境保护之间的关系，避免或减轻开发活动对海洋生态环境的污染和破坏提供依据；为保护海洋环境，确定海洋水质管理类型，维持良好的海洋生态环境提供科学基础；为实施海域有偿使用，建立海域使用许可证制度，制定海域使用标准提供客观依据等。总之，海洋功能区划的目的是为海洋综合管理建立一种行为规范，为海域使用管理和海洋环境保护工作提供依据，为国民经济和社会发展提供用海保障。

海洋功能区划的总目标是建立起符合海洋功能区划的海洋开发利用秩序，实现海域的合理开发和可持续利用，满足国民经济和社会发展对海洋的需求。

5.2.2 海洋功能区划的法律地位

对于海洋功能区划的地位和作用，最早见之于法律的是《中华人民共和国海洋环境保护法》（以下简称《海洋环境保护法》，1999 年）。而在 2001 年 10 月 27 日颁布的《中华人民共和国海域使用管理法》（以下简称《海域使用管理法》）对海洋功能区划的编制原则、编制和审批的程序，以及其地位和作用作了全面、明确的规定。之后，国务院又相继对海洋功能的法律地位，贯彻落实等问题作了明确的规定和要求。

5.2.2.1 《海洋环境保护法》有关海洋功能区划的规定

1999 年 12 月 25 日第九届全国人民代表大会常务委员会第十三次会议修订的《中华人民共和国海洋环境保护法》，首次赋予海洋功能区划的法律职责，在该法条文中有六条 8 处直接对海洋功能区划作了明确的规定和阐述。即：

第六条 “国家海洋行政主管部门会同国务院有关部门和沿海省、自治区、直辖市人民政府拟定全国海洋功能区划，报国务院批准。沿海地方各级人民政府应当根据全国和地方海洋功能区划，科学合理地使用海域。”

第七条 “国家根据海洋功能区划制定全国海洋环境保护规划和重点海域区域性海洋环境保护规划。”

第二十四条 “开发利用海洋资源，应当根据海洋功能区划合理布局，不得造成海洋生态环境破坏。”

第三十条 “入海排污口位置的选择，应当根据海洋功能区划、海水动力条件和有关规定，经科学论证后，报设区的市级以上人民政府环境保护主管部门审查批准。”“设置陆源污染物深海离岸排放排污口，应当根据海洋功能区划、海水动力条件和海底工程设施的有关情况确定，具体办法由国务院规定。”

第四十七条 “海洋工程建设项目必须符合海洋功能区划、海洋环境保护规划和国家有关环境保护标准……”

第九十五条 （四）“海洋功能区划，是指依据海洋自然属性和社会属性，以及自然资源和环境特定条件，界定海洋利用的主导功能和使用范畴。”

5.2.2.2　《海域使用管理法》有关海洋功能区划的规定

《海域使用管理法》根据体现国家主权，维护国家利益和有利于实行海域综合管理的需要，明确地将海洋功能区划确定为由国家在海域管理方面实行的一项重要制度。该法第一章总则的第四条，明确地规定“国家实行海洋功能区划制度。海域使用必须符合海洋功能区划”。这赋予了海洋功能区划的重要法律地位。

该法对海洋功能区划设专章（第二章），就有关海洋功能区划的编制，以及与其他涉海行业规划的关系作了明确的规定：

第十条规定，国家和沿海县以上人民政府海洋行政主管部门负责牵头组织全国和地方海洋功能区划的编制工作，地方海洋功能区划的编制要依据上一级海洋功能区划。我国海洋功能区划共分为四级，即全国、省（市、自治区）、地级市、县级市（县、区），由宏观到微观，由粗到细。全国海洋功能区划体现国家对海洋开发、利用和保护的总体布局、战略、重点，是沿海各地编制地方海洋功能区划的主要依据。

国务院海洋行政主管部门会同国务院有关部门和沿海省、自治区、直辖市人民政府，编制全国海洋功能区划。沿海县级以上地方人民政府海洋行政主管部门会同本级人民政府有关部门，依据上一级海洋功能区划，编制地方海洋功能区划。

第十一条　规定了海洋功能区划编制应遵循的原则。海洋功能区划按照下列原则编制：

（一）按照海域的区位、自然资源和自然环境等自然属性，科学确定海域功能；

（二）根据经济和社会发展的需要，统筹安排各有关行业用海；

（三）保护和改善生态环境，保障海域可持续利用，促进海洋经济的发展；

（四）保障海上交通安全；

（五）保障国防安全，保证军事用海需要。

“区位”指的是开发活动所占有的场所及该场所所具有的属性。

“自然资源”指的是港口资源、矿产资源、渔业资源、旅游资源等。

“自然环境”指该海域的地质、地貌、气候、水文、生物、化学环境以及自然灾害等。

“经济社会发展需要”是指国家或地方国民经济和社会发展对海洋资源和空间所提出的需求。

“生态环境”，这是我国环境科学首先采取的一个名词，至今没有确切的定义，它既指环境，又包括生态，不少学者从科学的角度建议取消这个名词。

第十二条 规定了海洋功能区划分级审批制度，即：“全国海洋功能区划，报国务院批准。沿海省、自治区、直辖市海洋功能区划，经该省、自治区、直辖市人民政府审核同意后，报国务院批准。沿海市、县海洋功能区划，经该市、县人民政府审核同意后，报所在的省、自治区、直辖市人民政府批准，报国务院海洋行政主管部门备案”。

第十三条 规定了海洋功能区划修改的原则和修改的程序。即“海洋功能区划的修改，由原编制机关会同同级有关部门提出修改方案，报原批准机关；未经批准，不得改变海洋功能区划确定的海域功能。经国务院批准，因公共利益、国防安全或者进行大型能源、交通等基础设施建设，需要改变海洋功能区划的，根据国务院的批准文件修改海洋功能区划”。

第十四条 海洋功能区划应当让广大群众了解，得到老百姓的支持，接受社会的监督，为此规定了“海洋功能区划经批准后，应当向社会公布；但是，涉及国家秘密的部分除外”。

第十五条 明确规定了沿海行业规划和总体规划与海洋功能区划之间的关系，分两种情况：“养殖、盐业、交通、旅游等行业规划涉及海域使用的，应当符合海洋功能区划。”；“沿海土地利用总体规划、城市规划、港口规划涉及海域使用的，应当与海洋功能区划相衔接”。

5.2.2.3 国务院有关海洋功能区划的批示

1. 1998 年国务院办公厅《关于印发国家海洋局职能配置内设机构和人员编制规定的通知》（国办发〔1998〕44 号文），将海洋功能区划的编制列为国务院授予国家海洋局的一项重要职责。该通知“（一）拟定我国海岸带、海岛、内海、领海、毗连区、大陆架、专属经济区及其他管辖海域的基本法律、法规和政策。组织拟定海洋功能区划、海洋开发规划、海洋科技规划和科技兴海战略”。

2. 2002 年 8 月 22 日国务院关于《全国海洋功能区划》的批复（国函〔2002〕77 号）对海洋功能区划的地位和作用，以及贯彻海洋功能区划提出了明确的要求。即：

“在海域使用管理上，必须认真贯彻执行海洋管理法律法规，坚持在保护中开发，在开发中保护的方针，严格实行海洋功能区划制度，实现海域的合理开发和可持续利用。”

“海洋功能区划是海域使用管理和海洋环境保护的依据，具有法定效力，必须严格执行”。各沿海地方政府，应根据《全国海洋功能区划》“制定重点海域使用调整计划，明确不符合海洋功能区划的已用海项目停工、拆除、迁址或关闭时间表，并提出恢复项目所在海域环境的整治措施。”

“认真组织编制地方各级海洋功能区划。”

“各级海洋行政主管部门要会同有关部门根据海洋功能区划，编制海洋环境保护规划，加强海洋环境保护。”

“建立海洋功能管理信息系统。”

“要全方位跟踪和监测海域使用状况和环境质量状况，强化政府对海域使用和海洋环境保护的监督管理，提高各级海洋行政主管部门和其他涉海部门综合决策能力和管理水平。”

要认真落实《全国海洋功能区划》提出的各项任务和措施。“各级海洋行政主管部门及其所属的海监机构要加大执法力度，整顿和规范海洋开发利用秩序。”

3. 2004年9月19日，《国务院关于进一步加强海洋管理工作若干问题的通知》（国发〔2004〕24号）又重申了海洋功能区划在海域使用管理中的重要作用。“沿海地方人民政府和国务院有关部门审批各类海洋开发项目时，必须始终坚持依法行政，坚持在开发中保护、在保护中开发的方针，严格执行海洋功能区划和环境影响评价制度”。“做好本地区海洋功能区划的编制、报批和环评工作”。从严控制围填海和开采海砂，“海洋行政主管部门审批填海和开采海砂项目时，应征求有关部门意见，并依据海洋功能区划进行海域使用论证”。“兴建的各类海洋工程项目必须符合海洋功能区划”。

此外，由国家海洋局组织、编制的《中国海洋21世纪议程》(1996年)，是《中国21世纪议程——中国21世纪人口、环境与发展白皮书》(1994年）的一个重要组成部分。在《中国海洋21世纪议程》，对海洋功能区划的作用和编制作了明确的阐述。如“综合管理还体现在联合组织编制海域功能区划、海洋开发规划、协商解决开发过程中出现的各种矛盾和问题，以及在更高层次上进行决策磋商等方面”。“海洋功能区划和开发规划是海洋综合管理的基础和重要手段之一。必须常抓不懈，并在实践中调整和充实”。

4. 2012年3月3日，国务院批准了《全国海洋功能区划（2011—2020年)》（以下简称《区划》)，这是继2011年国家“十二五”规划提出“推进海洋经济发展”战略后，国家依据《海域使用管理法》、《海洋环境保护法》等法律法规和国家有关海洋开发保护的方针、政策，对我国管辖海域未来10年的开发利用和环境保护做出的全面部署和具体安排。《区划》由国家海洋局会同有关部门和沿海11个省、自治区、直辖市人民政府编制，《区划》范围为我国的内水、领海、毗连区、专属经济区、大陆架以及管辖的其他海域，《区划》期限为2011—2020年。

5.2.3 海洋功能区划的编制

5.2.3.1 编制海洋功能区划的指导思想和原则

（1）指导思想

以邓小平理论和“三个代表”重要思想科学发展观为指导，以实施可持续发展战略，促进国民经济和社会发展为中心，以保护和合理利用海洋资源，提高海域使用效率、遏制海洋生态恶化、改善海洋环境质量为目标，协调好与其他涉海规划、区划的关系，科学合理地划定海洋功能区，努力构建和谐的海洋。

（2）原则

在《中华人民共和国海域使用管理法》第十一条，规定了海洋功能区划编制必须遵循的“五条原则”。这些原则不仅是对区划编制、修订的指导，而且体现了国家在实施海洋开发战略上的总体要求，可确保海洋功能区划的客观性、社会性和可实施性。

“五条原则”，也可简化理解为：自然属性原则，社会属性原则，生态保护和可持续利用原则，保障海上交通安全原则，保障国防安全用海原则。

5.2.3.2 编制海洋功能区划的方法、步骤和程序

《海域使用管理法》第十条，明确规定了全国和地方各级海洋功能区划的编制，由海洋行政主管部门牵头（主持），并会同本级政府有关部门参加。有关编制的程序、步骤和方法，大致如下：

（1）成立编制组和制定工作方案

为了实现海洋功能区划工作的科学性和行政性的有机结合，保证其成果在海洋开发利用、保护管理，尤其是执法监督工作中得以贯彻执行，必须强化海洋功能区划的行政性，按行政工作的方式进行组织。为此，必须注意下列几点：

1）组建同级政府领导主持下的、由海洋行政主管部门领导参加的海洋

功能区划领导小组，负责海洋功能区划工作的组织、领导、讨论和协调，决定海洋功能区划工作的重要问题，如审查、批准海洋区划工作方案。

2）坚持海洋功能区划工作行政性的同时，还必须保证它的科学性。为此，在海洋功能区划领导组的领导下组建海洋功能区划技术组，负责功能区划的技术指导。

3）由海洋行政主管部门负责，联合涉海同级有关部门，共同组建海洋功能区划工作组，具体负责海洋功能区划的编制工作。工作组最好要依托有能力承担这项工作的高校或科研单位，工作组成员的专业面要满足编制工作的需要。

4）在保证海洋功能区划科学性的同时，还必须充分协调好各种涉海关系，提高海洋功能区划的可实施性和可操作性。

（2）资料收集和分析

1）资料的收集范围和内容

海洋功能区划必须全面收集自然环境、自然资源、开发状况、开发能力、社会经济以及与此有关的规划和区划资料。

自然环境资料包括地质地貌、海洋水文、陆地水文、海洋生物、海域环境质量和自然灾害等。自然资源及开发现状资料又可分为空间资源及开发现状、矿产资源及开发利用，以及海洋生物、化学、新能源及其开发利用和自然灾害防护措施等资料。

a 空间资源及其开发资料，包括如下内容：

① 港口、航道和锚地：包括范围、面积、水深、水文和地质条件、避风条件、水下障碍和冲淤状况、泊位和占用岸线长度、堆场面积、吞吐能力、运营状况、限制因素、现有港口发展史、拟建规划。

② 旅游：包括范围、面积、自然景观和人文景观的数量和质量、体育运动和娱乐价值、旅游设施、知名度、旅游区等级、基础设施、客源、容纳人数、土特产、接待人数、产值和外汇收入等。

③ 农、牧业：包括范围、面积、土壤类型、种植类别、牲畜种类、

载畜量、农牧产量和产值及有关的自然环境资料。

④ 林木和植被：包括林木和植被现状及破坏情况、土壤条件、水土流失状况、气候条件、淡水供给、林木和植被面积、种类分布、木材蓄积量、林业产量、产值、繁衍与保护措施及效果等资料。

⑤ 工业和城市建设：包括范围、面积、人口、产业结构和产值及基础设施情况等。

b 矿产资源开发利用资料，包括如下内容：

① 油气田：包括范围、面积、资源量、油气结构、地层和岩性、水深、埋深、油层厚度和原油性质、生产量、开采年限、后方基地等。

② 固体矿产：包括矿种、位置、范围、面积、品位、矿层厚度、储量、生产量、产值、开发限制条件等。

c 海洋生物、化学、新能源资源及其开发利用资料，包括如下内容：

① 海水养殖区：包括面积、水文、水质、底质现状、气候和环境条件、养殖品种和方式、饵料和饵料来源、产量和产值等资料。

② 海洋渔业：包括初级生产力、生物种类和生物量、资源种类和资源量、资源分布和渔场、渔汛情况、产量和产值等资料。

③ 增养殖业：包括范围、面积、资源类型和资源量、资源演化情况、资源破坏情况、增殖方式、增殖保护措施及效果等资料。

④ 渔区：包括范围、禁渔方式、禁渔期限和禁渔的效果等资料。

⑤ 盐业：包括滩涂面积、滩面坡度和底质类型及质量情况、降水量和蒸发量、海水盐度、日照、风况、盐田分布及其产量、产值和成盐等级等资料。

⑥ 地下卤水资源：包括范围、面积、储量、卤水浓度、埋藏深度、产量、产值、开采限制条件等资料。

⑦ 风能：包括范围、开发方式、能量蕴藏量、能量、能源利用率、效益和开发限制条件等资料。

⑧ 其他海洋能：包括各种海洋能源的分布和储量、开发利用条件、

开发现状等资料。

另外，自然灾害防护措施、自然保护区、特殊功能区和保留区等资料也需要收集。

2）资料的收集方法

区划资料可以通过三种途径得到：

① 从国家、省市科技信息部门或资料数据库检索；

② 全面收集本地区有关行政部门、行业、大型企业、科技院所、专业技术单位的调查资料、图集和研究论著等；

③ 函调、实地调查（尤其是利用遥感、航拍等先进手段进行调查），以及与当地政府部门及有关企事业、军事单位人员座谈，了解收集开发现状和存在的矛盾问题。

另外，当地的国土规划、农业区划、渔业区划、统计年鉴、环保统计年鉴和各行业部门的远景规划等资料对海洋功能区划也很有用，也是必须要收集的。

3）资料收集的年限

对于自然环境和自然资源，应收集最新资料；对于社会经济，要用开始工作前一年的统计资料；对于开发现状，应使用区划当年的资料；对于社会发展的资料，应用未来5年、10年或更长时段的规划资料，以及国家有关部门和省、市（地）、县（市）的与海洋有关的规划、区划资料和研究成果。

4）资料汇总与分析

课题组可根据专业和编写报告的需要分成几个专业组，对收集到的各种资料进行汇总、分类和综合分析，主要包括如下内容：

① 区位优势分析：地理位置、区划区域的经济特点和对周边地区的影响。

② 资源分析：该区的优势资源、蕴藏量和分布、开发情况以及资源开发对本地区经济的影响。

③ 自然环境分析及灾害风险评估：从收集到的大量自然环境资料中，归纳出有利于该区资料开发的自然环境条件和制约因素。

④ 社会经济状况分析：通过对各行业的产业结构、产值和效益的分析，找出该区经济发展的主导方向与主要问题。

5.2.3.3 各级海洋功能区划的任务

全国海洋功能区划的主要任务是：科学划定一级类海洋功能区和重点的二级类海洋功能区，明确海洋功能区的开发保护重点和管理要求，合理确定全国重点海域及主要功能，制定实施海洋功能区划的主要措施。

省级海洋功能区划的主要任务是：根据全国海洋功能区划的要求，科学划定本地区一级类和二级类海洋功能区，明确海洋功能区的空间布局、开发保护重点和管理措施，对毗邻海域进行分区并确定其主要功能，根据本省（市、区）特点制定实施区划的具体措施。

市、县级海洋功能区划的主要任务是：根据省级海洋功能区划，科学划定本地区一级类、二级类海洋功能区，并可根据社会经济发展的实际情况划分更详细类别海洋功能区。市、县级海洋功能区划应当明确近期内各功能区开发保护的重点和发展时序，明确各海洋功能区的环境保护要求和措施，提出区划的实施步骤、措施和政策建议。设区市海洋功能区划的重点是市辖区毗邻海域和县（市、区）海域分界线附近的海域，县级海洋功能区划的重点是毗邻海域。

5.2.4 海洋功能区划报告、区划图和海洋功能区划系统的建立

海洋功能区划具有战略性、总体性和指导性。海洋功能区划的对象是全部海洋资源的开发、利用、整治和保护。海洋功能区划的作用是结合海洋资源的特点和地区社会经济发展需求，最大限度地发挥海洋的作用，保护海洋生态环境，综合各涉海行业对海洋的开发需求，协调各部门的用海矛盾。海洋功能区划由海洋部门牵头、会同有关部门编制。海洋功能区划成果包括：文本、登记表、图件、编制说明、区划报告、研究材料、信息

系统等。

5.2.4.1 海洋功能区划报告

区划报告要正确反映区划区域的自然资源状况，开发现状和社会经济状况，区划的原则、方法和依据及各功能区划分的理由。

区划报告的编写需要有系统性、连贯性。在功能区划草图和报告初稿完成后，应与区划所在地的有关行政部门和行业主管部门进行座谈、征求意见、进行修改。

区划报告应包括的主要内容如下：

① 区划的目的和原则。

② 区划的依据与采用标准。

③ 区划区域的地理位置与区位优势。

④ 社会经济状况：主要阐明内容包括区划区域的范围、人口状况、城镇结构和分布、主要海洋产业及依托陆域相关产业状况、基础设施等。

⑤ 自然状况：主要叙述其地质地貌特征和稳定性、气候特征、水文条件、海洋生物、海洋环境质量现状与评价、主要自然灾害及风险情况。

⑥ 自然资源类型及开发状况：应着重阐明主要自然资源及其开发现状，并综合评述各种资源的开发利用状况、前景及存在问题。

⑦ 功能区划：这是区划报告的核心内容。根据海洋功能区的分类体系和划区标准，划出各种功能区，确定主导功能和功能顺序，填写海洋功能区登记表（表 5－1）。对重点功能区的确认及矛盾的处理给予必要的说明。

表 5－1 海洋功能区划登记表

<table>
<tr><td colspan="10">一级类名称</td></tr>
<tr><td colspan="2">二级类</td><td colspan="2">海洋功能区</td><td rowspan="2">地区</td><td rowspan="2">地理范围</td><td rowspan="2">面积</td><td rowspan="2">使用现状</td><td rowspan="2">管理要求</td><td rowspan="2">备注</td></tr>
<tr><td>代码</td><td>命名</td><td>代码</td><td>名称</td></tr>
<tr><td></td><td></td><td></td><td></td><td></td><td></td><td></td><td></td><td></td><td></td></tr>
</table>

⑧ 贯彻实施与管理的建议，分析海洋开发与管理中存在的主要问题，

针对这些问题提出改正的措施和建议。

5.2.4.2 海洋功能区划图

绘制区划图应遵循《海洋功能区划编图技术规定》的相关部分的内容。区划图要突出海洋功能和立体性特点，应在注重扩大信息量的同时，突出海洋功能平面分布和立体分布的特点，提高图件的可操作性。

（1）比例尺

1990年完成的海洋功能区划比例尺为1∶70万；黄海和东海海区的功能区划为1∶100万；南海区的功能区划为1∶250万；在沿岸区为1∶20万。因此，所编制的海洋功能区划又称为小比例尺功能区划。

1998年开始进行的大比例尺海洋功能区划规定：重点区选用1∶25 000；一般区选用1∶50 000。因此，所编制的海洋功能区划又称为大比例尺功能区划。

（2）符号尺寸

海洋功能区划图件采用下列符号和尺寸：

实线划粗0.2毫米；

虚线划粗0.2毫米，虚线段单位长度3毫米，虚线间的空白间距2毫米；

实心点直径0.3毫米，圆点1毫米；

图中的平行斜线（实线或虚线）倾斜方向均采用NW－SE向；

两平行线之间的间距为0.5～2毫米；

陆域区划范围界定线采用线粗0.3毫米的黑色线绘制。

（3）颜色

功能区划图可采用黑白图或彩色图。采用彩色图时，应用蓝、黄、绿、红、黑5种主色；底图的空白部分，可着浅灰色彩。在具体编绘时对上述主色可适当调配。

（4）图例

绘图时使用海洋功能区划导则中给出的图例。若其中的图例还不能满足所表示的内容，可视情况自行设计少量图例，并加以说明。

（5）投影

海洋功能区划图采用高斯㊞克吕格投影。

5.2.4.3 建立区划管理信息系统

海洋功能区划工作是综合性、跨地区、跨部门的重要基础性工作，制定国家相对统一的信息管理系统实施方案，对于实现海洋功能区划信息的标准化和规范化不仅具有重要的战略意义，也具有重大的实用价值。海洋功能区划信息管理主要是为制定战略决策服务的，它主要是依据国家经济发展规划和当地经济发展趋势、涉海经济的发展对海洋功能区划进行动态调整，以使海洋资源优势得以发挥。

（1）区划管理信息系统的目标

a 区划管理信息系统的总体目标

海洋功能区划动态信息管理系统是为海洋管理服务的。它的目标为：开发海洋信息资源，支持海洋管理的业务运行、功能区划专题信息管理和战略决策，支持海洋科技、海域使用、海洋工程的各项活动，支持国民经济发展和国家管理的有关政策。

① 科学存储：海洋功能区划信息，适时更新图件、数据和文档。

② 查询、检索：掌握海洋资源状况。

③ 数据处理：支持海洋管理的操作运行。

④ 信息支持：开展功能区划专题管理活动。

⑤ 分析研究：提供功能区划、海洋管理、环境和海洋经济的辅助决策。

⑥ 海洋开发工程指标、方案的拟定、设计，支持海域使用审批。

b 区划管理信息系统的分级目标

功能区划动态信息管理系统包括三个层次的工作：海洋功能区划方案

制定、业务运行和战略决策。它是一个分布式系统，各层次的目标和功能也有极大差异：越向基层，操作运行的比例越大；越向高层，决定和控制的职能越强。海洋功能区划方案的制定是指在海洋科研部门和市县级海洋管理部门的共同参与下遵照海洋功能区划的技术导则，采用航空遥感和地理信息系统技术，按照规定制定的技术路线，进行海洋资源环境状况和海域使用现状的调查和监测，广泛收集各涉海行业的综合发展规划、计划等。建立各类专题信息库，采用计算机技术生成各类功能区划草图，结合专家评估、评判、产生功能区划图，并完成功能区划登记表，建立数据库。

功能区划管理的操作运行是指在海洋功能区划工作完成之后，进行正常海洋功能区划的业务管理工作。此项工作主要由市县级海洋行政主管部门具体操作执行，具体是以功能区划信息为基础，对各项涉海工程和海域使用要求进行评估、管理、监察等，完成日常的数据更新、统计、查询、分析、功能区划图表打印等工作，其数据源以当地的图件、数据和档案文件为主，完成功能区划的管理工作。

（2）功能区划信息查询功能

方便快捷、功能强大的信息（包括功能区划空间信息和属性信息）查询是海洋功能区划信息管理系统的特色之一。在海洋功能区划信息系统中将实现下列查询功能：

① 功能区划空间信息的查询。查询指定地区内的功能区划情况；查询某地所属功能单元的空间分布范围。

② 功能区划属性信息查询。根据某类功能区划单元某个属性的特定条件，查询该类功能单元的空间分布和属性信息。

③ 功能区划空间与属性信息联合查询。在区划图中选中某个单元，列出其相关信息，根据功能区划类型等属性条件，在图上查询符合这些条件的信息。如面积、功能、代码等，并显示出符合该条件的功能单元。

5.2.4.4 征求意见、评审、报批和向社会公布

《海域使用管理法》第十二条规定："海洋功能区划实行分级审批。全国海洋功能区划，报国务院批准。沿海省、自治区、直辖市海洋功能区划，经该省、自治区、直辖市人民政府审核同意后，报国务院批准。沿海市、县海洋功能区划，经该市、县人民政府审核同意后，报所在的省、自治区、直辖市人民政府批准，报国务院海洋行政主管部门备案。"

海洋功能区划工作是按行政工作的组织方式实施的一项海洋科技工作，为了最终将这项工作成果变为海洋行政管理工作必须遵守的行为规范，必须实现政府对海洋功能区划成果的审批。海洋功能区划的政府审批是一个重要环节，因为海洋功能区划不仅是立足于海域客观功能的基础上，而且还是一个跨行业、跨部门的区划，其编制与管理部门不是用海单位，本身没有海洋开发产业。因此，确立其政府批准制度，可以提高海洋功能区划的权威性，对保证海洋功能区划实施是非常重要的。对于海洋功能区划成果，应提请涉海部门广泛征求意见，对其进行修订、完善，完成相关关系的充分协调，并在协调、完善的基础上，将其成果提交海洋功能区划领导小组讨论通过。最后，报政府审查、批准，完成海洋功能区划成果向海洋管理工作中必须贯彻执行的行为规范的转化。《海域使用管理法》第十四条对海洋功能区划向社会公布的条件也做出了规定和限制："海洋功能区划经批准后，应当向社会公布，但是，涉及国家秘密的部分除外。"

5.2.4.5 海洋功能区划的修改

任何事物都有一个发展过程，海洋功能区划亦是如此。为了满足海洋开发利用、保护管理，尤其是执法监察工作不断发展的需要，应确立海洋功能区划定期修订的机制，确立制度化的海洋功能区划滚动发展的机制。对于海洋功能区划的修订，《海洋使用管理法》第十三条规定："海洋功能区划的修改，由原编制机关会同同级有关部门提出修改方案，报原批准

机关批准；未经批准，不得改变海洋功能区划确定的海域功能。经国务院批准，因公共利益、国防安全或者进行大型能源、交通等基础设施建设，需要改变海洋功能区划的，根据国务院的批准文件修改海洋功能区划。”

（1）修改建议

海洋功能区划批准实施两年后，县级以上海洋行政主管部门对本级海洋功能区划可以开展一次区划实施情况评估，对海洋功能区划提出一般修改或重大修改的建议。评估工作可以由海洋行政主管部门自行承担，也可以委托技术单位承担。

一般修改是指在局部海域不涉及一级类、只涉及二级类海洋功能区的调整。重大修改是指在局部海域涉及一级类海洋功能区的调整，或者不改变海域自然属性的功能区、围海性质的功能区调整为填海性质的功能区。

经国务院批准，因公共利益、国防安全或者大型能源、交通等基础设施建设，需要改变海洋功能区划的，根据国务院的批准文件修改海洋功能区划。

（2）修改程序

海洋功能区划按照以下程序修改：

① 通过评估工作，在局部海域确有必要修改海洋功能区划的，由海洋行政主管部门会同同级有关部门提出修改方案。属于重大修改的，应当向社会公示，广泛征求意见。

② 修改方案经同级人民政府审核同意后，报有批准权的人民政府批准。属于重大修改的，有批准权的人民政府海洋行政主管部门应当对修改方案进行论证和评审，作为批准修改方案的重要依据。

③ 修改方案经批准后，本级人民政府应将修改的条文内容向社会公布。涉及下一级海洋功能区划修改的，根据批准文件修改下一级海洋功能区划，并报省级海洋行政主管部门备案。

以下情形不得采取修改程序调整海洋功能区，而应当按照海洋功能区划编制程序重新修编。

① 国家或沿海省、自治区、直辖市统一组织开展海洋功能区划修编工作的；

② 根据经济社会发展需求，需要在多个海域涉及多个海洋功能区调整的；

③ 国务院或省、自治区、直辖市人民政府规定的其他情形。

5.2.5 海洋功能区划成果

我国海洋功能区划从管理上分为全国、省级、市（地区）级和县（市）级共四个层次。不同层次海洋功能区划内容有所差异，区划成果也不完全相同。

5.2.5.1 全国海洋功能区划

2012 年 3 月 3 日，国务院批准了《全国海洋功能区划（2011—2020 年)》（以下简称《区划》)，这是继 2011 年国家“十二五”规划提出“推进海洋经济发展”战略后，国家依据《海域使用管理法》《海洋环境保护法》等法律法规和国家有关海洋开发保护的方针、政策，对我国管辖海域未来 10 年的开发利用和环境保护做出的全面部署和具体安排。《区划》由国家海洋局会同有关部门和沿海 11 个省、自治区、直辖市人民政府编制，《区划》范围为我国的内水、领海、毗连区、专属经济区、大陆架以及管辖的其他海域，《区划》期限为 2011—2020 年。

国务院批复指出，海洋是我国经济社会可持续发展的重要资源和战略空间。当前，我国海洋经济发展战略已进入全面实施的新阶段，统筹协调海洋开发利用和环境保护的任务艰巨。要坚持在发展中保护、在保护中发展的原则，合理配置海域资源，优化海洋空间开发布局，促进经济平稳较快发展和社会和谐稳定。

国务院批复强调，海洋功能区划是合理开发利用海洋资源、有效保护海洋生态环境的法定依据，必须严格执行。通过实施《区划》，到 2020 年，围填海等改变海域自然属性的用海活动得到合理控制，渔民生产生活和现代化渔业发展得到保障，海洋保护区、重要水产种质资源保护区得到保护，主要污染物排海总量制度基本建立，海洋环境灾害和突发事件应急机制得到加强，遭到破坏的海域海岸带得到整治修复，海洋生态环境质量明显改善，海洋可持续发展能力显著增强。

国务院批复要求，《区划》由国家海洋局会同有关部门和沿海各省、自治区、直辖市人民政府组织实施。沿海各省、自治区、直辖市人民政府要将《区划》实施工作列入重要议事日程，并依据《区划》尽快完成地方各级海洋功能区划的编制工作，明确各类海洋功能区的具体范围和管理要求，严格逐级审批。海洋局会同有关部门要认真落实《区划》实施的各项保障措施，对《区划》执行情况进行跟踪评估和监督检查。要科学制定围填海计划并纳入国民经济和社会发展计划，严格执行建设项目用海预审和审批制度。要建立全覆盖、立体化、高精度的海洋综合管控体系，不断完善海域管理的体制机制，加大海洋执法监察力度，整顿和规范海洋开发利用秩序。各级财政部门要积极支持海洋功能区划工作，中央和地方海域使用金收入要支持海域海岸带开展综合整治修复。

5.2.5.2 省级、市（地区）级和县（市）级区划

沿海省级海洋功能区别，一方面要落实全国海洋功能区划对本地区海域的功能定位，保证本地区的海洋开发利用方向、规模和格局上符合国家的总体要求，同时，还要为市、县级区划做出明确的指导。按海洋功能区划分类体系，确定所辖海域主要一级和二级类型海洋功能区的布局，明确部分重要功能区的具体位置；划分重点海域，确定其主要功能，制订海域使用调整和海域整治计划。

市（地区）级和县（市）级海洋功能区划，是在省级区划基础上的细划，是全国海洋功能区划的具体落实。区划的主要成果包括：海洋功能区划（文本）；海洋功能区划登记表；海洋功能区划图件；区划编制说明；功能区划报告和海洋功能区划信息系统等。

海洋功能区划具有强制性，一经批准公布必须严格执行。但由于社会

经济不断发展对用海提出了新的要求，且自然条件也会发生变化，人类对自然的认识和开发利用的技能也不断发展，所以海洋功能区划经过一定时期也有必要进行修改。有关修改的程序，必须按《海域使用管理法》第十三条的规定严格执行，未经批准，不得随意改变。

5.3 海域使用权属管理制度

《中华人民共和国物权法》第四十六条规定矿藏、水流、海域属于国家所有。内水和领海统称为领水，是我国领土的一部分，也是我国海域的一部分，处于国家主权的支配之下。它们与陆地领土以及矿藏、水流、森林等自然资源一样属于国家所有。国家作为唯一的所有者，对内水和领海海域享有占有、使用、收益和处分的权利。按照《海域使用管理法》的规定，国务院代表国家行使海域所有权，任何单位或者个人不得侵占、买卖或者以其他形式非法转让海域。单位和个人使用海域，必须依法取得海域使用权。

所有权权能包括占有、使用、处分和收益等支配权能。《海域使用管理法》的所有实质性规定都是建立在海域国家所有权的基础之上的。海域所有权全部属国家所有，海域的所有制性质不同于土地所有制。土地分为国家所有和农民集体组织所有，而海域全部属国家所有。海域所有权只能由国家统一行使，具有唯一性和统一性。对于我国海域，国务院是海域所有权的唯一代表者。

海域所有权是海域使用权的“母权”，构建海域使用制度，必须首先明确海域的所有权归属。从海域本身的地位来看，其不仅在各国经济发展中发挥着重要作用，而且在国防上也具有举足轻重的地位，故绝大多数沿海国家在立法上都将海域所有权明定为由国家享有，这与国际法上的国家领土主权原则是完全一致的，也符合《海洋法公约》所建立的国际海洋新秩序。海域所有权由国家享有，意味着海域使用管理的权力也主要由国家行使，地方政府仅可根据中央的授权行使部分管理权力。但由于社会制度、国家体制和历史传统方面的原因，在海域的所有权归属和管理体制上，各国亦有一定的差异。

从目前各国海域立法规定的情况来看，尚未见有完全否认国家海域所有权的立法。即使美国在20世纪40年代后期至50年代初曾发生过领海底土及其资源所有权归属的争论，其《水下土地法》和《外大陆架土地法》也明确了沿海各州享有领海底土及其资源的所有权，但却并没有否认联邦政府享有领海以外的大陆架土地和资源的所有权。况且，这种所有权分属联邦和各州享有的规定，是与美国联邦和各州之间分权的联邦制政治体制密切相关的，而归各州所有的海域在性质上也为公有。英国虽然有潮间带和12海里的海域属皇室地产的传统，但从其有关的法律规定来看，实际上也是按照海域国家所有的原则来立法的。唯有瑞典海域立法中明定有海域私人所有权的条款，根据瑞典法律规定，从海岸线外推300米是私人沿岸陆地拥有者的私有海域。但由于非濒临私人海岸的全部主权海域和濒临私人海岸的300米以外的主权海域，皆由国家享有所有权，故由国家享有所有权的海域仍占绝对优势的比例。

5.3.1 海域使用权的性质

5.3.1.1 海域使用权的对象

根据我国《海域法》的规定，海域是指中华人民共和国内水、领海的水面、水体、海床和底土。海域与土地在法律属性上是一致的，不仅是民法上的物，而且符合不动产的全部法律特征。海域使用权则是单位和个人以法定方式取得的对国家所有的特定海域的排他性支配权利，其依照不动产物权的设立方式设立、变更和终止，依登记为其法定的公示方法，具有法定的物权效力，具有物权的支配性、绝对性和排他性，符合用益物权的特征。

从海域使用权的主体、客体和内容分析，海域使用权是一种新型的用益物权，在物权法用益物权体系中具有不可替代的地位。

（1）海域使用权的主体是自然人、法人、合伙和其他非法人团体，其中农村集体经济组织或者村民委员会一定条件下可以成为海域使用权人。

《海域法》第十六条第一款和第二十二条规定：单位和个人可以向县级以上人民政府海洋行政主管部门申请使用海域。《海域法》施行前，已经由农村集体经济组织或者村民委员会经营、治理的养殖用海，符合海洋功能区划的，经当地县级人民政府核准，可以将海域使用权确定给该农村集体经济组织或者村民委员会，由本集体经济组织的成员承包，用于养殖生产。

（2）海域使用权的客体是我国内水海域、领海的水面、水体、海床和底土所构成的特定海域。

在传统民法中，事实上的物成为民法上的物需要符合两个标准：一是要具有独立的经济价值；二是具有排他支配的可能性。因此海域虽然不是传统民法中的客体范畴，但随着人类利用自然的能力的不断提高，海洋成为人类开发利用的重要领域和资源，随着近岸海域的稀缺性不断增强，海域已经成为一种新型的权利客体。海域作为民法上的物，具有其非凡性。首先，海域不是单一物，而是集合物。海域是以海床为中心的、上有海水下有底土的集合物；再者，海域可归类为民法上的不动产。海床与底土是不可移动的，且权利变更需要登记，所以海域可归类为民法上的不动产。

（3）海域使用权的内容表现为民事主体所享有的权利和承担的义务。

根据我国《海域法》的规定和海域使用权的用益物权的性质，海域使用权人的权利主要包括：①占有权，即对国家所有的海域直接控制并支配的权利。②使用权，即对国家所有的海域按照其属性、约定用途等进行目的性使用的权利。③收益权，即获取海域上所产生的利益的权利。④转让权，即通过买卖等方式将海域使用权转让给他人的权利。⑤抵押权，即在其拥有的海域使用权之上设定抵押权的权利。⑥取回权和补偿权，即海域使用权人有权取回其所有的海域附着物和对其遭受损失获得补偿。

海域使用权人的义务主要包括：①支付海域使用金等费用的义务。②按照海域功能区划和约定使用海域的义务。③容忍义务，即海域使用权人对不妨碍其依法使用海域的非排他性用海活动，不得阻挠。④及时通知义务，即海域使用权人发现所使用的海域的自然条件发生重大变化，应当及时报告海洋行政主管部门。⑤其他义务。如海域使用权人未经批准不得从事海洋基础测绘；海域使用权终止后，应拆除可能造成海洋环境污染或影响其他用海项目的设施和构筑物。

5.3.1.2 海域使用权的权利体系

海域使用权作为一种新型的重要的民事权利，其体系化的形成需要将其按照不同的标准进行区分，具体而言，主要有以下分类：

（1）有偿使用的海域使用权和无偿使用的海域使用权

根据海域使用权的使用是否需要交付对价，可以将其分为有偿使用的海域使用权和无偿使用的海域使用权。为了保证海域这一自然资源的合理使用、建立其经济补偿机制、实现国有海域资源性资产的保值增值和避免对海域的过度无序利用，国家对海域实行有偿使用制度，即单位和个人使用海域，应当按照国务院的规定缴纳海域使用金，且海域使用金应当按照国务院的规定上缴财政。然而，海域有偿使用制度并不排除在非凡情况下对海域的无偿使用，国家从有利于海洋上防卫、治理和公益事业的发展全局出发，规定有些海域使用权的取得是无偿的，如①军事用海；②公务船舶专用码头用海；③非经营性的航道、锚地等交通基础设施用海；④教学、科研、防灾预灾、海难搜救打捞等非经营性公益事业用海。

（2）原始取得的海域使用权和继受取得的海域使用权

根据海域使用权取得的方式，可以将其分为原始取得的海域使用权和继受取得的海域使用权。前者是指使用权人直接从国家取得的海域使用权，其方式有二，即申请审批取得和因法律行为取得（如招标和拍卖）。后者是指因企业合并、分立或者与他人合资、合作经营或者依法转让、继受等情形而取得海域使用权。继受取得的海域使用权不是来源于国家，而是来自于其他民事法律主体。

（3）海洋工程海域使用权、养殖海域使用权、港口海域使用权、海洋油气勘探开采海域使用权、海底电缆管道海域使用权等

根据海域使用功能的不同可以将海域使用权分为海洋工程海域使用权、养殖海域使用权、港口海域使用权、海洋油气勘探开采海域使用权、海底电缆管道海域使用权等情形。

此外，还可以根据海域性质的不同将其分为内水海域使用权和领海海域使用权。

5.3.1.3 海域使用权制度设立的理论意义和实践价值

（1）通过物权制度可以更好地保护事关国计民生的国有资产——海域。在《物权法》中规定海域所有权，将原来仅仅从主权意义和自然资源意义上熟悉和对待的海域，转变为财产权意义上的一种不动产来看待，从而可以通过物权请求权等制度更好地保护海域，防止其被任意划拨、侵犯和滥用。

（2）通过海域物权制度可以明晰海域权属，定分止争。通过市场更好地配置资源，创造财富。在《物权法》中规定海域所有权和海域使用权制度，可以明晰海域的所有权人、使用权人以及相互的关系，消除纷争。并有利于发挥和挖掘海域的财产功能，通过市场实现财产的合理配置，创造财富，造福社会。

（3）海域物权制度是对我国行之有效的关于海域所有权和海域使用权的相关法律制度的科学总结和继承。我国《海域法》以民事物权制度的基本原理和制度为基础来构建和实施海域治理，有效处理了海域使用中的民事权利保障和行政治理之间的关系，很好协调了海域所有人与使用人、各使用人之间的利益关系，整合了现有的各种使用海域的民事权利类型（如养殖权、采矿权等），彻底改变了之前海域使用中“无序、无度、无偿”的局面。在物权法中规定海域物权制度，是对行之有效的海域相关法律制度的科学总结和继承，具有重大的理论意义和实践价值。

5.3.2 海域使用权的申请和审批

在《海域法》明确地规定，海域属于国家所有，国务院代表国家行使海域所有权。任何单位或者个人不得侵占、买卖或者以其他形式非法转让海域。在中华人民共和国内水、领海，持续使用特定海域从事3个月以上的排他性用海活动的单位和个人，必须依法取得海域使用权；在中华人民共和国内水、领海，持续使用特定海域不足3个月的用海活动的单位和个人，可能对国防安全、海上交通安全和其他用海活动造成重大影响的排他性用海活动，参照有关规定办理临时海域使用证。依照《海域法》的规定，单位和个人取得海域使用权，可以有三种方式，即：向国家依法确定的海洋行政主管部门申请取得，这是行政许可的方式，在当前来说是用得较多的方式。另外，可以通过招标和拍卖的方式取得。

海域使用管理采用中央统一管理和中央、地方分级管理相结合的体制主要原因是海域的根本属性决定，是有效协调各类用海矛盾和纠纷的必要，是由于海域的涉外性，保障国防安全，也是对国内外成功经验的有益借鉴。

在海域使用管理权限上，沿海各国均确立了中央和地方两级管理体制。海域既属国家所有，则自然应由国家享有海域使用的管理权，但国家集中统一管理，在实际执行上也颇有不便，故国家常常授权地方享有部分管理海域的权力。地方海域管理体制又可进行层级划分，如美国的地方海岸带管理体制划分为州、地区和地方三级，日本则分为专区和市两级。海域使用管理权限如何划分，与各国政治体制紧密相关。在实行单一制的国家，地方政府拥有的权力范围有限，所受限制也较多，很多事项还须经中央海洋行政主管部门审批；而在实行联邦制的国家，地方政府则享有较大的权力，典型的当属美国。如根据美国《海岸带管理法》的规定，海岸带的管理职责主要由沿海各州承担，联邦政府的海岸带管理规划仅为各州提供一种政策上的框架。根据该法确立的“一致性原则”，即使联邦政府的开发项目，也须与沿海各州的海岸带管理计划相一致，联邦政府不得基于行政权力而在违反各州海岸带管理计划的情况下强制进行海域开发。虽然联邦可以通过发放各种补助金将州的管理规划纳入联邦的轨道，但有些州是不接受这些补助金的。此外，这种中央与地方管理权限上的划分，与海域的所有权归属的确定也有着密切联系。除前述美国联邦和各州之间分享海洋底土的所有权之外，澳大利亚的《近海问题的宪法解决办法》也将从3海里界限向陆地一侧的海域底土所有权划归各州和北方地区享有，这样，对3海里以内的海域底土进行开发使用的，其管辖权便归于地方。

国家对海域使用权实施统一管理表现在：受理使用申请并审核，海域使用权申请审批制度、海域使用权登记和统计制度、海域使用公告制度；海域使用权招标、拍卖方案的制定；海域使用争议的协调；违法用海的处罚权等方面。这一节我们首先来介绍一下海域使用权的申请和审批。

5.3.2.1 海域申请的方式

海域使用者应该依法提出海域使用申请，这是以申请方式取得海域使用权的第一步，也是当前取得海域使用权的一项法定程序。《海域法》规定，单位和个人可以向县级以上人民政府海洋行政主管部门申请使用海域，申请人在提出申请时，应当提交的法定书面材料有：

海域使用申请书；

海域使用论证材料，对这项材料可以因海域使用项目的规模大小、复杂程度的不同而有不同的具体要求；

相关的资信证明材料；

法律、法规规定的其他书面材料。

海洋行政主管部门已按照规定，依法对海域使用申请进行审批。根据《中华人民共和国海域使用管理法》、《国务院办公厅关于沿海省、自治区、直辖市审批项目用海有关问题的通知》（国办发［2002］36号）、国务院关于国土资源部《报国务院批准的项目用海审批办法》的批复（国函［2003］44号）及2007年1月1日生效的《海域使用权管理规定》：

受理海域使用申请的海洋行政主管部门为受理机关；有审批权人民政府的海洋行政主管部门为审核机关；受理机关和审核机关之间的各级海洋行政主管部门为审查机关。

5.3.2.2 审批程序

审批程序分为受理、审查、审核（包括用海预审）、报有审批权人民政府批准、审核机关作出项目用海批复和登记颁发海域使用权证。

用海申请材料经受理机关初审，必要时对项目用海内容进行公示，不符合条件的依法告知申请人，符合条件需要报送的逐级报送审查机关审查，而后报送审核机关，审核机关对其初步审查后，通知申请人开展海域使用论证、提交相关材料；收到论证报告后，审核机关组织专家评审，必要时征求同级有关部门的意见。对符合用海预审条件的申请人出具用海预审意见书。对符合条件的申请用海，提请同级人民政府批准；不符合条件的，依法告知申请人。

海域使用申请经批准后，由审核机关做出项目用海批复，内容包括：

批准使用海域的面积、位置、用途和期限；

海域使用金征收金额、缴纳方式、地点和期限；

办理海域使用权登记和领取海域使用权证书的地点和期限；

逾期的法律后果；

海域使用要求；

其他有关的内容。

审核机关将项目用海批复及时送达海域使用申请人，并抄送有关人民政府及海洋行政主管部门。

5.3.2.3 海域使用受理

按照我国对海域使用管理的规定，针对不同的用海申请，海洋行政主管部门分两个层次对海域使用进行受理。

国家海洋行政主管部门受理下列项目的海域使用申请，并征求项目所在地省级人民政府的意见。

（1）国务院或国务院投资主管部门审批、核准的建设项目；

（2）省、自治区、直辖市管理海域以外或跨省、自治区、直辖市管理海域的项目；

（3）国防建设项目；

（4）油气及其他海洋矿产资源勘查开采项目；

（5）国家直接管理的海底电缆管道项目；

（6）国家级保护区内开发项目及核心区用海。

上述规定以外的海域使用申请，由县级海洋行政主管部门受理。县级以上海洋行政主管部门受理并报国务院审批的项目用海，经审核报省级人民政府同意后，报至国家海洋行政主管部门。

对于跨管理海域的海域使用申请，由共同的上一级海洋行政主管部门受理。

针对同一项目用海含不同用海类型的，应当按项目整体受理、审查、审核和报批。

5.3.2.4 用海预审

国务院或国务院投资主管部门审批、核准的建设项目涉及海域使用的，应当由国家海洋行政主管部门就其使用海域的事项在项目审批、核准前预先进行审核（简称“用海预审”）。申请人应当在项目审批、核准前向国家海洋行政主管部门提出海域使用申请，取得用海预审意见。国家海洋局成立了海域使用项目审核委员会（《关于成立海域使用项目审核委员会的通知》国海管字［2002］187号），其职责主要是对国务院审批的海域使用项目进行审核。

地方人民政府或其投资主管部门审批、核准的建设项目涉及海域使用的，应当由地方海洋行政主管部门就其使用海域的事项在项目审批、核准前预先进行审核。用海预审程序由地方人民政府海洋行政主管部门自行制定。

用海预审意见有效期2年。有效期内，项目拟用海面积、位置和用途等发生改变的，应当重新提出海域使用申请。

国家重大建设项目需要使用海域的，建设单位凭籍用海预审意见办理建设项目立项审批，建设项目经批准后，申请人应当及时将项目批准文件提交海洋行政主管部门。海洋行政主管部门收到项目批准文件后，依法办理海域使用权报批手续。

5.3.2.5 审批权限

项目用海的审批权限，按照用海面积和用海性质两方面加以限定。下列项目用海，应当报国务院审批：

填海50公顷以上的项目用海；

围海100公顷以上的项目用海；

不改变海域自然属性的用海700公顷以上的项目用海；

国家重大建设项目用海；

国务院规定的其他项目用海。

国家重大建设项目：指列入国家计划、由中央财政直接投资或者主要由中央财政投资、对国民经济发展有重大影响的建设项目（由中央投资主管部门批准或者核准的建设项目）。

国务院规定的其他项目：包括《国务院关于国土资源部〈报国务院批准的项目用海审批办法〉的批复》（国函［2003］44号）明确的跨省、自治区、直辖市管理海域的项目用海、国防建设用海、由国务院有关部门审批的海洋矿产勘查开采、海底电缆管道铺设等项目用海及海洋类国家级自然保护区内的开发项目用海。

除了依法由国务院审批的用海项目以外的其他项目用海，其审批权限在《海域法》中规定，是由国务院授权省、自治区、直辖市人民政府规定。根据《国务院办公厅关于沿海省、自治区、直辖市审批项目用海有关问题的通知》（国办发［2002］36号），国务院审批以外的审批权限，授权省、自治区、直辖市人民政府按照以下原则规定：

填海（围海造地）50 公顷以下（不含本数）的项目用海，由省、自治区、直辖市人民政府审批，其审批权不得下放；

围海 100 公顷以下（不含本数）的项目用海，由省、自治区、直辖市、设区的市、县（市）人民政府分级审批，分级审批权限由省、自治区、直辖市人民政府按照项目种类、用海面积规定；

700 公顷以下（不含本数）不改变海域自然属性的项目用海，主要由设区的市、县（市）人民政府审批。

5.3.2.6 审查内容

(1) 受理机关收到用海申请材料后，应当组织现场调查和权属核查，并对下列事项进行审查：

项目用海是否符合海洋功能区划；

申请用海是否设置海域使用权；

申请海域的界址、面积是否清楚。

(2) 审查机关对下列事项进行审查后，提出审查意见报送上级审查机关或审核机关：

项目用海是否符合海洋功能区划；

申请用海是否计划设置其他海域使用权；

申请海域是否存在管辖异议。

(3) 审核机关对下列事项进行审查：

申请、受理和审查是否符合规定程序和要求；

是否符合海洋功能区划和相关规划；

是否符合国家有关产业政策；

是否影响国防安全和海上交通安全；

申请海域是否计划设置其他海域使用权；

申请海域是否存在管辖异议；

海域使用论证结论是否切实可行；

申请海域界址、面积是否清楚，有无权属争议。

受理机关、审查机关和审核机关均对项目用海是否符合海洋功能区划进行审查。

5.3.3 招标方式与拍卖方式

招标的方式，就是发挥市场机制的作用，将海域使用权授予公开竞争中的优胜者，以寻求最佳的使用效益；拍卖的方式，就是以公开竞价的形式，将海域使用权转让给最高应价者。

5.3.3.1 采用招标、拍卖方式的可行性

海域属于国有稀缺资源，为了提高对海域资源的利用率，最大限度实现国有资产的保值增值，政府可以根据海域使用开发利用的实际情况，通过市场机制，有选择地在部分海域通过招标或者拍卖方式出让海域使用权。以招标或者拍卖方式出让海域使用权，是社会主义市场经济发展的必然要求，这种方式较之行政许可制更具优势。首先，招标或拍卖方式可以依据海洋功能区划和使用规划，设定招标和拍卖参与人的条件，保证海域使用者具有相应的使用海域的能力，保证海域综合利用总体规划得以有效实施。其次，通过市场机制的引入，使海域充分实现其经济价值成为可能。在没有建立起海域价值评估制度的情况下，行政许可制确立的海域使用金标准过低，不能反映海域的经济价值，不能有效实现海域所有权人的财产利益。另一方面，由于海域使用金明显低于海域使用权的经济价值，也为行政许可过程中的腐败行为提供了可乘之机。而招标、拍卖方式则能使海域使用权落到出价最高且合格的用海者手中，保证海域所有权人的经济利益得到充分实现。同时，招标、拍卖方式也赋予了用海者通过公平竞争获得海域使用权的机会，更符合市场经济机制的要求。因此，可以说以招标、拍卖的方式确定海域使用权人，应是今后海域使用权出让制度的发展方向。

对于经营性用海而言，招标、拍卖方式较之行政许可制虽具有明显的优势，但在海域使用管理最初的实践中却较少适用，这既有客观方面的原

因，也有主观方面的原因。在客观方面，20 世纪 90 年代，《海域使用管理暂行规定》直至《海域法》出台，我国的海域使用水平和管理水平处于初级阶段，从最常见的养殖用海这种海域使用方式看，主要利用的海域为水深 15 米以内的近海海域；没有海域的立体利用，养殖业抵御自然力影响的能力低下。海域使用管理的初级阶段意味着海域使用的规则、秩序与市场尚不成熟，虽然海域养殖有利可图，但尚不具备聚集众多的投资者加入海域开发利用的足够吸引力。在主观方面，一是海洋行政主管部门为追求社会稳定而主要将使用权确定给了沿海渔村的用海申请者，二是担心会影响自己在海域使用权设立中的主导地位而不愿采取此方式，此种因素也不可忽视。另外，《海域法》实施时间不长，我国普遍、大规模地第一次颁发的海域使用权证书所确定的使用期限大多未届满，而第一次发证的工作重点是落实海域使用许可和海域有偿使用“两项制度”，着力培育用海者的有序、有偿用海的意识，也不具备普遍地实施拍卖、招标方式的客观条件。

随着人们海洋利用能力的提高和海洋经济的发展，海洋的开发利用会吸引越来越多的参与者；同时，海域使用管理也将由“两项制度”的落实提高到在顾及海洋的自然承受能力的前提下最大限度地实现其经济效益；而纯粹依赖传统渔业为生的渔民的数量日渐减少，使得海洋对沿海地区百姓的意义不再是“糊口”而是“致富”，从而市场机制的引入不会再明显影响当地百姓的生计与社会的稳定。待第一次颁发的海域使用权证书确定的使用期限届满而进行第二轮确权、发证时，拍卖、招标方式的条件和管理方法已经成熟。

与行政许可制的“自下而上”的方式不同，招标、拍卖方式确定海域使用权的具体程序是“自上而下”进行的，即首先由海洋行政主管部门制订招标或拍卖方案，报有批准权的人民政府进行审批，然后进行招标或拍卖确定海域使用权人，进行登记并向其颁发海域使用权证书。海洋行政主管部门制订招标或拍卖预案前征求有关部门的意见的规定，体现了各行政部门协作与配合的精神，使招标或拍卖方案既能体现海域的经济价值，发挥海域综合利用的特点，最大限度地满足各行业用海的需要，又能切实达到保护海洋环境、保持海洋的可持续利用的目的。

5.3.3.2　海域使用权招标、拍卖方式

《中华人民共和国海域使用管理法》（以下简称《海域使用管理法》）第二十条规定，海域使用权除通过申请审批取得外，“也可以通过招标或者拍卖的方式取得”。

招标拍卖体现了公开、公平、公正的市场原则，有利于发挥市场优化配置海域资源的作用，有利于国有资产的保值增值，有利于抑制权力进入市场，减少人为因素对资源配置的干扰和不合理控制，从源头上抑制腐败行为的发生，所以又被称为“阳光下的操作”。

为了规范招标拍卖活动，国家专门制定了《招标投标法》和《拍卖法》。但这些法律规范主要涉及的是对动产招标拍卖活动的规范。如《招标投标法》主要适用于工程建设项目以及与工程建设有关的重要设备、材料的采购。《拍卖法》主要适用于拍卖企业进行的拍卖活动。尤其是海域，作为不动产，具有其特殊性，行政机关采取招标拍卖方式时的主体、对象和《招标投标法》、《拍卖法》的规定有较大差异，因此，有必要在参照《招标投标法》、《拍卖法》的有关法律精神和国家有关规定的基础上，借鉴土地使用权招标拍卖的实践经验，探索适合海域使用权特点的招标拍卖办法。

1. 海域使用权招标拍卖的基本概念及其主要特点

（1）海域使用权的招标

海域使用权的招标，是指海洋行政主管部门发布招标公告，邀请特定或者不特定的公民、法人和其他组织参加国有海域的使用权投标，根据投标结果确定海域使用权人的行为。

招标出让方式引入了市场竞争机制，比较充分地体现了商品交换的原则。主要有以下特点：

①从发布招标公告开始，经投标阶段，直到开标，标底和标价都是密封的，即招标人不说明自己的标底，投标人各自也不公开投标价。

②中标者不一定是投标价的最高者。因为标价不是定标的唯一因素，投标人的资信、能力、开发利用方案等也将作为评标内容。决标时评标委员会要经过全面、综合评价后择优确定中标者。

③投标人只有一次投标机会，标书送达后即不得对投标内容做实质性修改。

（2）海域使用权的拍卖

海域使用权的拍卖，是指海洋行政主管部门发布拍卖公告，由竞买人在指定的时间、地点进行公开竞价，按照“价高者得”的原则，确定海域使用权人的行为。

拍卖与招标都是竞争性的签约方式，但与招标方式相比，拍卖方式竞争更加激烈，透明度更高，并且排除了出让方的任何主观因素，政府也可以获得最高的收益。

拍卖的主要特点：

①拍卖出让完全公开进行，从拍卖公告的发布，到拍卖时的叫价、应价以及最终成交价格，都是在公开的场合进行。

②除了参加竞买人主体资格必须符合要求外，拍卖成交的唯一决定因素就是价格，即谁出价高谁取得拍卖海域的使用权。

③拍卖时，竞买人有多次报价的机会。在拍卖过程中，每个竞买人都可以在其他竞买者出价后，根据自己的心理预期，决定是否继续加价竞买。

2. 海域使用权招标拍卖的基本原则

海域使用权招标拍卖是政府出让国有海域使用权的严肃的行政行为。招标拍卖能否健康有效地运行，直接关系到国家海域资源能否合理利用，关系到海域使用市场的正常秩序，关系到国有资产的收益，关系到党和政府的形象，因此，必须遵循国家有关法律法规及政策性规定的基本原则。

(1) 公开的原则

公开是对行政行为的一项基本要求。其基本含义是政府行为除依法应当保密的以外，应一律公开进行，以便于公众知悉、参与和监督。按照公开原则的要求，海域使用权招标拍卖的信息应当广而告之，招标拍卖的条件和要求应当具体、明确和公开，招标拍卖的程序应当规范、明确和公开，招标拍卖的结果也应当公开。组织实施招标拍卖，也应当公开进行，不允许与投标人或竞买人有私下的接触。

在遵循公开原则的同时，还必须实行严格的保密措施，任何知情人都不得将招标拍卖中需要保密的有关信息透露给当事人。

(2) 公正、公平的原则

公正、公平原则的基本精神是要求行政机关及其工作人员办事公道，不徇私情，合理考虑相关因素。按照公正、公平原则的要求，海洋行政主管部门及其工作人员应平等对待相对人，不得因相对人地位（规模）、经济条件、来自不同地区、隶属不同行业而规定不同的条件，不能对符合规定条件的个人或组织实行歧视待遇，做到一视同仁；在实施行政许可的过程中，既不能有偏见，也不能搞歧视；与招标拍卖有利害关系的相关工作人员，应该回避。

在确定招标标底，拍卖的起叫价、起始价、底价，投标、竞买保证金时，行政机关还应当实行集体决策，减少人为因素的干预和不合理控制。

(3) 诚实信用的原则

诚实信用是在民事活动中遵循的基本原则，是道德规范在法律上的表现。按照诚实信用原则的要求，海域使用权招标拍卖当事人、政府、投标人、中标人、竞买人、买受人应当真心实意地遵守招标拍卖的要求，如果中标或者竞买成功，则政府有义务将海域使用权授予中标人或者买受人，招标人或者买受人也有义务缴纳相关费用，取得海域使用权。任何一方违反规定都应当承担相应的法律责任。

3. 海域使用权招标拍卖的实施程序

海域使用权招标拍卖的实施程序，就是海洋行政主管部门按照法定的方式将海域使用权出让给用海者的一种过程。两种方式虽有共同之处，也有不同的特点。

(1) 海域使用权的招标程序

招标的实施程序，《招标投标法》有明确的规定。海域使用权的招标同样适用。其基本程序如下：

①招标。招标又分为公开招标和邀请招标。公开招标是指招标人以招标公告的方式邀请不特定的法人或其他组织投标；邀请招标，是指招标人以招标邀请书的方式邀请特定的法人或者其他组织投标。采用公开招标方式的，应当通过指定的媒体将招标出让海域的相关内容以《招标公告》的形式向社会公布。采用邀请招标的，则应当向两个以上的资信良好的公民、法人或其他组织发出《招标邀请书》。

②投标。有意投标者按照《招标公告》要求的时间，到指定地点领取招标文件，缴纳投标保证金，并在投标截止日期前到指定地点将密封的投标书投入标箱。

招标人应对投标申请人进行资格审查。投标书投入标箱后不可撤回。投标人应对标书和有关书面承诺承担责任。

③开标、评标和中标。开标应当在招标文件确定的提交投标文件截止时间公开进行。开标由招标人主持，并邀请所有投标人参加。开标时，由投标人或者其推选的代表检查投标文件的密封情况，也可以由招标人委托的公证机构检查并公证；经确认无误后，由工作人员当众拆封，宣读投标人的名称、投标价格和投标文件的其他有关内容。

评标由招标人依法组建的评标委员会负责。评标委员会应由有关方面的专家组成，人数为5人以上的单数。评标过程应严格保密，评标委员会按照招标文件确定的评标标准和方法并参考标底对投标文件进行评审和比较之后提出书面评标报告，并推荐合格的中标候选人。

评标委员会可以要求投标人对投标文件作出必要的澄清或者说明，但澄清或者说明不得超出投标文件的范围或者改变投标文件的实质内容。

招标人根据评标委员会提出的书面评标报告和推荐的中标候选人确定中标人，也可以授权评标委员会直接确定中标人。

④通知和签约。中标人确定后，招标人应当向中标人发出中标通知书，并同时将中标结果通知所有未中标的投标人。

从中标通知书发出之日起30日内，招标人和中标人应当按照招标文件和中标人的投标文件签订海域使用权出让合同，然后按照合同规定如期如数缴纳海域使用金、办理海域使用权登记手续，领取海域使用权证书。

（2）拍卖的程序

拍卖的实施程序，《拍卖法》也有明确规定，海域使用权的拍卖同样适用。其基本程序如下：

①发布拍卖公告。海洋行政主管部门应当在拍卖前在当地主要新闻媒体上刊载拍卖公告，将拍卖的时间、地点、拍卖海域的具体位置、面积、用途、起拍价以及咨询、现场踏勘的时间等基本信息向社会公开。

②资格审查及缴纳保证金。竞买人应在拍卖公告规定的时限内，向海洋行政主管部门提交能够证明其主体身份、资质以及资信状况等方面的证明文件，经审查认为其符合竞买人的要求的，发给入场证及应价号牌，同时按要求缴纳竞买保证金。如竞买不成，该保证金将在拍卖结束后如数返还。

③组织拍卖会。按照拍卖会的组织程序，经叫价、应价和竞价，宣布最高应价者为竞得人。

拍卖标的无保留价的，拍卖师应当在拍卖前予以说明。拍卖标的有保留价的，竞买人的最高应价未达到保留价时，该应价不发生效力。

④签约登记。拍卖成交后，竞买人要当场签订《成交确认书》。或者直接签署海域使用权出让合同。签约后按照合同规定如期如数缴纳海域使用金、办理海域使用权登记手续，领取海域使用权证书。

申请人还可依法申请行政复议或者提起行政诉讼，如果当事人认为招标拍卖程序违法的，也可以依法提起民事诉讼。

4. 海域使用权招标拍卖的保障措施

海域使用权的招标拍卖政策性强、涉及面广，是一项复杂的系统工程。要保障招标拍卖工作的效果，必须对招标拍卖过程中的各个环节进行深入的分析和策划。

（1）要有充分的前期工作

一是要详细调查、准确定位。包括该海域的开发利用方向是否符合海洋功能区划、是否存在海域使用纠纷、是否对周围的开发保护活动有不良影响等，并应进行实地踏勘。

二是应制定详细准确的招标拍卖方案和文件。招标拍卖方案应包括拟出让海域的位置、面积、用途、使用期限、出让方式和其他条件；招标拍卖文件应包括招标拍卖公告、招标拍卖须知、海域位置及使用条件、标书或竞买申请书、成交确认书、海域使用权出让合同等。

三是应对有意参加招标拍卖活动的用海者进行摸底，做好相应的准备。

（2）要严格履行审批程序

海域使用权的招标拍卖是一项严肃的政府行为。按照《海域使用管理法》的规定，海洋行政主管部门制定招标拍卖方案后，应当征求同级有关部门的意见，并报有审批权的人民政府批准后组织实施。

考虑到海域使用权的招标拍卖完成后，投标人或竞买人即将无可辩驳地拥有该海域使用权，因此在招标拍卖前即应将海域使用申请审批的各项环节全面履行。尤其是海域使用涉及多个部门，涉及多种利益的调整，因此，在报政府审批前，应充分征求有关部门和利益相关者的意见，既要保证与其他部门相关工作、规划的衔接，还要保证投资者在进行海域使用时，得到有关部门的支持，避免出现扯皮现象。

（3）要进行充分的宣传和推介

宣传和推介是招标拍卖活动的重要环节，对招标拍卖活动的效果影响很大。海域使用权的招标、拍卖属于比较大的交易活动，因此公告的时间要长，给意向用海者必要的分析、踏勘、决策时间；公告要尽量扩大辐射范围，应委托几家在当地及更大范围有影响的报纸或其他媒体进行刊登；公告内容上要充分反映推出海域的主要特征，明确告知招标、拍卖活动的主要情况。

此外，还应对海域进行包装、宣传和展示。有的地方通过聘请业内专家进行专栏讨论的方式扩大社会影响，充分挖掘海域潜在价值；有的地方通过召开用海者座谈会和专门的联络、咨询，争取更多的投标人或竞买人，充分实现海域的价值，并推动招标拍卖工作的深入发展。

在招标拍卖会上，还应准备较为丰富的文字、图片资料，以有利于活跃会场气氛，扩大招标拍卖活动的影响，培育市场。

（4）要严格程序、规范操作

海域使用权的招标拍卖，既是代表国家出让海域使用权的行政行为，也是一项重大的经济活动。因此，在整个组织过程中，一定要强化严谨、规范的意识，每个环节、每道程序都必须合法、规范、有序，确保公开、公正、公平，严禁暗箱操作、弄虚作假，避免留下纠纷的隐患。

为了保证招标拍卖活动的公正，在组织海域使用权招标拍卖活动过程中，应邀请当地纪检部门派人监督，也可以邀请当地公证处派人公证。

中标人或竞得人提供虚假文件隐瞒事实或采取行贿、恶意串通等非法手段中标或竞得的，中标结果无效，造成损失的，应依法承担赔偿责任。

海洋行政主管部门工作人员在招标拍卖活动中玩忽职守、滥用权利、徇私舞弊的，应依法给予行政处分；构成犯罪的，依法追究刑事责任。

5. 需要特别说明的几个问题

（1）海域使用权招标拍卖的实施主体

《海域使用管理法》第二十条明确规定，“招标或者拍卖方案由海洋行政主管部门制订，报有审批权的人民政府批准后组织实施”。

《招标投标法》也明确规定：“招标人具有编制招标文件和组织评标能力的，可以自行办理招标事宜。任何单位和个人不得强制其委托招标代理机构办理招标事宜。”海洋行政主管部门完全可以自行组织开展海域使用权的招标工作。

而对于海域使用权的拍卖，尽管《拍卖法》第二十三条规定：“拍卖人不得在自己组织的拍卖活动中拍卖自己的物品或者财产权利。”但1996年7月4日，全国人大法律委员会主任委员薛驹在全国人大常委会审议《拍卖法》时所作的《关于拍卖法（草案修改稿）修改意见的汇报》中指出：“国有资产的产权交易、土地使用权出让与转让、人民法院强制执行的物品的拍卖应当由其他法律调整，并非都由拍卖企业拍卖。考虑到本法是调整拍卖企业进行的拍卖活动，建议该条修改为：‘本法适用于中华人民共和国境内拍卖企业进行的拍卖活动’。”该项建议在《拍卖法》立法时被采纳，说明从立法本意上，并没有要求土地使用权必须由拍卖企业进行。海域使用权具有与土地使用权完全相同的法律性质，海洋行政主管部门自行组织实施与《拍卖法》并不矛盾。

此外，海域使用权的招标拍卖政策性、专业性都很强，拍卖前还必须进行方案编制、部门协调、面积测量、海域论证、竞投人资格审查等，拍卖成交后还要签订海域出让合同、登记发证等一系列工作，这一切均需要由海洋行政主管部门协调政府有关部门完成，而招标拍卖代理机构作为中介机构，根本无法完成上述职能。因此，海域使用权的招标拍卖应当由海洋行政主管部门组织实施。

当然，在具体组织实施过程中，也可以根据实际需要将部分工作委托有关中介机构完成。

（2）海域使用权招标拍卖的适用范围

土地使用权的出让，已经将各类经营性用地全部纳入招标拍卖出让的范围。考虑到海域的开发利用尚处于初级阶段，多数用海活动尚不具备招标拍卖的条件，目前海域使用权的招标拍卖只能在一定的范围内进行。

笼统地讲，经营性用海，同一海域有两个以上同一类型意向用海者的，都应该通过招标拍卖的方式出让。其中以获取最高出让金为主要目标、以出价最高为条件确定受让人的，对海域使用者资格没有特别限制、一般单位或个人均可能有受让意向的必须拍卖出让；除获取较高出让金外，还有其他综合目标或特定社会公益建设条件的，海域用途受严格限制、仅少数单位或个人可能有受让意向的，应采取公开招标；对海域使用者有资格限制或特别要求的，可对符合条件的用海申请者进行邀请招标。

随着海域开发利用活动的不断深入和海域使用市场体系的不断发展，采用招标拍卖方式出让海域使用权的范围将不断扩大。

（3）海域使用权招标拍卖底价的确定

目前的海域使用金征收标准，多是沿海省市在对本地区的海域使用现状调查及不同用海产业效益初步分析的基础上制定的，多没有考虑同一用海类型不同海域的区位条件、自然资源和环境质量差异，也未充分考虑海域使用单位利润和级差收益，存在许多不科学、不合理的问题，而且价格普遍偏低。如果招标拍卖价格的底价定高了，用海者承受不了；如果定低了，将损害国家作为海域所有者的资产权益。因此必须对招标拍卖海域的底价进行科学评估。

首先要分类定级，即根据海域的区位、自然环境条件、资源丰度、周边社会经济发展状况及利用效益的差异，采用多因素综合评定及定性定量相结合等方法，对某一地区不同用海类型分出不同的级别，作为评估和确定海域使用金征收标准的依据。

然后，应针对具体的用海区块，由具有资格的评估单位、按照海域评估技术规范，以海域定级结果和用海设施、构筑物的重置价值为基础进行评估。在评估结果的基础上，结合国家产业政策等因素，采取集体决策的方式确定招标拍卖的底价。

在招标拍卖活动结束之前，招标拍卖的底价必须严格保密，且不得变更。

(4) 其他需要说明的问题

海域使用论证是用海项目审批的重要依据。考虑到海域使用权的招标拍卖完成后，投标人或竞买人即将无可辩驳地拥有该海域使用权，因此，海域使用论证工作应在招标拍卖前，由海洋行政主管部门组织完成。

海域使用权招标拍卖的工作费用，包括海域使用论证的费用，应作为管理工作的成本，包括在成交价款中。为了提高地方人民政府对招标拍卖工作的积极性，招标拍卖海域使用权的，成交价款超出海域使用金征收标准的溢价部分，扣除招标拍卖成本，可就地缴入负责招标拍卖工作的地方财政金库。

养殖用海的招标拍卖涉及千家万户，应召开沿海乡镇、村以及养殖户、村民代表座谈会，听取意见，鼓励参与招标拍卖，进行充分的公示。要让真正有实力的用海者有海可用，创造稳定持久的生产投资环境，充分发挥社会资金的作用，提高劳动生产率和生产效益，更好地接受、安置渔民。

总之，海域使用权的招标拍卖还是一项新的工作，还有许多有待于进一步研究探索的问题。各地的情况也是千差万别。因此，在实际工作过程中，各地应深入领会法律和政策的相关精神，积极探索适合海域特点和当地实际情况的方式方法，为完善海域使用权招标拍卖制度，发展壮大海域使用权市场创造经验。

5.3.3.3 海域使用权招标方式在实践中的运用

福建省诏安县的实践

在2002年《海域法》出台之前，拥有273平方公里海域面积的福建省，与其他沿海县一样，用海“乱象”重重。“最突出的是，渔民对海域作为国有公共资源的概念认识不清，随意占海、用海意识浓厚，无序、无度开发现象比较普遍。”诏安县海洋与渔业局局长林志义说。另外，海域不像土地那样拥有清晰明确的分界线，渔民投苗养殖过程中难免“越界”，彼此之间纠纷不断。

《海域法》颁布施行后，这种“乱象”才逐渐有所扭转。“海域属于国家所有，任何单位或者个人不得侵占、买卖或者以其他形式非法转让海域。同时，使用海域需要提出申请，由县级以上人民政府海洋行政主管部门审批，并发给海域使用权证书”。通过相关部门的努力，这些《海域法》的准则渐入诏安县渔民脑中。从2002—2009年，诏安全县确权办证的用海宗数从7宗增加到358宗，海域确权率从2.5%提高到91.3%，走在了漳州市前列。

但随着海洋渔业经济的发展，渔民对海洋资源的竞争愈演愈烈，多人或多个集体申请同一海域使用权的现象时有发生。2007年7月，接连10多个人或集体提交申请，要求对当时尚未确权办证的大埕湾诏安海域确权办证。为此，诏安县海洋与渔业局立即对该海域进行实地勘察测量。结果发现申请用海的界址中，过半数存在不同程度的互相交叉、重叠。尽管多次协调，但各申请方却互不相让。

《海域法》第20条规定，海域使用权可通过招标或者拍卖的方式取得；福建省2006年7月1日起施行的《海域使用管理条例》第18条同样规定，同一宗海域有两个以上的单位或者个人申请海域使用权的，应当依法采用招标或者拍卖方式出让海域使用权。

2007年7月30日下午及8月6日上午，诏安县海域使用管理领导小组成员会议和县长办公会议分别召开。会议决定，对大埕湾诏安海域实行海域使用权公开招投标，并实施海域使用权属和海域有偿使用“两项制度”。

2007年8月8日，诏安县对5宗共22 194亩大埕湾诏安海域公开招投标，全部中标；2009年11月15日，诏安县再次对4宗共4 150亩海域公开招投标，其中1宗465亩中标。以公共资源市场化配置方式出让海域使用权，诏安县正在积极探索，为这一模式的全面推行提供了经验。

海域使用权公开招投标，运用市场机制盘活了海域资源，使海域资源价值在经济上充分体现，国有资源资产实现了保值、增值。这一模式，是根除无序、无度、无偿用海的有效途径之一。一般情况下，海域招投标的最后价格，往往高于当地海域使用金征收标准，可为当地政府增加财政收入，将更多资金投入到海洋管理中去。

2008 年 9 月，诏安县人民政府制定了海域使用权出让公开招标拍卖规定，对海域使用权公开招标拍卖的适用、运作、程序等问题做了明确规定，使之更具操作性。这是全省第一个县级出台的关于开展此项工作的详细办法。而更具开拓性的探索，当时还在积极准备之中。

2007 年诏安县进行海域使用权公开招投标，是在多个个人或集体同时提出对同一海域、同一用海项目申请确权办证而产生的，可以说整个市场化配置工作处于被动状态。要使这一模式在制度规范下成为常态工作，就必须变被动为主动，经常性规划适宜海域进行公开招投标。

事实上，因为历史原因，诏安县养殖用海宗数多、面积小、分布散，加之牡蛎吊养量大，海域生态破坏严重，既浪费海域资源，又影响产业可持续发展。这更需要主动出击，通过海域重新规划、公开招投标，调整海洋渔业发展的结构与方向。

2008 年 11 月 15 日，诏安县又在诏安湾中部海域及诏安湾口城洲岛西南海域规划出 4 宗共 4 150 亩海域公开招投标。其中一块 465 亩的海域属无证用海，按规定被予以清退，另外三块 1 200 亩左右的海域则是县里经过调查整合发现的尚未开发的“空白海”。这次，最终梅岭镇林厝村渔民林瑞平以高出征收标准 30%，拍走了 465 亩那块海域的五年使用权。

诏安县先行先试，带动了漳州市海域资源市场化配置。

5.3.4 海域使用管理与相关行业管理的协调

我国沿海各地在进行海域使用管理实践活动的过程中，经常遇到与渔业、海上交通、土地、水利等行业管理部门职能交叉的问题。因此，必须正确处理海域使用管理和相关行业管理的关系。

5.3.4.1 处理好海域使用权与海上养殖行政许可的关系

山东省人民政府于1992年曾发出39号令，决定向从事海水养殖的单位和个人颁发浅海滩涂养殖证，在一定时期内按照实际占用面积征收浅海滩涂资源费。实际上，这是山东省人民政府授权渔业行政主管部门依据《渔业法》对从事海水养殖生产活动的一种行政许可和有偿使用的管理。

在国家对海域使用没有实行综合管理的情况下，渔业行政主管部门先行实施对海水养殖业的管理，应当说是加强行业宏观调控和法制化管理的重要举措。在国家对海域使用实施综合管理的情况下，如何协调海域使用与养殖管理之间的关系？从实践上看，集中体现为海域使用权证书与养殖证的关系的处理。

海域使用权证书的法律性质是一种不动产权属文书。所谓“不动产权属文书，即不动产的所有权证、使用权证等，是登记机关颁发给权利人作为其享有权利的证据”。不动产权属文书制度是物权公示公信原则的要求。各国立法普遍将不动产物权登记作为不动产变动的法定公示手段。有权登记机关建立的不动产登记簿是不动产登记的最终依据，权利人所持的不动产权属文书是登记簿的外在表现形式，它在不动产交易中起到证据的作用。海域使用权证书就是这样一种具有证据效力的不动产权属文书，它是登记人享有海域使用权的权利外观，起到鼓励交易和保护交易安全的作用。

养殖证的法律性质不同于海域证。依据1986年《渔业法》规定：“县级以上地方人民政府根据国家对水域的统一安排，可以将规划用于养殖面积的全民所有的水面、滩涂，确定给全民所有制单位和集体所有制单位从事养殖生产，核发养殖使用证，确认使用权。”由此可见，此法规定的养殖证具有确认使用权的作用，在性质上属于权属证书。2000年，九届全国人大第十七次会议对《渔业法》进行了修订。全国人大法律委员会在关于《中华人民共和国渔业法修正案（草案）》审议结果的报告中指出：“法律委员会经过认真反复研究后认为，水域是一种具有多用途的资源，水域有航行、灌溉、供水、行蓄洪、维护生态平衡等多种功能，全民所有的水域包括海域、江河、湖泊、水库等可以许可由单位和个人从事养殖生产活动，但对单位和个人确认滩涂、水域的排他性使用权，涉及的问题较多，也比较复杂，宜作进一步研究，由规范有关物权的法律进行规定。”据此，决定将1986年《渔业法》第十一条关于县级以上地方人民政府可以“核发养殖使用证，确认使用权”的规定，修改为现行《渔业法》第十二条规定，由县级以上地方人民政府向单位和个人“核发养殖证，许可其使用水域、滩涂从事养殖生产”，养殖使用证更名为养殖证，同时养殖使用证确认权属的作用被废止。对水域、滩涂排他性使用权的确认只能由物权法律来完成。依现行《渔业法》，养殖证的取得应当经过申请、审核、批准、发放四个环节，即由养殖生产者依法申请，主管部门负责审核，本级政府核发。养殖证主要体现国家对水域利用进行统一规划的要求，实质上为一种行政管理机关颁发的资质证书，它和《渔业法》所明确的捕捞许可证性质相同，仅具有行业准入的证明作用。

实践中，由于一些地方或部门对海域使用权证书和养殖证不同性质认识上的模糊，导致了“两证”功能的混乱，甚至产生了一些有违法律规定的做法。如2004年3月17日的《中国渔业报》报道：“天津市塘沽区实行大海域证、小养殖证，即海域证起规划作用，发给渔业行政主管部门，养殖证起确权作用，发给养殖生产单位和个人。”这种被作为先进经验推广的行政行为完全违背了现行《渔业法》规定，其错误体现在：其一，完全颠倒了海域使用权证书和养殖证的关系。它将海域使用权证书这种不动产权属文书变成了一种规划证书，完全否定了海域使用权的产权特征；同时，改变了法律已经明确规定的养殖证性质，赋予其权属证书的法律地位。其二，这种行政行为还侵害了海域使用权人的合法权益。将海域使用权证书由渔业行政主管部门而非使用权人持有，等于剥夺了海域使用权人公示和主张其权利的机会，将海域使用权证书所体现的权利外观性质完全否定，遏制了不动产交易的发生。其实，海域使用权证书和养殖证的相互关系是十分清楚明了的。两者之间具有完全不同的基本特征，主要体现如下。

第一，从性质上看，海域使用权证书是《物权法》上的权属文书，体现的是物权公示公信原则的要求；养殖证是行政法上的资质证书，体现的是行业管理的要求。

第二，从内容上看，海域使用权证书确认的是渔业经营者对特定海域的排他性使用权，它表征的是一种私法上的权利；而养殖证所确认的是渔业经营者进行渔业资源开发的资格和能力，它表征的是一种公法或社会法上的资格。

第三，从功能上看，海域使用权证书体现的是通过用益物权制度的设计，以实现合理利用国家所有的海域资源的功能；养殖证体现的是通过生产布局、养殖品种、产品质量等养殖行为规范的限制，以实现行业准入制度的功能。

第四，从收费内容上看，海域证持有人缴付的是海域使用金，它反映的是用益物权人和所有权人之间的对价关系；养殖证持有人缴付的是渔业资源保护增值费，它反映的是国家和社会主体之间的税费征收关系。

第五，从救济方式上看，如果渔业经营者依据养殖证所享有的利益被发证机关非法侵害，他只能以行政行为相对人的身份主张行政救济；如果渔业经营者依据海域使用权证书所享有的权利被发证机关非法侵害，他能够以用益物权人的身份申请民事救济。

总而言之，海域使用权证书和养殖证在实践中具有不同的功能、特征和性质，彼此之间是并行不悖、互不替代的。

5.3.4.2 处理好海域使用管理部门与土地管理部门的关系

从沿海各地海域使用管理实践反映的情况看，土地管理部门与海洋行政主管部门在海域管理中争议的焦点，是海域和陆地的界线划分。其症结在于：有的土地管理部门片面地认为，滩涂资源应按照土地管理的法律、法规由土地部门管理。众所周知，海岸线作为海域和陆地的分界，早已是不可争议的事实。而关于海岸线的定义，也有明确的国家标准："海岸线是指平均大潮高潮的痕迹所形成的水陆分界线，一般可根据当地的海蚀坎部、海滩堆积物或海滨植物确定。"国务院颁发［1996］32号文《关于勘定省县两级行政区域界线有关问题的通知》也明确指出，陆海分界线以最新版的1∶50 000国家基本比例尺地形图标定的海岸线为标准。这就是说，国家以海岸线作为海陆的分界线不仅是明确的、一贯的，而且已从法律地位上予以确认。从自然地理的角度看，从海岸线向海一侧的潮间带，常年受周期性海洋潮汐的作用，属典型的海洋生态环境。从开发利用的实际状况看，对潮间带滩涂的开发利用都属于海洋产业活动，与海洋资源、海洋环境密不可分；从管理能力上看，海洋部门具有技术、设备、执法队伍等多方面的优势和经验。《土地法》中的滩涂概念是广义的，不仅指海滩，也包括河滩、湖滩，因而不能作为海陆的划分依据。况且，《土地法》第四条也明确指出："对使用水面、滩涂从事养殖生产的管理，依照《渔业法》的有关规定办理，而不是由土地部门直接办理。"因此，以海岸线为界，海岸线向海一侧包括对潮间带滩涂的开发、利用和保护，应当由海洋行政管理部门实施监督管理；而海岸线向陆一侧的潮上带滩涂除有特殊规定的以外，原则上应由土地部门管理。

此外，还要妥善处理海岸工程围海造地后与土地部门管理的衔接问题。围海造地一方面节约了陆域土地资源，同时，也改变了局部海域自然环境和海洋生态条件，对此类用海活动应严格控制。考虑到填海造地的单位在造地时投入较大，而且对局部海域生态造地的影响在短时间内也不易看出，因此，在审批这类用海项目时，其海域使用年限应以此项工程完工之日一定期限为限，在此期限内由海洋行政主管部门进行管理。填海工程全部完成一定期限后，可将填海新造的土地纳入土地管理部门管理。

5.3.4.3 处理好海域使用管理与海上交通安全管理的关系

首先，应当明确海域使用管理与海上交通安全管理，两者依据的法律法规、管理对象、管理内容、管理目标以及需要调整的法律关系都不相同，因而不存在重叠和交叉问题。其次是商港、渔港海域使用范围的核定问题。已建成港口防波堤以内码头泊位和港池及新建港口海岸线以下围堤工程，均应视为海域使用面积。未建造防波堤的，除港外公共航道、锚地、禁航区和交通管制区等公益性海域外，应按港口建设工程图确认海域使用面积。为了规范全国港口用海面积的核定，国家应对港口海域使用面积的核测制定统一的技术规范，以利于各地在海域使用管理中进行操作。

5.3.4.4　处理好海域使用管理部门与水利部门的关系

海域使用行政主管部门与水利部门之间的关系主要涉及入海河流河口处海陆的分界问题。从理论上讲，入海河流受海洋潮汐作用影响范围之内的区域，应视为海域，这在岩礁地质海域是比较容易划分的，而在泥沙地质海域，由于入海河道所处海域比较小，潮汐作用范围大，河流入海的水量季节性又很强，因此，明确入海河流的海陆分界线比较困难。由于这是一项技术性较强的工作，国家有关部门应就此制定具体的技术标准，以便划分水利部门与海洋部门在入海河流河口处的管理权限，防止互相间争夺管理权、而出了问题又互相推诿的现象发生。

5.4　海域有偿使用制度

海域有偿使用制度也是海域使用方面的基本制度，为目前世界沿海各国的海域使用立法所普遍采用。唯在不同的国家，对这种有偿使用所征收的费用的称谓有所不同，如英国将使用皇室地产而征收的费用称为“租用费”；韩国因填埋海域而征收的费用称为“埋立费”；比利时对海岸带及近岸海域的使用所征收的费用称为“租金”；我国则一律称为“海域使用金”。

5.4.1　海域使用金的含义

《海域使用管理法》规定：“海域属于国家所有，国务院代表国家行使所有权。国家实行海域有偿使用制度，单位和个人使用海域，应当按照国务院的规定缴纳海域使用金。”由此可以看出，海域使用金就是海域使用权出让金，是国家凭借对海域自然资源的所有权向用海单位和个人出让海域资源使用权的收益。这是我国第一次在法律上规定海域资源的所有权和使用权分离，并将海域使用金作为海域资源价格，即海域资源地租的资本化。海域使用金作为海域资源资产的经济补偿，是一种资源性国有资产收入，属于权利金的范畴。国家所有的自然资源，按照财产权利第一、政治权力第二的原则，应当首先凭借国家对财产的占用来增加国家收入，其次才是通过政治权力征税。在国家财政收入中，权利金在数量上远低于税收收入，但其优先度却高于税收，是国家首先应该获得的财政收入。

海域使用金的性质有别于收费。收费包括行政事业性收费和经营性收费两种。行政事业性收费是政府或者政府委托其他部门代行政府职能、提供直接服务所收取的费用。比如，对进出口检验、检疫收费，国家对这种收入是免税的。经营性收费是以提供特殊服务为基础的收费，如医院挂号费。缴纳海域使用金是使用海域的单位和个人应尽的义务，将海域使用金看成是行政事业性收费是不正确的。海域使用金的性质也不同于税收，税收是国家凭借政治权力征收的财政收入，而海域使用金是国家凭借资产权利征收的财政收入，两者的征收依据有着本质的不同。

5.4.1.1 海域使用金征收管理的重要意义

《海域使用管理法》将海域使用金单列一章，足见其在海域使用管理中的地位之重要。海域使用金是海域有偿使用制度的核心内容，因此，海域使用金的征收管理具有十分重要的意义。对于海域使用金，我们应把握以下 3 个基本点：

（1）海域属于国家所有，国务院代表国家行使海域所有权。任何单位或者个人不得侵占、买卖或者以其他形式非法转让海域。由于海域使用者是成分多样的具体单位和个人，这就决定了海域所有权和使用权分离的必要性。在市场经济条件下，国家对海域既作为自然资源管理，又作为国有资源性资产管理，将海域使用权的取得引入市场机制，实行海域有偿使用制度，不仅有利于国家海域所有权在经济上得到实现，而且有利于建立一种海域资源更新的经济补偿机制，实现国有海域资源性资产的保值和增值。

(2) 海域是海域使用者最基本的生产要素和不断取得经济效益的重要物质基础。实行海域有偿制度，不仅可以促使海域使用者增强用海成本观念，充分考虑投入产出比，尽可能节约用海，而且可以避免圈占海域，有效遏制因海域无偿使用引发的开发无度、利用无序的混乱状况，从而实现国有海域资源的合理配置和最佳利用。

(3) 海域使用金的本质是海域资源地租的资金化，是一种使用海域资源的价格。就这一点而言，海域使用金具有调节海域资源利用结构和海洋产业比例的作用。海域资源作为海洋经济和海洋产业发展的重要载体，其配置的结构和配置的效率将在很大程度上影响海洋经济的发展模式和速度。海域资源在利用过程中具有功能的多宜性，而最终采用某种特定的使用方式则可以通过可供选择的各种使用方式的市场竞争确定，主要是借助海域资源地租的调节来实现。因为海域资源级差地租的存在，海域使用金的征收标准应该根据海域所在的区位、其自身的自然属性和社会属性以及开发利用条件和程度来确定，往往不同的用海活动（海域使用方式）有高低不同的海域使用金征收标准，进而通过海域资源价格的市场机制来配置海域资源，实现海域资源利用结构的合理调整和优化。

5.4.1.2 海域使用金征收管理的原则和目标

海域使用金征收管理要以《海域使用管理法》和有关法规为依据，以国家关于资源管理的方针政策为指导，坚持国有资源有偿使用的基本原则，从沿海各地的具体情况出发，以有利于维护国家海域所有权和海域使用权人的合法权益、有利于国家安全、有利于保护海洋生态环境、有利于海域资源可持续利用为目标。

海域使用金征收管理工作涉及面广，政策性强，沿海各地的自然条件和工作基础差异较大，发展很不平衡。要做好这项工作，应该总揽全局，统筹兼顾，点面结合，分步实施。当务之急是要按照《海域使用管理法》的总体要求，尽快建立与之配套的海域使用金征收管理制度，细化和规范工作程序，扎扎实实做好海域使用金征收管理的各项基础工作。海域使用金征收要与海域使用权审批工作紧密衔接，依法加大征收力度，不断提高海域使用金征收率，尽快在全国落实海域有偿使用制度，做到“应收必收，应缴必缴，规范有序，不留死角”。此外，要充分发挥经济杠杆的作用，尽快对海域建立分等定级制度，实现海域功能的合理配置和最优利用，有效维护国家的海域所有权。

5.4.2 海域使用金与级差地租理论

5.4.2.1 地租理论适用于海域资源管理

地租是土地所有者凭借土地所有权获得的收入。地租理论的发展经历了漫长的历史过程，在中世纪文献中就已提及地租概念，但它的发展一直很缓慢，直到19世纪60年代才有科学的系统论述。地租理论是马克思《资本论》的重要组成部分。

在西方经济学中，“土地”一词并非纯粹指土地这一单纯的自然资源，它的概念非常广泛，泛指一切自然资源。英国著名经济学家阿尔弗雷德·马歇尔曾明确指出，土地是大自然无偿资助人们的陆上、水中、空中、光和热等物质的总称。马克思对此也有明确的论述：“考察一下现代的土地所有权形式，对我们来说是必要的，因为这里的任务总的来说是考察资本投入农业而产生的一定的生产关系和交换关系……为了全面起见，必须指出，只要水流等有一个所有者，是土地的附属物，我们也把它作为土地来理解。”因此，地租理论同样适用于海域资源。

5.4.2.2 海域资源的绝对地租和级差地租

最早提出绝对地租的是资产阶级古典经济学流派，但他们所谈的地租只是剩余价值的一种形态。真正论述绝对地租的是英国古典经济学家亚当·斯密，他将所有权与地租联系起来进行了较系统的论述。大卫·李嘉图只承认级差地租，否认绝对地租的存在，因此对绝对地租概念的形成造成了较大障碍。

马克思在总结和批判前人成果的基础上，确立了科学的绝对地租理论。绝对地租是指土地所有者单凭土地所有权获得的地租。

由于海域资源所有权垄断现象的存在，决定了海域资源绝对地租的存在。这主要是因为：① 海域资源是人类生活中不可缺少的资源，它关系到国计民生和社会经济可持续发展。② 尽管在一定程度上海域资源属于可再生资源，但是，它的数量相对于人类无限的需求来说还是有限的，经济发展需求与海域资源供给之间存在着突出矛盾。海域资源所具有的生产性、不可替代性和稀缺性，使海域资源所有权的垄断成为可能。为了促进海域使用者有效和合理地利用海域资源，并在市场经济条件下使海域资源所有权在经济上得以实现，就必须对海域资源的使用者使用海域的行为收取一定的使用金。这种凭借海域资源所有权取得的收益，就是海域资源绝对地租。

如果使用者使用资源而不向资源所有者交付任何费用，其结果等于放弃所有权。马克思指出："如果我们考察一下在一个实行资本主义生产的国家中，可以将资本投在土地上面不付地租的各种情况，那么，我们就会发现，所有这些情况都意味着土地所有权的废除，即使不是法律上的废除，也是事实上的废除，但是，这种废除只有在非常有限的、按其性质来说只是偶然的情况下才会发生。"海域资源绝对地租的实现，也就是海域资源所有权的实现。其基本含义是，不管海域资源是优等还是劣等，也不管海域资源的具体开发条件如何，使用具有明确所有权的海域资源都应该向所有者缴纳一定的地租，即支付地租转化而来的海域资源价格，否则，便意味着所有权的废除。

海域资源级差地租，是指开发利用条件较好的海域资源所带来的超额利润。按照马克思的级差地租理论，级差地租分为级差地租Ⅰ与级差地租Ⅱ。级差地租Ⅰ是等量资本投在不同等级的等量土地上所产生的个别生产价格与市场调节价格、垄断生产价格之间的差额。对海域资源而言，是较优等海域资源的投资收益与劣等海域资源的投资收益之间的差额。如果等量的资本不是同时投在质量不等的同量土地上，而是连续地追加在同一土地上，那么，由于连续追加投资的不同生产率而产生的级差地租，就是所谓的级差地租的第二形态，即级差地租Ⅱ。

由于海域资源的时空分布极不均匀，海域资源的态势、丰度等不同，同量的资本投在不同的海域资源上所获得的收益是不同的，或者连续追加资本到同一海域资源上，其生产率也会有所差异，因此，海域资源存在级差地租。例如，若有两个企业A和B，A占有和使用较好的海域资源，而B所占有和使用的海域资源较差，则A企业利用海域资源实现的生产成本比B企业的生产成本要低，从而A比B获得的超额利润要大。显然，这部分超额利润不是A企业经营管理的结果，而是因为它利用优等的海域资源所带来的。在不征收海域资源级差地租的情况下，这部分利润没有分到海域资源所有者手中，而是无偿地被使用者占有。

5.4.2.3 海域资源价格与海域资源地租

马克思在地租理论中明确指出："土地价格无非是土地资本化的收入。"由此可以得出，海域资源价格是海域资源资本化的收入。它表现为一种经济关系，是海域资源所有权在经济上实现的必然结果。因此，海域资源价格的实质可以通俗地理解为：海域资源价格是海域资源使用者为了获得海域资源使用权需要支付给海域资源所有者（国家）的一定货币额，它体现了海域资源所有者与使用者之间的经济关系，是海域资源有偿使用的具体表现，是对海域资源所有者支付的海域资源资产的经济补偿，是维持海域资源持续供给的基本前提。

真正的海域资源价格，是为了使用海域资源本身而进行支付的，不管这种海域资源是处于自然状态，还是已经凝结了人类的劳动。在海域资源价格的背后隐藏着一种现实的经济关系。它的产生与海域资源变得日益稀缺有着密切关系，但最根本的是所有权的实现，稀缺性与所有权的实现是海域资源形成资产的必要条件，也是海域资源具有价格的充要条件。

海域资源的价格与其他商品的价格有着本质区别。一般商品的价格，是价值的货币表现形式，是围绕价值上下波动的，没有劳动的凝结，就没有价格的形成，它体现了一种社会关系。海域资源价格则是海域资源地租的资金化。它不受是否凝结着一般的无差别的人类劳动的限制，是海域资源所有权在经济上得以体现的具体结果，体现了一种经济关系。

5.4.3 海域使用金标准的确定

5.4.3.1 沿海各国海域使用金的征收

实行海域使用审批和有偿使用制度，并不是我国的独特做法。韩国就有《韩国公有水面管理法》，该法规定，批准公有水面的占用和使用时，应征收占用费或使用费。《日本海岸法》规定，海岸管理者按照主管省令规定的标准向使用许可者征收占用费。欧美国家也有类似管理制度。《英国海岸保护法》规定，在潮间带建港、铺设管道和从事水产养殖，应缴纳租用费。比利时有关法律规定，经批准使用沿岸海域，应缴纳租金。《美国水下土地法》规定，沿海各州拥有领海水下土地和资源的所有权，州政府可对租用领海水下土地收取租金，其《外大陆架土地法》规定，联邦政府可向出让和租赁外大陆架区块收取租金、使用费和特许费。

海域有偿使用制度在沿海各国法律上的差异，主要体现在费用征收标准和征收方式等细微方面。一般而言，在经济较为发达和海域使用立法起步较早的国家，海域使用费用征收的标准较高。以英国为例，据资料显示，仅1988—1989年，英国皇室地产委员会征收的潮间带和12海里海域使用的租用费就达4 300万英镑。而经济发展较为落后或海域使用立法起步较晚的国家，海域使用费征收的标准相对较低。我们认为，海域使用费用征收标准不能过高或过低，过高会增加海域使用者的经济负担，损害海域使用者开发用海的积极性；过低则会减少国家作为海域所有者的应得收益，给海域使用者利用海域牟取暴利提供条件。因此，应根据本国经济发展水平和所利用海域的自然状况、海域开发使用的方式及其对资源、环境的影响等情况的差别，合理确定海域使用费用征收标准。

在海域使用费用征收方式上，沿海各国多采取分期缴纳的方式，这主要是考虑到一次性征收数额较大，一般的海域使用者难以承担，且在海域使用过程中可能发生减免的情况，故不宜一次性征收。也有国家根据海域使用的不同情况，采取分期缴纳与一次性缴纳相结合的方式。如韩国《公有水面管理法施行规则》第三条第三款规定，当海域使用许可的期限未满 1 年时，在获得批准时全额征收海域使用费；当许可期限超过 1 年时，以每个财经年度为单位交付，当年度的费用在许可时征收，其后年度的费用在年度开始之后 3 个月内征收。相比之下，根据不同用海情况采取一次性征收和分期征收相结合的方式，较为灵活，也更符合实际情况。

5.4.3.2 海域使用金的确定步骤

确定海域使用金的具体额度必须建立科学的海域资源资产评估体系，其核心问题在于海域有偿使用价格的确定。实行海域有偿使用制度，需要对海域使用进行分等、定级、分类与基准底价评估，制定科学、合理的海域使用金征收标准，做到征收有据。海域使用等级、类别的划分是根据不同海域的区位、自然环境条件、资源丰度、周边社会经济发展状况及海域利用效益的差异，运用相关经验，采用多因素综合评定，结合海域级差收益测算等方法，对全国海域进行分等定级与分类，即用海域等级的高低次序反映海域质量的差异程度，为确定合理的海域使用金征缴额度提供科学依据。通过建立科学的海域使用评估机制，促进海域有偿使用制度逐步走上规范化轨道。沿海省（自治区、直辖市）可根据国家有关规定和规范，对本行政区毗邻海域分等定级，拟定本行政区海域使用金征收标准，报财政部和国家海洋局审核批准后施行。

在我国社会主义市场经济条件下，首先必须确定海域资源有偿使用的基准价，其理论基础为马克思主义的地租理论。在资源所有权和使用权相互分离的前提下，所有权法定代表首先向使用者收取“绝对地租”，然后根据自然资源的肥力高低收取“级差地租”。海域资源的实际价格，应根据海域中自然资源的丰度、稀缺性、效用、勘探、开采和生产经营的环境条件及地租支付能力等多项因素确定。

海域资源有偿使用基准价评估的具体操作流程可以分为以下几个步骤：

（1）明确任务和评估对象

根据评估任务的要求和评估对象的特点，制定具体的评估方案。因为不同类型的海域资源，其特点和具体影响因素是不同的。

（2）调查和收集有关资料

针对评估任务的要求和拟评估对象的特点，调查、收集并整理有关资料，这些资料主要包括以下内容：

第一，海域分类定级成果资料，包括文字与图、表资料；

第二，影响海域使用权价格因素资料，海域是由社会、经济、政治、自然、环境等因素组成的复杂的综合体，因而影响海域使用权价格的因素涉及社会、经济、人文、自然、环境等多种因素；

第三，行业用海效益资料，由于海域资源、资金和劳动力是在海域上开展生产经营活动所必需的条件，海洋产业利润就是三者综合作用的结果，所以可以通过对港口、海水养殖、滨海旅游等行业平均利润的分析，分离出其中来自海域的收益，进而估算海域有偿使用价格；

第四，其他影响海域使用权价格的有关资料，包括海域使用权出让、转让、出租、抵押等价格资料，海域征用中涉及到的各种费用资料等。

（3）根据拟评估的海域资源的特点，从区位、经济、自然、环境等因素，选取海域分等定级的因素

着重选取对不同类型用海级别有重大影响，又能体现海域自然环境、资源状况及社会经济地域差异的，并具有典型代表性、覆盖面广、指标值变化范围较大的因素。

（4）根据各因素的相对重要程度，确定其权重（W_k）

在海域分等定级所选取的因素中，好多因素不能用定量的数字来表述，所以采用特尔菲测定法（Del - phi 法，也称专家打分法）、层次分析法或因素成对比较法这些主观赋权法确定各种因素对海域级别的影响程度，即权重。并进行多次主观赋权来实现其方法的客观性。权重值与因素对海域影响的大小呈正比，数值在 0 ~ 1 之间，各选定因素的权重值之和等于 1。权重值可单独选用特尔菲测定法、层次分析法或因素成对比较法确定，也可用特尔菲测定法结合其他两种方法确定。

（5）对各个因素进行具体的量化，即确定海域分等定级因素的作用分值

因素指标值与作用分的关系呈正相关，因素条件越好，作用分越高。定性因素根据自身条件优劣等级，采用相对值法估算作用分，按 0 ~ 100 分封闭区间赋分，最优取值为 100，相对最劣取值为 0，其余类推；定量因素对海域的影响若仅与影响因子指标值有关，其计算步骤如下：

$$f_k = 100\ (x_k - \mathrm{x}_{min})\ /\ (\mathrm{x}_{max} - \mathrm{x}_{min})$$

式中：f_k 为因素 k 某指标值的作用分；x_{min}，x_{max}，x_k 分别为因素 k 某指标的最小值、最大值和某数值。

（6）采用因素分值加权求和法，将各因素的作用分值加权求和计算海域资源综合质量指数 $P = \Sigma W_k \cdot f_k$

（7）根据海域资源综合质量指数进行排序，确定海域资源的等级

（8）以不同类型用海收益为依据，用海域定级作参考，采用收益还原法评估海域使用权基准价格

收益还原法评估模型为：

$$\bar{p}_{im} = \{\sum_{i=1}^{m} S_{im} - \sum_{i=1}^{m} F_{im}\}/M$$

$$p = \frac{\bar{p}_{im}}{r} \cdot \left[1 - \frac{1}{(1+r)^n}\right]$$

式中，P_{im}为第 i 种用海类型 M 个样本单位面积的平均收益；

S_{im}为第 i 种用海类型 M 个样本单位面积的总收益；

F_{im}为第 i 种用海类型 M 个样本单位面积的总费用；

r 为海域还原利率；

n 为海域使用年限。

总收益是指一般情况下正常合理利用海域、持续而稳定获得的年收入。海域具有多种用途，计算时必须用其处于最佳利用方式的正常情况下的海域年收益。总费用是指利用海域进行生产经营活动时，一般情况下正常合理的必要的年支出。考虑到海洋资源开发的风险性，确定海域还原利率时应选取银行一年期定期存款利率加上海洋产业的投资风险调整系数作为还原利率。

5.4.3.3 我国现行海域等级划分和海域使用金最低标准

我国现行的海域等级划分和海域使用金最低标准，是为贯彻落实《海域使用管理法》，适应海洋经济发展的要求，提高海域资源配置效率，统一海域使用金征收标准，由财政部和国家海洋局联合制定下发的。

海域使用金统一按照用海类型、海域等别以及相应的海域使用金征收标准计算征收。征收方式分为一次性征收和按年度征收，其中，对填海造地、非透水构筑物、跨海桥梁和海底隧道等项目用海实行一次性计征海域使用金，对其他项目用海按照使用年限逐年计征海域使用金。使用海域不超过 6 个月的，按照年征收标准的 50% 一次性计征海域使用金；超过 6 个月不足 1 年的，按年征收标准一次性计征海域使用金。经营性临时用海按年征收标准的 25% 一次性计征海域使用金。

考虑到一次性计征的海域使用金，个别用海单位和个人一次性缴纳确有困难的，规定经海洋行政主管部门批准后，可以采取分期缴纳方式，但最后一次缴纳海域使用金的期限不得超过项目用海的施工期限。

对于农业填海造地用海、盐业用海、养殖用海，由于各地的具体情况不同，此类用海海域使用金征收标准暂由沿海各省、自治区、直辖市财政部门和海洋行政主管部门制定，并报财政部、国家海洋局备案后实施。

对于海域的生态环境发生变化，导致海域资源质量发生变化的，财政部将定期会同国家海洋局根据用海类型、海域使用权价值、用海需求情况、对海域生态环境所造成的影响程度、国民经济发展状况以及社会承受能力等因素，适时调整海域等别和海域使用金征收标准。

5.4.3.4 海域等别

依据海域区位条件和生态环境质量等方面条件，将我国沿海海域分为以下六等。

一等：

上海：宝山区、浦东新区；

山东：青岛市（市北区、市南区、四方区）；

福建：厦门市（湖里区、思明区）；

广东：广州市（番禺区、黄埔区、萝岗区、南沙区）、深圳市（宝安区、福田区、龙岗区、南山区、盐田区）。

二等：

上海：奉贤区、金山区、南汇区；

天津：塘沽区；

辽宁：大连市（沙河口区、西岗区、中山区）；

山东：青岛市（城阳区、黄岛区、崂山区、李沧区）；

浙江：宁波市（海曙区、江北区、江东区）、温州市（龙湾区、鹿城区）；

福建：泉州市丰泽区、厦门市（海沧区、集美区）；

广东：东莞市、汕头市、（潮阳区、澄海区、濠江区、金平区、龙湖区）、中山市、珠海市（斗门区、金湾区、香洲区）。

三等：

上海：崇明县；

天津：大港区；

辽宁：大连市甘井子区、营口市鲅鱼圈区；

河北：秦皇岛市（北戴河区、海港区）；

山东：即墨市、胶州市、胶南市、龙口市、蓬莱市、日照市（东港区、岚山区）、荣成市、威海市环翠区、烟台市（福山区、莱山区、芝罘区）；

浙江：宁波市（北仑区、鄞州区、镇海区）、台州市（椒江区、路桥区）舟山市定海区；

福建：福清市、福州市马尾区、晋江市、泉州市（洛江区、泉港区）、石狮市、厦门市（同安区、翔安区）；

广东：惠东县、惠州市惠阳区、江门市新会区、茂名市茂港区、汕头市潮南区、湛江市（赤坎区、麻章区、坡头区、霞山区）；

海南：海口市（龙华区、美兰区、秀英区）、三亚市。

四等：

天津：汉沽区；

辽宁：长海县、大连市（金州区、旅顺口区）、葫芦岛市（连山区、龙港区）、绥中县、瓦房店市、兴城市、营口市（西市区、老边区）；

河北：秦皇岛市山海关区；

山东：莱州市、乳山市、文登市、烟台市牟平区；

江苏：连云港市连云区；

浙江：慈溪市、海盐县、平湖市、嵊泗县、温岭市、玉环县、余姚市、乐清市、舟山市普陀区；

福建：长乐市、惠安县、龙海市、南安市；

广东：恩平市、南澳县、汕尾市城区、台山市、阳江市江城区；

广西：北海市（海城区、银海区）。

五等：

辽宁：东港市、盖州市、普兰店市、庄河市；

河北：抚宁县、滦南县、唐海县、唐山市丰南区、乐亭县；

山东：长岛县、东营市、（东营区、河口区）、海阳市、莱阳市、潍坊市寒亭区、招远市；

江苏：大丰市、东台市、海安县、海门市、启东市、如东县、通州市；

浙江：岱山县、洞头县、奉化市、临海市、宁海县、瑞安市、三门县、象山县；

福建：连江县、罗源县、平潭县、莆田市（城厢区、涵江区、荔城区、秀屿区）、漳浦县；

广东：电白县、海丰县、惠来县、揭东县、雷州市、廉江市、陆丰市、饶平县、遂溪县、吴川市、徐闻县、阳东县、阳西县；

广西：北海市铁山港区、防城港市（防城区、港口区）、钦州市钦南区；

海南：澄迈县、儋州市、琼海市、文昌市。

六等：

辽宁：大洼县、凌海市、盘山县；

河北：昌黎县、海兴县、黄骅市；

山东：昌邑市、广饶县、垦利县、利津县、寿光市、无棣县、沾化县；

江苏：滨海县、赣榆县、灌云县、射阳县、响水县；

浙江：苍南县、平阳县；

福建：东山县、福安市、福鼎市、宁德市蕉城区、霞浦县、仙游县、云霄县、诏安县；

广西：东兴市、合浦县；

海南：昌江县、东方市、临高县、陵水。

5.4.3.5 海域使用金征收标准

根据不同的海域等级和不同用海项目收益，确定的海域使用金征收最低标准如表5－2：

表5－2 海域使用金征收标准 单位：万元/公顷

<table>
<tr><th colspan="2">海域等别
用海类型</th><th>一等</th><th>二等</th><th>三等</th><th>四等</th><th>五等</th><th>六等</th><th>征收方式</th></tr>
<tr><td rowspan="3">填海造地用海</td><td>建设填海造地用海</td><td>180</td><td>135</td><td>105</td><td>75</td><td>45</td><td>30</td><td rowspan="5">一次性征收</td></tr>
<tr><td>农业填海造地用海</td><td colspan="6">具体征收标准暂由各省（自治区、直辖市）制定</td></tr>
<tr><td>废弃物处置填海造地用海</td><td>195</td><td>150</td><td>120</td><td>90</td><td>60</td><td>37.50</td></tr>
<tr><td rowspan="3">构筑物用海</td><td>非透水构筑物用海</td><td>150</td><td>120</td><td>90</td><td>60</td><td>45</td><td>30</td></tr>
<tr><td>跨海桥梁、海底隧道等用海</td><td colspan="6">11.25</td></tr>
<tr><td>透水构筑物用海</td><td>3</td><td>2.55</td><td>2.10</td><td>1.65</td><td>1.20</td><td>0.75</td><td rowspan="14">按年度征收</td></tr>
<tr><td rowspan="3">围海用海</td><td>港池、蓄水等用海</td><td>0.75</td><td>0.60</td><td>0.45</td><td>0.30</td><td>0.21</td><td>0.15</td></tr>
<tr><td>盐业用海</td><td colspan="6">具体征收标准暂由各省（自治区、直辖市）制定</td></tr>
<tr><td>围海养殖用海</td><td colspan="6">具体征收标准暂由各省（自治区、直辖市）制定</td></tr>
<tr><td rowspan="4">开放式用海</td><td>开放式养殖用海</td><td colspan="6">具体征收标准暂由各省（自治区、直辖市）制定</td></tr>
<tr><td>浴场用海</td><td>0.45</td><td>0.36</td><td>0.30</td><td>0.21</td><td>0.15</td><td>0.06</td></tr>
<tr><td>游乐场用海</td><td>2.25</td><td>1.65</td><td>1.20</td><td>0.81</td><td>0.51</td><td>0.30</td></tr>
<tr><td>专用航道、锚地等用海</td><td>0.21</td><td>0.18</td><td>0.12</td><td>0.09</td><td>0.06</td><td>0.03</td></tr>
<tr><td rowspan="6">其他用海</td><td>人工岛式油气开采用海</td><td colspan="6">9</td></tr>
<tr><td>平台式油气开采用海</td><td colspan="6">4.50</td></tr>
<tr><td>海底电缆管道用海</td><td colspan="6">0.45</td></tr>
<tr><td>海砂等矿产开采用海</td><td colspan="6">4.50</td></tr>
<tr><td>取、排水口用海</td><td colspan="6">0.45</td></tr>
<tr><td>污水达标排放用海</td><td colspan="6">0.90</td></tr>
</table>

5.4.3.6 地方海域使用金征收标准（以厦门为例）（见表5-3）

表5-3 厦门市海域使用金征收标准

用海类型	单位	西部海域			东部海域			同安湾海域			大嶝海域		
		Ⅰ	Ⅱ	Ⅲ	Ⅰ	Ⅱ	Ⅲ	Ⅰ	Ⅱ	Ⅲ	Ⅰ	Ⅱ	Ⅲ
填（围）海工程	元/平方米	30.0	45.0	60.0	30.0	37.5	45.0	7.50	15.0	22.5	1.50	2.25	3.00
码头、港池	元/平方米·年	0.30	0.75	1.50	0.75	1.50	2.25	0.25	0.45	0.75	0.15	0.30	0.45
海底管线	元/平方米	6.00	4.50	3.00	7.50	6.00	3.00	4.00	3.00	2.50	3.00	2.50	1.50
造船、修船、拆船	元/平方米·年	0.45	0.75	1.50	1.50	3.00	4.50	0.45	0.75	1.50	0.25	0.40	0.45
采矿	元/平方米·年	1.50	0.75	0.45	4.50	3.00	1.50	1.50	0.75	0.45	0.45	0.40	0.25
海上运动、游乐场	元/平方米·年	1.50	1.20	0.75	0.75	0.40	0.45	0.15	0.25	0.25	0.15	0.15	0.15
娱乐、餐宿场所	元/平方米·年	1.50	3.00	4.50	1.50	2.25	3.00	0.60	0.90	1.20	0.30	0.45	0.60
网箱养殖	元/平方米·年	3											
浅海吊养	元/亩·年	30											
滩涂养殖	元/亩·年	8											

备注：1. Ⅰ：平均大潮高潮线至0米等深线的海域；Ⅱ：0米等深线至-5米等深线的海域；Ⅲ：深于-5米等深线的海域。

2. 其他用海类型征收标准按国家和省的有关规定执行。

5.5 海域使用可行性论证及其管理方法

国家为了保证海域使用项目的科学可行，对于改变海域属性，影响生态环境和其他开发活动的用海项目，要求申请单位提供海域使用可行性论证报告。由于一项海域使用项目的用海关系到海域的自然条件、项目的用海特征、用海海域的相邻用海情况、当地的社会经济条件等多方面内容的论证，国家建立海域使用可行性论证资格管理制度，委托具有论证资质的单位进行海域使用可行性论证工作。本章将介绍海域使用可行性论证的方法、意义和海域使用应该重点论证的内容。

5.5.1 海域使用可行性论证的作用

海域使用论证是海域管理的重要基础工作，其根本作用在于对项目用海的科学性和合理性进行评估，为行政审批提供决策依据和技术支撑。自论证工作开展以来，出台了一系列管理规定和技术规范，建立了比较完善的管理制度和技术体系，形成了一支业务素质较高、专业结构较合理的论证专业队伍，培养了一批责任心强、敬业奉献、工作水平高的专业技术骨干。同时，国家和地方还组建了多层次、专业配备合理的评审专家队伍，制定了较为规范的评审办法，为保证论证报告质量发挥了积极作用。多年的实践证明，海域使用论证已成为贯彻落实科学发展观，合理配置海域资源，实现科学用海、科学管海的重要抓手。加强海域使用论证工作，对于合理开发海洋资源、保护海洋生态环境、维护国家海洋权益和广大用海者的合法权益、促进海洋经济的可持续发展，都具有十分重要的现实意义。

5.5.2 海域使用可行性论证的含义和意义

海域使用可行性论证通过对申请使用海域的区位、功能选择、生产布局以及国防和历史沿革等方面因素的科学论证分析，海域自然条件和社会经济条件的调查、分析和论证，确定申请用海项目是否有可行性，为政府审批用海项目提供科学依据。

海域使用论证工作是《海域法》实施中，科学审批海域使用权的保障措施之一、是审批海域使用的科学依据。通过下面两个案例我们可以看出，科学合理的可行性论证，可以防止对海洋资源和环境具有破坏性的项目的申请的批准，也能为必需的项目提供有力的支持。

首先，海域使用论证是海域管理参与宏观调控的“切入点”。海域是海洋经济发展的基本要素。海域使用论证作为海域使用审批的必经环节，是海域作为生产要素进入经济活动的第一关口，是对海洋产业进行有效调控的重要手段，在优化海洋产业布局、调控海洋产业规模方面可以发挥重要作用。当前，海洋经济发展迅猛，用海需求旺盛，海域使用论证必须从国家发展的整体战略高度出发，密切关注宏观经济发展的形势，妥善处理开发与保护、速度与效益、海洋产业协调、区域发展平衡等重大问题。

其次，海域使用论证是合理配置海域资源的“过滤器”。目前，沿海各地根据当地经济社会发展需求，纷纷提出了大规模的围填海规划和计划。但有一些地方重眼前、轻长远，缺乏集约节约用海意识，在建设项目尚不明确和未做充分论证的情况下，盲目圈占海域，围而不填，填而不用，造成海域使用效率不高，海域资源浪费较为严重。同时，部分用海单位只关注围填海的经济效益，而忽视岸线保护和海洋环境问题，对海洋开发风险也缺乏应有的关注。海域使用论证就是要通过项目用海的选址、方式、面积合理性分析，以及围填海平面设计方案比选和优化，筛选掉那些选址不合理、用海规模过大、滥用岸线资源、严重破坏环境等用海项目，实现科学用海，充分发挥海域资源的整体效益。

第三，海域使用论证是全面协调用海关系的“减震阀”。随着海洋产业结构优化升级，行业之间的用海矛盾不断显现，突出表现为涉及广大渔民切身利益的渔业用海与建设用海之间的矛盾，渔民群体上访的事件时有发生。妥善处理行业用海矛盾，特别是渔业用海与建设用海的关系已成为当前海域管理的重要课题。海域使用论证的一个重要内容就是通过对利益相关者的调查分析，提前发现项目用海可能涉及的利益冲突问题，提出切实可行的利益协调方案和建议，为审批项目用海、化解用海矛盾发挥“消波减震”作用，以维护海域使用权人的合法权益和人民群众的切身利益，维护沿海地区社会稳定。

5.5.3 海域使用可行性论证管理方法

5.5.3.1 海域使用可行性论证管理发展历程

我国海域使用论证工作是从20个世纪90年代初开始探索的。90年代末，国家海洋局在总结实践的基础上，先后发布《海域使用可行性论证管理办法》、《海域使用可行性论证资格管理办法》，对论证范围、论证和评审程序等作了具体规定，初步规范了海域使用论证工作。2001年颁布的《海域法》，明确规定海域使用申请必须提交海域使用论证材料，正式确立了海域使用论证工作的法律地位。海域使用论证制度的建立是海洋管理制度的一大创新，是海域使用管理实现科学化的重要标志。多年来，各级海洋行政主管部门勇于探索，各论证单位大胆实践，使海域使用论证工作深入发展，在工作体系建设和科学决策支持两个方面都取得了显著成效。

1. 海域使用论证工作体系基本形成

一是海域使用论证管理制度初步建立。自《海域法》实施以来，国家海洋局先后发布了《海域使用论证管理规定》、《海域使用论证资质管理规定》、《海域使用论证评审专家库管理办法》等10多个规范性文件，对海域使用论证的主要内容、工作程序、资质管理、评审组织等方面做出了较为系统的制度设计，建立了海域使用论证管理制度框架。沿海各省市对海域使用论证工作也非常重视，在地方性法规和政府规章中，结合当地实际，对海域使用论证工作做出了相关规定。天津、山东、浙江、福建、广西、海南等省市区还专门制订了具体的管理办法，使海域使用论证工作逐步纳入了规范化管理的轨道。

二是海域使用论证技术规范体系日趋完善。为保证海域使用论证的技术水平和成果质量，规范论证技术路线，国家海洋局先后制定了一系列技术规范。《海域使用论证技术导则》、《海域使用论证报告书编写大纲》以及分类型编写大纲对海域使用论证的资料基础、工作重点、工作流程、技术方法、成果形式和质量要求等提出了要求；《海域使用分类》、《海籍调查规范》为界定项目用海的类型、用海方式和面积提供了依据；《海域使用论证资质分级标准》从论证单位的技术力量、仪器设备、内部管理和从业经验等方面提出了行业准入条件。海域使用论证技术体系从无到有，不断完善。

三是海域使用论证评审机制逐步健全。为加强海域使用论证报告的技术把关，国家海洋局建立健全海域使用论证评审机制，组建了国家和省两级海域使用论证评审专家库，近期还推动省、市、县三级成立了专家评审委员会。目前，各级评审专家库的专业配备基本合理，评审专家的奖惩措施基本到位。为了提高海域使用论证报告评审工作效率和专业化水平，国家海洋局专门成立了海洋咨询中心，专门负责论证报告的评审工作。

四是海域使用论证队伍不断壮大。为规范论证市场秩序，壮大论证技术队伍，提高论证单位和从业人员的执业水平，国家海洋局对海域使用论证单位实行资质管理，目前批准执业的甲、乙、丙级论证单位 82 家；对从业人员要求持证上岗，先后组织开展了 12 期海域使用论证业务培训班，发放岗位证书近 3 000 本，近年来，国家海洋局不断强化资质管理，通过年检、抽查等手段实施业绩考核和动态管理。2009 年年检，吊销了 2 家单位的资质证书，注销了 3 家单位的资质证书，对 15 家单位作出了暂停执业的处理。这些措施确立了资质管理的权威性，保证了论证队伍质量，维护了论证市场秩序。

2. 对科学管海、科学用海的决策支持作用得到发挥

一是以科学依据筛选项目用海。海域使用论证的核心是根据相关政策和技术要求，深层次剖析项目的用海必要性、自然适宜性、用海方案合理性和相关利益协调性。《海域法》实施以来，除了养殖用海以外，所有项目用海都开展了海域使用论证。海域使用论证结论已经成为各级海洋行政主管部门审核项目用海、各级政府批准项目用海的基本依据。依据海域使用论证结论，一方面批准了大量必要、合理的项目用海，有力地保障了国家和地方经济建设的用海需求；另一方面也否决或者搁置了一批需求盲

目、选址不合理、用海规模不切实际、滥用岸线资源、严重破坏环境等的用海项目，有效地促进了海域资源的合理配置和可持续利用。

二是以科学方法优化用海方案。随着近年来国家产业布局调整，一些大型港口、能源、重化项目纷纷在沿海布局，提出了大量的用海特别是填海需求。海域使用论证工作在保障重大项目用海需要的同时，借鉴国内外用海先进经验，依据相关技术标准，优化了大量的项目用海平面设计方案。对沿海港口、码头建设项目，论证工作抓住单位岸线的接卸能力指标，着力优化码头岸线的布置，切实控制用海面积和岸线占用长度；对大型钢铁基地建设项目，论证工作抓住单位面积的钢铁产能指标和大区域填海的生态问题，着力优化平面布局设计，控制用海面积，改进围填海方式；对于核电项目，论证工作高度关注核电项目的敏感性，积极优化项目的填海和取排水方案，协调与周边海域海洋功能区划的关系。海域使用论证工作通过有针对性地优化用海方案，显著提高了海域资源的利用效率。

三是以科学理念引领区域建设用海。近年来，沿海地区工业化、城市化进程不断加快，纷纷提出临港工业区、滨海新城区的建设规划，区域整体围填海势头迅猛。国家海洋局为应对这一形势，采取了区域建设用海管理措施，要求沿海地方政府编制区域建设用海总体规划，并开展规划的海域使用论证工作。截止到目前，国家海洋局已经审查批准了曹妃甸循环经济示范区、连云港滨海新城、汕头东部经济带等20个区域建设用海规划。区域建设用海规划论证按照区域协调、整体有序的思路，统筹用海的目标、布局、规模和管理措施，优化区域整体用海方案，提高了海域管理的区域调控能力。

5.5.3.2 海域使用可行性论证主要内容

进行项目海域使用可行性论证，主要分析六方面的内容：

（1）要分析项目的用海的选址方案，项目主要经济目标是什么。

（2）要对项目选址的海域的资源和环境进行适宜性分析：水文、气象、地质、地貌、海洋资源的种类、分布、蕴藏量、水质、生物、沉积物、海岸类型、海洋地质、地貌、风力、潮流、波浪等自然条件。了解替代方案可行性分析和海域功能恢复措施。

（3）分析项目用海与海域使用规划、海洋功能区划、海洋开发规划的关系、衔接或调整方案。

（4）项目用海与相邻产业活动及特殊区域的关系：周边区域相关产业开发类型、规模、效益及产业布局等；周边特殊区域情况（包括自然保护区、特别保护区、风景名胜区、旅游度假村、疗养区及重要政治文化军事区域等）；项目对相邻产业活动及特殊区域影响的预测分析及对策；与拟使用海域利益相关者的协调。

（5）项目用海会带来的主要资源环境问题，海洋资源可持续开发利用影响分析，可能发生的异常情况预测和影响以及应急计划。

（6）对项目用海的海域使用综合效益进行分析，即经济效益评估、社会效益评估、环境效益评估。

5.6 海域使用管理技术

5.6.1 海域使用论证技术

5.6.1.1 项目用海类别及其工程特征概述

在渔业用海、交通运输用海、工矿用海、旅游娱乐用海、海底工程用海、排污倾倒用海、围海造地用海、特殊用海和其他用海 9 类项目用海中，大多数项目用海都要在海岸、滩涂、水面、水体、海床、底土内建设相应的工程设施，各类项目用海的工程规模和特点既有一般共性，也有鲜明的特点，对资源环境的利用和影响有明显差异。项目用海主要类型的内容特点叙述如下。

1. 渔业用海

渔业用海指为开发利用渔业资源、开展海洋渔业生产使用海域。渔业用海包括渔业基础设施用海、养殖用海、增殖用海等。近年来，通过构筑人工渔礁、围堰等设施养殖海珍品，已成为海水养殖的热点。

（1）人工渔礁

人工渔礁一般是把碎石、混凝土预制块、沉船、废旧轮胎等物体堆放在海底，根据养殖生物的生活习性，渔礁顶面在海面下深度是不同的。目前人工渔礁多用于海珍品的养殖。

（2）围堰养殖

围堰养殖用海是指建土石围堰封闭一定的近岸海域，所围水体通过预留通道随涨落潮与围堰外海水进行交换。

2. 交通运输用海

交通运输用海指为建设海港、跨海路桥等交通设施而使用的海域。交通运输用海主要包括港口码头、防波堤、护岸、路桥等水工建（构）筑物用海以及港池、航道、锚地，制动与回旋水域、连接水域等无建（构）筑物用海。

（1）港口工程用海

港口是为船舶提供安全进出、停泊和装卸作业的场所，其主要特点一是建造码头、防波堤、护岸等水工构筑物，二是设置锚地、航道、港池等水域。

码头系船舶靠岸和进行装卸作业的必要设施，是港口中的主要水工建筑物。此外，因防浪需要，海港一般都需建设防波堤及护岸等水工建筑物。

码头按平面布置可分为：顺岸码头、突堤码头和墩式码头；按断面形式分为：直立式码头和斜坡式码头；按结构型式分为：重力式码头、高桩式码头、板桩式码头和混合式码头。

防波堤按平面形式分为突堤（防波堤的一端与岸相连）、岛式防波堤（防波堤的两端均不与岸相连），按结构形式主要分为斜坡式防波堤、直立式防波堤、混成式防波堤，其次有透空式防波堤、浮式防波堤、压气式防波堤和水力式防波堤。

港口水域包括进港航道、锚地、港池以及港内回转水域。其中，进港航道是连接港口各泊位通向外海的通道，其内侧的端点为船舶的回转区或停泊区；锚地系供到、离港船舶临时停泊、联检、避风以及过驳作业使用的水域；港池是指码头前供船舶离、靠泊位所需的水域；回转水域是船舶在港内调头的区域。

（2）路桥工程用海

路桥工程用海指跨越海湾、海峡的桥梁或索道等，其作用为沟通两岸交通运输提供通道。

跨海桥梁和索道工程的墩柱坐落在海底岩土中，通过桥墩把桥梁或索道的轴向荷载和横向荷载传递到深部土层。

3. 工矿用海

工矿用海指进行工业生产及勘探、开采矿产资源所使用的海域，主要包括盐业用海、修造船厂用海、临海工业用海、矿产开采用海、油气开采用海等。

（1）盐业用海

盐业用海包括抽取海水的泵站、海水循环蒸发池、晒盐池、堆场及配套设施等。

（2）修造船厂用海

修造船厂用海主要有修造船使用的船坞、滑道、码头和防波堤等水工建（构）筑物。

（3）临海工业用海

临海工业用海包括取排水管道、热电厂粉煤灰堆场、石油化工储存库等。

（4）矿产开采用海

矿产开采用海包括海砂、砂矿等金属或非金属矿产开采等用海。

油气开采用海主要包括与油气勘探开发相关的平台、人工岛、海底输油气管线等。海底输油气管线用海将在海底工程用海中给予介绍。

①平台

海上平台系指为从事海上油气钻探、开发和储存所建造的海上孤立建筑物，一般有固定平台和移动式平台两种类型。

a. 固定平台

固定平台有导管架型平台、塔腿型平台、沉箱型平台、重力型平台、桶型平台等类型。

导管架型固定平台一般采用钢管桩将平台上的荷载（包括轴向荷载和横向荷载）通过桩扩散到较深部地层，导管架桩基础通常通过打桩机或振动沉桩机把桩基打到预定深度土层中。

b. 移动式平台

移动式平台主要用于浅海-陆架海域钻探、海洋石油开采等作业。平台在一个工作地点就位作业结束后，可拖移到下个工作地点就位作业。根据移动式平台的基础形式可分为插桩式平台、坐底式平台和半潜式平台。其中坐底式平台工作水深在10米以内，插桩式平台和半潜式平台工作水深较深。

坐底式平台一般由沉垫、船体及其他设施组成，工作水深在10米范围内。沉垫面积一般为数百到数千平方米，平台荷载通过沉垫扩散到海底表层和浅部地层，平台就位升降靠压水仓充、排水完成。

插桩式平台一般有三桩平台和四桩平台，按照有无桩靴可分为浅桩型平台和深桩型平台，工作水深在数十米范围内。有桩靴桩平台的每个桩靴面积一般为数十到数百平方米，平台荷载通过桩和桩靴扩散到浅部地层。无桩靴平台的支撑桩一般为深桩型，平台荷载通过桩扩散到较深部地层，平台插桩和升降船通过液压系统完成。

②人工岛

人工岛是建在水中露出水面的构筑物（大多建在浅海滩涂），是为资源开发和某些特殊观测实验服务的海上人工构筑物。人工岛主要由混凝土防浪墙、抛石护岸或桩基础及上部结构等组成。

我国渤海湾西部和辽东湾均有人工岛构筑物，是为海洋石油勘探开发建设的。渤海湾西部人工岛由混凝土防浪墙、抛石护岸、桩基础及上部结构等组成；辽东湾人工岛主要由桩基础及上部结构等组成。

4. 旅游娱乐用海

旅游娱乐用海指开发利用滨海和海上旅游资源，进行海上娱乐活动所使用的海域。

旅游娱乐用海包括出海通道和水上运动区等用海，用海项目有海水浴场、水上运动、水下运动以及配套的游艇码头、栈桥码头、浮码头、潜水平台等。

水上运动娱乐项目有游艇、摩托艇、帆板、划板等。

水下旅游项目主要有潜水、海底漫步、玻璃船底观光、半潜船观光和潜艇观光，需要有配套的船只停靠码头和到旅游区的交通航线。

旅游娱乐项目用海大多具有多样性，常常是集海上运动娱乐、沙滩休闲、海水浴场和渔业旅游于一体，其工程特点多与港口用海中的码头、防波堤、护岸等设施相似。

5. 海底工程用海

海底工程用海指建设海底工程设施所使用的海域，包括电缆管线用海、海底隧道用海、海底仓储用海等内容。

（1）海底管线

海底管线是指穿越海域铺设在海底的输油、输气、输水管道和输电、通讯电缆等，是海底工程用海项目最多的一种。与油气勘探开发相关的海底输油气管线一般为混输管线，可以包括油、气、水、电中的一种或几种。

海底管线在海底的状态一般分为埋入底土中1~2米、部分埋入底土中、裸露海底三种。一般管线登陆段为预挖沟埋入底土中（水深4米左右以浅的近岸段）；浅水段为铺管后挖沟埋入土中；深水段多为直接裸铺在海底表面，若海底表层沉积物为软弱淤泥，靠管线自重沉入或部分沉入底土中。

由于管线荷载小，对海底地层强度要求不严格。影响海底管线安全的主要因素是海洋水动力环境、工程地质灾害因素。

（2）海底隧道工程

多数海底隧道工程直接用海一般限于岸滩，工程主体不直接占用海水或表层底土。海底隧道一般位于海底下十余米乃至数十米的岩土中，有些海底隧道在施工阶段占用海域，作为海上施工的基地，过去的隧道施工以暗挖为主，目前逐步发展成沉管隧道、悬浮隧道、悬浮与沉管混合隧道与暗挖隧道并存的局面。

由于隧道工程占用土地和海域少，不直接影响通航或常规海洋开发利用，近年来发展迅速。

对基岩埋深较浅且岩体完整性较好的地区，隧道一般以暗挖为主，隧道施工和后期营运不直接接触海水和底土，世界著名的三大隧道均为暗挖隧道；悬浮隧道直接利用海水或底土，悬浮在海水或海底；沉管施工隧道主要使用底土，利用开挖底土将隧道主体沉入底土中，施工阶段利用海水及底土。

（3）海底仓储工程

用海一般在发达国家较多，主要分为固体矿产储藏和石油储藏。例如日本利用濑户内海仓储砂矿，美国等国利用海底岩层储藏石油等。

6. 排污倾倒用海

排污倾倒用海指用海排放污水和倾废所用的海域，包括污水排放用海和废物倾倒用海。

污水排放用海是指工业、生活污水向海中排放。污水排放工程用海主要包括排污管道和污水排放口两部分。排污管道工程用海与海底工程用海中海底管线类似；污水排放口则是污水集中排入海域的排放点。

废物倾倒用海包括倾倒疏浚物或惰性无机地质废料、骨灰以及特殊工程废弃物。

7. 围海造地用海

围海造地用海指在沿海筑堤围割滩涂和港湾，并填成陆地的工程用海。

围海造地用海包括城镇建设围海造地用海和围垦用海。

目前，我国围海造地后的用途有农林种植、旅游、港口、油气、波浪潮汐电站、盐田、工商业、滨海砂矿、城镇建设等，涵盖了工业、农业、林业、旅游、交通、工矿企业、能源、化工等多个行业。

围垦用海一般是结合海岸防护等目的进行的，常常采用的是筑堤围涂代替筑坝防护。围垦土地没有直接建设计划，但是，一般在地方长期发展计划中有使用规划。

围海造地项目从填海施工方式可分为吹填法和干填法（陆域回填）两类。

吹填法是采用挖（吹）泥船挖（吸）海底泥沙，通过水上（下）及陆上排泥管线进行填海造地。干填法是在陆地开挖运输土石方填海，需要挖掘、运输、推进填筑、整平碾压等。

8. 特殊用海

特殊用海指用于科研教学、军事、自然保护区、海岸防护工程等用途的海域。

（1）科研教学用海

主要指从事海洋水文与气象观测设施、海水养殖试验基地、海洋生物与水产养殖教学实验场所等。

（2）自然保护区用海

主要指海洋自然遗迹、海洋生态、珍稀生物等自然保护区用海，包括滩涂建设的保护设施、自然保护区中的实验区和缓冲区。

（3）海岸防护工程用海

指用于防止海岸侵蚀，保护海岸不受波浪、海流冲刷破坏，在海岸线附近建造的工程。包括护岸、丁坝、潜堤等。

①护岸

按照坡度可分为斜坡式护岸和直立式护岸两类。

斜坡式护岸由坡面、坡角和坡顶三部分组成，常见护岸坡面有石砌、混凝土块砌等，表面成平面状和阶梯状；基础埋深和结构形式一般按照地基土性质和波浪强度设置；坡角有抛石、混凝土工字块等。有些斜坡式护岸筑成两级或多级台阶状。

直立式护岸主要用于陡峭海岸的防护以及扩大海岸场地利用，护岸墙面多为内凹曲面，防止波浪上爬或越顶。同时，波浪冲击护岸发生反卷回落，减小波浪对护岸的冲击力。直立式护岸多为钢筋混凝土结构，一般坡底也有坡脚。

②丁坝

垂直海岸或斜交海岸设置，改变沿岸流流场，消减波浪对海岸的冲刷能量，促进泥沙淤积，增宽海滩，保护海岸，防止侵蚀。

③潜堤

设置在岸线向海一侧浅水地带，一般与岸线平行，消减波浪对海滩和海岸的冲击，促进堤后泥沙回淤，增宽海滩，保护海岸，防止海岸侵蚀。

5.6.1.2 项目用海特点

1. 渔业用海特点

构筑堤坝围海养殖，改变了海域的自然属性，在一定程度上使工程附近海域潮流场发生改变，打破了沿岸区泥沙平衡，造成工程毗邻海岸发生蚀退和淤积。

网箱等水产养殖用海，因网箱密布和消浪作用，不仅对水体交换产生影响，同时也改变着海底沉积物的类型。

为了保证养殖品种的质量，渔业用海不仅对海水、沉积物质量要求较高，而且要求海域水流通畅，饵料丰富，气候、水温、地形地貌及底质等适于养殖品种的生长。

2. 交通运输用海特点

(1) 港口工程用海特点

港口工程用海，一般其用海面积大，水深也大，建造的固定建筑物多，将显著改变相关海域的水动力条件（如海域潮流场和波浪场的变化），从而导致沿岸泥沙输移的变化和岸线变形。海域一般具备适宜的水深、泊稳、地基条件。

航道、锚地等无构（建）筑物用海需要考虑水深地形、航道轴线与强流、强浪方向的关系、锚地底质、泊稳和乘潮条件等因素。

航道、港池疏浚、码头基床开挖、围堰与防波堤施工等港口工程建设的基础内容，将可导致海底泥沙的搅动，造成悬浮泥沙扩散。

港口施工过程中，生产和生活污水的排放还将引起一定范围内海洋环境质量下降。

(2) 路桥工程用海特点

跨海桥梁和索道等构筑物的建设要求海底土体稳定，无显著的灾害地质因素，在环境荷载、结构荷载、可变荷载作用具有稳定的地基条件。

跨海桥梁和索道等构筑物由于具有一定的跨度，较少阻挡沿岸水动力和泥沙输运；其墩柱截面积较小，仅在局部范围内改变海流流场，而对区域流场的影响较小。

跨海桥梁和索道在施工阶段引起泥沙搅动、废水排放、妨碍航运等，并对海域资源环境和其他用海活动产生一定的影响。

波浪作用以及构筑物阻挡海流造成的涡流会引起墩柱周围的海底冲刷淘空。

3. 工矿工程用海特点

工矿项目用海一般要求远离人口密集的居民区、旅游区、海水养殖区和对水质环境敏感的相关用海产业。

(1) 盐业用海特点

盐业用海限于滩涂和近岸浅水域，属于海水利用工业。该类用海要求海水盐度高、海洋动力弱、海水水质好、周边无污染源等，海水储存池、晒盐池等地基要求为渗透性差的黏性土，土中有机质含量低。盐业用海一般不会造成岸线及海底地形发生大的蚀淤变化。海水储存和晒盐池的建设可改变原有生态系统、影响滩涂植被正常生长；当高盐度海水的渗漏，可导致地下水盐度增大或海水入侵。

（2）修造船工程用海特点

修造船工程用海特点与港口工程用海相似，但船坞工程建设不仅要求海域具有良好泊稳条件、地基强度与稳定性，还要有良好的地层隔水性。

修造船工程用海对环境和资源的影响基本同于港口工程用海。

（3）临海工业用海特点

临海工业用海形式较多，主要有建造围填海堤坝、取排水管线和取排水口、堆场、储罐及其他建筑物等用海。

临海工业用海除了生产废水排放对海域资源环境的影响外，最显著特点是石油、化工等项目用海存在有事故风险。一旦石油化工原料泄漏、火灾、爆炸，将可形成损害海洋生态环境及周边利益相关者，造成重大的经济损失。

以海水作为冷却水的热电厂取水口要求设置在海水清澈、低悬浮物、水体交换较好、温排水温度扩散范围以外的区域。

取水口附近易形成水流涡漩，导致局部范围流场特性的改变；温排水造成周围海水水温的升高。热电厂的灰场是滨海地区大气粉尘污染的重要物源，其粉尘除了随空气流动飘散它处，还会降落到海水中。

（4）矿产开采用海特点

海砂开采要求海底沉积物砂含量、粒径符合其使用要求。由于直接采取海底砂，导致海底地形地貌和底土性质发生变形，改变水深和水动力条件，损害底栖生物及其生存环境。海砂开采过程中会导致悬浮泥沙扩散，影响海域水质、生物资源和水产养殖。近岸采砂可能引发岸滩侵蚀。

（5）油气开采用海特点

油气开采工程用海的固定式平台构筑物对海域环境条件的要求和影响基本同于跨海桥梁和索道等构筑物。移动式平台移走后会使海底形成洞穴，造成海底地形变化和局部地基的不均匀性。其用海存在井喷、溢油等事故风险。

4. 旅游娱乐用海特点

我国旅游娱乐用海多在海湾等水动力较弱的近岸或障蔽海域，海水浴场、水上运动、水下运动都要求波浪作用弱；水下旅游项目中的潜水、潜艇观光等还要求海水清澈，流速较小；配套的游艇码头、栈桥码头、浮码头、潜水平台等要求有良好的泊稳条件以及布置合理的水域。

旅游娱乐用海要考虑日照时间、风速、气温、水温、海流、潮差、海底地形坡度、有无礁石和障碍物、有无鲨鱼等安全和舒适条件，同时需考虑海水污染物含量、细菌和卫生防疫要求；要求海滩沉积物质量良好，包括底质粒径、海滩宽度和坡度等。

5. 海底工程用海特点

海底管线荷载小，虽然对海底地层强度无严格要求，但要求海底地形平缓，无礁石、沉船等障碍物，底质均匀。影响海底管线安全的主要因素是海洋水动力环境、工程地质灾害因素。

海底管线铺设会部分改变底土性质，引起海底蚀淤，管线路由与锚地及其他海洋构筑物用海相互排他。同时，存在管线断裂、溢油等事故风险。

海底隧道在施工阶段可发生包括施工废水、废油、粉尘以及沉管施工搅动泥沙的悬浮扩散。一旦海底隧道出现大规模渗漏，会引起地面沉降和海底构筑物损坏，同时造成海洋生态环境的损害。

6. 排污倾倒用海特点

该类用海需要选择水深较大、流速较急、污染物易向外海迅速扩散的开放海域。由于排放的污水和倾倒的废物随潮汐和潮流变化在一定范围内发生扩散和沉积，因此，污水排放口和倾倒区要远离生态敏感区。

7. 围海造地用海特点

该类用海中城镇建设围海造地用海特点可借鉴于交通运输用海或工矿用海的特点，围垦用海中筑堤与交通运输用海的防波堤、围堰用海类似。

8. 特殊用海特点

特殊用海由于类型多样，其用海特点因科研教学、军事、自然保护区、护岸工程的不同而有所差异，论证时应视具体情况而定。

5.6.1.3 项目用海必要性分析

项目用海必要性分析一般要满足国家宏观经济规划、地方经济发展和项目自身建设三个层次的需求，主要内容包括区位条件和社会经济条件两个方面。

1. 区位条件

区位条件是某个地理区域自然条件、历史文化、资源环境条件、社会条件的总称。从区位条件论证项目用海必要性时，应包括：

（1）地理位置及其优势

与邻近重要城市的相对关系、区域附近村镇、企业、海洋产业、道路等项目建设的发展前景展望，经济环境、交通运输及项目相关匹配建设条件对项目的有利条件或制约条件，项目建设对区域整体功能条件的促进或限制因素等。

（2）自然条件

主要气候、水文、地形地貌、海岸带特点等。

（3）主要资源

包括历史文化发展、风景名胜等旅游资源、主要产业、特产、产量等。

（4）项目建设的紧迫性

从地区社会经济发展需要的角度分析论述项目工程建设用海的紧迫性。

2. 社会经济条件

社会经济条件是决定项目建设的最重要的因素，任何项目建设都需要依托当地的社会经济环境、基础设施和整体功能。从社会经济条件论证项目用海必要性，需包括人口、土地、主导产业、产值等分布情况考虑。同时，充分论述经济需要以及项目建设对社会经济的推动作用：

（1）站在国家宏观经济发展目标的高度，分析项目建设与国家现行经济方针政策的一致性、项目建设在国民经济发展中的地位。

（2）根据地方社会经济发展需求，分析项目建设与地区社会经济发展目标的一致性、与相关规划的一致性，地方社会经济基础是否有利于项目的建设及正常运行。

（3）项目用海对地区社会经济发展所起的作用。

（4）项目用海的经济效益、综合效益分析。

5.6.1.4 项目用海适宜性与风险性初步判定

项目用海适宜性与风险性的初步判定包括海域资源环境满足用海工程的适宜性、可能导致的工程灾害因素等，此外还包括项目用海对资源环境的影响因素、是否满足社会整体发展需要、是否符合区域海洋功能区划和海洋发展规划等内容。还应指出，由于海洋资源的丰富和项目用海的多宜性，使用的海域存在多项用海的适宜性，然而从海域自然条件、资源环境、社会经济发展和生态保护等综合评价，该海域必然有最适宜的用海项目，因此项目用海的适宜性分析对海洋资源的开发与保护具有重要意义。

1. 渔业用海的适宜性判定

渔业用海对海洋资源环境的影响较小。但是，无度的开发或乱围滥填，同样是对海洋资源的破坏，也会造成对相邻产业的影响。因此，渔业用海应把握以下方面内容：

（1）拟养殖品种生活习性对海域自然条件的适应性，对养殖海域土著生态群落结构的影响等。

（2）拟采用水产养殖的技术与方法。

（3）围堰水产养殖要考虑与围填海类似的论证内容，即考虑项目用海对海洋动力的影响、对海底及岸滩的影响、对相邻产业的影响等。同时还要考虑水质、水动力和水体交换的质量和数量，不利的灾害因素等。

（4）人工渔礁一般需要考虑礁体的高度、规模、平面布置、材料等，还要考虑人工渔礁对水动力的影响以及礁后岸滩的蚀淤变化预测。

（5）与周边利益相关者的关系。

2. 交通运输用海的适宜性判定

（1）港口工程用海

①港口码头用海首先应分析拟用海域的区位条件和社会经济条件的适宜性，港口腹地经济的发展状况，港口吞吐能力要求以及适应经济发展的需要的必要性，此外，还要考虑港口码头与城市的关系，外协条件等。

②港口码头与自然条件的适宜性，包括风、雨、雾、潮汐、波浪、泥沙、地基稳定性、泊稳条件、航道与港池的回淤情况。

③港口码头规模的适宜性，包括泊位数、船舶到港规律、船舶占用泊位的时间规律、库场面积分析等。

④港口水域（包括进港航道、锚地、制动与回转水域、连接水域和港池）功能和尺度的适宜性。

⑤外堤布置及港内波稳条件的适宜性，外堤包括防波堤、拦沙堤和导流堤，主要分析判定其对波浪、泥沙、水流及冰的防护条件是否满足港口码头要求。

⑥港口陆域适宜性分析，包括码头设施、工艺、道路、堆场、管理。

⑦港口建筑物对海岸的影响分析，包括岸滩的蚀淤变化、港池和航道回淤量计算。

（2）路桥工程用海

对于跨海桥梁和索道，主要用途为解决交通运输或旅游观光，一般位于陆与岛、岛与岛、河口、海湾之间。这种跨越海域的用海项目，应考虑以下方面：

①项目用海是否符合相关城市规划，桥梁或索道端点是否具备疏导交通的条件。

②桥梁或索道高度是否满足海域通航要求，通航要求不仅要满足现在需要，而且要考虑未来发展要求，是否与航空或军事需要冲突。

③桥梁或索道的墩柱跨度能否满足航运要求，并且考虑对潜在的港口航运资源的影响。

④研究桥梁或索道的墩柱对流场的影响，波浪海流作用下墩柱的冲刷及周边海底的冲淤，对岸滩蚀淤变化的影响，不利的地质因素以及地基的适宜性。

⑤桥梁或索道事故对社会经济以及资源环境的影响风险及其应对措施。

3. 工矿用海的适宜性判定

工矿用海的适宜性主要取决于工业用海自身性质，即是否存在易燃、易爆或剧毒物质泄漏等事故风险、项目用海是否排放污染物、是否采用海水资源，工矿用海应加强事故风险的判定。如果用海项目自身仅有极小的事故风险概率，其海域使用论证内容与一般沿岸工程类似。具体应考虑如下方面问题。

（1）污（废、温）水排放用海项目应考虑海水的自净能力，分析海水动力条件对污水排放量和排放浓度的适宜性，污水排放的影响范围内是否存在水产养殖、取水口、浴场及海洋生物的产卵区、洄游通道、栖息地等生态敏感区等。

（2）修造船工程用海适宜性与风险性与港口工程相似，需要注意的是船坞等设施建设需考虑底板的防渗以及浮力，避免造成工程损失。

（3）事故风险较大的石油化工工业用海，主要应考虑位置、与人口稠密的居民区的距离、不同水动力条件下扩散范围和事故可能对人身健康、生物、水产养殖等破坏。

（4）工业堆场应考虑堆放物质的污染对资源环境的损害，其他工业构筑物的适宜性和风险评估可参照码头等沿岸工程进行。

（5）固定平台、人工岛与自然条件的适宜性判定包括风、雨、雾、潮汐、波浪、泥沙、地基土分布等，构筑物对地震、断裂、滑坡、砂土液化、风暴潮、碎屑物流等灾害性因素的适应性，海水和底土对构筑物的腐蚀性。

（6）油气开采的事故风险判定主要包括井喷、溢油、管道破裂等。

（7）海砂开采应考虑底栖生物损失量、对海底和周边岸滩蚀淤变化的影响、海底地形地貌改变对水动力环境和水质的影响、施工期悬浮泥沙量及其扩散影响范围、与海底管线及其他海洋构筑物的距离。

4. 旅游娱乐用海的适宜性判定

旅游娱乐用海的适宜性判定因素主要包括以下几个方面：

（1）海水浴场

海水与沉积物质量、海水透明度、水温、波浪、有害生物、危险性底质等。

（2）水下观光项目、游艇码头、栈桥码头、浮码头、潜水平台

海水透明度、海流速度、泊稳条件等。

5. 海底工程用海的适宜性判定

（1）海底管线

①尽量避开地质灾害发育区，包括避开移动砂体、冲刷沟槽、液化砂土、滑坡、断层、土层强度差异大和变化复杂区。对无法避开的地质灾害区，应制定相应的工程措施，保证管线的稳定和安全。

②管线路由能否避开锚地、海底构筑物、靶场以及其他涉及国防安全、旅游景观等重要场所。

③登陆点应选择在交通输运便利和适合管线陆地设施建设的地点，并且远离居民密集或相关重要产业设施的区域。

④海底管线铺设会改变底土性质，引起海底冲刷或侵蚀变化，损失部

分海洋底栖生物，管线路由与锚地及其他海洋构筑物用海相互排他。同时，海底管线存在较大事故风险，一旦管线断裂，油气或化工原料泄漏，会造成水质和环境污染，严重危害生物和水产养殖。

（2）海底隧道

沉管隧道、悬浮隧道、悬浮与沉管混合隧道主要考虑海底土体的均匀性、有无礁石或人工障碍物、海底蚀淤变化、海底水动力环境等，同时考虑对通航、抛锚的影响。

暗挖海底隧道主要考虑地质构造的稳定性、岩石完整性和渗透性。断层、裂隙、岩石破碎、地震、涌水量等是决定隧道建设适宜性的主要条件。另外要考虑掘进的难易程度、出渣的通畅问题。

海底隧道在施工阶段，可能产生废水、废油、粉尘以及沉管施工搅动泥沙的悬浮扩散，运营阶段对多数相关用海兼容，但对于某些海洋构筑物的深基础受限制。海底隧道用海存在一定事故风险，一旦海底隧道出现大规模渗漏，会引起地面沉降和海底构筑物损坏。

6. 排污倾倒用海的适宜性判定

污水排放及废弃物倾倒工程用海中排污口（倾倒区）位置、排污口（倾倒区）水深海洋动力、污水（倾倒物）扩散方向和速率、海域纳污能力、周边海洋规划及用海产业是决定该类工程用海适宜性的主要因素。

由于污水中某些污染物遇到海水发生析出沉淀，容易造成排放口堵塞，导致排污射流不畅，污水扩散不均匀，造成局部污染物浓度大幅度提高。如果污水处理失效或排污管道破裂，则存在事故风险因素。

7. 围海造地用海的适宜性判定

围海造地用海应选择在滩涂淤涨速度较快的区域，围垦用海一般要结合海岸防护等目的进行。

围海造地用海由于改变海岸线位置和形态，引起海洋水动力条件发生变化，导致河口和海湾的纳潮量减小；筑堤、围堰基床开挖或回填物质的倾倒都会搅动泥沙，导致悬浮泥沙扩散。

8. 特殊用海的适宜性判定

科研教学用海的海洋环境要满足科学实验和教学需要，避开有碍观测、实验精度的相关用海区域；军事用海以满足国防安全为目的；自然保护区用海要求保证保护目标的持续有效；护岸工程一方面要求结构和块体满足波浪冲击，另一方面要求满足抵御基础淘空和地基稳定性要求。

特殊用海多数对海洋资源环境的影响较小。但是，某些工程建设会引起近岸水动力改变，部分项目用海会引起海底冲刷或泥沙输运变化；军事用海涉及到国家权益、国防安全和保密问题。

5.6.1.5 各类项目用海论证专题设置

海域使用论证报告的编制除了要满足《海域使用论证报告书编写大纲》的一般要求外，还应视项目用海特点、海域资源环境现状、周边利益相关者的情况等，设置一些相应的专题，重点分析用海活动内容可能产生的影响，为论证结论的科学性和合理性提供依据。例如，当项目用海造成岸线或海底地形地貌发生明显的改变，则需增加海域流场或波浪场的数值模拟分析专题；当项目用海区周边有敏感产业或存在重要事故风险的用海项目，则需增加风险分析专题，等等。总之，论证专题的设置要有针对性，可较好地回答项目用海所产生的资源环境问题。

1. 渔业用海的论证专题设置

渔业用海中的人工渔礁、围堰养殖、大型筏式养殖和大型底播养殖都要进行海域使用论证，依据渔业用海类型和规模，论证专题设置应考虑以下方面：

（1）自然条件的适宜性分析

主要内容包括：海域自然地理环境、海水与沉积物质量、海洋动力条件、海域生态条件和初级生产力的适宜性分析。

（2）人工渔礁、围堰布局和规模对海域资源环境影响预测分析

主要内容有礁体的高度、规模、平面布置及围堰位置、规模等对海水动力场的影响和岸滩的蚀淤变化预测分析。

（3）养殖种属与养殖方式适宜性分析

主要包括养殖属种、养殖密度、养殖方式与海域生态条件适宜性分析。

（4）养殖海域的生态健康评价

主要内容有海域水质与沉积物对养殖品种质量的安全性分析、养殖品种对土著生态群落结构的影响分析等。

2. 交通运输用海的论证专题设置

根据交通运输用海特点，其论证专题的设置包括下述几个方面。

（1）水深、地形地貌适宜性研究

水深地形是港口用海的最重要的依据之一，不同规模、不同用途的港口对水深地形的要求也不同。应根据相关规范的要求，分析防波堤、码头、港池、航道的布置和走向的合理性，研究水深和海底底质条件对项目用海的适宜性。

（2）工程地质条件适宜性研究

港口工程构筑物的基础对海底岩土工程地质条件有严格的要求，首先，在港池、航道开挖深度范围内应当为松散土层或者仅存在少量岩礁。其次，码头、护岸、防波堤等水工建筑物的基础必须有适宜的地基持力层。对于重力式码头，如果基础坐落在软弱土层时，应进行包括抗倾、抗滑和整体稳定性在内的码头稳定性验算，其中，抗滑稳定性验算一般采用圆弧滑动法。对于高桩、板桩码头，应进行桩的侧阻力、端承力计算以及桩的可打入性分析。

（3）港池、航道回淤预测

港池、航道淤积是影响港口运营的主要因素之一，有些港口的港池和航道受构筑物或环境条件的影响可能出现回淤，因此应根据港池和航道形状、海底底质、波浪和潮流、悬浮泥沙等计算开挖后回淤速率和回淤量，同时计算非开挖自然回淤或开挖数年以后的回淤速率。

（4）流场数值模拟分析

港口工程以及其他沿岸构筑物可对潮流流场造成显著影响，通过潮流数值模拟计算可以预测潮流场的变化趋势，同时为悬浮泥沙和其他污染物扩散的影响预测提供依据。

（5）悬沙扩散数值模拟分析

港口工程施工过程中因海底岩土开挖、防波堤抛石等活动导致海底泥沙扰动或回流携沙，因此，研究施工引起泥沙增量、扩散方向和扩散范围是确定项目用海对海洋资源环境影响程度的重要内容之一。不同的施工方法对海底泥沙的扰动程度和数量不同，分析时应注意计算模型和边界条件的选取。

（6）工程对岸滩演化影响的研究

自然岸滩在波浪、潮流等因素的共同作用下一般处于动态平衡状态，码头、护岸、防波堤及与离岸工程构筑物的建设将破坏岸滩的自然平衡，从而引起海岸带地貌的变化，包括以横向输沙为主海岸建筑物前的侵蚀问题和与波浪沿岸输沙行为有关的地貌变化。因此，对港口工程用海，应考虑港口或码头两侧岸滩的蚀淤变化。

（7）工程对海域资源和环境的影响分析

港口工程在施工和营运过程中往往对原有海岸（海底）景观、海域生态环境、海域资源造成影响，论证时需要对工程前后资源环境状况进行分析评价和预测，以便掌握项目用海引发的资源环境问题。

（8）跨海路桥对利益相关者影响分析

由于桥梁、索道多是跨越河口海湾，应分析研究其高度、跨度对相关利益者的影响以及对潜在资源（特别是港口、航运资源）的影响。

3. 工矿用海的论证专题设置

针对工矿用海的特点，涉及到水工构筑物项目用海的论证专题设置参照交通运输用海的论证专题内容，同时还应考虑此类用海是否存在易燃易爆或剧毒物质泄漏等事故风险、项目用海污染物排放等专题研究。

（1）盐业用海

其论证专题设置应包括研究海水盐度、气候条件、海水水质、滩涂沉积物及渗透率等条件适宜性分析等内容。

（2）临海工业用海

论证专题设置的内容主要有废水和污染物排放种类、排放量、对海域影响程度分析，事故风险分析，可能导致的工程灾害分析。

4. 旅游娱乐用海的论证专题设置

旅游娱乐用海论证专题要考虑游客人身安全和自然环境舒适条件，重点论证内容包括海域水质、沉积物质量、有害生物及危性底质是否有利于人身健康和安全，海水透明度、水温、波浪和气象条件对旅游娱乐是否适宜等。

5. 海底工程用海的论证专题设置

海底工程用海要求研究海底地形、地貌和地质特征，特别是要研究工程地质灾害因素以及应采取的应对措施。

（1）海底管线工程用海

①管线路由布置的合理性分析，一般包括对交通运输、旅游景观及其设施、国防安全等利益相关者的协调性和登陆点选择合理性分析。

②管线路由安全性分析，一般包括移动砂体、冲刷沟槽、液化砂土、滑坡、断层、土层强度差异大和变化复杂地质环境适性分析，并对管线的安全进行评估，制定相应的地质灾害防治措施。

③事故风险性分析，海底管线存在断裂、泄漏等事故风险，应评价事故风险及其造成损失。

④管线腐蚀性分析

（2）海底隧道工程用海

对沉管隧道、悬浮隧道、悬浮与沉管混合隧道而言，主要研究海底土体的均匀性、有无礁石或人工障碍物、海底蚀淤变化、海底水动力环境等，同时研究对通航、抛锚的影响。

对暗挖海底隧道，主要研究地质构造的稳定性、岩石完整性、岩体渗透性，分析断层、裂隙、岩石破碎、地震、涌水量等对其安全适宜性。

6. 排污倾倒用海的论证专题设置

污水排放工程用海的专题设置主要包括排污口位置的选择、管道路由选择、排污口海洋动力条件、污水扩散方向和速率、海域纳污能力、事故风险及其对周边用海产业和海洋环境资源的影响。

倾倒用海应研究倾倒区自然环境条件对倾倒物输移、扩散、蓄积能力、倾倒物性质和倾倒数量、倾倒物对海域资源环境的影响等项内容。

7. 围海造地用海的论证专题设置

围海造地用海论证专题内容主要有海岸变形对海域动力条件、沿岸泥沙运动和水质状况的影响，海底地形、底质改变、悬浮泥沙扩散对海岸与海底自然平衡过程的影响，滩涂湿地性状的改变对海洋生态环境、生态功能和生物多样性影响，海岸的变化对红树林、珊瑚礁、地貌形态等珍贵的海岸景观和历史遗亦的影响等。

8. 特殊用海的论证专题设置

特殊用海项目应研究自然环境是否满足用海项目需要，工程建设引起的近岸水动力改变、海底冲刷或泥沙输运变化，对相关用海产业的影响。

6 海洋权益管理

6.1 海洋权益的概念

权益是指应该享受的不容侵犯的合法权利，也就是法律确认的并受法律保护的公民、法人和其他组织所享有的一定的社会权利和利益。维护合法权益是法律调整的出发点和目的。

海洋权益是指各法律关系主体关于海洋方面的权利和利益，即不同法律关系主体在从事海洋科研、开发、管理、使用和保护等各种活动中所拥有的合法权利和利益。权利是法律赋予法律主体享有的以国家强制力为保障的某种权益，表现为有权做出一定行为和要求他人做出相应行为的权能。权利和利益都是法律主体依法享有的待遇，严格来说，权利是权益的部分内容，权益的外延较大，权利则规定得更为明确具体，是权益的主要内容。

在涉及到海洋权益的各法律主体中，国家是一个特殊的法律主体。主权国家是当今国际社会组成的主要的和基本的实体单位。因此，国家特别是沿海国家首先是海洋权益的当然主体。根据《联合国海洋法公约》，国家拥有广泛的海洋权益，它包括对内（国内的）和对外（国外的）两方面，涉及在内海、领海、毗连区、专属经济区、大陆架、国际海底区域等不同海域的军事利益—海上国家安全、海洋环境权益、海上航运与海洋资源权益（特别是渔业，包括近海和远洋，海上油气及海底矿物）、海洋科学研究权益、参与国际合作的权益以及为维护国家及我国公民合法权益，根据国际政治方式或法律机制解决争端的权利。

就国家的海洋权益而言，国家在行使对内职能时，更多的是根据公民（在我国具体是通过人民代表大会）的授权。由政府或其职能部门代表国家、行使国家的权力来维护国家全局性的、最高的和根本的海洋利益，并把这一意义上的海洋权益作为国家关于海洋事务决策及实施所追求的可持续发展战略的终极目标。在某些特殊情况下，国家也可以作为平等法律关系主体中的一方——如在民商法律关系中，在参与海洋事务相关的经济或民事活动中，履行其权利和义务，维护其合法利益。相比之下，国家在行使对外职能时，除在内海和领海海域内行使的主权、在专属经济区和大陆架为经济和资源的目的行使的主权权利和环境保护等方面的管辖权外，更多的则是根据国际海洋法所赋予的权利。作为国际社会的成员之一，平等的参与国际海洋事务，在维护本国的合法利益的同时，兼顾国际社会的整体利益。

毋庸置疑，国家是海洋权益的主要主体，但从海洋权益的内涵和外延看，享有海洋权益的法律关系主体显然不仅限于国家，在国际层面上还有国际组织，如联合国及其所属的组织—管理大洋矿产资源的国际海底管理局。根据《联合国海洋法公约公约》（以下简称《公约》）的有关规定，对“区域”内资源的一切权利属于全人类，由国际海底管理局代表全人类行使。其中也包括我们国家和公民在该区域的权益。又如，关于海洋科学研究，《公约》专门规定了国际组织进行或主持海洋科学研究计划的权利。在这里，该国际组织与作为其成员或与其有协议关系的沿海国一道，同是在进行海洋科学研究中形成的法律关系的主体。

在国家层面上，法人和自然人在一般条件或正常情况下，也是海洋权益的法律关系主体。根据《公约》的有关规定，他们甚至在一定条件下，在国际层面上也可以直接享有权利并承担义务。其合法的海洋权益亦不能被忽视或轻视。《海域使用管理法》已经关注到法人、自然人的合法海洋权益问题，并在相关的条款中明确规定了“海域使用权人依法使用海域并获得收益的权利受法律保护，任何单位和个人不得侵犯”。这一规定也从另一个侧面反映了法人和自然人也是海洋权利和利益的当事方，他们的合法权益理应受到应有的重视。

海洋权益和海洋权益管理是随海洋法律制度和国家与海洋关系的发展而产生的。

海洋权益可分为国家海洋权益和非国家海洋权益。所谓国家海洋权益是指国家与其周边及相关国家的海洋关系中的权益，以及国家与其管辖范围内的法人、自然人之间的海洋关系中的权益。所谓非国家海洋权益是指在其管辖范围内，法人和自然人之间的海洋关系中的合法海洋权益。

国家海洋权益的含义包括三点内容：①海洋权益的主体是国家，其中既有毗邻海洋的沿海国家，也有远离海洋的内陆国家，都是海洋资源和空间主权或利益的拥有者。但享有一定范围海域管辖权的只有沿海国家才具有。②处于不同地理位置的海洋区域，国家享有不同的权力和权利。沿海国家连接海域，基本上依据其距离的远近，决定其主权拥有内容的范围，有的海域领有等于领陆同等的主权，有的仅领有某些对象的主权权力。而非沿海的其他国家则只具有限制性的某些权利。③国家海洋权益的占有、获得、要求、主张等的成立或实现，需要有以下四种根据：一是根据国际海洋法制度；二是国际惯例；三是国内法和国家公平合理的权益主张；四是历史传统因袭。

6.2 国家海洋权益管理

海洋权益是客观存在的社会事物，只要是毗连海洋的国家，才享有这种权益。尽管因国家所处的位置、自然地理因素和历史情况的不同而有不同的利害关系和表现形式，但在本质上都是一样的。

国家存在海洋权益，并不等于事实上或实际的占有、管辖和利益的获得，在某些历史时期和特定的国家政治、经济条件下，有可能未得到关注、或者根本无法顾及。这些条件包括国家不重视海洋、海洋意识淡薄；

国家政治不独立，难以涉及海上的利益与发展；国力薄弱，可望而不可即等，均可能造成某些海洋权益的丧失。

国家海洋权益虽然是客观存在的，但是还需要通过国家的力量去维护，运用国家的职能对其海上“领土”和主权所及海域对象，实施有效控制、管理。也只有国家的事实的管理，才能保证国家海洋权益的最终实现。这就提出了海洋权益管理的问题。

海洋权益管理是指运用国家力量和专门的管理队伍，通过政治、军事、外交、法律等途径和一切技术手段与可行方式，按照本国海洋法律、法规和国际海洋法，以及国际惯例，组织、协调、实施维护国家、法人和自然人的海洋主权和利益，防止外来的侵略、掠夺，防治内在的侵犯、违法占有等手段和方式，对国家的、法人的和自然人的海洋权益构成的一切可能的伤害。

海洋权益管理也可分为国家海洋权益管理和非国家海洋权益管理。所谓国家海洋权益管理是指依照国际海洋法和国家法，管理国家与其周边和相关国家的海洋关系中的权益事宜，以及国家与其管辖范围内的法人、自然人之间的海洋关系中的权益事宜，解决其海洋权益纠纷，维护国家的海洋权益不受侵犯。所谓非国家海洋权益管理是指在其管辖范围内，管理法人和自然人之间的海洋关系中的海洋权益事宜，解决其海洋权益纠纷，维护法人和自然人的合法海洋权益。

海洋权益管理包含三个内容要点：一是海洋权益管理其行为的主体是国家，是国家运用其政治、经济、军事等力量而实施的维护本国海洋主权和一切利益的全部活动；二是维护海洋权益的根据，必须按照本国海洋法律、法规和国际海洋法以及国际惯例，而不能违背法理实行强权政治。但是，在不失公平合理原则的条件下，国家也可以提出对某些海域的权益主张；三是海洋权益管理的目标，一在维护主权，维护国家生存与发展的利益，二在维护法人和自然人的合法海洋权益，维持海洋使用秩序，保护海洋环境良好，保证海洋资源的可持续使用。

6.3 海洋权益管理的方法

6.3.1 内海和领海的权益管理

根据国际法的规定，国家的内海和领海是国家领土的组成部分，享有对内是最高的管辖权力，对外是排他的、独立的主权权力。《联合国海洋法公约》规定：沿海国的主权及于其陆地领土及其内水以外邻接的一带海城，“每一个国家有权确定其领海宽度，直至从按照本公约确定的基线且起不超过12海里的界限为止”。在此区城内，国家“主权及于领海的上空及其海床和底土”。领海外界之内海域是国家的真正海洋国土。但是，为了发展各国正常交往，繁荣国际贸易，特殊原因下，外国船舶可在领海享有无害通行的权利。

在内水和领海的海洋权益管理工作主要是：领海基线的测定与管理和外国船舶通过领海的管理。

（1）领海基线的测定与管理

领海基线是确定内水、领海、毗连区、大陆架、专属经济区等国家管辖海域具体边界的基准线，只有依据这条线才能产生领海等海域的确切位置。测定领海基线是国家海洋权益管理的一项极为重要的工作。

由于海岸带是一个活跃的地带，处于经常性的变化之中。为了维护国家海洋权益，必须进行经常的、比例尺的海岸与沿岸水城的调查测量，并依法选定基点、基线，以保证国家划定最佳的管辖海域边界，最有效地保证国家的海上利益。此项工作是开展海洋权益管理的基础性任务。

（2）外国船舶通过领海的管理

《联合国海洋法公约》规定，在一些限制条件下，“所有国家，不论为沿海国或内陆国，其船舶均享有无害通过领海的权利”。但是，领海毕竟属于沿海国家完全主权管辖之下的海洋国土，因此，“通过”必须是无害的，必须遵守不损害沿海国的和平、安全、良好秩序，必须遵守国际法规则和沿海国的有关领海法律制度。否则，将被视为非无害通行。

对于沿海国家既要履行国际法所确立的准则，又要维护国家在领海区域的权益，特别是安全利益。为行使对领海的各项主权权利，沿海国家一般均在国际法的原则下，根据本国情况制定出国家的领海制度，对外国船舶通过其领海或在其领海内的其他活动作出具体规定、批准和监督。这就是外国船舶通过领海的管理。

沿海国家依据国际法和国内法，对外国船舶通过领海和“国际组织、外国组织或者个人”在领海内其他一切活动实施管理，是国家领海权益管理的首要内容和任务。

（3）毗连区管理

国家为了对领海管理的充分实现和有效地防止走私贩私、检疫防疫、执行移民法等目的，国际法确认，沿海国家可在邻接其领海外设立毗连区，最大宽度不超过12海里，行使“防止在其领土或领海内违反其海关、财政、移民或卫生的法律、规章；惩治在其领土或领海内违反上述法律和规章的行为”等的管制权。建立毗连区并实施规定内容的国家管制是国家维护领海安全、秩序和其他权益必不可少的管理工作。

6.3.2 专属经济区的权益管理

专属经济区是邻接领海之外的一带广阔海域，它的提出和有关制度的建立，是海洋资源，特别是生物资源新观念产生、发展的客观结果。专属经济区是沿海国家海洋权益的基本构成内容。

《联合国海洋法公约》规定，沿海国可划定最宽为200海里的专属经济区，并在该区拥有“以勘探和开发、养护和管理海床上覆水域和海床及其底土的自然资源（不论为生物或非生物资源）为目的的主权权利。以及关于在该区内从事经济性开发和勘探，如利用海水、海流和风力生产能等其他活动的主权权利”。另外，还拥有对在该区域内“（1）人工岛屿、设施和结构的建造和使用；（2）海洋科学研究；（3）海洋环境的保护和保全等的管辖权”。沿海国在专属经济区的权利，虽然国际法作了比较宽泛的规定，但就现实情况和实践能力而言，在主权行使上还主要集中在区域生物资源的管理上。对专属经济区海域的生物资源沿海国有专权权力，沿海国通过科学的方法确定该区的生物资源可捕量，确定区域可允许的捕捞能力。即使本国利用这些资源存在困难或者没有足够能力全部捕捞的情况下，其他国家进入沿海国专属经济区进行捕捞活动，也必须经过沿海国政府同意批准，通过协定或其他安排，根据有关法律、法规，并在一定限制条件下，方可得以捕捞作业，按照惯例还需缴纳一定数额的资源费或其他费用，作为对主权国家的合理补偿。在专属经济区的管辖权上，目前沿海国主要注意的是海洋环境保护、维护生态平衡，以及外国进入区内开展调查研究等的管理上。

根据《联合国海洋法公约》和有关国际法以及本国专属经济区制度所赋予的司法管辖权，维护国家在专属经济区的主权和管辖权，是沿海国家海洋权益管理的第二方面任务。

6.3.3 大陆架的权益管理

在自然科学里大陆架的概念系指陆地在海洋上的自然延伸，是沿海陆地的一个组成部分。但在管理和海洋法里却发生了含义转化，不仅增加了社会属性，而且为了保证沿海国的利益，还明确了宽度的人为控制数量。《联合国海洋法公约》规定：如果从测算领海基线算起到大陆边的外缘的距离不到200海里，则扩展到200海里的距离，但最大宽度一般不应超过350海里，或不应超过连接2 500米深度各点的2 500米等深线100海里。

在大陆架范围内，沿海国家的权利是勘探、开发包括海床、底土的矿物和其他生物资源，以及属于定居种的生物等自然资源的主权权利。这种资源是专属性质的，不论沿海国家是否勘探或开发，也不论沿海国是否实施有效的或象征的占领，亦或是否明文公告了此项权利，其所有关系都不会发生变更。任何国家、国际组织或个人未经沿海国的明示同意，均不能从事勘探、开发这些自然资源的活动。否则即是对沿海国主权的侵犯行为。另外，沿海国对在大陆架上铺设电缆、管道，建造人工岛屿、设施和结构等活动拥有管辖权。任何人在大陆架进行这些工程作业都需经沿海国的同意，并不得影响沿海国正常勘探开发大陆架自然资源作业和防止、减少和控制管道造成污染所采取的合理措施。

沿海国对大陆架拥有的主权和管辖权，是其海洋权益的又一项基本内容，通过国家力量维护这一权益是权益管理第三项任务。

6.3.4 海洋岛屿的权益管理

海洋岛屿是国家陆地领土的组成部分，它不仅享有国家领土利益，而且还享有岛的周围水域和海底的权益。按照《联合国海洋法公约》规定，岛屿应是四面环水并在高潮时高于水面、且由自然的力量形成的陆地区城，方可称之为岛屿。对于其中能够维持人类居住和其经济生活的岛屿，则可以享有划定岛屿的领海、毗连区、专属经济区和大陆架的法律地位。而对于那些不能维持人类居住或其本身的经济生活的岩礁，则只能建立其领海和毗连区，不具有建立专属经济区和大陆架的地位，海洋岛屿的领土意义和其划分一定范围海域上的作用，即构成了它们在国家海洋权益中的特殊价值。

我国海岛众多，广泛地散布在辽阔的海域里。在悠久的历史中，我国不仅认识、开发了这些岛屿，而且通过各种方式表现了我国对这些岛屿的所属关系，并显示了管理的存在。但是，在扩张主义与民族利己主义的驱动下，有些国家蔑视历史事实，违反国际法基本原则，公然占领并开发我国一些海岛资源，企图利用“先占”和“时效”达到掠夺的目的，这是绝对不能容许的，也是不能得逞的。种种情况说明，我国海岛权益管理任务是非常繁重的。

6.3.5 公海资源的国家海洋权益管理

除沿海国家管辖的海域外，其他的广大海洋区域均属公海。公海不仅具有空间利用的价值，而且蕴藏着丰富的生物与矿产资源。按照国际法规定，公海及其资源是人类的共同继承财产，其一切权利属于全人类，向所有国家开放，不论是沿海国家，还是内陆国家，只要根据有关规则、规章和程序即可获得开发利用的权利。“任何国家不应对‘区域’的任何部分或其资源主张或行使主权或主权权利，任何国家或自然人或法人，也不应将‘区域’或其资源部分据为己有。任何这种主权和主权权利的主张或行使，或这种据为己有的行为，均应不予承认”。

我国作为世界上人口最多的国家，理应享有对公海资源的均等的、合理的利用权益，并参与国际海底组织对公海资源的管理，以保证我国和广大发展中国家应得的利益。这也是国家海洋权益管理中不可忽视的内容。

7 海岸带管理

7.1 海岸带的基本概念

7.1.1 海岸带的定义

海岸带是陆地与海洋相互交汇的地带，也是位于岩石圈、大气圈、水圈和生物圈相互影响的叠合地带。海岸带作为海洋与陆地过渡地带，是人类居住最密集、海洋产业最集中、经济最发达的地区，其开发强度也是海洋开发强度中最大的部分。

海岸带是海陆交互作用的地带，是沿海岸线向陆、海两侧扩展一定宽度的带状区域，其宽度随海岸地貌形态和研究领域不同而异。海岸地貌是在波浪、潮汐、海流等作用下形成的。现代海岸带一般包括海岸、海滩和水下岸坡三部分。海岸是高潮线以上狭窄的陆上地带，大部分时间裸露于海水面之上，仅在特大高潮或暴风浪时才被淹没，又称潮上带。海滩是高低潮之间的地带，高潮时被水淹没，低潮时露出水面，又称潮间带。水下岸坡是低潮线以下直到波浪作用所能到达的海底部分，又称潮下带，其下限相当于二分之一波长的水深处，通常约 10～20 米。

不同的国家和不同的研究领域对海岸带的定义方法都不同。我国海岸带的定义方法是：向陆域方向 10 千米远以内，向海域方向 15 米深以浅的地带。海岸带的范围划分将在后面的章节中详细介绍。目前，世界上约有三分之二的人口居住在狭长的沿海地带，海岸带的地貌形态及其变化对人类的生活和经济、社会活动具有重大意义。

7.1.2 海岸的分类及我国海岸分布

7.1.2.1 海岸的分类

海岸发育过程受多种因素影响，交叉作用十分复杂，故海岸形态也错综复杂，国内外至今没有一个统一的海岸分类标准。按照海岸形态，海岸可分为平原海岸、基岩海岸、生物海岸三种类型。平原海岸可分为三角洲与三角湾海岸、淤泥质平原海岸及砂质或砾质平原海岸；基岩海岸分为山地丘陵海岸、断层海岸和岬湾式海岸；生物海岸分为珊瑚礁海岸和红树林海岸。

7.1.2.2 我国的海岸分布

我国的海岸是由中生代以来形成的构造体系控制了整个海岸的平面格局。杭州湾以北，海岸线穿过几个隆起带和沉降带，海岸地形表现为上升的山地丘陵海岸与下降的平原海岸交错分布，但以平原海岸居多。杭州湾以南的东南沿海地区则为整体抬升的山地丘陵海岸，其间镶嵌了小块的河口平原。此外，大致在北回归线以南的地方，在平原海岸与山地丘陵海岸的基础上，或发育了珊瑚礁，或丛生红树林，形成了我国另一个重要的海岸类型——生物海岸。

（1）三角洲海岸（包括三角湾）

三角洲海岸是平原海岸中一个重要组成部分，是在冰后期最大海侵后，由于流域来沙在河口不断加积而成的（见图7－1）。这类海岸在黄河、长江、珠江等河口较为典型，其他如滦河、韩江及台湾的浊水溪等河口也都有发育。位于钱塘江河口的杭州湾则是三角洲的典型。

黄河每年入海泥沙达12亿吨，其中40%在口门附近堆积，河口沙嘴以每年2～3千米的速度向海伸展，三角洲岸线不断前进，尾闾河段延长，河床纵比降减小，径流宣泄不畅，洪水时易于发生分汊或改道。由于尾闾多次摆动，形成扇形复合三角洲。长江口和钱塘江口在冰后期海侵时均为

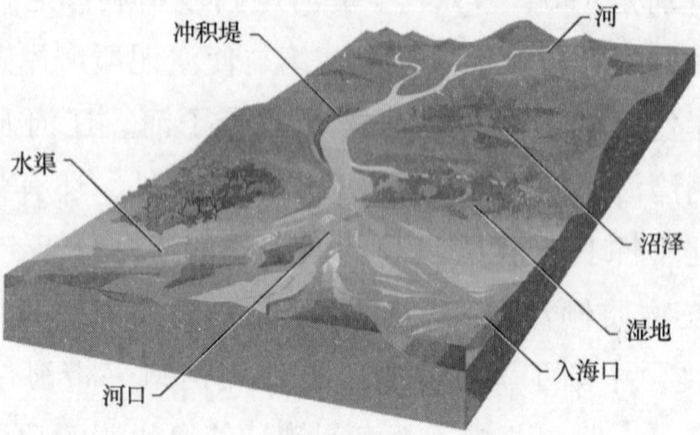

图 7－1 三角洲海岸示意图

溺谷式海湾，导致发育过程殊异。长江水量丰富，每年有 4.86 亿吨泥沙向河口输送，水丰沙多，河口沙岛发育，河口边滩不断淤涨。在涨落潮轴线摆荡过程中，有些老沙岛向北岸并靠，新沙岛又不断出现，河口河槽因此而束狭，河道成形，河槽加深，河口逐渐下移。在岸线向海推进过程中，不仅建造了辽阔的三角洲平原，而且在内陆架上形成了一个庞大的水下三角洲。钱塘江水丰沙少，年径流量比黄河略低，年输沙量只有 668 万吨，不到黄河的 1/200，远远不足以建造三角洲，因而杭州湾至今仍保留原始的漏斗状形态。珠江三角洲是一个多岛式三角洲，珠江流域来沙不多，年输沙量不足 1 亿吨，但是多岛屿的浅海湾有利于泥沙停积，故 2000 年来珠江三角洲发展较快，然而三角洲外缘并未突出溺谷湾口，口外仍呈三角湾状。

（2）淤泥质平原海岸

淤泥质平原海岸主要分布在渤海的辽东湾、渤海湾和莱州湾沿岸及濒临黄海的苏北海岸。淤泥质平原海岸的特点是滩地宽广、滩坡平缓，携带大量细颗粒泥沙入海的河流，特别是黄河，对我国淤泥质平原海岸的发育具有极其重要的作用。

①渤海湾淤泥质海岸是 1855 年铜瓦厢决口，黄河重返渤海以后逐渐

发展起来的，特别是1904—1927年黄河尾闾改由利津之北的套儿沟—钓口一带入海，大量细颗粒泥沙倾注渤海湾，使淤泥质海岸迅速发展。②辽东湾淤泥质海岸发育的主要供沙来源是双台子河、辽河及大凌河、小凌河。③提供莱州湾海岸的粉砂淤泥物质，除黄河外，还有弥河、潍河和胶莱河等。④苏北平原具有我国最长的淤泥质海岸。1128年黄河夺淮入海之后，大量细粒物质倾注黄海，成为苏北淤泥质海岸发育的物质基础。1855年黄河北徙，中断了泥沙来源，使废黄河口一带海岸侵蚀后退，并形成两股泥沙流，一股向北漂运至海州湾，使海州湾湾顶淤泥质海岸以每年50米的速度向海外涨；另一股泥沙流向南输送，与长江口北上的泥沙流汇合，使弶港附近的海岸迅速淤涨。

（3）沙质平原海岸

此类海岸以我国台湾西岸较为典型，该地区平原宽度多在30～40千米以内，源于台湾中部山地的一些河流流程短、流势急、水量大，其中浊水溪的最大流量接近于黄河的洪峰流量，这些河流将大量粗颗粒物质携至海岸地带，并在台湾海峡强大的偏北风浪作用下，形成一股向南搬运的泥沙流，在岸线转折处堆积而成沿岸沙堤，沙堤内侧为潟湖。在强风吹袭下，沙质平原海岸地带常出现海岸沙丘。此外，从六股河口到滦河口的辽西、冀北海岸也发育了沙质平原海岸。

（4）山地丘陵海岸

山东半岛和辽东半岛海岸、杭州湾以南海岸以及台湾东海岸，绝大部分都是山地丘陵海岸，其中台湾岛东海岸发育了断层海岸，其余岸段多为岬湾式海岸。

（5）岬湾式海岸

具有突出的海岬和深入的海湾，岬湾相间，岸线曲折。海岬处多有海蚀地貌，海湾内则出现海积地貌。①辽东半岛南端，因组成山体的基岩为致密坚硬的古老变质岩，抗蚀能力强，波场物质供应不充分，因而堆积地貌不太发育。②山东半岛南部、福建和广东沿海由花岗岩构成的岸段，因花岗岩易于风化，提供了丰富的波场物质，海积地貌十分发育，形成了各种类型的沙坝，在海湾湾口处常因沙嘴和沙坝的发育而使海湾封闭，形成潟湖。有的地方因连岛沙坝的发育而形成陆连岛。在有些沙源丰富的海岸，还因风力作用而形成海岸沙丘。③浙东、闽北岸段亦为山地丘陵海岸，海岸曲折，港湾深入，岸外岛屿星罗棋布成为天然屏障，即便外海波涛汹涌，湾内却风平浪静。当地陆源物质供应较少，由长江倾泻入海，复经江浙沿岸流向南运移的细颗粒泥沙，成为浙东、闽北海岸细颗粒泥沙的主要来源，当地河流也有部分泥沙参与，从而使浙东和闽北沿海形成了一种独特类型的基岩港湾淤泥质海岸。④在辽东半岛东部和粤西海岸，因分别接受鸭绿江和珠江携出的细颗粒泥沙堆积，也发育了规模不一的基岩港湾淤泥质海岸。

（6）断层海岸

我国山地丘陵海岸中的断层海岸，以台湾岛东海岸最为典型。在自三貂角至鹅銮鼻长约360千米的距离内，除宜兰、花莲和台东等地出现小片平原外，全属悬崖峭壁。水下岸坡极陡，在离岸30海里之外便降落至深达4 500米的洋盆。沿岸山势峻峭，崖壁高逾千米，是世界上最高的海岸断崖。

（7）珊瑚礁海岸

我国的珊瑚礁主要分布在南海诸岛、海南岛沿海、雷州半岛南部沿海、澎湖列岛和台湾南部及其邻近岛屿。①南海诸岛由东沙群岛、中沙群岛、西沙群岛和南沙群岛组成，这些岛屿大多为环礁类型。②海南岛和雷州半岛沿海的珊瑚礁为裾礁，礁平台宽度从几百米至2 000米不等，平台表面有许多浪蚀沟槽和蜂窝状孔穴，大多为侵蚀型珊瑚礁。海南岛的增长型珊瑚礁仅见于一些隐蔽的海湾内。③澎湖列岛是我国珊瑚礁的北界，在该群岛的每座岛屿周围几乎都发育有裾礁和堡礁。此外，台湾南部沿海及其附近的绿岛、兰屿等地也有裾礁发育，见图7-2。

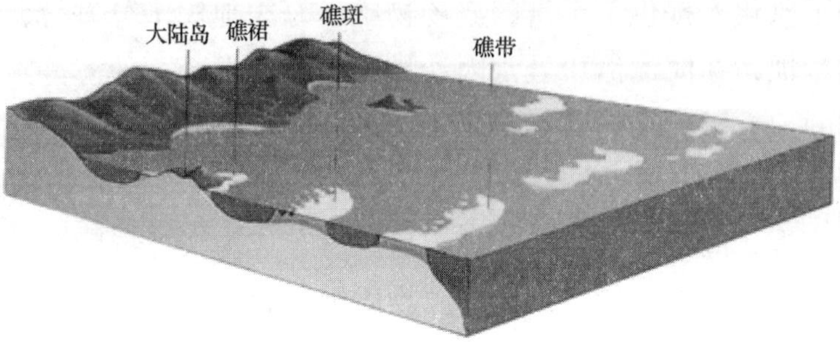

图 7－2　珊瑚礁海岸

（8）红树林海岸

我国的红树林主要分布在广东、广西、海南沿海，福建和台湾南部沿海也有分布。它们大多生长在海湾和潟湖中，尤以海南岛的红树林最为繁茂，有红树植物 11 科 18 种，而台湾和福建仅有 6 种红树。我国红树林生长的北界可达北纬 27°20左右的沙埕港。

7.1.2.3　海岸带的特点

海岸带是一个特殊的地区，对人类具有重要意义。海岸带地区赋存着多种资源，岸线、滩涂和海湾等可利用空间，贝类、虾类、蟹类、鱼类等海洋生物资源，芦苇、红树林等植物资源，海水和砂矿资源等，这是当代人和子孙后代所需要的自然财富宝库。其主要特征包括：

（1）海岸带地区是一个水文循环、生物循环、沉积循环最活跃的动态区域；

（2）海岸带地区具有特殊的生态系统，拥有最富饶和最有价值的生物圈生态环境，它为多种海洋生物提供繁衍生境，生物生产力高，生物物种多；

（3）海岸带是抵御风暴潮灾害、海岸侵蚀等灾害的天然屏障，处于自然状态的海滩、沙丘及红树林、珊瑚礁等生态系统具有天然的防御自然灾害的能力；

（4）海岸带是蕴藏着巨大天然能源（潮汐能、盐差能、波浪能等可再生海洋能）的自然动力机制场所；

（5）海岸带特殊的地理位置拥有独特的景色和现象：河口、潟湖、沿海湿地、珊瑚岩礁、红树林、沼泽、三角洲、盐碱滩、潮漫滩。为旅游业提供了天然条件；

（6）海岸带近岸海域为人类提供了能源，其中油气开采占全球的30%。同时还提供了海水、海盐等资源；

（7）海岸生态系可以吸收、净化和减轻陆源污染的影响，包括吸收过量营养物、沉积物、人类废弃物等；

（8）海岸带地区适合于发展临海产业，包括修造船业、重化工业、海产食品工业等；

（9）海岸带地区被称为第一海洋经济带，适合发展海港和航运业、海盐业、海滨娱乐和旅游业、海水养殖业等。

7.1.3　海岸带的资源

海岸带是海岸线向陆、海两侧扩展一定宽度的带形区域，其宽度的界限尚无统一标准，随海岸地貌形态和研究领域不同而异。全国海岸带和海涂资源综合调查规定：海岸带的宽度为离岸线向陆侧延伸 10 千米，向海到 15 米水深线。海岸带资源丰富，是人类进行生产活动的重要区域。

（1）滩涂资源：利用海涂发展水产养殖业为沿海各国所重视。现在世界海洋养殖业年产鱼类约 50 万吨，海藻栽培年产 130 万吨。一些海岸带由于河流挟带泥沙入海，每年海涂都有自然增长。如我国的大河每年入海泥沙达 20 余亿吨，大部分沉积在河口海岸，一些岸段的岸线每年向外延伸数十至数百米。许多海洋国家还围海造地，扩充海岸带土地资源。荷兰从 13 世纪开始围垦海涂，至今总面积达 7 100 平方千米，占全国陆地面积的五分之一。我国从唐代（618—907 年）已开始较大规模的围垦，1949 年以来共围垦了 800 余万亩（见围海工程）。

我国沿海滩涂面积约5 308万亩尚未开发。据统计，5000年来由源于我国内地西部高原的泥沙，已造就了东部沿海土地约1 760万公顷，目前沿海淤积型海岸正在以每年2.6万～3.3万公顷的速度自然淤积成新的陆地，为我国提供了面积较大的海岸带土地资源。

（2）油气资源：海上石油资源初步探明储量400亿吨左右，天然气14万亿立方米以上，大陆架石油的远景储量达2 700亿吨，成为我国陆地油气田的战略接替资源；根据多年来的勘探表明，我国海滩及浅海地区石油资源量约为30亿～35亿吨；东海盆地、珠江口盆地、北部湾、渤海湾盆地等都是海洋石油资源丰富的地区，通过进一步勘探可以找到更多的石油地质储量。南海大陆架的莺—琼盆地是海洋天然气生成和储集条件优越地区。冲绳盆地和南沙群岛海域有13个储油盆地，估计油气资源量为160亿吨，只要加快勘探，可获得更多的后备油气储量。

（3）水产资源：海岸河口水域饵料丰富，是大量鱼类生长和孵化的场所，海岸带的渔业生产在海洋捕捞业中占有重要地位。如美国海洋渔业生产有70%是在海岸带进行的。我国可供捕捞生产的渔场面积约281万平方千米，海洋生物资源达20 278种、其中鱼类2 500多种，在保持生态平衡的条件下，年可捕鱼量500万吨以上，是发展浅海养殖业和海上牧场，形成具有战略意义食品供应基地的重要资源。但我国海洋捕捞资源总体上已过度利用，目前尚有潜力的渔业资源分布在局部海域和少数种类，例如中、深海的一些渔业资源，特别是中上层鱼类资源没有利用或者利用不充分。

（4）海水资源：海洋是一个巨大的水库，而海水是一种复合性资源。除了水资源本身之外，它溶存着80多种化学元素，而且储量十分巨大，仅氯化钠资源就达4亿亿吨，镁1 800万亿吨，溴95万亿吨、钾500万亿吨。目前人们可以开发利用的海水化学元素，只限以上数种，而且生产量与其资源储量相比甚微。由于海水资源的可补性，所以海水资源开发利用潜力巨大。

（5）矿产资源：海岸带还蕴藏有大量可供开采的煤、铁、钨、锡、砂砾矿以及稀有元素矿物金红石、金、金刚石等。开发利用海岸带的石油、天然气资源是目前世界上正在发展的重要产业。目前，我国海洋矿产已探明65种，矿床835个，其中海盐多年位居世界首位；各种海洋可再生能源约5亿千瓦，开发潜力巨大；滨海砂矿探明储量和保有储量分别为16.25亿吨和16.18亿吨。其资源潜势系数（保有储量/探明储量）较大，其中水泥标准砂为1，玻璃砂为0.98，磷钇矿为0.94，钛铁矿为0.91，型矿为0.91，锆石为0.85，金红石为0.57，独居石为0.85等。

（6）港口资源：目前世界各国共有2 300多个海港，国际贸易货运量99%通过这些港口，其中年吞吐量在100万吨以上的约有200个。随着各国经济的发展，海港数量和吞吐量迅速增加。我国宜建中等以上泊位的港址有160多处，其中可建万吨以上码头的港址约有40多处，可建10万吨以上泊位的有十几处。我国港口资源多数虽已开发，但尚有一定潜势，现有大中型港口如进行调整改造，整治好航道，充分挖掘其潜能，则其吞吐量可有较大增加。沿海有400千米深水岸段，正在开发和有待开发的深水港址有62处。就全国沿海宜港岸线来说，其港址潜势系数（未开发宜港岸线/全部宜港岸线）为0.87，说明从总体上看我国的港口发展还是有很大潜力的。

（7）旅游资源：我国海岸带具有开发价值的景点有1 500多处，规模较大的滨海沙滩100多处，重要景区273处，有开发价值的岛屿301处，是发展海洋旅游业的重要基础，已开发的旅游资源有各种类型海洋景观、岛屿景观、奇特景观（如涌潮）、生态景观、海底景观及人文景观。

（8）能源资源：海岸带蕴藏有潮汐能、盐差能、波浪能等可再生海洋能。据初步计算，全世界海洋潮汐能约10亿千瓦，主要集中在浅海区。我国沿海潮汐能蕴藏量约1亿千瓦。

7.2 海岸带综合管理

本章中就沿海国家认可的海岸带综合管理的概念和内涵进行深入地研究和探讨，并进一步阐述海岸带综合管理的任务、目的、特点等内容。

7.2.1 海岸带综合管理的概念

7.2.1.1 海岸带综合管理的含义

世界上的海洋专家在不同的领域和场合，对海岸带综合管理做出过各自的解释。

1993年世界海岸大会的文献中，把海岸带综合管理定义为：是一种政府行为，包括为保证海岸带的开发和管理与环境保护（包括社会）目标相结合，并吸引有关方参与所必要的法律和机构框架。

美国海洋学家索伦森在1997年《海岸管理》一文中把海岸带综合管理定义为：以基于动态海岸系统之中和之间的自然的、社会的以及政治的相互联系的方式，对海洋资源、环境进行完全规划和管理，并用综合方法对严重影响海岸资源和环境数量和质量的利害关系集团进行横向（跨部门）和纵向（各级政府和非政府组织）协调。

美国海岸管理专家约翰·克拉克在1996年出版的《海岸带管理指南》一书中提出：（海岸带综合管理）是通过规划和项目开发，面向未来的资源分析，应用可持续概念等检验每一个发展阶段，试图避免对沿海区域资源的破坏的活动。

海洋法学专家杰拉尔德·曼贡认为：所谓海岸带综合管理，就是根据各种不同的用途，以战略眼光，站在国家高度进行规划，由中央政府制定规划，并监督地方政府通过足够的资金来实施。

《中国大百科全书》“水文卷”曾对海岸带综合利用的定义：政府通过制定计划和法规，综合管理和安排海岸带各种资源开发和空间利用的布局、比重和次序，从而既能保护资源和环境，又能获得最大的社会经济效益。

从以上若干定义中我们可以抽象出来国家、政府、法律、海岸带、资源、环境、可持续等关键词。因而我们应该明了海岸带综合管理的概念，综而得出其定义：政府通过制定计划和法规，综合管理和安排海岸带各种资源开发和空间利用的布局、比重和次序，协调沿海各经济部门的冲突，权衡各方面的利益，推进沿海资源可持续的多样化利用，维持生物多样性，控制污染、减轻自然灾害，取得长期的最佳的社会效益、环境效益与经济效益。

7.2.1.2 海岸带综合管理的内涵

(1)“综合”的含义

海岸带综合管理是一个用综合观点、综合方法对海岸带的资源、生态、环境的开发和保护进行管理的过程，这个“综合”有多方面的含义。

①部门间的综合（处理水平关系）

在海岸区域开发的部门很多，由于各部门都从自己的需要和利益出发来进行开发利用，部门间在争资源、占空间等方面的矛盾必然加剧，为了充分发挥海洋的整体效益，海岸带（海洋）综合管理部门就要协调处理各个部门之间的关系。在这里只有综合管理部门才能站在公正、客观的立场，来权衡利弊得失，作出科学、合理的决策。

②政府间的综合（处理垂直关系）

国家、省（市、区）、县级政府，虽然都是政府机构，但由于各自管辖的区域不同、资源状况不同、公众需求不同、所处的位置不同、发挥的作用不同，决定了他们之间的利害关系也不是完全一致的，也会产生冲突和矛盾，为了处理好他们之间的关系，也需要综合管理部门来决断或协调这种关系。

③区域间的综合（陆地与海洋的综合）

海岸带处在陆地和海洋的过渡带，既有一定的陆地，又有一定的海域，这两个区域既有联系，又有区别。在这两个区域，资源类型、丰度不同，开发、管理的部门不同，适用的法律、法规不同，这些都会产生一些问题或矛盾，需要进行综合协调。

④科学的综合（科学家与管理人员的综合）

海岸带综合管理实际上是科学工作者与决策者之间的综合。科学工作者由于所从事的学科不同（有自然科学和社会科学之分，即便同属于自然科学，同属于海洋科学，又有物理海洋学、海洋地质学、海洋化学、海洋生物学、海洋工程学之分）对同一个问题的观察、分析角度不同，也会得出不同的结果，他们之间也会产生矛盾。科学工作者与决策者之间，由于所处的位置不同，承担的任务不同，看问题的角度不同，他们之间也会产生一些矛盾，也需要进行综合协调。

⑤发展与保护的综合

人类要生存、社会要发展，需要开发利用海岸带资源，适度的开发可使资源和环境处在良性循环之中，但超过这个限度就会出现资源枯竭、环境和生态恶化。为了永续利用海岸带资源，就需要在开发的同时注意保护，保护海岸带资源不受破坏，保持良好的海洋环境和海洋生态，这就是海岸带综合管理的目的。

⑥全球海洋的统一性需要沿海国家间的综合（合作）

由于海水的流动性，海洋生物的洄游性，海洋灾害的广泛性，决定了海洋在某些方面是没有国界的，需要国家与国家间密切合作，加强协作，共同开展科学研究，共同保护海洋资源，共同治理海洋污染，共同监测、预报海洋灾害。这种国家间的合作就是一种综合的过程。

（2）海岸带综合管理是一种政府行为

海岸带管理规划（计划）、方案、项目需要政府批准才能实施。它们执行需要的资金主要靠政府提供。海岸带管理法律、法规、方针、政策只能由政府和国家立法权力机关组织制定并实施。海岸带综合管理的效果需要政府来审视、监测。

（3）海岸带综合管理是一个动态的、连续的发展过程

海岸带综合管理的对象，无论是自然系统还是社会系统都处在不断变化和发展之中。海岸带综合管理是一个发展的过程，往往需要不断解决复杂的经济、社会、环境、法律和管理问题，来促进经济、社会的持续发展。

（4）海岸带综合管理是一个统筹兼顾的协调、协商过程

海岸带综合管理就是解决矛盾、协调关系，促进海岸带地区经济、社会协调发展。协调和协商的主要目的是促进、加强机构间和部门间的协作；减少机构间的冲突和矛盾；尽可能减少行业机构功能的重复；解决部门间的矛盾，实现海岸带地区的政府部门、产业部门、研究部门、社会团体之间建立一种谅解的、强有力的联合。

（5）海岸带综合管理是用政策、规划（计划）、项目、资金等手段来进行优化管理

为达到海岸带综合管理的目标，主要是通过开发与保护政策、海岸带管理规划、海岸带管理计划（行动计划）、海岸带综合管理项目等来实现优化管理。

（6）海岸带综合管理是一个最大限度地减小对环境的影响，减轻乃至恢复受影响的生态过程

（7）海岸带综合管理是一个“自下而上”、“自上而下”相结合的管理过程

海岸带综合管理需要国家各有关部门的紧密配合和国家和地方有机结合才能有效开展。地方的海岸带综合管理，特别是内陆地区和海岸带的陆地区域更显得重要，而离海岸越远的海区，国家政府的管理变得越发重要。只有从地方逐级向上（自下而上）和国家逐级向下（自上而下）有机结合、共同管理，海岸带综合管理的任务才能很好地完成。

7.2.1.3 海岸带综合管理的提出

海岸带综合管理概念的提出大致从两条平行的途径同步产生。一种是

在20世纪90年代初联合国环发大会制定的《21世纪议程》的框架下逐步提出的；一种是学术界在海岸海洋科学研究的积累下提出来的。在前一个途径中，海岸带综合管理概念在一系列的会议和国际环境保护和可持续发展的有关计划，并在诸如气候变化对低海岸地区的影响、控制陆源污染物和珊瑚礁保护等计划中频繁使用。与此同时，海岸带地区又是科学家一直研究的重点区域，由于获取资料的相对容易和经济发展需要作为强大的推动力，海岸带地区无论是海洋部分还是陆地部分，其研究的历史，范围和广度都比深海大洋深入的多，其认识也相对深入。

由于客观上海岸带地区是物理过程、化学过程、生物过程和地质过程相互作用较为活跃的地区，其交叉综合研究就自然成为一种趋势，再加上人类活动的加剧，对环境产生的作用在某种程度上可以和自然过程产生的作用相当或不可忽视，就使得海岸带综合管理更加符合学科发展规律和必然。海岸带综合管理的理论研究与实践，在沿海发达国家和发展中国家的发展程度是有明显差距的，在发达国家相对较重视海岸带综合管理，而在发展中国家则往往对海岸带的利用缺少规划和科学基础。以美国和我国相比较，美国海岸带综合管理的科学研究和教育开展得较早，而我国则在近年来开始重视，并在厦门等城市试点。

20世纪70年代和80年代，不少国家开展了海岸带综合管理。但是，他们的目的不完全一样，对海岸带综合管理制度的历史作用认识也不一致。美、英、法、日等国使用的概念也不同，如“海岸带管理”、“海岸资源管理”、“沿海地区管理”等。这些国家开展海岸带管理都是针对某些问题的反应式行为，被动性很大。

例如，美国旧金山湾岸线被各种用户占据，1965年只有4英里岸线允许公众进出，因此解决“公众到达”问题就成了突出问题，1985年已有100英里公众进入的岸线。该湾1965年以前每年填海930公顷，根据公众“救救海湾”的呼吁，旧金山湾开发保护委员会开始管理填埋活动，减少到每年6公顷。美国的其他州和其他国家都有类似的情况。

20世纪80年代中后期，人们发现只靠单项管理活动不能解决海岸带资源减退、生态环境退化和综合利用问题。海岸带综合管理的概念应运而生，许多文献中开始出现 Integrated Management on Coastal Zone，并且讨论其含义和可行性。这种综合管理概念与早期的海岸带管理不同之处在于它试图用综合的方法，解决海岸带环境退化、资源枯竭以及经济社会协调发展问题，其目标是协调各种活动，保证海岸带地区的可持续发展。这就在认识上出现了一个飞跃。

1992年联合国环境与发展大会在海岸带综合管理问题上解决了两个问题：①肯定了海岸带综合管理的广泛适用性，号召沿海国家普遍实行海岸带综合管理。《21世纪议程》第十七章指出："沿海国承诺对其管辖内的沿海区和海洋环境进行综合管理和可持续发展。"②对海岸带综合管理的作用认识深化了，肯定它是保证可持续发展的一个重要手段，而不仅仅是解决某个阶段急迫问题的应急措施。正如1993年《世界海岸大会宣言》所说的："海岸带综合管理已被确定为解决目前和长期海岸带管理问题，包括生境的丧失、水质的下降、水文循环中的变化、沿岸资源的枯竭、海平面上升的对策及全球气候变化影响等问题。它也是确定和预见未来机会的一种方法。对此，海岸带综合管理是沿海国家包括沿内陆海国家实现可持续发展的一种重要手段。"正是在这次大会上，对海岸带综合管理进行了定义：海岸带综合管理是一种政府行为，包括为保证海岸带的开发和管理与环境保护（包括社会）目的相结合，并吸引有关方面参加所必需的法律和机构框架。海岸带综合管理的目的是最大限度地获得海岸带所提供的利益，并尽可能减少各项活动之间的冲突和有害影响。海岸带综合管理开始是一个确定海岸带开发和管理之目标分析的过程，应确保制定目标、规划及实施过程尽可能地吸引各种利益集团的参与，在不同的利益中寻求最佳的折中方案，并在国家的海岸带总体利益方面实现一种平衡。

海岸带综合管理在海岸带可持续开发利用和在平衡各利益集团等方面有着极其重要的意义，它已经逐渐形成海洋科学的独立分支学科。

这次大会可以说是世界海岸带管理新阶段的标志：一是世界 90 多个国家参加了大会，并承担了开展海岸带综合管理的任务。二是初步形成了科学的海岸带综合管理的理论、方法和措施，使海岸带综合管理走上了更加成熟的阶段。三是这次大会之后，许多国际组织支持发展中国家开展海岸带综合管理试点，使许多国家的海岸带管理工作向前推进了一大步。

7.2.2 海岸带综合管理范围

海岸带综合管理涉及的区域包括海陆交界的水域和陆域，包括岛屿、珊瑚礁、海岸、海滩、沙丘、潟湖、海湾、河口、海峡、河口三角洲、红树林区域等生境。海岸带是海陆衔接地带，在传统地理学上没有这样的地理单元，因此难于找到地理学标准。但是，没有明确的向海向陆界限，管理工作是有困难的。管理区域的边界是用立法形式确定的，沿海各国海岸带综合管理的范围并非一致，相差较大，就是同一个国家的不同地区的范围也不一致，向陆一侧可以用省、县边界，山区的分水岭，向海一侧可以从低潮线延伸到 200 海里专属经济区范围，其中比较多的人认为不应超过领海范围。

现将有关海岸带的管理范围情况综述如下。

（1）划分标准

海岸带综合管理范围最好应包括所有重要的海岸带资源以及所有可能影响海岸带资源和水域的区域。划分标准主要有：

①自然地理标准

自然地理标准主要是根据海岸区域上和海底地形、地貌等自然特征来划定。陆侧一般采用海岸线至沿海山脉分水岭线，向海一侧以大陆架边缘、水下台地或其他自然特征为界。用自然地理标准确定海岸带管辖范围的优点是易于描述和理解。这种方法既可考虑，也可不考虑现存的行政区划界线。但由于分水岭线在有些地区常常跨越很长的距离，使海岸带综合管理陆上区域范围过大。

②经济地理标准

经济地理标准是根据对海岸的陆、海区域经济活动影响最大的要素来划定。陆侧一般采用海岸线至海滨公路、城市靠海的第一条道路为界，向海一侧以海岸线至海水养殖的外界、海洋油气勘探开发的外界为界。

③行政区域标准

行政区域标准是根据国家或地方政府机构所管辖的权利范围来划定。内陆一侧一般采用从海岸线向陆至管辖的海岸带边界（如城市等），向海一侧为该行政机构管辖的外部海域界线。如德国海岸带管理范围与罗斯托克行政区是一致的。这种划分方法具有易于了解，标志清楚及可立法的优点。

④距离划分标准

距离划分标准是用海岸线至陆地和海上的水平距离来划定其管辖的范围。这种划分方法既简单又便于进行海岸带综合管理，是近年来各国采用较多的一种方法。从目前各国已采用的距离来看，向陆一侧有100米、500米、1 000米、10 000米等多种划分方法；向海一般有3海里、12海里、200海里等多种划分方法。

⑤地理单元标准、

地理单元标准是根据“资源组合区”来划定海岸带的管理范围。这些组合有：受河流影响的海湾、潮汐三角洲、潮汐沼泽地、黑珊瑚礁区、漂沙区、海滩和拍岸浪区、风声和潮生台地区、潮沟等。如美国得克萨斯州就是按此标准来划分海岸带的综合管理范围。

由上可知，没有任何一种单一的标准是普遍适用的，也不可能用一个标准来满足有效划分管理区域所需要的全部条件。某种划分标准可能比较简便，但另一种划法也许比较完善，并有环境和经济效益。

不论采用哪种划法，海岸带管理区都应当：①界限清楚，易于理解，并可用图表示；②尽可能承认目前的政治、经济、自然区划；③包括与海岸带有直接影响的资源、环境要素。

（2）沿海各国海岸带管理范围综述

沿海各国海岸带管理范围如表7－1。

表7－1　沿海各国海岸带管理范围

	分界线	陆域	海域
美国	平均高潮线	不同的州向陆的划分范围不一致	距离
危地马拉	平均高潮线	3 000 米	200 米等深线
毛里求斯	平均高潮线	1 000 米	珊瑚礁最外缘
多哥	平均高潮线	100 米	
以色列	平均低潮线	1 000～2 000 米	500 米
西班牙	最高风暴潮线	500 米	12 海里
巴西	平均高潮线	2 000 米	12 千米

①美国

美国的海岸带系指邻接沿岸州的海岸线和彼此间有强烈影响的沿岸水域（包括水中及水下的土地）及毗邻的滨海陆地（包括陆上水域及地下水）。这一地带包括岛屿、过渡区与潮间带、盐沼、湿地和海滩。在大湖水域这一地带延伸到美国和加拿大的国界线，其中有些沿海州则向海延伸到美国领域的外部界线。向内陆、该地带只从海岸线延伸到管理滨陆所需达到的范围，亦即滨陆利用对沿海水域直接影响所及的范围，但不包括那种按法律规定完全听凭联邦政府及其官员和下属机构使用、或由联邦政府及其官员和下属机构管理的滨陆。

美国不同的州向陆的划分范围也不一致：加利福尼亚州采用从平均高潮线向陆地延伸914.4米（1 000码）处。阿拉斯加州海岸带的陆域管辖范围在州内不同的区域的宽度也不一致，在某些溯河性鱼类流系地区，向陆地可延伸322千米（200英里）。

②危地马拉

危地马拉海岸带管理范围：向陆一侧的边界是从高潮线向陆延伸3 000米，向海一侧延伸是200米等深线以内的海域。

③塞浦路斯

塞浦路斯海岸带管理范围：陆侧宽度是从高潮线算起 50 米以内陆域。

④多哥

多哥海岸带管理范围：陆域为高潮线算起向内陆 100 米的陆地。

⑤毛里求斯

毛里求斯海岸带管理范围：陆域从高潮线算起 1 000 米以内的陆地，海域为本国沿海珊瑚礁最外缘以内的水域。

⑥巴西

巴西海岸带管理范围：陆域从平均高潮线算起向陆 2 000 米的陆地，海域从平均高潮线算起向海 12 千米以内的区域。

⑦西班牙

西班牙海岸带管理范围：陆域从最高风暴潮线算起向陆 500 米以内陆地，海域为海岸线至 12 海里外缘。

⑧以色列

以色列海岸带管理范围：陆域从平均低潮线算起向陆1 000～2 000 米的陆域，海域从平均低潮线算起 500 米以内的水域。

⑨哥斯达黎加

哥斯达黎加海岸带管理范围：陆域从平均低潮线算起 200 米以内的陆地。

⑩澳大利亚

澳大利亚海岸带管理范围：陆域从平均高潮线算起 100 米以内的陆地，海域从海岸线算起至 3 海里以内的区域。

从上可知，海岸带综合管理范围并非统一，不同国家差距较大，就是同一个国家的不同地区也不一致。但综合分析可知，绝大多数国家海岸带综合管理的陆域范围在 10 千米以内、海域管理范围在 12 海里领海以内。然而有些中等发达国家海岸带的管理范围已达 200 海里专属经济区或渔区，也有一些发展中国家海岸带的管理范围以达大陆架边缘，所以在这种情况下，对于沿海国家而言，海岸带综合管理与海洋综合管理就没有区别了。

7.2.3 海岸带综合管理的目标与任务

7.2.3.1 海岸带综合管理的目标

海岸带综合管理的目标是：以海岸带可持续利用为目的，通过战略、政策、区划、规划和监督管理等手段面向未来的资源生态环境演化趋势分析，克服由于一系列非协调性的海岸带开发活动造成的资源和生态环境退化，保障海岸带的可持续利用，并保持其生物多样性，促进沿海经济发展和提高生境水平，防御自然灾害，使地方和国家受益，为全球沿海资源的保护和持续利用做出贡献。一句话，就是为了社会效益、环境效益、经济效益的统一和协调。总而言之，海岸带综合管理目标如下：

（1）海岸线开发、自然生态环境保护和环境保护。

（2）资源的可持续性利用：对密切相关的物种和生态系的明智利用（发展）和认真的管理（养护），以使人们目前或潜在的利用不受影响。

（3）生物的多样性：我们这里提到的生物多样性是指生物及其生存的生境（生物学上所指的生物多样性是指所有生物种类，种内遗传变异和它们的生存环境的总称，包括所有不同种类的动物、植物和微生物，以及它们所拥有的基因，它们与生存环境所组成的生态系统）。生态系统的复杂性和各部分的相互关联性，要求对每一沿海水域系统作为一个整体系统进行管理，单一部分或单个物种的管理不能得到完全的成功。

（4）自然灾害的防御：生态资源保护最适宜的尺度即为防御风暴和洪水的天然屏障所需的尺度，环境保护与资源保护相结合是最简便的减灾方式。

（5）污染的控制：海岸带综合管理主要集中在特殊的沿海污染源，如新开发项目所造成的污染，特别是影响生态自然区的污染源。

（6）经济开发的管理与规划：一项经济开发计划的重要检验是考察计

划的影响，造成的长期损失是否大于社会福利和经济状况的收益。另一检验是考察计划的安排，是否能实现多样化利用的机会——即计划是否能保证渔业、制造业、旅游业、生境保护、房产业、航运业等，在经济活动最佳组合中得到全面繁荣。

（7）沿海地区社会福利的增强：社会经济学观点，海岸如何管理、谁受益是很重要的。

（8）最佳的多样化利用：为解决人们的社会、生活等各种活动争夺有限空间的竞争和冲突，需要对沿海区进行综合规划——包括土地利用、资源和环境利用。某些定向的部门的利用应以多样化的形式存在。

7.2.3.2 海岸带综合管理的任务

为了实现海岸带综合管理的目标，必须履行下述职责和任务：

（1）保持一个高质量的沿海环境

海岸是一种重要的资源，它提供贸易、食品、娱乐、疗养和安全保障。但是这种高生产力状态不能保证它永远持续下去。如果对开发不采取安全措施，海岸很容易遭受污染、环境恶化，沿海生产力下降。

（2）保护生物多样性

采取法制手段，保持沿海自然环境对大多数物种是有益的。然而，许多物种需要有专门的保护和额外安全保障措施，如设定自然保护区或国家公园，为物种生境提供保护。

（3）保护关键生境

某些生态系统保持了良好的多样性和生态价值，它们没有因开发改变了环境而消亡，还得到了保护。这些生态系统包括海岸沿线许多高生产力的河口、岛屿及其邻近的滨陆。具有重要性的生境包括红树林、海草牧场、沙滩和沙丘，以及某些潮漫滩生境。无论这些生境处于海岸何处，它们都被认为是“关键生境”，它们的丧失会削弱生产力、破坏物种环境和生态平衡。

（4）增强关键生态过程

某些生态过程对于沿海生态系统的生产力至关重要。例如，光通过水的穿透能力（可被极端浊度所削弱）和水体环流（可被围填之地和海堤所阻挡）。这些关键生境过程需要通过开发法规和适当的规划指导予以保护。

（5）控制污染

特定的“点源”污染和陆地径流污染都可对沿海生境和水体造成污染、危害人类健康、破坏生态、削弱生产力。意外溢油和化学品泄露事故危害最大。为了保持海岸的清洁和生产力，制定严格的污染控制法规是必要的。

（6）确认重要的陆地

某些海岸区拥有娱乐、房产、自然保护、经济开发等的特殊潜力。海岸带综合管理计划应确认供开发和自然保护最佳的土地。

（7）确认开发的土地

某些海岸区拥有娱乐、房产、自然保护、经济开发等的特殊潜力。海岸带综合管理计划应向开发实体提供开发最佳用地的咨询。

（8）防御自然灾害

防灾是海岸带综合管理计划的必要部分。有经验的规划者和管理者已知，最适于保护生态资源的措施，常常与需要保护的能抵御风暴和洪水袭击的自然地形的措施相同。因此，灾害管理和资源管理相结合的方式，可以大大简化区划和许可证评审过程，更能预先对形成可接受开发的决策做出更可靠的预测。

（9）恢复遭受破坏的生态系统

尽管许多高生产力的沿海生态系统已遭到破坏，但是它们是可以恢复的。湿地应予以恢复，物种生境应重建，污染破坏可以得到逆转。

（10）鼓励参与性

一个重要的目的就是提高公众对海岸和海岸养护必要性的认识。同时，地方社区从海岸现场获得经济上的和（或）社会上的效益。社区想要得到的是行动的知道，而不仅仅是倾听政府部门的高谈阔论。公众必须参与协商，而不仅仅是得到安抚，成为宣传对象。

(11) 提供规划指导

为了避免可能损坏海岸的事件，各种规划实体——自然规划者、经济规划者、开发规划者等，可以得到指导和咨询。具有特别重要意义的是控制基础设施，使公路线路适当，不向被限制开发的地方（如未开发的障壁岛）提供水电。

(12) 提供开发指导

许多沿岸上大多数生态和景观的破坏是由沿海开发的疏忽所造成的。有效的计划可以为开发实体提供专门的指导和咨询服务，使他们项目的实际和建设能最大限度地避免与沿海保护的冲突。

7.2.4 海岸带综合管理的方法

海岸带综合管理方法是实施综合管理的手段与工具，这些方法主要有法律法规、政策、区划和规划、行政措施、经济和科技手段、教育和培训、道德和习惯等。每一个国家在实施海岸带综合管理时，并不一定都要使用上述的每一种方法，由于沿海各国的情况不同，使用的方法也不尽相同，但法律、政策、规划、行政措施则是最基本的，主要的方法如下：

7.2.4.1 法律制度

(1) 立法和执法管理

法律是海岸带综合管理最基本的、重要的方法。它是确立海岸带综合管理制度，规范海洋开发利用活动，实施海岸带综合管理的依据。各个沿海国家对立法和执法管理均很重视，在此进行简单的介绍。

①海岸带的立法管理

海岸带的立法管理大致可分为三种模式：一是综合性的海岸带管理法，如美国的《海岸带管理法》、韩国的《海岸带管理法》、法国的《海岸带整治、保护及开发法》和斯里兰卡的《海岸保护法令》等。二是专项性的海岸带管理法，如日本的《海岸法》、英国的《海岸保护法》和法国的《海岸公物法》等。三是与海岸带管理有关的部门规章，这类的法律性文件很多，是在行业法规的基础上增加了海岸带的管理内容，形成海岸带管理的有关制度。

②海岸带的执法管理

制定了好的法律，如果没有专门的执法管理部门去监督、检查法律的执行情况，再好的法律也起不到应有的效果。海洋执法能力的强弱、海洋执法机构的状况都直接影响执法的效果。由于沿海各国海洋机构的设置的不同，海洋执法队伍的建设也不尽相同，大致可分为两种类型：一种是集中执法型，即海岸带的执法管理集中在一个部门，由于执法管理的职能集中、机构统一，执法的效率高，属于这一类的海洋执法机构主要有美国的海岸警备队、日本的海上保安厅和波兰的海洋经济总局等。另一种是分散型执法型，即海岸带的执法管理分散在许多部门，通过各部门的执法活动来完成海洋的执法管理工作。属于这种执法类型的国家最多。

（2）规章制度

规章制度有两种，一是列入正式法律文件中的规章制度；二是在法律框架下制定的专项规章。目前，国际上通常采用的规章制度主要是许可证制度。许可证制度是国际上海岸带管理最常用的方式。它规范海岸带的开发活动，只有那些获得了许可证的开发项目才能允许进行。如海岸带开发许可证、海域使用许可证、捕鱼许可证、采矿许可证、排污许可证、海域内建筑许可证等。美国、韩国、日本、澳大利亚、瑞典、法国、斯里兰卡、印度尼西亚、越南、英国等都在海岸带的管理中使用了许可证的申请这一制度。

（3）标准

标准是国家行政部门发布的必须严格执行的规定，是规范海岸带开发活动的手段之一，如海水水质标准、海港设计规范、海洋工程地形测量规范、海底电缆管道路由勘察规范、海道测量规范、海洋石油开发工业含油污水排放标准、渔业水质标准、自然保护区类型与级别划分原则等。

7.2.4.2 规划管理

海岸带管理规划是海岸带综合管理的重要手段和措施，也是沿海各国海岸带综合管理中最常用的方法。它是通过制定全面的、长远的规划(计划、行动计划)来实施海岸带的综合管理。

(1) 规划的主要内容

1993 年世界海岸大会提供的《制定和实施海岸带综合管理规划的安排》，总结了一些国家制定海岸带综合管理计划的经验，提出了规划至少应包括以下四方面的内容。

1) 海岸带综合管理问题分析

只有全面、系统地找出该地区海岸带综合管理存在的主要问题，才能针对这些问题，有目的地去解决。

2) 现有规划和管理体制评价

重要的是对在该地区执行的计划、规划、管理体制和管理手段进行分析，了解它们在解决海岸带资源和环境可持续发展方面的作用，以及这些行业和部门尚未重视的问题。这也是制定海岸带管理规划之前必做的工作之一。

3) 海岸带综合管理行动方案

海岸带综合管理是在行业或部门管理之上更综合的管理工作，采取行动的领域要精心选择，选择的首要原则是不能代替行业或部门管理，凡是行业或部门管理已经解决的问题，综合管理工作就没有必要再去做。从各国的实际经验来看，在行业或部门管理之外，有必要进行的综合管理的工作主要有以下几个方面，这些方面都应成为海岸带综合管理的重要行动领域。

① 海岸带保护方案：海岸带保护的主要任务包括侵蚀岸段的治理（工程措施、生物措施），防止乱挖岸滩的保护措施，防止洪水泛滥的工程措施，防止海平面上升（例如 50 厘米）导致潮水泛滥和沿海低洼地区

被永久性淹没等。

②海岸带水资源管理方案：改变水资源分散管理状态，形成淡水供应、农业和渔业用水、水质保护、防止咸水倒灌，其中包括地表水、地下水、入海河流水系等。水资源管理也是涉及农业、交通、环境、水利等部门的综合性管理工作。

③海岸带土地利用方案：海岸带土地包括滨海已利用的农地、林地、草地、滨海荒地、滩涂。这些土地有多种用途，农业、渔业、盐业、矿业等都可能有需求，形成用户矛盾。因此，海岸带土地利用适用综合管理方法，编制综合性管理计划。例如，编制土地利用功能区划、开发利用规划，实行许可证制度等。在土地利用方案和计划中，确定优先领域是十分重要的问题，特别是在用户冲突比较多的岸段，应该依据功能区划和战略原则，确定岸段利用的优先领域。

④海岸带海域使用管理方案：海岸带海域与陆地的分界线一般以海岸线为界，其中一部分滩涂可能成为海陆重叠区，在管理实践中要通过行政手段划界。海岸带的海域是交通、水产养殖、盐业、旅游和娱乐等部门利用的区域，不同用户要求利用同一海域，用户之间相互影响等问题非常突出，是海岸带综合管理的一项重点任务。海域利用也可以采用土地利用方法，编制功能区划、开发利用规划，实行许可证制度等。自然资源有偿使用已写进相关文件之中，在各种自然资源开发利用中实行，将会成为一种制度。海域是一种资源，这种资源是国家公有的财产，也应该建立有偿使用制度。

⑤海岸带自然保护区建设和管理方案：其中包括湿地保护、红树林保护、珊瑚礁保护、珍稀海洋生物保护、海草床保护等。

⑥海岸带灾害管理方案：海岸带的主要灾害是风暴潮灾害、台风灾害和洪水灾害等。过去，国家对待这些灾害的主要办法是灾害救济，即灾情发生后由政府有关部门进行灾民求助工作。在实行海岸带综合管理计划时，要把灾害救济转变成灾害管理，并列入海岸带综合管理规划。灾害管

理工作可以建立专门的协调指挥机构，例如孟加拉国的灾害管理局。管理工作包括灾害预警、抗灾避灾组织指挥、灾民救助等。

4）资料分析与监测

为了强化海岸带的综合管理，掌握大量的、第一手的资料是十分必要的，还要加强资料的分析工作，建立管理和决策信息系统，提高管理决策的水平和能力。

对海岸带综合管理规划实施的结果应定期监测和评价，以作为不断改进海岸带综合管理过程中的一种方式。监测内容包括：预期效果的鉴别；规划实际效果评估；规划执行情况差异等。

（2）制定规划的程序

目前，世界上已有几十个沿海国家制定了或正在制定海岸带管理规划，根据这些工作实践，海岸带综合管理规划的制定程序大体如下。

1）可行性研究

由政府负责海岸带综合管理的部门组织多学科专家，收集与海岸带综合管理有关的资源和环境信息、社会经济信息，进行综合分析研究，为制定规划提供依据；编写研究性海岸带综合管理规划；提出编制海岸带综合管理规划的建议。

2）组织准备

由负责海岸带综合管理的部门向政府提出建议，并经政府主管领导批准，组建海岸带综合管理规划编制组织（小组、委员会），负责规划的编制工作。海岸带综合管理规划编制组织应包括各方面的代表：开发利用海岸带自然资源的各种产业部门，或用户代表，城市岸段的规划部门，环境保护部门，科技界代表，民众代表等。

3）规划编制

由编制组制定工作计划，制定编写纲要，分工编写，完成草案。

4）规划审议

由政府分管领导或综合部门领导主持，召集各有关方面代表参加，审议海岸带综合管理规划；审议后要进行修改完善。

5）规划审批

海岸带综合管理规划要经政府审查批准，方可成为可执行的规划。审批内容包括是否批准执行，如何执行，执行的主管部门等。

6）规划执行

规划是提出远景目标和重大项目、重要行动领域，执行时还需有具体的执行计划，其中包括哪些内容通过何种方式列入当地经济和社会发展总体规划，哪些内容通过年度计划去实际操作等，以及执行规划的各种措施。

7）规划评价

海岸带综合管理是一个动态过程，管理规划要不断修改完善。因此，规划执行过程中要进行监测和评价，为调整和修改规划做好准备。

7.2.4.3 政策调控

在海岸带综合管理中，根据因地制宜和前瞻性的原则来制定政策，也是开展海岸带综合管理的一项重要工作。它包括适用于本海岸带地区的国家总政策和各项具体的政策：税收政策、财政援助政策、补助金政策、收费政策、海洋渔业保护政策、水资源保护政策、海滨湿地保护政策、海岸红树林保护政策、海岸珊瑚礁保护政策等。

制定政策首先要找出国家对海岸带地区需特别关注的问题，还要列出海岸带资源养护的现状和重点，要指出今后海岸带管理的方向：海岸带综合管理的重点应放在国家标准或区域规划上吗？在经济和社会方面，一体化的国家海岸带综合管理途径能得到哪些效益？谁是拟订的海岸带综合管理计划的主要支持者和反对者？海岸带综合管理计划采取哪些措施防止生命和财产免受海洋灾害造成的损失？等等。

海岸带综合管理政策，首先要有得力的措施来获得广泛的支持，制定政策的过程应与各界人士，特别是受影响最大的行业进行协商，其中包括与海洋有关的产业部门、民众团体、商业界、科研单位，以及其他有关方面。协商是为了更大限度地缓解这些部门可能发生的消极因素，并保证政策对他们的公正合理，同时，也能使政策得到更多人的支持；第二，政策的归纳表述要准确、简练、清楚、易于了解；第三，政策，特别是国家海岸带管理政策要有逻辑上的一致性、经济上的可靠性和实施的可操作性。

7.2.4.4 行政措施

海岸带（海洋）综合管理的行政手段是最基本的措施。它是海岸带（海洋）综合管理的行政主体的职能的具体表达和履行。广义的海岸带（海洋）管理行政措施包括：组织制定海洋发展战略、方针、政策、规划、区划、法律和行政监督检查，建设和管理海洋执法队伍，制定行政法规、部门规章、技术规范、标准，发布决定、命令，颁发许可证，建设并管理海洋技术支撑系统，开展宣传教育，等等。

7.2.4.5 管理信息系统

海岸带（海洋）管理信息系统是海洋管理的配套与支持系统中的一种，有人认为信息和信息管理是实现海洋管理协调的最好办法。在《美国海洋管理》一书中说："通过情报流通过程，是着手改进协调工作最简易的方法之一。除了军事部门以外，很少有公司、个人或机构清楚谁在海洋中正在做什么，而这些基本的情报恰恰就是协调或开始了这种协调。"利用高技术建设的海洋信息系统，在快速地交流信息、辅助决策、提高服务效能等方面具有别的方法而不具备的优点。

7.2.4.6 道德和习惯

道德和习惯在保护海岸带资源和环境方面也起着一定的作用，因此应充分加以利用。一是鼓励和发扬对海岸带综合管理有益的道德和习惯，通过新闻媒体、社区活动宣传出去，引导沿海居民形成符合可持续发展的道德观念、文化观念、消费习惯和生活习惯。二是要限制不好的道德和习惯。

7.2.4.7 教育和培训

海岸带综合管理的实施效果与公众的参与程度、支持程度有关，而公众对海岸带综合管理这个新事物可能不熟悉、不理解，这就需要加强宣传、教育，积极引导用户和提高广大民众认识，以动员其积极参与。为了培养和提高公众的管理意识、保护意识，还应该通过多种形式的培训活动，学习海岸带综合管理的目的、意义、理论和实践经验、方法，学习可持续发展理论、海岸带综合管理的法律和政策等。

7.2.5 海岸带综合管理的模式

科学的海洋管理体制能极大程度地推动一个国家海洋事业的发展，在最大限度的开发利用海洋资源的基础上实现海洋的可持续开发和利用的目的。因此，任何一个真正认识到海洋的巨大价值、重视海洋的国家，都在努力探索和寻求一个适应与本国特点而又具有历史延续性的海洋管理体制。由于世界上100多个沿海国家开发利用海洋的时间长短不一，各海洋国家的政治体制、地理位置、自然环境、海洋在本国发展中的地位等不尽相同，所以各海洋国家建立的海洋管理体制也不尽相同，各有特色。但总体分析后国际上现在施行于广大海洋国家的较为成功的海洋管理体制，大体上可以归纳为三种类型：

一是权力分散型的管理体制，其特征：没有统一的职能部门，法律体系不健全、执法队伍不统一、职能不综合，没有统一的规划政策。代表国家：英国、越南、印度尼西亚、菲律宾。

二是权力相对集中的管理体制，其特征：主要靠协调部门来实施管理。代表国家：美国、澳大利亚、加拿大、日本、印度、俄罗斯。

三是权力集中型的管理体制，其特征是：体制健全、完善，高效的职能部门，法律体系健全、执法队伍统一、职能综合，统一的规划政策。代表国家有：法国、荷兰、新西兰、韩国、波兰。

7.2.5.1 权力分散型的管理体制（以英国为例）

（1）管理机构状况

英国海岸带管理主要有国家和地方两级管理。英国政府制定沿海规划、政策方针，为地方当局和其他机构提供沿海政策和规划系统运作方面的指导。地方政府负责制定当地海岸战略和规划，统一协调当地海洋开发与保护、海洋开发中的问题。为了协调各部门之间的行动，英国政府成立了跨部门协调组织——海岸带政策部门间小组，以协调和统一有关海岸带的政策，研究属战略一级的海岸政策。

现将英国海岸带管理机构简介如下：

1）下议院特别委员会

该委员会由政府各部和反对党的代表组成。下议院环境特别委员会就海岸带计划和保护进行咨询，并与政府各部进行咨询，并与政府各部门和公营部门一起规划和管理海岸带方面的问题。政府各部及公营和私营部门不仅要向特别委员会提供有关海岸带管理方面的书面证据。而且还不许响应特别委员会的建议。环境特别委员会通过咨询与调查，向英国政府提供有关海岸带的报告。英国政府根据下议院环境特别委员会的报告声明，“坚持委托特别委员会有效保护和规划我们的海岸”。自 1992 年特别委员会调查以来，海岸带综合管理在政府的议事日程上给予了高度重视。

2）指导委员会

委员会一般由与海洋有关的各部门的代表组成。例如环境部门，是负责管理大气和海水污染及废物处理的国家政府机关、英国自然保护局或苏格兰自然遗产局、地方规划局、港务局、运动委员会以及王室地产委员会等都是委员会的成员单位。

指导委员会通常就管理建议作出决定，并对那些可以或不能列入管理规划的问题有最后的发言权，虽然他们不是执行机构，其规划的大部分项目由相应的法规机构承担并负责实施。

3）海岸线问题常设联合会

1986 年，为了提供一个关于海岸带管理和保护的论坛，成立了海岸带问题长设联合会。其成员包括港务局、南海渔业局、国家河道局、英国自然保护局、农渔粮食部等。该常设联合会的职责是进一步扩大地方当局在海洋事务中的利益。最初的重点是充分协调沿海工程，并促进政府界对海岸线问题的关注。现今的主要任务是鼓励成员当局协同工作，起草区域性、战略性的海岸线管理计划。

4）环境、运输和地区部

向着国家战略迈进的一个重大步骤，应当是把现有的部门性政策集合成海岸带管理的整体生态处理方法。为此，于 1997 年下半年，英国成立了一个新的环境、运输和地区部，取代了环境部。它与海洋和航运管理局之间的关系更为密切，也有利于协调这三个领域内与海洋有关的工作。

5）国家自然保护局

在实现海岸和海洋环境自然保护方面，国家自然保护局指定了海岸政策。例如，英国自然保护局为了促使保护河口区的野生生物而发起了河口管理倡议，其目的是集中力量探索可持续管理海岸的方法。英国自然保护局还划定了一些自然保护区。

自提出这些倡议以来，至少有 27 项河口管理计划取得了英国自然保护局的支持，而 6 项计划得到了苏格兰自然遗产局的支持。这种支持是通过为现行计划提供财政支援或通过委任河口计划官员从事新计划的初期工作而体现的。

6）海岸带管理常设论坛

该论坛由 70 个与海岸带有关的机构、团体中的成员组成。这些机构和团体有政府部门、企业、大学、贸易公司、环境组织和旅游娱乐组织等。设立论坛的主要目的在于，创立科学管理、可持续利用和开发海岸带的方法。海岸论坛接受非政府组织或地方当局的领导，尽管他们的权利有限，但通过召开会议，研讨一些与海岸有关的重要问题，统一了思想，有利于改进海岸带管理方法。到1998年，海岸论坛已经召开过五次会议，基本上是一种年会，而且每次参加得人员多达90人。海岸带管理常设论坛正着手制定涉及多塞特海岸线的三项海岸带管理计划

7）朴次茅斯大学海岸带管理机构

海岸带管理中心：是以朴次茅斯大学大地和工程管理系为核心组成的多学科研究机构。主要任务是制定海岸和海洋资源管理规划研究与海岸资源管理有关的方法。

河流和海岸环境研究所：设在地理系的一个研究机构，重点是进行海岸物理过程和滨线管理方面的研究。

水生资源紧急状态及紧急管理中心：一经济学系为基础组成的研究机构，主要从事海洋鱼类资源和管理方面的研究。

此外，还有一些非政府组织和其他机构，如国际自然保护联合会、世界自然基金会、野生生物托拉斯、海洋环境问题论坛、东北大西洋联络组、皇家鸟类保护协会、国家托拉斯和郡野生生物托拉斯。

（2）管理政策

为了合理利用海岸带土地资源，自20世纪60年代后期起，英国先后对英格兰、威尔士、苏格兰及北爱尔兰的沿海地区进行了综合调查。在此基础上，有关部门向政府建议将环境优美的未开发海岸带地区作为遗产永久留给后代，并规划将约占未开发地区海岸线总长度的40%左右（约1 300千米）的42个海岸带地区为保护区，目前已划定了其中的34个海岸保护区，大约保护了1 000千米长的海岸及面积为81 000平方千米的海岸带地区。

英国于1993年夏季出台的《沿海规划政策指导说明草案》划分出四类与规划有关的海岸：

风景优美的未开发海岸，因它们的景观价值及其自然保护利益而基本得到保护：

其他未开发海岸区，往往属低地，它们因其高度的自然保护价值而受

到保护；

可能适合于开发的部分开发海岸区，因其沿海位置重要而应留作开发；

通常已都市化的但仍含有重大开发价值的海岸线，这些地方的进一步开发，可能有助于改进环境。

同时英国对海岸带管理还制定了三类政策：

1）保护政策

在景观区和自然保护区都是以特别标识反映出反映出来。例如，在11个国家公园中有5个在沿海区在39个突出自然景观区内，沿海占21处。除这些风景表示点之外，大部分海岸也受到了保护标识的保护。这些保护标识有国际级的，如特别保护区，有国家级的如特别科学兴趣场所，还有列入海洋开发规划的地方标识保护的场区。此外，还有许多示有被指定为绿化带的沿海区。特别是河口的那些湿地区，对于排泄、陆地改造非常敏感。在这些区域，特别需要评定的不光是直接的影响，而且还包括更广泛的影响。

2）开发政策

如果有关当局制订了适于非沿海区的相应条款，那么由于海岸带仅仅是大多数地方规划领域的一部分，抵制在海岸带开发的政策将得到支持。在规划政策研究中确定的特定开发类型为旅游和娱乐。

3）风险政策

规划政策指导说明把海岸侵蚀区和陆地不稳定地区的开发风险降至最低限度，而且只有在进行了有效开发的区域，才采取防侵蚀的决定。规划政策给予特别注意的特定区域是那些沿海低地，特别是低于5米等高线的那些区域，靠近岸线冲刷区的陆地和沿海区不稳定的陆地。

由于自然过程作用的规模宏大，并且往往跨越地区或地方当局的界限，因此各沿海地方在沿海规划方面须采取密切合作的政策，在相邻地区之间需要统一“四个问题”：

① 引起下游污染损害生境或娱乐资源；

② 某一地区盲目的开发可能降低另一沿海地区的景观价值；

③ 盲目的潮间带的围垦可能会损害和侵蚀自然保护区；

④ 某些港口的海岸堤坝可能会改变泥沙运移路线，加剧海岸侵蚀过程。

除此之外，英国十分重视海岸的管理保护工作，英国在海岸带地区划定“自然灾害易发区”，制定了海岸侵蚀对策（海岸保护）和风暴潮对策（海岸堤防）等。地方政府设立了相应的海岸管理保护机构，这类机构除负责制定政策外，还负责水资源开发，渔业、河口水域环境保护，以及海岸带管理政策有关的行政和服务工作等。

（3）管理方法和管理模式

1）管理方法

海岸过程、资源利用都有一个明显的空间尺度。通过地理信息系统，依据物体的空间绘制（点、线、面）、属性（即名称、价值、分类）和与其他物体的关系（即拓扑关系），描述世界上的真实物体是可能的。作为一种基础数据检索工具，利用地理信息系统能够发现东西的方位和名称，或获得其存在的全部概况。这种做法的优点来自分析能力。通过比较不同数据组，探寻暗示某种关系形式的图谱和组合，该工具可以被用于分类。从已知问题或现象入手，人们可以采用归纳法寻求各方面的关系，最后有可能从验收原则着手发现是否可以通过有效资料使之具体化。在所有这类分析中，重要的是试图对观察到的任何关系作出潜在的物理说明，并了解地理信息系统中数据的空间和时间上的限度。

虽然地理信息系统仍然是沿海管理应用中比较新的方法，但已经广泛用于研究领域，然而这些研究仅用于图解说明其潜力。这种方法能够为负责海岸带管理的人们多采用，成功取决于完好的设计系统、适当的训练和地区而非地方管理的义务。

2）管理模式

目前，英国对海洋资源的开发活动纳入商业性管理范畴。在宏观上，既要求海洋资源性资产的保值、增值和盈利，又强调资源的可持续利用，注意环境保护和生态平衡。在微观上，坚持开发商的利益与责任对等原则，将有偿使用海洋资源的费用列入开发商的开发成本。海洋资源管理模式是松散型多头共管。管理手段：实施海域使用许可证制度，即对任何海洋资源都必须取得双重许可证，即作为政府管理行为发放的允许开发许可证和作为产权所有者发放的有偿租赁许可证，而且都必须严格依照许可证规定的开发项目及期限进行。

在对海洋资源开发管理中发挥重要作用的部门主要有：英国皇家地产管理委员会、工贸部、环境部、农渔粮食部，而地方政府则在监督管理方面起着重要的作用。对开发项目的审批程序是：

① 立项后通过议员向国会提交；

② 国会下议院初审认可后下发到上述政府职能部门进行协调和认证；

③ 将协调结果反馈到开发商；

④ 开发商根据“清单”内容逐一作出书面承诺后，连同开发项目的提案递交国会审议。若其中再有争议提案就基本被否决。若批准，则可同时向上述有关政府职能部门申请开发和租赁许可证，一旦许可证齐全，开发项目即可实施。

在众多管理方法中，英国对海洋资源开发中的管理模式是相当成功的，值得我们借鉴。英国有限的海洋资源得到合理、有序的开发利用，实际采用的是“三维管理模式”，三个层次十分清楚：即以海洋资源产权界定清晰为基础，用经济杠杆调整和制约各类开发行为，再用健全的法律体系来保障管理行为。辅之以政府职能部门之间的协调原则。这种管理模式目标明确，效果较明显。

（4）立法管理

英国于1949年制定了《海岸保护法》。该法共分四个部分五十条。制定该法的目的是保护海岸不受海水侵蚀或侵入，保护航行安全。该法规定了海岸保护当局的权利、海岸保护委员会的组成及职责、海岸保护工程的实施、海岸保护费的收取、禁止在海滨和海底挖掘砂砾、矿石和煤的规定、违章的赔偿条款、财政部捐助基金、仲裁条款、达成促进海岸保护工程的权利、对不利于航行的工程限制等具体内容和条款。

(5) 执法管理

英国的海岸带执法分散在交通部、农渔食品部、皇家海军、皇家救生协会、能源部、皇家土地委员会、内务部。

交通部主管海上救生、船舶污染和管理和处理，海上安全方面的工作。下设皇家海岸警卫队、海洋污染控制厅负责执法管理。

农渔食品部负责主管200海里专属渔区及海洋渔业资源的保护与管理。

皇家海军负责沿海经常性的巡逻和取缔海上走私外，还协助海上救助，以及应农渔食品部请求承担海上渔业捕捞检查和渔业区的保护。

皇家救生协会担任离岸30海里之内的救生和救助。

其他海上执法部门按其职责分别执行其管理任务。

(6) 区划管理

英国自1977年开始，将海岸带区划成44个区域，逐步建成海岸保护区。英国对海岸地区进行区划管理，确立了建立优先开发和保护地带的各种原则，其目的是保护海岸带、海域环境和资源及其陆上资源。

英国非常注重海洋自然环境保护。英国的自然保护区分为8类：国家公园、国家风景区、自然遗产区、自然风景名胜区、遗产海岸、环境敏感区、特殊科学意义区、国家自然保护区。总的来看，英国海洋区划工作还不够规范，也比较粗略，海岸带旅游业远不如西班牙、法国、丹麦等国，海洋渔业资源保护措施不够得力，至今也没有一项有关发展海水养殖业的国家规划等。

(7) 管理行政措施

1) 协调

英国在海岸带管理方面，主要是通过规划、公众参与进行协调。英国从20世纪50年代起的“突出自然景观区”的鉴别和20世纪70年代初的“遗产海岸”概念引进，使原始的单纯保护观点大步迈向了重要环境区域的开发保护。号称世界第二大港的口的普尔海港，是一个繁忙的商港和横渡海峡的轮渡港，是一个拥有6 000艘游艇的基地，一个被指定为特别科学兴趣场所的国际上重要的湿地区。按照Ramsar的提议需要进一步予以保护，是计划中的特别保护区。其严重开发的北部海滨与已经证明有成为欧洲最大近岸油田可能的港口南部海岸的无人居住“荒地”特征形成鲜明对照。不寻常的是，该港区虽然属于地方当局的计划管理，但它们拥有这些权力不足解决商业利益、娱乐利益和环境利益之间的矛盾。为此，郡自治会与区自治会和有特权的自治城市自治会、港口专员、国家河流管理局（NRA）、英国自然组织和非法定组织合作制定了一项可供接受的管理计划。经1991年考察修订，这项计划现在已经扩展到不仅仅包括海港滨岸区，而且通过分区制政策和管理，计划已经包括海域本身。虽然普尔港管理计划是为地方当局行使管理的相对小的区域制定的，但是却为更广泛的应用和具有开发潜力的海岸带管理提供了一个有意义的模式。

2）指导

英国通过制定方针、政策、海洋经济发展目标以及各种标准，引导或影响各种海洋产业实现国家的目标。如1992年，英国政府制定了“沿海规划的政策指导说明”，为地方当局和其他机构提供了关于沿海政策和规划系统运作方面的指导。其后，对把沿海管理规划监测扩展到低潮线以下之可能性进行了审查。最近，政府制定了概述沿海政策方针的文件，并开始编写制定和执行地方沿海管理规划的最实际指南。

英国政府认为，综合沿海管理方法最为适宜。在这种方法中，以权力主要限定于低潮线的地方当局作为领导机构，与拥有各自职能的法定部门和其他组织及地方团体共同工作。由于自愿的方法需要达成协议并取得一致意见，而这只有在所有受影响的团体都加入规划制定或管理的时候才能实现，所以它对于社会参与与沿海管理有着巨大影响。在英国，作为地方

21 世纪沿海综合管理议程的一部分的可持续发展问题，由地方政府管理局对地方当局提供指导。

3）服务保障

为确保海洋产业稳定、安全、协调的发展，英国还为海洋产业提供大量服务，包括加强有关海洋科学技术的研究、提供预报等。

（8）管理信息系统

搜集、处理、传递和发布海洋资源的自然变化、开发利用和治理保护的各种信息，是海洋综合管理的重要工作之一。海洋信息的来源主要靠各种广泛的海洋环境和资源调查。为了及时掌握海洋资源开发与保护的动态情况，要对各种搜集到的海洋信息进行加工处理，建立海洋信息系统，是合理开发利用海洋资源、科学保护海洋环境、防止海洋自然灾害的需要，因此海洋管理信息系统是海洋管理取得最佳效益的根本保证。

20 世纪 90 年代初，英国研制成功海洋渔业管理信息系统，由地球观测卫星、导航卫星和通讯卫星组成，既能指导渔业生产，加强海上作业渔船之间的通信联络，还能实施对非法进入禁渔区的渔船的监控，防止滥捕，有效地保护渔业资源。

英国已开始利用海洋地理信息系统来掌握海洋环境变化对生物资源的影响。英国的海岸管理体制由输入、信息管理系统和管理战略三部分组成。

7.2.5.2　相对集中型管理体制（以美国为例）

美国毗邻大西洋、太平洋、五大湖及墨西哥湾，海岸线长 22 680 千米、湖岸线长约 17 500 千米。全国 39 个州属沿海州，沿海地区占全国面积的 10%。

美国的海岸以沙质海岸为主，沿岸沙岛－潟湖构成东海岸段和得克萨斯州海岸的鲜明特征。东海岸北段属峡湾型海岸，为港口建设提供了良好条件。太平洋沿岸则以岸壁陡立基岩海岸为特征。墨西哥湾北岸、密西西比河塑造了向海突伸的扇形三角洲和宽阔的低平盐沼平原海岸。

在美国75%以上的人口居住在沿海。在39个沿海州中，几乎有一半都市化的县与海洋为邻。沿海地区有190个大型海港，海洋水产品产量占全国的70%。据估算，美国每年有9 400万人到海边参与划艇及游钓活动，每个人平均每年有10天时间在海边娱乐。

由于人类活动对沿海环境压力的增加，美国海岸带资源正面临严重威胁。旅游业的发展受到限制，海洋生物栖息地在逐渐消失，各种污染严重，越来越多的人在海边建房造屋也使美国海岸带面临因风暴潮造成的生命财产损失。为此，美国自20世纪70年代以来，在开发利用海岸带和海洋资源的同时，重视海岸带的管理与保护，建立了系统的管理体制，制定了相关的法律法规和相应的管理措施，并投入大量资金和人力，由联邦、各州及地方政府分工协作共同管理海岸带与海洋。

（1）管理机构现状

美国的海岸带与海洋管理实行的是集中与分散结合的管理体制。海洋事务管理分布于联邦政府的有关部门，而海洋执法集中在一个部门。管理海洋事务的部门主要有商业部国家海洋大气局、内政部、能源部、运输部和国务院等，执法部门是海岸警备队。

1）国家海洋大气局

国家海洋大气局（NOAA）隶属商业部，成立于1970年。局长由商业部负责海洋和大气业务的副部长兼任。NOAA是美国管理海洋资源、保护海洋、海岸、大气资源，制定国家海洋政策，并利用其管理、研究和技术专长提供实际服务的重要机构。内设5个办公室：顾问办公室、外事办公室、审计办公室、行政管理办公室和NOAA军队指挥办公室。下设5个局：国家海洋渔业服务局、国家海洋服务局、海洋与大气研究局、国家气象局、国家环境卫星资料及信息局。此外，NOAA还在全国设有43个实体单位，500个试验点，是世界上第四大卫星观测和遥感机构，设有最大的海洋环境数据库，并与世界上10 000多个城市联网。

2）内政部

内政部所属的土地管理局和地质调查局主管美国外大陆架石油、天然气等矿区出租，其中包括收集有关这些海底区域的地质及地球物理资料，以及对出租区域的环境条件或制约因素进行分析，与美国海岸警备队一起实施近海作业安全规则和条例。

3）海岸警备队

海岸警备队是美国海上执法管理的主要机构，也是美国最早组建的海上执法队伍，创建于1790年，1967年划归运输部领导。

美国海岸警备队承担的主要任务有15项：①统一管理航标、灯塔和电子导航设施，帮助航海人员确定位置，在其遇险和故障时发出警报，使其安全航行；②桥梁管理，确保在美国可航行水域上所有的桥梁建设、维修、管理等符合安全航行的要求；③保证商船安全，监督管理商船的设计、建造、人员配备、载货等，尽量减少人员伤亡和财产损失；④执行法律和条约，作为联邦政府的海事执行机构，负责执行美国及其属地可航行水域和公海方面所有的法律法规；⑤管理美国用于极地和沿海的所有破冰船，保障在南北极地区美国的国防和科研利益；⑥海洋环境保护，通过使用预防手段来保持和改善海洋环境；⑦军事行动和军备，参加军事训练，参与其他兵种的演习，时刻保持准备就绪的战斗状态；⑧海洋科学活动、提供海洋科学成果，保证海岸警备队计划的实施和支援美国经济、科学、国防和社会的需求。⑨港口的安全和保卫，保卫美国的可航行水域和邻近的海岸地区（包括港口及其有关设施）使其不受损害；⑩无线电导航，提供连续的、准确的和全天候的定位能力，促使船舶和飞机安全迅速地从海上和空中通过。根据政府授权建立、维护和管理电子导航设备，这些设备除为美国武装部队服务，也是美国在水域或空域进行贸易等活动所必需的；⑪负责对游艇操作者的训练教育，使游船安全人员与州、地区组织保持联系，检查游艇的建造标准与设备，负责事故调查和比赛期间的安全；⑫搜寻救助，为在水域遇难的人员和财产提供援助，把人员伤亡和财产损失减到最小程度；⑬通讯保障，负责管理通讯网，为船舶和飞机提供无线电报、无线传真等；⑭组织后备队，海岸警备队投入作战或国家紧急事件时，提供经过训练合格的人员；⑮保障工作，主要有社会的和国际事务的保障、工程保障、财政管理、人员、补给和自动化信息保障、公民权的保障、医疗保障、法律保障、情报安全保障、人员保障。

美国海岸警备队总部设在华盛顿，下设有大西洋地区和太平洋地区两个司令部，分别设在纽约和旧金山。大西洋地区司令部下设6个管区司令部，太平洋地区司令部下设4个管区司令部。此外，海岸警备队还设有供给司令部和海上安全司令部。各管区司令部一般设有执行部、海上安全部、小艇安全部、人事部、后备役管理部、后勤部等。

4）能源部

能源部负责公布外大陆架地区石油和天然气投标和生产的规章制度。

5）国防部

国防部的陆军工程兵负责管理通航水域。主管这类水域中的建筑物、污染和海洋倾废，保护港湾设施、海岸线、航道等。海军从事海洋资料的收集、服务、海洋科学、海洋工程、潜水医学研究等以及负责海底地形调查和绘制海图等。

6）国务院

国务院主管国际渔业规划，包括依照1976年《渔业养护和管理法》就国际渔业协定进行谈判，就特殊的双边及多边渔业协定与其他国家进行谈判，把允许外国捕捞的份额分配给有关国家。

7）海事管理局

海事管理局的主要任务是促进美国商务海事的发展，开展国内商业海运及其大部分国外商业海运业务；战时及紧急时刻作为海军或军事附属部门服务。该局还保证美国具有适当的造船及修船业，足够的港口，有效的水路运输系统，并在国家危急时刻保证水运能力。

1994年，美国集中与分散相结合的管理体制建立20多年后，随着海洋资源开发利用的大规模开展，美国施行的海洋管理体制逐渐地显露出其弊端，例如，NOAA 的有关海洋与大气的许多研究活动与政府其他涉海部门严重重复，造成重复浪费现象和官僚主义。因此，多年来美国朝野中的一些有识之士呼吁联邦政府改革现行的海洋管理分散体制，强化国家海洋集中管理职能，提高国家海洋管理工作效率。对此，联邦政府做出反应，重新制定了海洋管理体制（图 7－3）。1997 年成立了由联邦主要涉海机构负责人组成的海洋领导小组，负责海洋工作的协调和政策制定并为联邦政府海洋工作决策提出建议。

美国除设立了国家级管理机构外，在沿岸 39 个州也都设有州级海岸带管理机构，隶属州政府，机构负责人由州长任命。在海岸带，保护区的综合执法管理上，州政府有自己的机构、法律和经费等。其法律一旦得到国家（联邦政府）的批准和授权，州政府的法律和管理计划便纳入国家计划。此外，还有地方一级机构。这样基本上形成了全国的三级管理机构。

在实施海岸带管理规划和计划中，国家级管理机构的主要职能是监督、调查和协调。例如每年制定和推行的国会批准的规划和计划；对各州政府制定执行联邦规划的计划（州一级的计划）进行审查、技术信息和标准提供、监督和资金提供、对涉及海洋保护和有关的部门职能权力行使中对海洋生态与资源危害进行监督、协调与调查。州级和地方机构具体执行、实施有关计划。

美国各州之间根据其立法，协商划分各自边界线，但是需经联邦政府批准。因为管理海域面积大小与联邦政府拨给的经费有关。划界后，联邦政府才给拨款。目前美国 39 个沿海州中已有 29 个州申请并获得国家拨款，在州政府的监督下，由环保、渔业、港口、林业、海岸警备队等单位密切配合实施管理规划和计划。从而形成了美国海洋管理机构从上至下，联邦政府的三级机构与行业机构相结合，以政府机构为主导的机构运行机制。

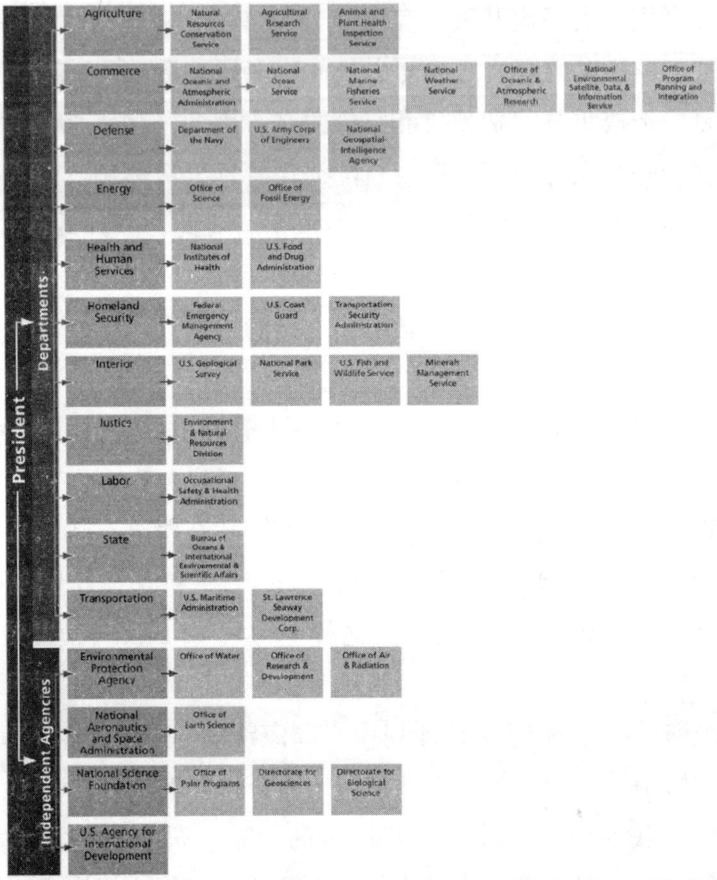

The agencies and departments depicted have varying ocean and coastal responsibilities. The number and breadth of organizations demonstrate that—at a minimum—coordination is essential to effectively manage the nation's oceans and coasts.

图 7－3　美国海岸带综合管理体制示意图

（2）管理模式分析

美国在海岸带和海洋管理中有三个重要的环节：首先是立法，这是非常重要的，没有法律制度，管理计划缺乏准则，管理无章可循。因此，自 20 世纪 60 年代以来，美国联邦政府和各州都制定了一系列海洋法律法规；其次是建立有实权的各级管理机构，这是搞好管理的关键；第三是在有法可依、联邦集中管理协调下拟订切合各州实际的管理规划。这是美国海岸带和海洋管理所共有的三个重要环节。为了达到管理的目标，鼓励公众、州和当地政府、州间机构、其他区域机构和联邦政府的参与合作，也是其特点之一。此外，因各州的环境和政治背景不同，各州的管理模式也各有特色。

（3）立法和执法管理

美国最早的海洋法律是1945年发表的关于渔业保护和大陆架资源政策的两个总统公告。为实施上述公告所确定的政策，美国于1953年制定了《外大陆架土地法》和《水下土地法》，明确规定沿海各州对距离海岸3海里的领海范围内的水下土地及其资源拥有管理、支配、租赁、开发和利用权利，联邦政府拥有3海里以外大陆架的管辖权和控制权。沿海各州的权利应服从联邦政府在领海内的防卫、航行、贸易及外交方面所担负的责任。据此，美国发起了世界范围的“圈占”海洋空间的运动，这是美国首次提出对其大陆架和近海渔业资源的管辖权。随后美国出现了开发热，但到20世纪60年代，海洋环境问题越来越突出地暴露出来。为此，沿海个州开始颁布特殊的海岸带管理法律来保护和管理其沿海地区。20世纪60年代末和70年代初，美国的海岸和海洋问题更为突出，如近海水域出现了具有捕捞和加工能力的外国拖网渔船而使美国作为世界捕鱼大国的地位受到威胁；加利福尼亚州近海发生的一次重大溢油事件；还有诸如湿地之类海岸资源退化以及湖泊、河流及海洋水域中污染加剧等，导致美国20世纪70年代颁布了许多针对海洋和海岸资源的法规。如《海岸带管理法》、《海洋保护、研究和自然保护区法》、《深水港法》、《渔业保护和管理法》等。

（4）规划和计划管理

为恢复和促进海洋和海岸资源，美国联邦政府授权国家海洋和海岸资源办公室通过制定以下计划实施各项任务。

1）海岸带管理规划

目的是保护海岸带资源，减少海岸带地区土地和水使用的冲突。其宗旨是通过开发一些预警系统，减少沿海风暴和海浸对海岸带地区的威胁，保护作为防御风暴的第一道防线沙丘，对影响水质的土地利用进行管理，保证海岸带的产业如娱乐、港口、水产养殖等优先使用海岸带，使一些不是必须依靠海岸带的工业远离海岸带，解决在海岸带地区土地使用决策中的机构间的冲突。

在美国海岸带管理规划中，要求各州政府与联邦和地方政府合作制定和实施针对各自海岸带的管理规划（计划），这一规划是自愿的。目前，全美 39 个沿海州中已有 29 个州参加了，部分是由于联邦政府采取的鼓励措施。这些鼓励措施包括联邦政府为制定和实施规划提供财政资助，并通过“联邦的一致性”规定，承诺联邦政府的行动将与批准的州的规划保持一致。另外《海岸带管理法》还要求各州的海岸带管理规划中所包括的海岸带政策是可实施的并适用于州和地方的行动。

美国每年把 5 500 万美元的联邦经费投资到海岸带管理规划上，并由沿海各州提供大量的配套资金。目前已参加的 29 个州申请并获得了国家拨款，每个参加的州都设置了海岸带规划办公室并在联邦政府的监督下实施规划管理。

几年来，美国的海岸带管理规划已集中到诸如沿海灾害、湿地保护、城市滨水区恢复、非点源污染的管理问题上。

1997 年的海岸带管理规划的核心是对海岸带资源开发与保护的发展进行管理，以平衡国家计划下保护与开发间的关系。主要内容是：①以鼓励的方式形成一个跨越国家政府、州政府和地方政府的海岸带政策联盟；②处理各种美国海岸带地区地理和管理方面的问题；③具有一个保证新的国家管理政策不能干扰现有海岸带综合管理规划的民主参与方法。

经过 20 多年的实践证明，美国的海岸带管理规划是行之有效的，其成功之处在于政府间的合作是建立在联邦自主和监督、各州的资源与以及各州的计划协调一致的基础上。各州参与此项目规划完全出于资源而不是因为被要求才去做的。各州为满足他们各自认为需要而制定各种政策。参与制定海岸带政策和管理规划的各州的重视增强了其责任心和认真的态度，使得国家规划能度过重重难关而持续发展到今天。当然，联邦的资助是一个主要动力，因此可以说美国海岸带管理规划的精髓是建立在合作与能力建设的基础上的。

2）国家海洋保护区计划

美国的国家海洋保护规划也是根据 1972 年制定的《海洋保护、研究和自然保护区法》开始实施的。其目的是保护全国重要的海洋区域，保护及恢复其娱乐、生态、文化教育、历史、艺术和研究价值。该计划规定，海洋保护区的建立有三条标准：①有什么需要保护的资源；②受到了什么威胁；③联邦政府是否有能力解决这些问题。该计划自 1972 年实施以来，根据这三条标准，到目前为止，美国已建立了 14 个国家级海洋保护区，类型、大小不一。有生态环境、生物、历史遗迹、文化遗产等。这些保护区均由州政府申报国家级保护区，联邦政府严格按照标准进行审查。保护区的总面积大约有 12 000 平方海里。国家海洋大气局负责国家级海洋保护区的建设和管理工作或州政府批准后，所需经费由联邦政府拨付。美国联邦政府每年给这 14 个保护区的经费约 1 400 万美元，各州必须按 1:1 的要求匹配资金。另外，每年民间还捐献给保护区资金、实物、设备等。各保护区还将一部分罚款也用在该保护区建设上。在保护区进行的一切活动，都要遵守联邦政府批准的《海洋保护、研究和自然保护区法》和州政府批准的本保护区法规，任何活动都必须取得许可证。保护区不介入开发和商业活动，但允许取得许可证的单位在保护区内开展旅游业。由此可见，尽管美国是一个经济发达的国家，但其并未严格限制保护区内的各种经济活动，只是加强引导和宏观管理工作，以保证保护区内的任何活动都是可持续的，并符合资源环境保护的要求。

3）河口研究保护系统计划

在沿海水域大约三分之二的鱼和贝类生活在河口，河口对自然灾害和污染起到防御和控制作用，且因自然景色优美，又邻近海岸，因此河口常作为娱乐、居住和商业开发区。河口研究保护系统把沿海各州中的特殊河口地区保留出来用于研究和监测，并作为长期的科学教育基地，向海岸带管理的决策者提供信息。河口研究保护系统计划于1972年开始实施，开始仅在奥黎根约17.6平方千米的范围，现已发展到19个州和波多黎各建有22河口保护区，共计1 800平方千米。NOAA负责并协助州政府管理国家级河口研究保护区。

美国的河口保护区计划和自然保护区计划都有其共同的特色：在其实施的过程中各部门间注意协作；注重宣传教育工作，所以公众参与意识强。在部门间的密切协作方面，主要体现在美国NOAA每年提出的有关保护区建设规划、管理的法案以及经费预算，国会都比较宽容，联邦政府有关部门对此也积极合作。另外，保护区管理机构的保护管理行为得到保护区所在地政府、部门、团体的大力协助。例如，保护区可以无偿使用海岸警备队的潜艇开展科研工作，还可以向州政府借用多名警察从事保护区海上巡逻监视，以增加威慑力。另一方面公众的参与构成保护管理工作的一个重要组成部分。美国有关部门十分重视保护区的宣传教育工作，利用各种媒介宣传保护环境和资源的必要性，提高公众的意识，将保护环境资源变成他们的自觉行动。最显著的一种形式就是所谓的志愿者。每个保护区都有大量的志愿者协助管理人员工作，这样就减少了保护区管理机构的压力，减轻了管理人员的劳动量，提高了效率，促进了保护区的有效管理。

4）国家河口计划

美国的国家河口计划（NEP）是1987年根据《洁净水法》修正案制定的，由环境保护署执行。其目的是以河口区域的环境保护和保全为对象，制定该区域内的利用活动方针。优先考虑保护的区域共有11处，在这些指定的重要河口，改善其区域环境，恢复生物资源。

为实施该计划成立了由联邦政府、地方等各级机构人员联合组成的专门的管理机构，各保护区域制定了综合保护和管理规划。如旧金山河口计划，管理会议上面设有由有关部局组成的委员会，下设有主要针对湾内出现的一些环境问题予以解决。

5）管理经验与教训

美国实施海岸带和海洋管理 20 多年来，取得的进展主要体现在：①建立了广泛的、以州为基础的海岸带管理体制，使海岸带开始趋于合理化；②点源污染得到了有效控制；③海洋哺乳动物种群已从严重下降点反弹。

总结美国海岸带和海洋管理经验，其长处包括：①政府间的协调机制以及其关于联邦行动必须与州的海岸政策保持一致的法律要求；②大多数的海岸带管理计划都有较强的公众参与成分。

其不足之处在于管理海岸带和海洋中的开发活动方面不够得力，例如，渔业的严重衰竭情况仍在继续；大部分地区近海油气开发计划进展缓慢。海岸带管理计划在海洋资源和海洋利用的覆盖范围不均匀，如美国的领海已于 1988 年扩大到 12 海里，但国内管理的海岸带的向海边界仍保持在 3 海里。在海洋管理方面，美国专属经济区至今没有得到正式的管理规划。这些不足之处究其原因，笔者认为主要在于美国的部门间的协调方面比较薄弱，最明显的是在联邦政府这一级，没有一个有效的协调机构。因此，1997 年 9 月美国参议院提出了《1997 年海洋法案》，要求采取两项重大行动：①成立一个新的国家海洋委员会，由联邦机构组成；②成立一个海洋政策委员会，负责对国家的海岸和海洋政策进行全面审查。1997 年底，国会批准成立了由商业部的国家海洋大气局、农业部、国防部、能源部、内政部、国务院、运输部的海岸警备队、总统环境质量委员会和科学技术政策办公室、环境保护局、联邦海事委员会、联邦紧急情况处理局、国际开发署以及史密森研究所等联邦主要涉海机构负责人组成的海洋领导小组。该领导小组于 1998 年开始起草有关美国海洋和海岸政策现状的背景文件。该领导小组还请求美国国会批准《联合国海洋法公约》。1998 年 6 月美国在加利福尼亚蒙特利尔市召开了全国海洋工作会议。会上，克林顿总统和戈尔副总统提出一系列开发、保护和恢复美国重要海洋资源的建议，并决定在2002年之前投入总额2.24亿美元的资金用于实施这些新举措。

7.2.5.3 权力集中型管理体制（以法国为例）

法国位于欧洲西部，三面邻海，西邻大西洋，南濒地中海，西北部由英吉利海峡相隔，同英伦三岛遥遥相望，海岸线长约3 500千米，法属海外领地海岸线达6 200千米。20世纪70年代中期，法国宣布200海里专属经济区。由于历史原因，海外领地专属经济区的海洋研究、资源开发及海洋事务管理均由法国负责，因此，法国实际拥有专属经济区面积为1 130万平方千米，占世界第三位。为了充分利用海洋资源，发展沿海地区经济，推动社会进步，法国历届政府不断调整海洋研究与开发体制，强化海洋管理机构职能，并采取一系列的海洋管理政策和措施。

（1）法国海洋管理体制和机构

1960年，法国前总统戴高乐将军就强调海洋开发的重要性，发出了“法兰西向海洋进军”的号召。

1967年，法国成立了国家海洋开发中心（CNEXO），成为法国海洋开发的核心机构。

20世纪80年代后，密特朗总统领导下的皮埃尔莫鲁瓦政府坚决支持海洋研究与开发工作，进一步调整与改革海洋管理体制。其最重要的举措是在政府部门中增设“海洋部”，明确符合法国海洋利益的4项具体计划：合理利用与开发法国海岸带；整治滨海地区领土；开发海洋新技术；强化海洋研究与开发管理机构职能。（至此，法国“海洋部”成为该国海洋研究与海洋开发的一元化领导机构）

1983年，由于错综复杂的政治原因，法国内阁进行改组，曾一度撤销“海洋部”，降为“海洋国务秘书处”，归运输部领导。

同年，领导体制的改变导致海洋经济发展停滞不前，同时也遭到了沿海渔民的强烈反对。迫于舆论压力及对现实的切身感受，法国当局认清了

“海洋部”撤销后的不良后果，又对其进行了适当调整，将海洋国务秘书处从运输部脱离出来，恢复为一个直属总理领导的独立机构，重新履行原海洋部的一切职能。

1996年，法国朱佩政府颁布一项法令，授予“海洋国务秘书处”如下权力：

——制定并实施法国海洋政策；

——管辖法国本土及海外领地外海总面积为1 130万平方千米的200海里专属经济区；

——管理法国海港、渔港与海洋运输船队；

——管理海洋渔业与水产养殖；

——保护海洋环境；

——指导海洋工作者职业培训和社会福利事业；

——管理法国海岸带及海区公共财产；

——保障海上作业人员生命安全；

——推进海洋开发领域内的国际合作等。

至此，法国海洋管理工作集中在“海洋国务秘书处”，实行政府统一领导。

“海洋国务秘书处”下设部际海洋委员会，海洋科学技术研究委员会，以及航海和港口局、商船局、渔业局、海上人员管理局、全国海洋残疾者安置局5个管理部门。

秘书处部际海洋委员会是海洋科学研究和海洋资源管理方面的决策机构，由政府有关各部主要负责人组成，负责审议海洋开发计划；海洋科学技术委员会是海洋科学研究计划和海洋资源管理活动的咨询和指导机构，由资深的海洋学者、工程师和专家组成。这两个机构使海洋国务秘书处在海洋资源管理方面具有更大的权威性。5个管理局具体实施政府法令赋予秘书处的职责，行使管理职能。

“海洋国务秘书处”在法国沿海各大区设海洋事务管理局，其下属各省、市设海洋事务管理处两级管理机构。该秘书处现有人员 725 名，大区管理局及省、市海洋管理处两级机构共有从业人员 5 515 名。

除了海洋国务秘书处外，政府其他相关部门也参与了海洋管理工作。（略）

1984 年，法国将国家海洋开发中心（CNEXO）和南特海洋渔业科技研究所（ISTPM）合并，成立法国海洋开发研究院（IFREMER），隶属“海洋国务秘书处”。从此，法国有了一个名副其实的海洋研究与开发的综合机构。

从机构变更结果来看，尽管将“海洋部”改为“海洋国务秘书处”，但承担海洋活动的独立行政机构这一点充分显示了法国在海洋领域的先进性。以这种方式设置的海洋管理机构的最大优越性是便于统一管理，一致行动，解决矛盾和开展活动。在海洋工作中，“海洋国务秘书处”的管理系统是十分有效的。法国领导人认为，现行的海洋管理系统是第二次世界大战以来该国最理想的管理体制。

（2）海岸带管理政策

1）海岸带开发管理政策

法国在海岸带资源开发管理中实行以下政策，其要点是：①法国海岸带资源管理活动务必有利于推动沿海地区社会经济发展；②“法国海洋国务秘书处”及各大区、省、市的相应机构应将海岸带生态环境反对保护和治理作为海岸带资源管理计划的一项重要内容；③以法律形式明确指定一致公认的最关注的海岸带区域，对法国来说，尤其应重视和开发海岸带农业资源、林业资源、电力资源、旅游资源及海洋固体矿产资源。

2）海岸带整治与保护政策

法国海岸带开发活动对法国经济的发展起到了十分重要的作用，然而也带来了一些生态环境问题。法国已经采取了许多措施，防止对环境的破坏。如建设下水道设施，防止油轮对海洋造成的污染以及为海洋工程项目进行环境影响评价等。海岸带及湖滨保护机构还采取了建立自然保护区、国家公园，防止过多市政建设等措施。法国海岸侵蚀现象也很严重，年平均被侵蚀 1 米以上的海岸线长 850 千米，被侵蚀几厘米的海岸线长达 1 000 千米。海岸后退意味着国土减少，为防止海岸侵蚀采取了各种保护措施。尤其是 20 世纪 70—80 年代，海岸成为稀有空间，面临着环境污染和自然生态破坏的危险，与日益高涨的空间利用需求间的冲突更加突出。为改变这种状况，法国政府制定了一系列法规和规章制度。1979 年 8 月，法国政府制定了《海岸带保护与整治方针》，并作为政令颁布。1986 年 1 月 3 日公布了《海岸带整治、保护及开发法》，从此，法国有了完整的海岸带政策。具体政策目标有四项：①努力推进海岸带、资源的研究和技术开发。②保护生态环境，制定海岸带侵蚀对策，保护风暴区及历史遗产。③保护和发展近水面经济活动。这些活动有：渔业、水产养殖、港湾活动、造船、海运等。④维护和发展海岸带空间的农业、林业、工业、手工业及旅游观光业。

综上所述，法国海洋管理政策可概括为合理开发利用海洋资源、发展海岸带相关产业、保护海岸带空间资源、并尊重自然、维持和保护海洋生态环境、实现其海洋经济持续、稳定、协调地高速发展。

（3）海岸带管理方法

法国地理环境优越，除了拥有先进的海洋技术、较为完善的管理体制、正确的海洋开发政策外，还实行了较为有效的海岸带管理方法，使其至今保持着西方海洋大国的地位。

1）海洋资源管理措施

海洋资源作为食物、矿物和能源的来源已日趋重要，法国为了获取具有经济价值的海洋资源，制定了海洋资源协调政策，采取了有效的海洋资源管理与保护措施，这些措施的要点及内容如下：

①分类管理

按地理位置，法国将海洋资源分为三类：一是深海远洋资源；二是近海海洋资源；三是海岸带资源：包括从岸边向外扩展 50 米以内水域中海洋资源、潮间带和滨海地区沙砾和海沙等海洋固体矿资源，以及从岸边向内陆延伸50千米范围内的沿海陆地资源（其中以农业、林业、能源、旅游等资源为主）。

②海岸带资源区划管理

法国海岸带资源丰富，种类齐全。为合理利用海岸带资源，法国采取了区划管理政策，即根据海岸带自然属性——海岸带的资源条件、环境状况和地理位置以及社会属性——开发利用现状和社会发展的需要来进行区划管理。不同的区域，根据其主导功能，发展其不同的主导产业。地中海沿岸地区为海岸带旅游区，发展滨海旅游业。现在每年去法国南部海滨观光或度假的国外游客高达700万人次，为法国带来一笔相当可观的收入；英吉利海峡的沿岸地带为海岸带工业港区，主要发展造船业及水电、核电等能源设施。

③运用法律手段保护海洋资源

早在1976—1977年间的半年时间内，法国总统颁布两个法律，即1976年7月16日的第76－635号法律及1977年2月11日的第77－130号法律。这两个法律重申“从领海外部界限起向外延伸188海里的经济区内，法兰西共和国拥有勘探和开发权”。

④依靠先进技术获取海洋资源

法国依靠其先进的海洋勘探技术，主动向海外扩展，开拓海外市场，通过双边或多边合作协议，共同开发与管理他国海域范围内的油、气资源。实践证明，这项以技术获取资源的措施是有效的、成功的。现在法国道打尔石油公司、埃尔夫－阿基坦石油公司在海外的油气勘探区分布于13个国家，总面积达230万平方千米，其中海洋石油勘探区面积占65%。1981年，法国对海外投资为750亿法郎，1990年，已达1 000亿法郎，从海外油田获取约4 000万吨原油，以满足国内需要。这足以证明“法国海洋国务秘书处”实行的是海洋资源开发与管理政策的实效性。

⑤发展海水养殖业

为满足国内市场需要，法国积极发展海水养殖业。

2）建立并完善海岸带开发管理制度

虽然法国在海洋资源管理方面采取了许多措施，但也面临着一些亟待解决的问题。

从法国海岸带自然空间角度计算，森林占40%，荒野与灌木地带占35%，长有灌木草的沙丘占9%，湿地占7%。另外，海岸后退现象也是一个难题。

与此同时，海岸带开发活动的增加带来了行业间的矛盾冲突，引发了近海区域及海岸带地区环境问题。面对这些问题，法国政府通过立法手段，逐步完善海岸带开发管理制度。

从20世纪50年代后期开始，法国相继制定了“城市规划”、“土地利用规划”等，但尚未确立一项综合性管理规划。到20世纪70年代，法国政府发表了《法国海岸带整治展望》的正式文件，首次明确规定海岸带范围应包括陆地、近海和大陆架在内的几十千米的带状空间，并提出了关于设立海岸带保护机构、制定海域开发利用计划的设想。1979年8月，法国政府制定了《海岸带保护与整治方针》。该项法令提出了下列目标：

有组织、有秩序地实施海岸带城市规划；

保护并开发海岸带自然空间，并有义务对湿地填埋及开垦事业进行环境影响评价；

根据海岸带特点建立有关设施，但海岸必须向公众开放，原则上禁止在距海岸线2 000米以内新建过往道路；

注意滨海地区各类建筑物的造型与质量。1983年1月，根据法国市、镇、省、州及国家分担权限的法律，又制定了“海洋开发基本计划”制度，其主要内容是妥善利用海域。1986年1月，政府又制定了《海岸带整治、保护及开发法》，从此法国有了完整的海岸带开发管理政策和制度。

3）国有海洋地产使用许可制度

法国在海洋地产管理方面采取许可证和有偿使用制度。根据《国有财产法典》的规定，国有海洋地产作为国有财产，其使用权可以出让，出让价通过友好协商确定，或在协商不通时，由税务局长依照公用事业征地方面的定价方法确定。

许可证制度是法国海洋国有地产管理的重要手段，而且同时需要多种许可证。根据1979年6月29日关于使用海洋国有地产的第79－518号法令及其他有关法律规定，使用国有地产须事先向海洋部门提出书面申请。海域使用申请由海洋部门负责预审，如果工程项目涉及海洋国有地产的面积等于或大于政令规定限额的，还必须进行公众调查，作为预审的补充。预审结束后，海洋部门将有关文件转税务局制定有关税务规定，转主管部门制定技术和财务规定，然后向省海滨委员会报告，征求委员会的意见。委员会由省长任主席，其成员由省议会议员、市长、海军军区司令、省税务局长、海关长、海洋事务局长、省装备局长、房建局主管、省农业局长、矿区总工、路桥局总工、社会和卫生行动局长、省青年和娱乐局长、自然和环境部部长代表等组成。委员会以多数票做出决定，省长根据委员会的意见作出批复或拒绝的最终决定。

4）实施海岸带空间计划

制定和实施海岸带开发、利用和保护计划是合理开发利用海岸带资源的重要途径，也是实现海岸带综合管理的必要手段。法国从法律上确定的海岸带空间计划主要有海洋开发基本计划、土地利用计划和沿海城市建设基本计划，其中“海洋开发基本计划”着眼于根据海区特点制定海岸带开发、保护、管理、整治计划；“土地利用计划”重点放在海岸带城市规划方面；“沿海城市基本建设计划”主要目的是根据海岸带现状，采取保护环境措施，确定沿海土地利用的方针、城市区域及自然保护区内的主要基础设施的位置与规模等。

5）重点区域实行更严格管理

法国海洋管理机构尤其关注近海区域及海岸带地区，在管理上采取严格的保护措施。众所周知，法国传统上是个受益于海洋的国家，但由于油船事故时有发生，海洋石油污染时刻威胁着近海水域和沿海地带，为此法国政府颁布法令，明确规定绝对保护近海海洋环境质量，更新全国海洋环境质量观测网，增加测点数目，扩大监测范围，保护水生资源。在长达3 500 千米海岸线上，法国将原有43 个测区进行适当调整，增加7 个测区，又将原有的8 个测区网工作面扩充到10 个工作面，使海洋环境测量资料每年稳定在60 000 个左右，比20 世纪80 年代初的年观测量增加20 000 个数据。精确的数据资料使研究人员对近海水域及海洋滩涂污染状况作出正确评估，为确定最关注的管理区域及实施海洋环境质量保护措施提供可靠依据，使发展海水养殖业有了一个良好的水生栖息地。从1982 年至今，法国已建立多处海水养殖示范、实验区（站），取得良好效果。

6）实行集中统一的管理模式

综观法国海洋管理工作，最好的方法是实行集中统一的管理模式，即海洋管理工作集中于“海洋国务秘书处”一个部门，这一点最值得其他海洋国家学习借鉴。由于中央统一负责管理海洋事务，增强了海洋意识，拥有严密的海洋管理协调机制，才使各种海洋政策和措施得以贯彻执行，并保持了海洋管理政策的连续性。

“海洋国务秘书处”作为政府权威机构，在处理与协调中央政府有关部门与地方海洋机构之间海洋资源管理及其他海洋事业问题时，发挥着举足轻重的作用。法国充分认识到海洋对人类生存日趋重要。因此，法国政府认为，设置统一的海洋管理机构是使海洋逐渐具有强大吸引力的唯一解决办法。对法国来说，创建“海洋部”和重建“海洋国务秘书处”是该海洋管理政策发展过程中的必然结果。只有有了统一的管理机构，才能确立一致的海洋发展方针，加强政府对海洋资源管理的责任感，增进国会议员、海洋界人士、沿海大区、省地方官员对海洋的兴趣，有利于开展海洋管理工作。实践证明，集中负责的海洋管理机构的设置有益于保持法国海洋政策及海洋资源管理措施的连续性，结束了原12个与海洋活动有着直接或间接关系的部委之间相互竞争状态，并使法国政府的注意力日趋集中于海洋政策及海洋管理问题，进而增进对海洋管理问题复杂性的了解。根据管理机构的职能，法国海洋国务秘书处有权代表政府制定一项海洋管理综合政策，确保法国海洋工作的有效进行。

（4）立法与执法管理

1）海岸带立法的发展

法国历届政府总是从国防与军事观点及海岸带管理权限的角度出发制定有关法律。早在第二次世界大战时期，法国就制定了许多法令，但只局限于滨海地区公共财产或填海造地等单项规章条例。从20世纪50年代后期开始，法国相继制定了“城市规划”、“城市整治规划”、“土地利用规划”等，采取了行政手段，但尚无一项综合性法律。这种状态一直延续到20世纪70年代。1973年7月，法国政府发表了《法国海岸带整治展望》的正式文件。首次明确海岸带的范围不仅仅是内陆，也包括近海和大陆架，提出了设立“海岸带保护机构”、“沿海娱乐、自然基地”的具体建议，还提出了制定“适用海域的利用计划”的设想。

1979年8月，法国以政府政令的形式制定了《关于海岸带保护及整治的方针》，提出了实施海岸带城市规划、保护并开发自然空间、海岸必须向公众开放、建设有关设施等政策目标。

1983年1月，法国根据“市、镇、省、州及国家分担权限的法律”，创设了以妥善利用海域为主要内容的“海洋开发基本计划”制度。

1986年1月，法国政府制定了《海岸带整治、保护及开发法》，从此法国有了完整的海岸带管理法规——《海岸带法》。

2）主要涉及法律法规

《海岸带整治、保护及开发法》；

《海岸公物法》；

《城市化法典》；

海洋资源开发法律制度；

《海洋环境保护法》；

《海岸带空间计划》。

（5）海岸带空间计划

为合理开发利用海岸带资源及海岸带自然空间，法国制定和实施了海岸带空间计划。法国海岸带空间计划主要包括海洋开发基本计划、土地利用计划、城市建设基本计划等。

法国在制定和实施主要海岸带空间计划时，遵循了上述规定，着重解决了海洋开发总体战略目标、海洋产业结构调整和布局、海洋开发区域合理布局、海洋国土整治和环境保护等方面的问题。

1）海洋开发基本计划

该计划是根据市、镇、省、州及国家权限划分法律制定的。这项海洋开发基本计划的意义在于根据海区特点制定海岸带保护、管理、整治计划，并开始实施“适用海域的基本利用计划”。基本计划草案由海洋国务秘书处拟订，然后征求有关政府部门和地方公共团体的意见。最后以政令形式颁布，其内容如下：

——地区现状。包括环境现状、海区及海岸带利用条件与未来展望；

——区域发展、保护、设施建立的方向。明确各地区优势项目，如产业、港湾、水产养殖、娱乐休闲等；

——使用海区及海岸带空间的协调条件；

——与海区相关的设施建立计划，其中包括港湾设施或扩建的现代化设施、产业设施与娱乐设施的选址等，同时标明各类设施的种类、特点、位置、规模及特殊条件；

——海区保护措施；

——在认为有必要保护海区与海岸带及保持生态平衡时，应明确指出海区、河流及其响应陆地区域的特殊条件。

2）土地利用计划

该计划是法国海岸带城市规划的最重要的一项计划。法国《城市规划法》规定了“土地利用计划”的内容：优先考虑国家项目，项目的区域范围以一个或几个市、镇的管辖区域为宜；其次为被指定的城市区和自然保护区，规定每个区域的用途、建设项目的种类、规模、外形，以及道路、机构、港湾等基础设施的位置与规模。直到20世纪80年代中期，法国海岸带地区已有80%以上的市、镇制定并实施了土地利用计划。

3）沿海城市建设基本计划

这项基本计划的内容包括海岸带地区现状与展望、整治区域及其目的、保护环境措施、沿海土地利用的方针、城市区域及其自然保护区内的主要基础设施的位置与规模。“沿海城市建设基本计划”所确定的规划区面积一般为100～200平方千米。据最新资料报道，法国海岸带地区已有48%的市、镇制定了“城市建设基本计划”。

海岸带空间计划的意义在于：根据海岸带区域特点指定海岸带保护、管理、整治计划和开发利用计划，贯彻执行《关于海岸带保护和整治的方针》，大大缓解了海岸带空间的需求矛盾，对保护海岸带生态环境起到积极作用，使海岸带开发利用的综合效益大大提高。

（6）管理的经验与教训

1）海洋管理基本经验

①协调统一的海洋管理模式

法国政府设立了统一的海洋管理机构——“海洋国务秘书处”，代表政府协调和管理全国海洋事务，是一个具有一定独立性的政府部门，可直接向总理报告工作，也可定期参加政府内阁会议。这种单一的海洋和海洋资源管理机构确保政府集中管理海洋事务，对海洋资源开发、利用及管理有一个全面的看法，进而制定出一项综合海洋资源开发和管理政策，并得到其他政府部门和有关机构的全力支持。这样，避免了海洋管理工作政出多门、重复工作及双重负责的现象，结束了有关涉海部门职责不清、分工不明及由此造成的难以解决的种种矛盾，确保法国海洋管理政策有效地实行。法国这种统一的海洋管理体制在西方海洋大国中具有独特性，尤其对欧洲经济共同体成员国来说起着及其重要的示范作用，在处理和平衡中央及地方海洋机构之间管理方面的问题时发挥了极其重要的作用。据有关资料报道，“法国海洋国务秘书处”的职责范围大大超过了“美国国家海洋大气局”的职责范围。法国的海洋管理模式无疑也为我国的海洋管理体制改革提供了值得参考的范例。

②实用的海洋科研体制

1984年，法国成立了海洋开发研究院，成为名副其实的专门从事海洋科学研究和技术开发的核心机构。该研究院是一所具有产业、商业性质的海洋科研机构，旨在协调、推进并从事海洋科学技术基础与应用研究，提供开发利用海洋资源、保护海洋生态环境方面的技术与方法，推动了海洋领域内社会经济一体化进程。海洋开发研究院不仅是一所具有开发功能的海洋科研机构，而且又是海洋科学技术研究工作的协调机构。

③行之有效的海洋规划

为合理开发利用海岸带资源及海岸带空间资源，法国政府从法律上确定了“海岸带空间计划”。其中最主要的计划有：“海洋开发基本计划”、“土地利用规划”和“城市建设基本规划”。这些计划实施后，使法国的海岸带开发、治理、保护活动合理有序，实现了海洋社会效益、环境效益和经济效益的统一。更为重要的是法国的“海岸带空间计划”得到了落实，没有成为一纸空文。

2）失误与教训

①管理体制上走了一段弯路

1983年初，由于政局波动，法国内阁改组时曾撤消了主管海洋事务的“海洋部”，使海洋管理工作受到严重影响。致使法国海洋界持续地、反复地出现强烈的反对呼声和处于异常状态，码头工人罢工、渔民游行示威、船厂倒闭停工、海洋管理计划和措施难以实施、执法力度下降、涉海部门之间的活动无法协调发展。这种混乱局面直到重建直属内阁总理领导的“法国海洋国务秘书处”才得以好转。

②没有统一的海上执法队伍

法国三面环海，海岸线较长，除全国海洋环境质量观测网外，从海洋管理的行政手段看，法国至今还没有一支统一管理的海上执法队伍。海事管理机构分设在沿海各大区及各省市，一旦发生海洋污染，也只是采取一些应急性措施，这样有时难免造成巨大损失。法国政府及其下属机构已意识到问题的严重性，经与有关部门商讨，对海事工作将采取统一政策，制定一份条例，其目的是建立一支像美国海岸警备队那样的海洋事务执法队伍。

③没有一个完整的土地使用法规

法国虽有一项土地利用计划，但至今仍没有一个较完整的土地使用法规，因此海岸带地区土地资源分配问题尚未彻底解决，各沿海大区之间，各沿海省、市、镇之间争地、争岛现象较严重，尤其在有利用价值的地区，甚至出现破坏海岸生态环境问题，这不利于海洋环境及海洋生物学研究的深入展开。目前法国国会准备讨论土地问题，以立法手段确保海洋管理机构对海岸带地区土地的支配权，使以法国海洋开发研究院为核心的法国海洋科研机构有一个良好的科研场所。

7.2.5.4 几种管理模式的对比分析及当今管理体制的发展趋势

海洋管理体制因沿海各国的政治体制和经济体制的不同而不同，它的发展和形成与许多因素有关，其中一个很重要的因素是，一个国家对海洋的认识和海洋资源的需求开发程度。一定意义上讲，这个因素直接导致了一个国家海洋制度的产生和定位。随着世界海洋经济和海洋科学技术的迅速崛起，海洋资源的开发利用不断向广度和深度发展，海洋环保意识和海洋资源长期可持续利用观点日渐加强，并由此产生了国内部门与部门之间、各行业之间、国家与国家之间的各种复杂关系。这种混乱局面的产生，直接导致了《联合国海洋法公约》这部世界上最大法典的诞生。由于《联合国海洋法公约》涉及内容极其广泛，截止 1996 年 5 月已有 100

多个国家批准了《联合国海洋法公约》，并迫使许多国家重新考虑本国的海洋管理政策和体制。

就目前世界上现行的各种类型的海洋管理体制而言，每一种体制的发生、发展和确立都有其特殊的环境，但都在一定的阶段和时期体现了一个国家和地区的历史发展状况，为人类海洋历史的发展起到了积极的推动作用。随着现代海洋经济和科技的迅速发展，有一些管理体制由于其产生年代久远已逐渐暴露出诸多的弊端，无法适应现代海洋发展的需要。

权力分散型的海洋管理体制已不能适应海洋科技高度发达的现代海洋管理。从一定意义上讲它是在海洋传统经济的基础上建立的传统型的体制，它强调了陆地产业和海洋传统产业的陆海一体化，但是它没有真正体现海洋作为一个庞大的自然综合体而存在的本质。分散于部门间、产业间的不完整的管理必然带来了职能的交叉和管理的混乱，不仅造成了资源的浪费、环境的破坏、而且不可能实现海洋资源可持续利用的长远目标。因此，权力分散型的管理体制随着时间的推移将逐渐被淘汰。

美国的海洋管理体制是一种权力相对集中型的管理体制。在海洋执法方面充分体现了自身权力集中的优势，发挥了其高度坚决的决策能力，能对本国海域内发生的一切违背海洋法规的行为和事件进行迅速有力的处理，其执法能力的高效率和权威性在世界范围内得到公认。但是，由于其负责海洋管理的部门又相对分散，第二次世界大战以后，特别是近几十年来，社会经济和科学技术的发展巨大，海洋经济和海洋科技的迅速崛起，在给世界各海洋国家提供了越来越多的开发和利用海洋的机会和可能的同时，也给美国国内海洋管理带来了复杂的局面，职能交叉日益增加，国家与部门、部门与部门间的利益之争不断出现，因此美国国内有一部分有识之士为了顺应世界海洋发展的历史潮流，认为美国在2000年前应成立一个统一的权力集中的海洋机构，在维持一支统一执法队伍（即美国海岸警备队）的基础上，设立一个统一负责的独立部门，全面负责大陆架和水体内及海底地面和地下所有资源的管理和使用规划。只有这样才能尽快协调和解决目前出现的各种矛盾，提高办事效率，充分保证海洋资源可持续开发利用远景目标的实现。在美国还有一些人认为，要改革目前一些因权力过分分散的体系，通过在各部门之间成立一个协调委员会是一个较好的方案，这样既可以避免职能交叉、机构重叠，又可在政策上保持一致。总之，要对现行海洋管理体制进行改革的呼声在美国越来越高。

法国作为权力集中型管理体制的代表，其管理体制，将海洋事务的管理权集中到海洋国务秘书处这样一个部门，把全国开发利用海洋资源，维护国家海洋权益等统一纳入国家的长远规划中，从整体上做到科学有效地促进国内各产业间的协调发展，最大限度地合理利用和开发海洋，把国家的近期目标和中远期规划有机地结合起来，实现了海洋的合理开发和可持续利用的目的，适应了海洋是一个巨大的自然综合体这个本质。

法国成立海洋国务秘书处以后，在沿海各大区设立了海洋事业管理局，其下属各省市设立了海洋管理处，这种结构的法国海洋管理体系的形成，完全实现了国家海洋局统一管理的目标，避免了原来十几个部门间利益冲突不断的局面，促进了各海洋产业的协调发展，提高了海洋的综合效能。由于现行的海洋管理体制极大程度地促进、推动了法国海洋事业的蓬勃发展，表现出其作为国家综合管理体制所应具有的权威性、科学性和有效性，得到了法国领导人的称誉，将其称为第二次世界大战以来最理想的海洋管理体制。

8 海岛管理

8.1 海岛的基本概念

海岛指散布于海洋中面积不小于500平方米的小块陆地。如果这块陆地过大，则不叫“岛”而叫“洲”，如南极洲、澳洲；如果这块陆地过小，也不叫“岛”而叫“礁”。对于岛与洲的划分，目前并无明确标准。通常人们称丹麦的格陵兰岛为世界第一大岛（217万平方千米），大于这个面积的陆地称“洲”或“大陆”。对于岛与礁的划分，我国社会经济调查中以500平方米为界，小于500平方米的为礁。

8.1.1 我国的海岛及分类

（1）海岛概况

我国是世界上岛屿最多的国家之一。但我国到底有多少海岛有不同的说法。如果以500平方米为标准，以大陆各沿海省、市、自治区和港、澳、台为范围，我国海岛总数是7 372个（大陆沿海和海南省6 961个，澳门3个，香港183个，台湾224个，再加上海南岛）。我国小于500平方米的海岛有上万个。与陆地相比，海岛面积狭小，生态群落相对独立而脆弱。据统计，我国有常住居民的海岛460余个，约占全国海岛总数的6%；无居民海岛约占全国海岛总数的94%。岛屿面积约占全国陆地面积的8%；无居民海岛的面积占我国海岛总面积的2%。

台湾岛面积3.576万平方千米，为我国第一大岛。海南岛面积3.39万平方千米，为我国第二大岛。长江口的崇明岛，面积1 041.21平方千米，为我国第三大岛与最大的冲积岛。舟山群岛为我国最大的群岛，由大、小共 1 390 座岛屿组成，其中以舟山岛最大，面积 476. 17 平方千米，为我国第 4 大岛。

（2）基本分类

我国海岛不仅数量多，分布广，而且种类繁多。对海岛的分类，有多种标准。按物质组成划分，海岛可分为基岩岛、沙泥岛和珊瑚岛。在我国海岛中，基岩岛数量最多（占 93%），其次是沙泥岛（占 6%），再次是珊瑚岛（占 1%）。按成因划分，海岛可分为大陆岛，海洋岛和冲积岛。海洋岛包括火山岛和珊瑚岛。我国绝大多数岛屿属大陆岛，南海中的很多岛都是海洋岛。按组合形态划分，海岛可分为群岛、列岛和岛三大类。群岛是指彼此相距较近，成群分布在一起的岛群。我国有 10 个群岛。列岛是指呈线（链）形或弧形排列分布的岛群，我国有 45 个列岛。按行政建制划分，海岛可分为省级岛（2 个，台湾和海南）、地级岛（3 个，舟山、三沙、厦门），县级岛（14 个）、乡级岛（191 个）。按岛上是否有常住居民，可分为有居民海岛和无居民海岛。我国有常住居民的海岛有 460 多个，约占岛屿总数的 7%。

①大陆岛、海洋岛和冲积岛

大陆岛是由大陆向海洋延伸露出水面的岛屿。世界上较大的岛基本上都是大陆岛。它是因地壳上升、陆地下沉或海面上升、海水侵入，使部分陆地与大陆分离而形成的。格林兰岛、日本列岛、大不列颠岛、我国的台湾岛、海南岛都是大陆岛。

大陆岛指的是其地质构造与邻近的大陆相似，原属大陆的一部分，由于地壳下沉或海水上升致其与大陆相隔成岛。

太平洋中的大陆岛主要分布在亚洲大陆和澳大利亚大陆外围，如日本群岛和新西兰的南岛、北岛等。

我国大陆海岛总数是 6 000 多个，占我国海岛总数的 90% 之多，面积占我国海岛总面积的 99% 左右。我国的大陆岛绝大多数为基岩岛，主要分布于大陆沿岸和近海。由于我国长江口以北主要为平原海岸、东南和华南主要为山地丘陵和台地海岸，使得我国的大陆岛分布不均，形成南多北少的格局，并很有规律地向北偏东方向排列。

我国的第一大岛台湾岛和第二大岛海南岛都是大陆岛。

海洋岛是在海洋中自行生成的岛屿，又称大洋岛。指分布于广阔而又深邃的海洋上的岛。在地质构造上与大陆无关。

冲积岛是河流入海的力与海水拍打海岸的力相抵撞，在此处河沙淤积形成岛屿。一般位于大河的出口处或平原海岸的外侧，是河流泥沙或海流作用堆积而成的新陆地。

世界上许多大河入海的地方，都会形成一些冲积岛。我国共有 400 多个冲积岛，长江入海口的崇明岛，就是一个很大的冲击岛，是我国的第一大冲积岛。我国第二大冲积岛是湖北枝江长江中的百里洲。冲积岛的地质构造与河口两岸的冲积平原相同。其地势低平，在岛屿四周围绕着广阔的滩涂。世界上最大的冲击岛是位于亚马孙河河口的马拉若岛。

②群岛、列岛

群岛是成群分布在一起的岛群。其中，呈带状或弧状断续分布的岛群一般也称为列岛。世界最大的群岛是位于西太平洋海域的马来群岛，整个群岛有大小岛屿 2 万多个，分属印度尼西亚、马来西亚（13 000 多个）、文莱、菲律宾（约 7 000 个）、东帝汶等国。

世界最小的群岛是位于南太平洋萨摩亚群岛北部的托克劳群岛。它由 3 个珊瑚环礁组成，面积仅有 10 平方千米，可以称得上是“袖珍群岛”了。

我国的主要群岛有长山群岛（又称长山列岛）、舟山群岛、庙岛群岛、澎湖列岛，以及南海海域中的东沙群岛、西沙群岛、中沙群岛、南沙群岛四大群岛。其中舟山群岛面积最大，由大小 1 390 多个岛屿组成。舟山群岛附近，是我国最大的渔场 。舟山群岛是我国第一大群岛。

列岛是群岛的一种，一般指排列成线或弧形的群岛。

③基岩岛、沙泥岛和珊瑚岛

基岩岛是基岩风化作用发生以后，原来高温高压下形成的矿物被破坏，形成一些在常温常压下较稳定的新矿物，构成陆壳表层风化层，风化层之下的完整的岩石称为基岩，露出地表的基岩称为露头。基岩岛上就大面积地覆盖着这种基岩。

由基岩构成的岛屿占我国岛屿总数的93%，它们受新华夏构造体系的控制，多呈北北东方向，以群岛或列岛形式作有规律的分布。台湾岛和海南岛是我国两个最大的基岩岛。

沙泥岛是由沙、粉砂和黏土等碎屑物质经过长期堆积而形成，一般分布在河流入海口区，地势平坦，但面积较小，不太便于开发利用；长江口外总面积达1 041.21平方千米的崇明岛则是例外。

珊瑚岛是由热带、亚热带海洋中的珊瑚虫残骸及其他壳体动物残骸堆积而成的，主要集中于南太平洋和印度洋中。珊瑚礁有三种类型：暗礁、堡礁和环礁。世界上最大的堡礁是澳大利亚东海岸的大堡礁，长达2 000千米以上，宽50~60千米，十分壮观。

8.1.2 我国海岛的价值

海岛是海陆兼备的重要海上疆土，具有丰富的资源和特殊的功能区位，对我国的政治、经济和国防安全具有极为重要的战略意义。在我国经济社会发展中，海岛在资源、权益、国防等多方面都有着极其重要的地位与作用。

(1) 海洋权益价值

海岛是维护国家海洋安全的基石。根据《联合国海洋法公约》确定的领海与岛屿制度，海岛在确定国家领海基线、划分内水、领海、毗连区和专属经济区时具有关键性作用。因此，海岛的重要性已不仅仅局限于海岛本身的经济、军事价值，而且直接关系到沿海各国管线海域的划分，海洋法律制度和海洋权益的确立。

海岛面积虽小，却是我国海洋权益的标志和拥有周围海域底土资源主权权利的象征。在我国已经公布的94个领海基点中，位于海岛上的就有92个。拥有一个孤立的小岛的领土主权，就会拥有周围43万平方千米海域捕捞丰富海洋生物和开采海底油气资源的权利。因此，海岛具有重要的战略地位。我国的钓鱼岛就是一个例子。钓鱼岛本身只有8个小岛，但其周围的石油蕴藏量高达30亿~70亿吨。

（2）国防安全价值

国防安全价值海岛是指保障我国的国土安全、海上交通、国家利益有重要影响的海岛。如军事海岛、国防前哨、导航灯塔、海洋观测站等海岛。

海岛是国防安全的天然屏障。由海岛组成的岛弧和岛链，构成了我国海上第一道国防屏障。海岛也是海军反击侵略和战略追击的前沿阵地，较大的海岛可以兴建军事基地。可以说，谁控制了海岛，谁就能控制周围的海面、海底，谁就掌握了制海权、制空权，就能维护大陆的安全。

（3）经济价值

海岛是海洋经济开发的重要基地。海岛及周围海域是能源宝库，为发展海洋经济提供了得天独厚的优势。良好的建港条件和区位优势，可带动海岛外向型经济和高技术产业发展，成为海洋开发的海中基地。

①生物资源经济价值

海岛上许多自然植被是药用植物的宝库；红树林可提供多种木材、食品、医药、造纸和制革等原材料以及旅游活动空间。

珊瑚礁不仅可以制成工艺品、药用，而且与石油天然气储量有关。如我国南沙群岛的油气田，绝大部分位于古珊瑚礁区。大陆边缘的珊瑚礁是天然的防波堤，能保护海岸免受侵蚀。

②空间资源经济价值

海岛具有天然的港址资源，某些海岛具有建设深水良港的有利条件。滩涂资源可以用作养殖、盐场、围垦造田，可修建港口区、可辟为浴场。

海岛上的土地资源，除了种植、放养外，还是农业、工业和商贸开发的基地，也是铺设通讯电缆、油气管道、灯塔的基地以及渔民暂栖和渔业生产的基地。

③矿产资源经济价值

不少海岛蕴藏着一些非金属和金属矿物，海岛油气资源主要集中在海岛附近海域里，若某海域发现了油气资源，海岛还可作为固定的中转站和钻井平台。海岛周围海域一般受陆地影响小，海水盐度高，具备开发海盐的条件。

④水产资源经济价值

海岛周边海域的初级生产力高，可以开展大规模的养殖，如海带、紫菜、贻贝、牡蛎蛏、蛤、蚶、对虾、鱼类等。

（4）生态环境价值

海岛在海洋生态保护和海洋科研中占有十分重要的价值。由于海岛的独立、没有或者较少人类活动，保存了相对独立的原始自然环境和资源体系，如地质地貌、生物进化的痕迹和化石，是研究地质演变、生物进化、海洋灾害和生态平衡的天然实验室。

很多海岛拥有典型的生态系统和生态关键区，如红树林生态系统、珊瑚礁生态系统、潟湖等；拥有物种多样性；拥有珍稀或濒危物种，如由国家一、二类保护动物、珍稀与濒危动物物种及珍稀与濒危植物；对具有重要紧急价值的海洋生物生存区域或地方性海洋生物有重要影响，如周围海域具有重要经济水产动物及产卵繁殖、索饵场等，海岛和周围海域的物种在分类学上具有全国性或世界性的代表意义。

（5）社会文化价值

海岛的社会文化价值主要体现在海岛的自然历史遗迹，如各种地貌景观；人类历史遗迹，如古代先民的文物、建筑，历代名人踪迹，宗教文化资源，神话传说；遗留的军事、海洋监测站、航标灯设施，如威海的刘公岛；特殊航标灯标志，如洛迦山灯塔；美丽的自然风光，包括沙滩、阳光、海水、空气、绿树和奇特的自然景观（海市蜃楼、奇特山石等），可以供人们度假；海洋科普、国防教育价值，如在海洋划界、维护领土完整、维护海洋权益等；科学研究价值，如对海岛的地质构造和地貌类型的研究、对海岛上动植物的研究等；旅游资源丰富，如可进行观光旅游、度假旅游、娱乐旅游。

8.2 无居民海岛的管理

无居民海岛是指我国管辖海域内不作为常住户口居住地的岛屿、岩礁和低潮高地等。无居民海岛是我国海洋国土的重要组成部分，是特殊的海洋资源与环境的复合区域。无居民海岛与我国海洋权益息息相关，具有重要的政治、经济、军事价值。开发利用无居民海岛，是发展海洋经济、建设海洋强国的需要，是促进整个国民经济持续健康快速发展的重要因素。

据统计，我国有常住居民的海岛460余个，约占全国海岛总数的6%；无居民海岛约占全国海岛总数的94%。岛屿面积约占全国陆地面积的8%；无居民海岛的面积占我国海岛总面积的2%。

为了保护海岛及其周边海域生态系统，合理开发利用海岛自然资源，维护国家海洋权益，促进经济社会可持续发展，《中华人民共和国海岛保护法》（以下简称《海岛保护法》）已由中华人民共和国第十一届全国人民代表大会常务委员会第十二次会议于2009年12月26日通过，自2010年3月1日起施行。

8.2.1 无居民海岛的问题

我国海岛约有94%系无居民海岛，它们大多面积狭小，地域结构简单，环境相对封闭，生态系统构成也较为单一，而且生物多样性指数小，稳定性差。随着全球气候异常，海平面上升，极端动力作用加强，自然灾害频繁对自然环境和生态系统造成更大的威胁。另外，人地关系异常紧张，资源特别是淡水资源贫乏，采砂、炸岛取石、无序捕捞与养殖、肆意开发等现象突出，加大了海岛的压力，也导致部分岛屿水荒日趋严重。

(1) 无居民海岛开发的不利条件

无居民海岛与陆地相比也存在不少不利条件，如海岛土地资源、森林资源有限，淡水资源短缺，生态系统脆弱，自然灾害频繁；还有绝大多数无居民海岛之间海水相隔，交通不便，每个岛屿面积狭小，资源单一，长期无人定居，生产和生活条件很差。这些不利条件都是无居民海岛经济发展的制约，增加了开发利用海岛的难度。因此，以前国家对无居民海岛的投资很少，更多的是将其作为一个军事基地来建设和使用。

(2) 无居民海岛开发中存在的主要问题

①开发秩序混乱

无居民海岛往往远离大陆，位置偏僻，交通不便，导致管理相对滞后，加之开发利用方式不当或过度开发利用，已对局部地区无居民海岛及其周围海域的海洋生态造成了严重破坏，主要表现在：大量采石造成海岛地貌形态遭到破坏，部分海岛行将消失；开发过程中只采不种，导致海岛植被受损严重，使生态群落和动物区系遭受破坏；大规模采挖珊瑚造成资源消失，使赖以生存的热带珊瑚鱼类生态系统遭到毁灭性破坏。

②管理处于无序

某些单位和个人将无居民海岛视为无主之地，随意占用、使用、买卖和出让。某些海岛上私搭乱建情况普遍，某些海岛被视为私有领地，国家派往的管理人员登岛都受到阻挠，影响国家正常的科学调查、研究、监测和执法管理活动，滋生违法乱纪行为。这些情况不仅造成国有资源性资产流失，扰乱海岛开发秩序，甚至威胁国家权益和安全。

③生态环境破坏严重

无居民海岛面积狭小，90%的海岛都在0.1平方千米以下，生物的多样性指数小，稳定性差，生态系统脆弱，容易遭受破坏且破坏后难以恢复。部分岛屿在开发中因保护不力，许多自然景观及生态系统遭受很大的破坏。如植被遭破坏、礁滩被毁、滥捕已使渔业资源逐渐枯竭；南海的许多珊瑚岛，受挖掘之害，已严重威胁到岛礁的存在，西沙群岛著名的玳瑁等珍稀动物濒临绝迹，一些鸟类栖息的岛礁已形不成鸟群，有些具有特殊生态环境的岛礁已失去其特性；而且大多数无居民海岛地势低洼，极易受海平面上升和海洋风暴潮的侵袭，也亟须加强预防性保护措施。

（3）无居民海岛开发利用面临的困难

①被破坏海岛的整治修复工作任务量大，技术难度高，海岛资源和生态改善还需要相当长的一段时期；

②对海岛保护意识不高，海岛开发方式粗放，开发层次低，手段落后，效率低下，缺乏对海岛及其周边海域资源的整体性规划和综合利用，还需要进一步转变海岛开发观念；

③沿海地方和社会大众对《海岛保护法》认知程度还不够，还需要进一步建设和培育依法用岛的社会氛围。

8.2.2 无居民海岛的开发利用类型

无居民海岛属国家所有，不存在买卖。无居民海岛分类很多，不能随意开发。无居民海岛的开发要遵循国家规定，严格把握科学规划、保护优先、合理开发、永续利用的原则。目前国家首批公布的176个无居民海岛可进行开发（图8－1）。

（1）无居民海岛的开发性质

按照无居民海岛的性质，在开发中可分为三类：

第一类不具有开发价值，主要是出于经济价值与开发利用前景等方面的考虑，如当前的技术水平开发尚有难度；

第二类出于其他考虑不宜开发，主要是出于军事与生态环境等方面的考虑，如该岛生态脆弱；

第三类具有开发利用价值，适宜于渔业捕捞、旅游度假等方面的经济开发。

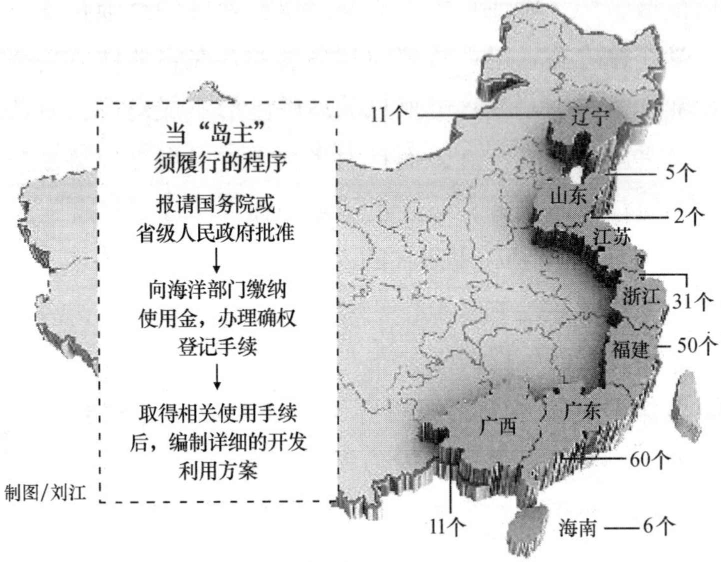

图 8－1 国家首批公布的可开发的无居民海岛分布示意图

（2）无居民海岛的开发意义

在海洋国土安全上，岛屿归属、海域划界争议与海洋资源争端，往往三位一体。关于海岛的海洋权益问题主要来自海岛的主权归属及其管辖海域，而隐含其后的是海岛所带来的国土安全与资源利益。

①海岛开发是保障国土安全的重要部分

国际法中规定，一个地方的主权归属至少有四大要素，即最早发现、最早命名、最早开发、历史上曾连续进行行政管辖。从法理与历史依据来看这些海岛都是我国领土不可分割的部分。但是，由于我国长期滞后的海岛行政管理与落后的海岛开发使得邻国觊觎我国的海岛主权。因此，从主权上看，海岛开发是解决争端的一个重要措施；从国防上来看，海岛开发有利于我国的近海防御，领土完整与国土安全。

②海岛开发与保障资源安全的关系

海岛及其所属海域赋存着丰富的资源。有些海岛可以修建海港；有的海岛所辖海域中存在石油、天然气、矿产等重要战略资源。在东海包括台湾、钓鱼岛一带的海域内，发现了巨大的海底石油蕴藏，在南海诸岛海域也发现了储量丰富的海底油气田、涂海多金属结核与天然气水合物等重要矿产资源。因此，对海洋的开发是建立资源储备、保障资源安全、实规经济可持续发展的必由之路。

③我国经济跨入了海洋资源开发的新时代

以往，我国重视陆地经济，忽视海洋经济，导致海岛的开发利用落后，巨大的海洋资源得不到充分利用。《海岛保护法》的出台，不仅表明我国政府向公众开放了海岛的开发权，更重要的是它预示着我国将发展的目光进一步从内陆投向浩瀚的海洋，对我国开展远洋捕捞、全方位地开发石油、矿产等战略资源，以及加强海岛管理、解决领土争端有着重要的作用。同时，也意味着我国跨入了海洋资源开发的新时代，显示了作为海洋大国的毅力与决心。

（3）无居民海岛的开发管理

①制定和实施海岛保护与开发管理制度，逐步实施海岛生态保护、特殊用途海岛管理、海岛名称管理、无居民海岛使用管理等制度；

②组织开展海岛生态修复，建立海岛生态建设实验基地，推进海岛水资源保护利用、海岛可再生能源建设；

③开展海岛资源调查评估、海岛地名普查，建设海岛监视监测系统，实施海岛执法监察，规范海岛开发秩序；

④切实重视海岛旅游和文化建设，大力发展海岛保护与建设的技术创新，支撑系统产业的改造升级，引导和支持新能源、新材料、信息技术、生物技术等推广应用和新兴产业发展，全面推进海岛保护、开发与管理，探索海岛生态型发展的新模式。

（4）无居民海岛的开发政策

①海岛保护规划制度。这项制度是《海岛保护法》确立的一项基本制度。海岛保护规划一经批准，就具有法律约束力，任何单位和个人都必

须遵守。同时，各级人民政府和相关行政主管部门在保护海岛生态时，也必须严格以海岛保护规划制度为依据。

②权属管理制度，即无居民海岛属于国家所有，国务院代表国家行使无居民海岛所有权。根据《海岛保护法》的规定，无居民海岛使用的审批权在国家和省两级。开发利用无居民海岛的，必须依法取得无居民海岛使用权证书。

③无居民海岛开发有偿使用制度。除了免缴海岛使用金的情况外，单位和个人使用无居民海岛应当按照《无居民海岛使用金征收使用管理办法》的规定缴纳海岛使用金。

此外还有开发利用具体方案制度，要求开发单位要编制详细的海岛开发利用具体方案，该方案一经批准，是单位开发利用海岛和海洋部门执法检查的重要依据，必须严格执行，如果要调整方案，必须经原审批部门审查同意。

（5）无居民居住海岛开发使用规定

为使我国无居民海岛得到科学合理地开发利用，将造成不利影响降低到最小，目前国家对开发无居民海岛建立了一系列规章制度，要求单位和个人提出用岛申请后，必须按照政府编制的海岛保护和利用规划，对拟开发的海岛编制详细的开发利用具体方案，在经专家进行充分论证认可后，并经国务院或省级人民政府批准后，取得无居民海岛使用权。

原则上无居民海岛不进行房地产住宅开发，由于没有户籍常住人口，无居民海岛不会因为开发使用而变为有居民海岛。

海岛不存在买卖，只能取得一个使用权，叫无居民海岛使用权。使用的最高年限是50年。

8.2.3 无居民海岛开发

无居民海岛的开发具有很重要的战略意义。有效地利用我国领土，合理化发挥资源优势，在保护环境为前提下，进行无人岛屿的开发，很有必要。

根据无居民海岛的自然环境、生态系统的特性，确定其不同的功能，以经济和社会发展需要统筹安排各行业用海用岛。按照无居民海岛的不同功能予以分类保护和开发。

8.2.3.1 无居民海岛开发分类

（1）严格保护类无居民海岛开发

对于领海基点所在的无居民海岛应当进行严格保护。禁止采石、挖沙、砍伐、爆破、射击等破坏性活动；在领海基点周围1千米范围内的区域，除可以进行有利于领海基点保护的工程建设项目外，禁止进行其他工程建设项目。

（2）特殊保护类无居民海岛开发

特殊保护类无居民海岛是指已经建立海洋自然保护区或海洋特殊保护区，以及符合建立条件但尚未建立保护区的无居民海岛。海岛是一个独特的生态系统，建立海岛自然保护区，既能为人类保存一部分海岛生态系统，又能通过一些适当的保护工作，减少或消除一些人为的不利影响，维持生态平衡，促进可再生资源的繁殖、恢复和发展。根据《海洋环境保护法》规定，具有下列条件之一的无居民海岛，应当建立海岛自然保护区：典型的海岛自然地理区域、有代表性的海岛自然生态区域，以及遭到破坏但经保护能恢复的海岛自然生态区域；海岛生态物种高度丰富，或者有珍稀、濒危生物物种的天然集中分布区的无居民海岛；具有特殊保护价值的岛屿；自然遗迹具有重大科学文化价值的海岛；其他需要予以特殊保护的无居民海岛。凡具有特殊地理条件、生态系统、生物与非生物资源及开发利用特殊需要的海岛，可以建立海岛特别保护区。

（3）可开发类无居民海岛开发

可开发类无居民海岛是指基点海岛或者无其他保护标志，也不具备建立海岛自然保护区或特殊保护区的条件，但岛屿及其周围海域具有丰富的生物与非生物资源、旅游资源或港口资源，具有较大的开发利用价值的无居民海岛。对于此类无居民海岛，可以在保护与开发相结合的前提下，在合理的范围内进行适度的开发和利用。开发此类海岛及其周围海域的资源，应当采取严格的生态保护措施，不得造成海岛地形、岸滩、植被以及海岛周围海域生态环境的破坏，保障海岛的可持续利用。

（4）暂不开发类无居民海岛

此类海岛是指目前不具有开发利用价值的无居民海岛。这类海岛的开发利用价值不大，经济效益不高，在现阶段，如果强行开发造成的生态损失可能会大于可获得的经济效益。在这种情况下，应以保护海岛生态环境为原则，暂时不予开发。

8.2.3.2 无居民海岛开发价值

（1）政治价值

在我国已经公布的94个领海基点中，有一半以上位于无居民海岛上。可见，无居民海岛在海洋划界和确定国家管辖海域范围中具有不可忽视的作用，海岛除可以作为测量领海宽度基线的基点外，在其他海洋区域的划界中也占有重要的地位。其中最为重要的是在大陆架问题上的作用。

（2）经济价值

无居民海岛及其周围海域拥有丰富的海洋资源，生活着大量的海洋经济动植物，蕴藏着丰富的石油、贵重金属，拥有众多的优良港湾和宝贵的旅游资源，具有巨大的经济价值。开发利用无居民海岛，不仅是发展海洋经济、建设海洋强国的需要，而且可以弥补陆上资源的不足。开发海岛，建设海岛，不仅是我国海洋经济体系的重要环节，而且是促进整个国民经济持续、健康、快速发展的重要基地。

（3）军事价值

我国无居民海岛是天然的军事屏障，其中有不少海岛是我国国防的前沿阵地，在空防和海防预警体系中有着不可替代的作用，具有重要的军事战略意义。

8.2.3.3 无居民海岛开发资源

（1）海岛旅游资源开发（旅游娱乐）

海岛拥有丰富的旅游资源，它将阳光、大海、沙滩天然地汇集一起，成为人们向往的游乐场所。海岛旅游资源是一种共性大、个性小的资源，在海岛旅游规划与开发中很容易出现旅游项目趋同的现象。无居民海岛旅游开发应充分考虑其生态环境的脆弱性、资源的独特性和环境的原生性特点，应以旅游资源为依托，正确定位市场，挖掘特色旅游资源，因岛制宜合理设计旅游产品、旅游项目、交通与服务设施等，树立海岛旅游品牌，并注重景观的协调性和海岛旅游资源环境的永续利用。

海岛旅游要整体规划，优势特色互补。要做出科学合理的旅游规划，使开发建设具有计划性、合理性、有序性及兼顾重点的特性。要处理好海岛开发建设与环境保护的关系，处理好旅游业与水产养殖、港口建设等之间的关系；要注意各岛屿间的优势特色互补和周边岛屿间的协调发展，避免盲目、无序的开发。

（2）海岛生态资源开发（农林牧业）

海岛是一个完整而独立的生态环境地域系统单元，每个岛屿都构成一个独立的自然生态系统，它一般由岛陆、岛滩、岛基和环岛浅海四个小生境组成，海岛的每个小生境都具有特殊的生物群落，从而构成其独立的生态系统。由于海岛面积狭小，造成海岛的地域结构简单，生态系统十分脆弱，生态系统的生物多样性指数小，稳定性差，如果不注意保护，盲目开发，就极容易带来大量的生态环境问题，破坏良好的生态经济系统。开发建设海岛必须注意保护海岛的生态系统平衡，注意再生资源永续利用所允许的开发限度。在海岛上森林是生态系统的主体，因为森林可以起到涵养水源、节制地表通流、保持水土、调节气候、美化环境、净化空气等作用。由于海岛集水面积小，淡水资源缺乏，森林对涵养水源的作用意义更为重大，因而建立永久性的海岛防护林，并因岛制宜结合营造水源涵养林、水土保持林、用材林、薪炭林、经济林、特种用材林等，使之形成多层次的有机体系，达到生态效益、社会效益和经济效益三者统一，充分发挥森林在海岛开发和保护环境方面的功能。又如对环岛浅海滩涂仁生物资源的合理采捕与保护，对海洋生物资源的永续利用也起着重要的作用。

（3）海岛渔业资源开发

很多海岛岸线长、滩涂多、水质好、饵料生物丰富，有利于发展海洋养殖业。海水养殖是海岛的一大优势，应列为开发海岛扶持海岛渔业发展的首位。开发海岛渔业，要以养为主，养捕并举；宜养则养，宜捕则捕，因岛制宜，各有侧重。运用海洋生物高技术和水产加工技术，可以建立起以海水养殖业、远洋渔业、水产品加工和综合利用为支柱产业的新型海岛渔业。以渔业为基础而延伸的海洋生物、制药、食品、旅游等海洋渔业产业的研究已经成为临海国家的重点研究学科。目前有些沿海地区在海岛周围开展深水网箱养鱼，取得很好的经济效益。

海岛渔业开发意义深远：①发展渔业增产水产品，可以缓解全球粮食危机；②重视和保护渔业资源和生态环境，防止生态环境恶化，维护生物的多样性，及可持续发展。

海岛渔业开发的具体措施：①实行多层次开发利用。根据不同水层，潮上带以养虾、蟹、鳗为主；潮间带以养贝类、藻类为主；潮下带和浅海区以贝类、藻类及增值贝类为主。②提倡立体养殖。充分利用水面、滩涂及 15 米水深以内海域，进行养殖。③调整品种结构，发展名特优品种。扩大面积与提高单产相结合，常规品种生产与名特优品种生产相结合。发展名特优品种如鲍鱼、扇贝、珍珠贝、海胆等。

（4）海岛交通运输开发

发展陆岛运输，必须加强港口建设，各海岛与大陆的距离远近有所差异，如有良好的港口，则具备了海陆之间联系的方便条件。由于岛屿面积狭小，不可能各种资源都具备，要从大陆运去粮食、燃料和某些工业品等，甚至运去淡水。有了良港则可弥补距离远之不足；没有良港，虽近犹远。因而陆岛运输成为开发海洋建设海岛的关键，甚至成为海岛经济发达与否的标志。如日本是一个地域狭小、资源匮乏的岛国，但它却成了世界工业、经济、贸易最发达的国家之一。它主要靠资源输入，资源输入几乎占日本全部进口值的四分之三，因此，日本极为重视发展港口和海上运输业。21世纪的港口，不仅是单一的运输功能，还将具有高效的客流空间，高质量的产业空间，丰富多彩的生活空间，情报信息处理空间。我国海岛港口资源丰富，也具有发展多功能港区的海湾。但对多数海岛来说，以建设具有一定泊位、码头的中小型港口为主。按交通部规划，要求5 000人的海岛建一个港口，充分发挥陆岛运输的功能，提高海上运输的便捷程度。

海岛环境中的交通系统，包括航道、机动车道和步行路，是海岛中引导方向的基本要素。好的交通设计，能给旅游者带来别样的感受，它是旅游区形成个性与特征的要素。海岛的生态环境独特，应减轻旅游交通与服务设施对生态环境产生的影响，少设置对环境影响大的道路，并在游步道两侧布置精美的健身、休憩等设施。

（5）海岛工业开发

开发海岛工业要因岛而异。要根据岛屿的地理位置、自然条件和经济资源来开发。无居民海岛虽然面积较小、资源有限、地域分散和远离大陆，但有些海岛具备发展工业的一般条件，甚至有的还有优势条件。众所周知，有些海岛地区天然存在着石材、矿产、木材、油气、盐卤等资源，有的含量已达到工业利用价值，这些资源在岛上就可以进行工业开发。舟山、平潭与东山岛已开发有几十万亩盐场，年产原盐上百万吨。莱州湾套尔河以西地下卤水净贮量4.8亿立方米，其中棘家堡子一带贮量1.58亿立方米，单孔日出水量超过500立方米，可建大型盐化企业。嵊泗岛大洋镇一带石材质地、纹理、色泽俱佳，可作高级建筑装饰材料。海岛都被海水所包围，而海水有“液矿”之称，可以利用海水这一永久性资源，开展海水化工工业。

在海岛地区发展工业，应就地取材，以渔农产品为加工原料，发展食品、医药、木器等工业；另外，可以发展为渔农业提供生产资料的船舶修造、渔具、网具、仪器仪表、塑料纺绳等工业。盛产原盐的海岛，重点发展盐化工业。有矿产业或旅游业的海岛，还可以发展与之配套的采掘、冶炼设备或工艺制品等工业。这样，依托主导产业，靠近原料产地和消费市场，可以大大节省运输时间，减少流通费用，便于进行要素供给和产品销售的预测，甚至可以进行农、工、商的统一管理，从而使工业早日越过原始积累阶段，形成气候，并形成第一、二、三产业间的良性循环。

（6）海岛可再生能源开发

对无居民海岛进行海洋能开发利用很重要。我国海岛大都远离大陆，缺少电力和淡水资源，严重影响了岛上居民的生活和生产，制约了海岛综合开发利用。开展海岛可再生能源开发，利用可再生能源建立独立的电力系统，可满足岛上用电及海水淡化等用电需求。由于海岛所处的位置较大陆沿海处水深及风浪大，因此海洋能源的利用效率大，也便于开发和利用。

我国海洋可再生能源开发利用前景广阔。潮汐能的开发利用技术比较成熟；波浪能开发利用已有较好的技术基础；海洋风能的利用可借鉴陆地上相关的技术成果，今后的重点是提高装备的制造水平；加强温差能技术的研究和开发。我国目前已有一支长期从事海洋可再生能源卡发利用的专业研发机构，为项目的实施提供了技术依托。

我国海岛可再生能源开发已取得成果。世界首座海岛可再生独立能源电站在珠海建成投产。2009 年 3 月 10 日，据中科院广州能源研究所透露，由该所承担研制建造的世界首座综合利用太阳能、风能、波浪能的海岛可再生独立能源电站，在广东珠江口的珠海担杆岛初步建成投产，岛上 300 户常住居民由此实现了电力和淡水的 24 小时自行供应。该系统的可再生能源总发电容量为 105 千瓦，其中风能总装机容量 90 千瓦，波浪能 10 千瓦，太阳能 5 千瓦，备用柴油发电机 100 千瓦，年发电量达 1×10^5 千瓦·小时，在供电的同时多余能量可以用于海水淡化，年产淡水量达 10 000

吨。据介绍，目前小型波浪发电技术已经实用化，单独的风能、太阳能开发利用也比较成熟，但三者综合利用，在世界上还是首创。

据不完全统计，截至2010年底，全国已经开发利用的无居民海岛共计900多个，其中，农牧渔业用岛360多个、旅游娱乐用岛210多个、工业及交通运输用岛200多个、公共服务用岛130多个。

促进海岛保护和开发并举、保证海岛资源更加持续和有效地服务于沿海经济发展，是海岛开发管理的方向。①严格限制和控制粗放的、低层次的开发活动。主要是限制填海连岛、炸岛炸礁等严重破坏海岛自然地形、地貌的开发活动。②推动科学合理的用岛方式。推进用岛观念的转变，树立科学合理用岛护岛的新理念，鼓励因岛制宜，科学选择开发利用模式。③引导低碳环保高新技术的应用。推进海岛生态实验基地建设和海岛开发利用示范基地的建设，探索新技术，鼓励和引导海岛开发者采用低碳环保技术开发海岛。④促进海岛产业布局科学合理。通过规划指导海岛开发与保护，促进海岛经济又好又快发展。

8.3 无居民岛开发指导

为了推进无居民海岛的合理开发利用，规范无居民海岛使用秩序，科学指导县级（市级）无居民海岛保护和利用规划、无居民海岛开发利用具体方案和无居民海岛使用项目论证报告的编制工作，国家海洋局编制了《无居民海岛保护和利用指导意见》和《无居民海岛用岛区块划分意见》。

8.3.1 无居民海岛保护和利用

为了推进无居民海岛的合理开发利用，规范无居民海岛使用秩序，科学指导县级（市级）无居民海岛保护和利用规划、无居民海岛开发利用具体方案和无居民海岛使用项目论证报告的编制工作，提出如下意见：

1. 地形地貌的保护与利用

（1）严格限制填海连岛工程，保护海岛自然属性，防止海岛灭失。填海造地工程涉及海岛的，应通过桥梁和隧道方式连接海岛和陆地。

（2）海岛开发利用应充分利用原有地形地貌，避免采挖土石。确需采挖土石方且采挖面积达到用岛面积30%以上的项目用岛，应专题论证，论证专家一致同意方可通过。

（3）对于具有较大科学研究价值或者美学价值的地质遗迹和景观山石等特殊地形地貌的海岛，应划定保护范围。

2. 海岸线的保护与利用

（1）海岛开发利用应避免破坏自然岸线资源，对于改变原有海岸线长度达到使用海岸线长度30%以上且超过200米的项目用岛，应专题论证，论证专家一致同意方可通过。

（2）在海岛海岸线及周边海域修建码头、房屋等建筑物和设施，鼓励采用透水构筑物形式或者桩基方式，例如栈桥式码头、栈道、高脚屋等。

（3）在海岛上建造建筑物和设施应与海岸线保持适当距离，一般应保持在20米以上。其中对砂质海岸线，建筑物和设施应与海岸线保持50米以上距离。

（4）对于减少沙滩面积的项目用岛，应专题论证，论证专家一致同意方可通过。

3. 动植物资源的保护与利用

（1）海岛开发利用应避免破坏海岛植被。对于海岛植被减少面积达到用岛范围内植被总面积30%以上的项目用岛，应专题论证，论证专家一致同意方可通过。

（2）海岛开发利用应避免对珍稀濒危或者有研究和生态价值的动植物物种造成影响。可能造成影响的，应采取划定保护范围等有效措施进行保护。

（3）海岛开发利用应避免对红树林、珊瑚礁、海草床等典型生态系统和生物栖息地、索饵场、产卵场、越冬场等生态敏感区造成影响。可能造成影响的，应采取划定保护范围等有效保护和恢复措施，防止降低生物多样性。

（4）在海岛进行绿化、生态修复等保护活动应尽量采用海岛原有物种或者本地物种，避免造成生态灾害。

4. 淡水的保护与利用

（1）海岛开发利用应加强淡水水源地及涵养区的保护，鼓励建设水渠、池塘、水库等蓄水设施。

（2）海岛开发利用应采取节约用水的措施，鼓励建立雨水收集、海水淡化、岛外引水等供水系统。

5. 人文遗迹及公益设施的保护

（1）海岛开发利用应加强对古建筑、战争遗址等历史人文遗迹的保护，并划定保护范围。

（2）海岛开发利用应加强对原有助航导航、测量、气象观测、海洋监测和地震监测等公益设施的保护，并划定保护范围。

6. 污水、废水、废气和固体废弃物处理

（1）海岛开发利用产生的污水、废水应进行达标处理，水质满足《海洋功能区划技术导则》（GB/T 17108－2006）等国家和地方相关标准后方可排放。其中工业、仓储、交通运输、农林牧渔用途污水、废水经处理达标排放后，周边海域水质应不低于二类水质，对于原有水质低于二类的，应不降低原有水质的质量；其他用途污水、废水经处理达标排放后，周边海域水质应不低于一类水质，对于原有水质低于一类的，应不降低原有水质的质量。鼓励污水、废水处理后进行深海排放或者开展中水回收利用，建立雨污分流两套供水系统以节约淡水用水。

（2）海岛废气排放标准应高于《大气污染物综合排放标准》（GB 16297－1996）等国家及地方相关标准。废气排放、处理设施及场地布置应注意海岛风向，避免对本岛及周边海岛造成影响。可能造成粉尘污染的物品不可露天堆放。

(3) 严禁在海岛弃置、填埋固体废弃物。固体废弃物应外运出岛，也可按照规定采用无害化处理方式进行处置，处置率应达到100%。其中危险固体废物的贮存、处置，必须符合《危险废物贮存污染控制标准》(GB 18597－2001)、《危险废物焚烧污染控制标准》(GB 18484－2001) 等国家标准；一般工业固体废物的贮存、处置，必须符合《一般工业固体废物贮存、处置场污染控制标准》(GB 18599－2001) 等国家标准。

7. 建筑物和设施的设计与建设

(1) 建筑物和设施的设计应符合国家相关标准和规范，并充分考虑海岛实际情况，色彩选用应尽量与周围景观相协调，以达到建筑物和设施与海岛自然环境的最佳融合。

(2) 建筑物应合理安排建筑密度，其中房屋建设、仓储建筑、港口码头、工业建设、基础设施五类用岛区块建筑密度一般不大于40%。

(3) 建筑物和设施应选用节能环保、防潮防腐的建筑材料。

(4) 建筑物和设施应符合防火、消防、卫生等国家相关标准。

(5) 海岛开发利用前应进行灾害调查，制定突发事件应急预案，合理设置防灾减灾设施，减少台风、风暴潮、地震、海啸、滑坡、海岸侵蚀等灾害的损害，保证海岛人员等安全。

8. 新能源新材料新技术应用

(1) 依据《产业结构调整指导名录（2011年本)》，禁止淘汰类产业项目在海岛开发建设，严格控制限制类产业项目在海岛开发建设。

(2) 鼓励新能源、新材料和新技术产业项目在海岛开发建设，在各类海岛开发利用项目中加强新能源、新材料和新技术的应用。

(3) 倡导绿色、环保、低碳、节能理念，鼓励探索海岛开发利用新模式。

8.3.2 无居民海岛用岛区块划分

按照《无居民海岛使用金征收使用管理办法》附件2“无居民海岛用

岛类型界定”中的用岛类型划分用岛区块时，总的划分原则是以工程设计标准和行业规划编制规范为主要依据，保持区块的相对完整性和避免区块重叠。具体方法如下：

（1）填海连岛用岛区块

填海连岛用岛区块范围包括被连接海岛的整岛区域。

（2）土石开采用岛区块

土石开采用岛区块范围应包括实际开采区和外延的缓冲区，缓冲区应根据周边地质条件确定安全距离，最低不少于5米。缓冲区不得进行开采，并应设置必要的安全防护设施。

（3）房屋建设用岛区块

房屋建设用岛区块范围包括实际建筑物用岛区域、建筑物外缘的绿地和道路等必要的附属设施用岛区域，这些区域应作为整体予以认定，不得拆分。

（4）仓储建筑用岛区块

仓储建筑用岛区块范围包括仓储设施（库房、堆场和包装加工车间等）用岛区域和附属设施（内部道路、绿地等）用岛区域，这些区域应作为整体予以认定，不得拆分。

（5）港口码头用岛区块

港口码头用岛区块范围包括码头及其相应设施用岛区域，这些区域应作为整体予以认定，不得拆分。

（6）工业建设用岛区块

工业建设用岛区块范围包括工业生产及配套设施（内部道路、绿地、供电、给排水等）用岛区域，上述区域应作为整体予以认定，不得拆分。

（7）道路广场用岛区块

道路广场用岛区块范围包括道路、公路、铁路、桥梁、广场、机场等设施用岛区域。

（8）基础设施用岛区块

基础设施用岛区块范围为除交通设施以外的用于生产生活的基础设施

用岛区域。

(9) 景观建筑用岛区块

景观建筑用岛区块范围包括亭、塔、雕塑等人造景观建筑及其附属设施（内部道路、绿地、座椅等）用岛区域。

(10) 游览设施用岛区块

游览设施用岛区块范围包括索道、观光塔台、游乐场等设施（悬空设施用岛范围为最外缘投影线围城区域的范围）及外延缓冲区域（宽度以游览安全为原则确定）。

(11) 观光旅游用岛区块

观光旅游用岛区块划分以设计范围为依据。

(12) 园林草地用岛区块

园林草地用岛区块范围包括园林、草地及其附属设施（便道、小道、喷灌等）用岛区域。

(13) 人工水域用岛区块

人工水域用岛区块范围包括水渠、水塘、水库、人工湖（河）等及附属设施（桥梁等）用岛区域。

(14) 种养殖业用岛区块

种养殖业用岛区块范围包括种养殖区及配套设施用岛区域。

(15) 林业用岛区块

林业用岛区块范围包括种植、培育林木及必要的配套设施（不包括产品加工车间、厂房、大规模房屋建筑等）用岛区域。

参考文献

1. 李永祺，鹿守本．2002. 海域使用管理基本问题研究．青岛：中国海洋大学出版社．
2. 王铁民．2002. 海域使用管理探究．北京：海洋出版社．
3. 管华诗，王曙光．2003. 海洋管理概论．青岛：中国海洋大学出版社．
4. 鹿守本．1998. 海洋管理通论．北京：海洋出版社．
5. 王曙光．1999. 蓝色国土忧思录——中国海域使用报道集．北京：海洋出版社．
6. 国家海洋局海域管理司编．2001. 国外海洋法规选编．北京：海洋出版社．
7. 滕祖文．2002. 海洋行政管理．青岛：中国海洋大学出版社．
8. 恽才兴，蒋兴伟．2002. 海岸带可持续发展与综合管理．北京：海洋出版社．
9. 杨金森．2000. 海岸带和海洋生态经济管理．北京：海洋出版社．
10. 鹿守本．1999. 海洋资源与可持续发展．北京：中国科学技术出版社．
11. 王志远，蒋铁民．2003. 渤黄海区域海洋管理．北京：海洋出版社．
12. 徐质斌，牛福增．2003. 海洋经济学．北京：经济科学出版社．
13. 王万茂．2003. 土地资源管理学．北京：高等教育出版社．
14. 于大江．2001 近海资源保护与可持续利用．北京：海洋出版社．
15. 叶文虎．2001. 环境管理学．北京：高等教育出版社．
16. 国家海洋局．1998. 中国海洋 21 世纪议程．北京：海洋出版社．
17. ［美］E. M. 鲍基斯著．1996. 海洋管理与联合国．北京：海洋出版社．
18. 卞耀武，等．2002. 中华人民共和国海域使用管理法释义．北京：法律出版社．
19. 黄梯云，李一军．2000. 管理信息系统．北京：高等教育出版社．
20. 王铁民．2002. 海洋开发与管理文选．北京：海洋出版社．
21. ［美］约翰·R. 克拉克著．吴克勤，等译．2000. 海岸带管理手册．北京：海洋出版社．
22. 李国庆，等．1998. 中国海洋综合管理研究．北京：海洋出版社．
23. 王诗成．2000. 海洋强国论．北京：海洋出版社．
24. 魏敏．1987. 海洋法．北京：法律出版社．
25. 毕世杰．1999. 发展经济学．北京：高等教育出版社．
26. 韩立民，陈艳．2006 海域使用管理的理论与实践．青岛：中国海洋大学出版社．
27. 滕祖文．2002. 海洋行政管理，青岛：中国海洋大学出版社．
28. 褚福灵．2002. 组织行为学（二），北京：高等教育出版社．

29. 邵冲 . 2008. 管理学概论，广州：中山大学出版社 .

30. 郭院 . 2004. 浅谈无居民海岛的开发与保护 . 中国海洋大学学报（社科版），(3)：20 – 22.

31. 胡增祥，徐文君，高月芬 . 2004. 我国无居民海岛保护与利用对策 . 海洋开发与管理，(6)：26 – 29.

32. 刘伯恩 . 2004. 无居民海岛土地资源开发与合理利用的法律思考 . 国土资源，(1)：28 – 30.

33. 叶新才，蔡荔红 . 无居民海岛旅游开发的核心问题探讨——以厦门市翔安区鳄鱼屿为例 . 生态经济，189 – 193.

34. 李金克 . 2004. 开发无居民海岛也应走可持续发展之路 . 海洋开发与管理，(1)：47 – 50.

35. 杨洁，李悦铮 . 2009. 国外海岛旅游开发经验对我国海岛旅游开发的启示 . 海洋开发与管理，26（1)：38 – 43.

36. 张耀光，胡宜鸣 . 关于海岛开发建设系统分析 .

37. 徐晓东，刘军 . 2009. 浅谈旅游型海岛的规划开发——以舟山六横大铜盘岛为例 . 农村经济与科技，20（5)：64 – 66.

38. 顾世显 . 1993. 试论海岛开发建设格局 . 农业经济，(6)：4 – 8.

39. 孙琛，黄仁聪 . 2008. 渔业经济研究，(1)：20 – 23.

40. 张少萍，陈涛 . 山东环境，1999，(4)：12 – 13.

41. 章炳谦 . 1996. 中国渔业经济研究，(4)：24 – 25.

42. 韩兴勇 . 2005. 搞好海岛区域规划注重合理开发 . 中国渔业经济，(1)：38 – 39.

43. J. M. 阿姆斯特朗，P. C. 赖纳 . 美国海洋管理 .

44.《环境科学大辞典》编辑委员会编 . 1991. 环境科学大辞典 . 北京：中国环境科学出版社 .

45. 张永良 . 1992. 水环境容量基本概念的发展 . 环境科学研究，5（3)：59 – 61.

46. 张永良 . 1991. 水环境容量综合手册 . 北京：清华大学出版社 .